Artemis

Robert Wesson

Die unberechenbare Ordnung

Chaos, Zufall und Auslese in der Natur

Aus dem Amerikanischen von Peter Gillhofer

Artemis & Winkler

Titel der amerikanischen Originalausgabe *Beyond Natural Selection*

Deutschsprachige Ausgabe: Artemis & Winkler Verlag

Satz: Filmsatz Schröter GmbH, München
Druck und Bindung: Pustet, Regensburg
ISBN 3-7608-1901-x
Printed in Germany

Inhalt

Einführung

»Wie sind wir eigentlich entstanden?« lautet eine der elementarsten Menschheitsfragen. Die Frage nach unserem Ursprung – sind wir durch einen höheren Willen entstanden oder durch zufallsbedingte Veränderungen, die im Wechselspiel mit der physikalischen Umwelt vonstatten gingen? – bildet gemeinsam mit der artverwandten Frage nach der Beziehung von Geist und Materie das zentrale Thema in der Philosophie, in der Religion sowie in den Beziehungen der Menschen untereinander.

Die Religionen pflegen die menschliche Existenz dem Willen eines höheren Wesens zuzuschreiben. Charles Darwin (1809–1882) gab in seinem Buch *Über die Entstehung der Arten durch natürliche Zuchtwahl oder die Erhaltung der begünstigten Rassen im Kampfe ums Dasein* (1859) eine schlüssige religionsneutrale Erklärung. Von diesem Zeitpunkt an ist es wissenschaftlich anerkannt, daß alle Lebewesen miteinander verwandt sind und gemeinsame Vorfahren haben. Seit den Anfängen des Lebens auf der Erde haben sie sich aber unterschiedlich weiterentwickelt. Diese Auffassung ist hinreichend belegt, nicht zuletzt durch Fossilien, die verschiedene Entwicklungsstadien von Pflanzen und Tieren sowie strukturelle und physiologische Ähnlichkeiten unter lebenden Geschöpfen aufzeigen.

In der Wissenschaft ist die Evolution eine unbestrittene Tatsache. Doch wir wissen noch nicht, wie wir die verwandtschaftliche Nähe unter den Lebewesen beurteilen sollen, solange wir nicht verstehen, warum sich die verschiedenen Arten derartig verschieden entwickelt haben. Für unsere Selbsteinschätzung als »Homo sapiens« aber ist es wichtig zu verstehen, wie sich aus jenen kleinen lebenden Kügelchen, die sich erstmalig selbst fortpflanzen konnten, ein so erstaunliches Lebewesen wie der Mensch entwickelte.

Darwins Antwort auf diese Frage lautete, daß sich die Unterschiede zwischen den Arten – und zwar nicht nur die zwischen Wölfen und Füchsen, sondern auch zwischen Elefanten, Spinnen und Bakterien – aus der Anhäufung von zufälligen Variationen in den Erbanlagen von Organismen ergäben. Und weil einige von

Geburt an mit besseren Überlebens- und Fortpflanzungsmerkmalen ausgestattet sind, wird über Generationen hinweg die Zahl der überlegenen Varianten zunehmen, und die Art wird sich dementsprechend verändern oder entwickeln. Diesen Prozeß, der sich über eine unvorstellbar lange Zeit hinzieht, nennt man natürliche Auslese oder das Überleben »of the fittest« – der am besten Geeigneten.

Obwohl die Mehrheit der Biologen die Darwinsche Theorie mit einigen Einschränkungen akzeptiert, gab es schon zu Darwins Zeit Zweifler. Sie hielten sich bis weit ins 20. Jahrhundert hinein, als die Theorie in die neodarwinistische Synthese eingegliedert wurde. Die Orthodoxen bekamen besonders in den sechziger Jahren einen starken Zulauf. In jüngster Zeit jedoch verdichteten sich die Zweifel daran, daß die natürliche Auslese tatsächlich eine so gewichtige Rolle spielt, wie man bisher angenommen hat. Immer mehr Biologen glauben, daß sie keine umfassend befriedigende Antwort darstellt. Die Unzulänglichkeit der natürlichen Auslese ist auch eine These dieses Buches.

Diese Einstellung bedeutet keine Abwertung von Darwins Werk oder Persönlichkeit. Er war ein großer Denker und ein engagierter Forscher und Schriftsteller, und das zu einer Zeit, als die meisten Wissenschaftler mehr oder weniger dilettantisch zu Werke gingen. Er entwickelte und begründete seine Evolutionstheorie auf eindrucksvolle Weise und führte eine Fülle von Detailuntersuchungen an Tieren und Pflanzen durch. Darwin schuf zweifelsohne wichtige Grundlagen für die biologische Wissenschaft (Mayr 1982, 108). Sein größtes Verdienst war der Entwurf einer Theorie, die Licht in die Organisation der lebenden Natur brachte. Und dennoch konnte er unmöglich eine durchweg zufriedenstellende Erklärung der Evolution liefern. Dazu war die ihm damals zur Verfügung stehende Information einfach zu dürftig.

Im Lichte des unermeßlichen Wissensschatzes, der im letzten Jahrhundert und besonders in den letzten Jahrzehnten auf allen Gebieten angesammelt wurde, versucht dieses Buch, eine begründete und objektive Kritik am Darwinismus vorzubringen. Die Zeit ist reif für ein solches Unterfangen, und sei es auch nur, um die Aufmerksamkeit auf Themen zu lenken, die noch einer eingehenderen Untersuchung bedürfen. Vorliegendes Buch greift eine Fülle von komplizierten Problemen auf, mit denen sich die Vertreter der konventionellen Evolutionstheorie bisher kaum beschäftigt haben;

es ist aber auch nicht das Sprachrohr bestimmter religiöser Lehren. Allerdings mögen diejenigen, die sich mit mechanistischen Erklärungen nicht anfreunden können, tröstliche Gedanken darin finden.

Die Notwendigkeit, eine bessere Erklärung stichhaltig zu begründen, bedingt aber gleichzeitig, eine Theorie anzugreifen, die viele Wissenschaftler als sehr brauchbar, wenn nicht gar als vollkommen zufriedenstellend ansehen. Sie sind gewiß nicht bereit, eine allgemein anerkannte Lehrmeinung aufzugeben, ohne einen besseren Ersatz vorweisen zu können. Die natürliche Auslese hat offenbar den Glorienschein einer wundervollen Patentlösung für Fragen, auf die wir keine andere Antwort haben.

Wahrscheinlich gibt es überhaupt keine andere allgemeingültige Lösung – zumindest nicht eine, die so weitreichend, grundlegend und einfach ist. Es hat den Anschein, als müßten die Biologen ohne eine umfassende Evolutionstheorie auskommen, so wie die Sozialwissenschaftler sich ohne eine umfassende Gesellschaftstheorie zurechtfinden müssen. Doch dieses Buch zeigt eine Reihe von Ideen und neuen Schwerpunkten auf, die sich ausführlich mit der Eigengesetzlichkeit des Lebens, seiner inneren Organisationsfähigkeit und Selbstbestimmtheit auseinandersetzen.

Der Reduktionismus, d.h. das Bemühen um ein Verständnis, indem man etwas auf seine einfacheren Grundbestandteile zurückführt, ist in der Evolutionstheorie nur von begrenztem Wert und kann auch in die Irre führen. Bei der evolutionären Neugestaltung scheint vielmehr das Chaos, die jüngst so vieldiskutierte Domäne des Turbulenten und Unvorhersagbaren, eine bedeutende Rolle gespielt zu haben. Desgleichen ist es wohl offenkundig, daß die evolutionäre Veränderung, wie chaotisch sie auch abgelaufen ist, keinesfalls dem Zufall unterlag. Die Veränderung hat ihre Entwicklungsmuster. Und evolutionäre Entwicklungen verlaufen weder wie die ziellosen Trampelpfade der Kühe noch wie in die Landschaft eingebundene Flüsse. Viel eher gleichen sie Straßen, die sich bestimmten Notwendigkeiten und Einschränkungen anpassen. Überdies kann die Wechselwirkung zwischen Organismen und Umwelt kaum auf den Zufall und die Auswahl der Überlebenden beschränkt sein, die ihre Art fortpflanzen wollen. Angepaßte Neuerungen, insbesondere bei höheren Lebewesen, werden meist durch Verhalten oder Lernen ausgelöst. Erforschung, Auswahl und Lernen scheinen also eine Schlüsselrolle einzunehmen. Diese Auffassung beinhaltet Aspekte, die sich grundlegend von der Annahme unterscheiden, daß willkürliche Variation und Auslese allein zu Veränderungen führen. Insbesondere das Erscheinen der menschlichen Art läßt sich nicht einfach als Ergebnis zufälliger Mutationen und natürlicher Intelligenzauslese erklären.

Unter diesem Gesichtspunkt ist Evolution nicht nur Anpassung, wie es der Darwinismus hervorhebt, sondern auch die Umsetzung angeborener Fähigkeiten. Die Entwicklung einer Art hängt also sowohl von ihrem Verhältnis zur Umwelt als auch von ihren Erbanlagen ab. Die Evolutionisten haben den erstgenannten Aspekt stark betont; er ist eindeutig festgelegt und Gegenstand der Forschung. Inwieweit die Evolution einer Art durch innere Faktoren bestimmt ist, läßt sich schwer einschätzen. Und doch gibt es gewichtige Gründe für die Annahme, daß die Evolution – jenseits der natürlichen Auslese – weitgehend eigenbestimmt ist.

Das zur Verfügung stehende Wissen kann hier nur angerissen werden. Im 1. Kapitel wird die orthodoxe Theorie Darwins aufgegriffen, die zwar von den Biologen üblicherweise uneingeschränkt akzeptiert wird, jedoch, was ihre Anwendung anbelangt, umstritten ist. Sie verführt zum Reduktionismus, liefert eine umfassende Erklärung auf der Grundlage einfacher Axiome und materieller Bezüge und ist teilweise ideologisch geprägt.

In den folgenden sechs Kapiteln wird dargelegt, warum die natürliche Auslese als Erklärung ungenügend erscheint. Das 2. Kapitel zeigt auf, daß die reduktionistische Lehre nach dem heutigen Stand der Wissenschaft nicht mit der Natur des Kosmos übereinstimmt. Die Erklärungsversuche komplexer Systeme durch ihre Aufspaltung in einfachere Gebilde sind nur begrenzt von Nutzen; auf jeder Stufe einer höheren Organisation von Materie treten neue und unvorhersehbare Verhältnisse auf. Die lebende Natur läßt sich mit einem einfachen Gesetz nicht vollkommen beschreiben. Die Evolution scheint vielmehr von einem Prinzip bestimmt zu sein, das mit Chaos etwas mißverständlich umschrieben ist.

Wer sich mehr an der bunten Vielfalt der Natur als an der grauen Evolutionstheorie zu begeistern vermag, kann die ersten beiden Kapitel überfliegen und rasch zum 3. Kapitel übergehen, das sich mit der Welt der Fossilien beschäftigt. Leider konnten hier die Übergänge von einer Form zu einer signifikant anderen nicht berücksichtigt werden. Der Ursprung neuer Lebensformen wie der von Vögeln oder Walen wirft schwierige Fragen auf.

Die Kreationisten kritisieren am Darwinismus hauptsächlich die Unvollständigkeit des Beweismaterials. Doch lassen sich viele Fakten über Lebewesen innerhalb der anerkannten Theorie noch schwerer erklären. Das 4. Kapitel erwähnt einige der zahllosen Eigenschaften von Tieren (und teilweise auch von Pflanzen), die unter die Kategorie »Naturwunder« fallen. Dazu gehören das menschliche Auge, die Sonar-Orientierung von Delphinen und Fledermäusen, die elektrischen Organe bestimmter Fische, die Wanderung der Zugvögel und vieler Insekten sowie die anscheinend intelligenten Instinkte. Viele solcher Eigenschaften erfordern sowohl ausgeprägte Instinkte als auch Strukturen, die nur als Teil des gesamten Systems funktionieren können.

Obwohl man sich die Entwicklung von so vielen unglaublichen Adaptationen kaum mehr vorzustellen vermag, ist ihre Nützlichkeit doch augenscheinlich. Andere Merkmale haben keinen erkennbaren Nutzen oder wirken sich sogar negativ aus, wie zum Beispiel Unfruchtbarkeit oder »vorzeitiger« Tod. Solche Themen werden im 5. Kapitel behandelt.

Das 6. Kapitel beschäftigt sich mit den oft ausgefallenen und scheinbar sinnlosen Entwicklungen im Sexualbereich. Dazu gehört auch die Frage nach der Notwendigkeit der Mischung von Genen verschiedener Individuen, obwohl der Aufwand dafür häufig sehr hoch ist.

Im 7. Kapitel kommt ein Thema zur Sprache, das bereits viel Aufsehen erregt hat: das Opfern von Individuen zugunsten einer Gruppe (vorgeführt am Beispiel kolonienbildender Insekten wie Ameisen und Honigbienen). Soziales oder altruistisches Verhalten läßt sich nur schwer mit den Grundsätzen der natürlichen Auslese vereinbaren, die auf dem Individuum basiert. Und doch ist es in der Natur und für unsere soziale Art von Bedeutung.

Im 8. Kapitel werden die dynamischen Aspekte der Evolution betrachtet. Das bringt auch eine nähere Beschäftigung mit den Vererbungsvorgängen und mit dem Problem der Weitergabe einer ungeheuren Menge an Informationen mit sich, die zur Erzeugung eines Lebewesens nötig sind. Viele dieser Informationen scheinen von den Umweltbedingungen nicht abhängig zu sein. Das bedeutet, daß sich Organismen jenseits von Notwendigkeiten auf eine im wesentlichen chaotische Weise verändern. Rückkoppelung spielt dabei offenbar eine große Rolle, bei der Symbiose ebenso wie bei der Spezialisierung, beim Parasitismus und bei der sexuellen Auslese. Es empfiehlt sich auch, das Genom im Sinne von dynamischen Signalgebern zu betrachten.

Im 9. Kapitel wird erörtert, auf welche Weise genetische Strukturen oder Informationen die Evolution beeinflussen. Evolutionäre Entwicklungen finden nicht nur unter einer äußerlichen Einwirkung statt, sondern sind auch an innere Faktoren gebunden, die eine Veränderung in eine bestimmte Richtung treiben.

Die Veränderung der Struktur steht im Mittelpunkt vom 10. Kapitel: Entstehung einer neuen Art, Mikroevolution, Veränderung, Stabilität, Aufspaltung, Aussterben.

Im 11. Kapitel wird das Verhältnis von Erbsubstanz, Umwelt und genetischer Reaktion auf äußere Signale untersucht. Ein großer Teil der Adaptation von Lebewesen betrifft indes das Verhalten; die Beziehung zwischen Instinkt und Lernfähigkeit ist problematisch.

Im 12. Kapitel wird die Evolutionstheorie auf die Menschen angewandt. Die Evolution von Intelligenz und Geist läßt sich mit den Begriffen der konventionellen natürlichen Auslese nicht fassen. Auch die Versuche, das menschliche Verhalten genetisch zu erklären, waren nicht von Erfolg gekrönt.

Die Beweisführung für die Autonomie des Genoms wird im 13. Kapitel geliefert, in dem auch die evolutionären Langzeitentwicklungen dargelegt werden. Es wird an dem anthropischen Prinzip festgehalten, demzufolge viele an sich unwahrscheinliche Bedingungen zusammengekommen sein müssen, um den Menschen als Betrachter der Evolution hervorzubringen.

Schließlich wird auch auf die Evolution als Höhepunkt der kosmischen Ordnung und auf ihre Bedeutung für unseren eigenen Stellenwert verwiesen.

Die Evolution ist entschieden interessanter, als sie sich unter dem Blickwinkel der einfachen Theorie von einem Wandel durch willkürliche Variation und Auslese präsentiert. Und sie ist von weittragender Bedeutung für das Verständnis unserer eigenen Existenz.

1. Kapitel

Die konventionelle Theorie: »Das Rätsel ist gelöst«

Der reduktionistische Ansatz

Die Evolutionstheoretiker unserer Zeit sind mit einem Überfluß an Information konfrontiert. Die Biochemiker und Physiologen haben so viel Material zur Verfügung, daß sie nicht imstande sind, es in seinen molekularen Eigenschaften voll zu erfassen. Die Paläontologen stehen bei ihrer Entzifferung des Buchs der Versteinerungen noch am Anfang. Die Vererbungslehre von der kleinen Fruchtfliege *Drosophila* füllt bereits viele Bände, ebenso die Genetik des Bakteriums *Escheria coli*, das wir milliardenfach mit uns herumtragen. Die Ökologen müssen die Wechselwirkungen von Art und Umwelt noch ergründen. Nicht leicht ist auch die Sortierarbeit der Taxonomen, die noch viel vor sich haben. Wir kennen bisher nur ein paar Tropfen aus dem riesigen Tatsachenmeer, und die Navigation in diesem Ozean scheint die menschlichen Fähigkeiten weit zu übersteigen.

In dieser Situation sehnt sich natürlich jedermann nach einer vereinfachenden Theorie – und viele Biologen sind der Meinung, daß sie diese bereits gefunden haben. In einem rasch populär gewordenen Buch zur Evolution steht sogar, daß sie »kein Geheimnis mehr darstellt, da das Rätsel gelöst ist«, und daß nur mehr Detailfragen übrigbleiben (Dawkins 1987, 7).

Die allgemein anerkannte Theorie, die Darwin vor anderthalb Jahrhunderten aufstellte, fußt auf ein paar eindeutigen und plausiblen Grundsätzen. Tiere und Pflanzen haben mehr Nachkommen, als auf lange Sicht überleben und sich fortpflanzen können. Die Jungen stellen keine exakten Kopien ihrer Eltern dar, und die Unterschiede sind häufig vererbbar. Erlangen einige Individuen aufgrund einer vererbbaren Variation einen Konkurrenzvorteil, hinterlassen sie auch mehr Nachkommen. Die unterschiedliche Fortpflanzung mit einer vererbbaren Variation und das Raster des selektiven Überlebens sind für die Entwicklung, d. h. die Evolution aller Lebewesen verantwortlich.

Dieses Konzept wird unter dem Begriff *natürliche Auslese* zusammengefaßt, obwohl eigentlich keine Selektion im Sinne einer Auswahl stattfindet. Anschaulicher ist die Bezeichnung »Überleben des Geeignetsten« (»survival of the fittest«), eine Umschreibung, die Darwin von Herbert Spencer übernommen hat. Der Begriff hört sich wie ein Zirkelschluß an, da die Eignung schon per Definition die Fähigkeit des Überlebens (und der Fortpflanzung) beinhaltet. Dennoch: das Rennen macht nun einmal der Schnellste (oder Geeignetste), und der Sieger geht in das nächste Rennen und generiert die nächste Gruppe von Mitbewerbern. Wir wissen vielleicht nicht genau, warum die Sieger gewinnen. Doch ihre abweichenden Merkmale befähigen sie jedenfalls, wieder andere hervorzubringen, die ihnen gleichen. Dieser Umstand schafft den Rahmen für eine vollständige Theorie der Evolution des Lebens.

Die Theorie von der natürlichen Auslese ist ansprechend. Unbestreitbar ist, daß die Nachkommen sich häufig von den Eltern unterscheiden, daß die Unterschiede vererbbar sein können und daß die vererbten Eigenschaften manche fortpflanzungsfähiger als andere machen. Dawkins erscheint diese Logik sogar derart umwerfend, daß er zu dem Schluß kommt: »Selbst wenn es keine tatsächlichen Beweise zugunsten der Darwinschen Theorie gäbe, wäre es immer noch gerechtfertigt, ihr vor allen rivalisierenden Theorien den Vorzug zu geben« (Dawkins 1987, 337).

Die meisten Biologen sind sich da nicht ganz so sicher, aber sie akzeptieren die konventionelle Theorie als ihren Bezugsrahmen. Der Zoologe John Alcock drückte es folgendermaßen aus: »Man kann davon ausgehen, daß das Aussehen, die Physiologie und das Verhalten eines Lebewesens aus produktiven Erwägungen heraus vollkommen adaptiv sind. Denn weniger adaptive Eigenschaften wären durch bessere ersetzt worden, wie sie über Jahrtausende hinweg durch genetische Mutationen entstanden sind« (Alcock [4]1989, 7f.). Wir können vielleicht auf viele Fragen zu Struktur und Verhalten keine Antwort geben, aber wir wissen jedenfalls, worauf wir zu achten haben.

»Das Rätsel ist gelöst« – dieser Satz drückt eine Hoffnung aus. Die Biologen wollen eine Erklärung oder eine Theorie für die sichtbaren Dinge bzw. einen Sinn in den Dingen finden. Die Wissenschaft ist ein Synonym für systematisches Lernen und objektives Wissen, und sie versucht, nicht nur nützliche Entdeckungen zu machen, sondern auch Erklärungen zu geben.

Die in der Wissenschaft am häufigsten angewandte Methode besteht darin, die Dinge auseinanderzunehmen, das Komplexe auf seine einfacheren Bestandteile zu reduzieren. Man spricht dann von Reduktionismus. Indem man die Wechselwirkungen zwischen den einzelnen Teilen untersucht, beginnt man die tieferliegenden Vorgänge zu begreifen. Die Fakten in einem wissenschaftlichen Teilbereich werden von den Ergebnissen einer elementareren Wissenschaft abgeleitet (Ayala 1985, 65 ff.). Das führt üblicherweise zu einer Quantifizierung. Wer Dinge mit einer gewissen Sicherheit handhaben will, sollte fähig sein, sie in Maßeinheiten auszudrükken. Darum sind Wissenschaftler am glücklichsten, wenn sie Gleichungen aufstellen können.

Grundlage des wissenschaftlichen Reduktionismus ist es, komplexe Strukturen in einfache, konkrete Gebilde mit exakt meßbarer Größenordnung zu zerlegen. Solange uns das gelingt, haben wir die Phänomene im Griff. »Der Reduktionismus ist zweifellos der erfolgreichste wissenschaftliche Ansatz, der den Experimentalwissenschaftlern zur Verfügung steht« (John und Miklos 1988, VII).

Die Erfolge des Reduktionismus verleiten zu der Hoffnung, daß das globale Verständnis durch immer mehr und besseres Wissen und eine entsprechende Analyse möglich sei. Dementsprechend müßten sich alle natürlichen Phänomene letztlich in Form von elementaren Materieteilchen beschreiben lassen – als Elektronen, Quarks und dergleichen. Ihre Eigenschaften sollten erkennbar sein und sich zu einer »Grand Unified Theory« zusammenfassen lassen. Die Reduktionisten würden gerne alle Wissenschaften, von der Physik über die Chemie und Biologie bis hin zur Psychologie, theoretisch in rein materiellen Begriffen erklärt sehen. Obwohl viele Phänomene anerkanntermaßen für eine konkrete Analyse zu komplex sind, gehört es nun einmal zum Wissenschaftsglauben, daß alles letztlich erklärbar ist – mit Ausnahme der Frage nach dem Grund der Existenz des Universums, die nicht beantwortet werden kann.

Michael Ruse vertritt den Standpunkt, daß »das Ganze lediglich aus der Summe seiner Teile besteht... Ein Organismus ist nur die Gesamtheit der Moleküle, aus denen er sich zusammensetzt.« Unter diesem Blickpunkt sind lebende Organismen nichts anderes als ausgefeilte physikochemische Systeme, das Produkt von Genen oder Nukleinsäuresequenzen, die mit ihrer Umgebung reagieren. Gedanken sind die Umsetzung der Koordinationsfähigkeiten des Organismus; es sind elektrochemische Vorgänge, die durch Neuronen und ihre Synapsen mit Neurotransmittern und Potentialänderungen durch Zellmembrane hindurch ausgelöst werden. Alles sollte mechanistisch verständlich sein, wie das Verhalten materieller Substanzen, das den Gesetzen der Physik unterworfen ist. »Tatsächlich ist ja auch das Endziel der modernen Forschung«, so Francis Crick, »die *gesamte* Biologie in der Ausdrucksweise von Physik und Chemie verständlich zu machen.« (Crick 1970, 20).

Die meisten Biologen dürften vermutlich mit Crick übereinstimmen. Der Wissensschatz der Forschung, die analytischen Erfolge auf vielen Gebieten und die Fähigkeit zur Manipulation der Natur haben so gewaltig und so schnell zugenommen, daß die Wissenschaftler heute sehr zuversichtlich sind, eine intellektuelle Ordnung zu entdecken – eine Theorie oder eine Reihe von Theorien, durch die sich die belebte Natur in ihrer Gesamtheit in einem System der Vernunft unterbringen läßt. Wenn alle Dinge aus dem erkennbaren Verhalten von Teilchen herrühren, das nach einem vorhersehbaren oder zumindest beschreibbaren Muster abläuft, dann dürfen wir zu gegebener Zeit hoffen, für alles die Gründe zu erfahren. Wir haben schon so viele Siege verbucht, daß wir sicher sein können, auch diesen »Krieg« zu gewinnen.

Der materialistische Ansatz ist auch eine brauchbare Arbeitshypothese. Wissenschaftler denken in Kategorien von Experimenten und nachprüfbaren Ergebnissen. Die Natur nicht als Mysterium zu betrachten, sondern als eine in hohem Maße erkennbare Realität, hilft ihnen, Rahmenhypothesen aufzustellen und sie auf ihren Wahrheitsgehalt hin zu überprüfen. Ausgefallene Erklärungen, die den strikten Wissenspfad verlassen, haben in diesem System keinen Platz. Eine realistische Methode befaßt sich nicht mit dem Geist in der Maschine.

Doch die Geister lassen sich auch nicht so leicht vertreiben. Der Glaube daran, daß sich alles auf eine analysierbare, materielle Ursächlichkeit zurückführen läßt, ist letztendlich nur ein Glaube wie jeder andere auch. Und die Behauptung, daß die Wirklichkeit nur aus materiellen Teilchen und ihren verschiedenen Wechselwirkungen besteht, ist nicht einmal eine klar umrissene Theorie. Sie stützt sich auf eine recht enge Definition der Wirklichkeit, wobei die These sich durch die Definition bestätigt: Wenn nur die materielle Substanz wirklich ist, dann beinhaltet die materielle Substanz die gesamte Wirklichkeit. Aber sind die Naturgesetze nicht wirklich? Sind Strukturen wirklich? Und wie ist es mit dem Denken und dem Bewußtsein? Zu bestreiten, daß sie wesentlich sind, wäre paradox; schließlich könnte die Wissenschaft ohne sie nicht existieren. Den Idealisten zufolge liegt die Wirklichkeit im Geist. Und die Quantentheorie, die Krönung der Physik, führt, obwohl sie mit den Teilchen, die sie steuert, auf geheimnisvolle Art verbunden scheint, logischerweise dazu, daß man die Vorgänge als abhängig von ihrer Beobachtung ansieht.

Die großen wissenschaftlichen Fortschritte und die tieferen Einblicke in die Natur basieren zwar auf Fakten, entspringen aber intellektuellen Leistungen. Einstein entdeckte die Relativitätstheorie nicht dadurch, daß er bestimmte Daten analysierte, sondern indem er eine allgemeine These aufgriff: die Konstanz der Lichtgeschwindigkeit (und der physikalischen Gesetze im allgemeinen) unter dem Einfluß von Bewegung. Die Quantenmechanik und viele andere Neuerungen in der Physik und der Chemie entstammen ebenfalls begrifflichen Integrationen. Natur läßt sich nicht auseinandernehmen wie ein mechanischer Wecker, in dem Zahnräder, Unruh und Feder klar verständlich zusammenarbeiten. Viele Dinge funktionieren eher wie eine Quarzuhr: Die Verbindungen zwischen den einzelnen Teilen geschehen nicht mechanisch, und beim Zerlegen wird sie zerstört.

Die Wissenschaft kommt oft an einen Punkt, an dem weitere Forschung und Analyse ohne neue Gedanken und Paradigmen offenbar keine Antwort zu liefern vermag. In der Biologie zum Beispiel verstehen wir immer noch nicht, warum es die Sexualität gibt oder warum dieses Schema in der lebenden Natur so stark verbreitet ist. Dabei haben wir mittlerweile eine Menge über die Rolle der sexuellen Fortpflanzung erfahren. Die Fossilüberlieferung steckt voller Rätsel, die wir nicht einfach wegen »Mangels an Beweisen« zu den Akten legen können. Es gibt zahllose Charakteristika bei Pflanzen und Tieren, deren Entstehungsgeschichte die Naturwissenschaftler trotz größter Bemühungen bislang nicht erklären konnten. Je größer der Kenntnisstand wird, um so mehr Fragen tauchen auf. Die Wissenserweiterung ist wie das Entzünden eines Lagerfeuers in einem nächtlichen Wald: mit dem Auflodern der Flammen schälen sich immer mehr Formen und Schemen aus der Finsternis heraus.

Während bei vielen Biologen die Zuversicht, eine letztendliche Erklärung zu finden, steigt, macht sich bei den Physikern Nachdenklichkeit breit. Eigentlich hatten sie die Welt schon in ihre Gesetze der Materieteilchen eingepackt, als neue Entdeckungen ihre Gewißheit erschütterten. Sie räumen nun ein, daß ihre unbestechlichen Zahlenwerte und ihre verwickelten Gleichungen ebensoviel Verwirrung wie Klarheit schaffen. Ungebrochen stochern dagegen die Biologen in ihren rein materiellen, vornehmlich biochemischen Begriffshalden, um zum Beispiel das komplizierte Problem zu erklären, wie lebende Formen die Gestalt von Bakterien, Amöben, Quallen, Bäumen, Eidechsen und Menschen annehmen konnten. Daß dennoch etwas Unergründliches bestehen bleibt, stört sie nicht. Doch die Theorie wirft trotz ihrer Schlüssigkeit und Attraktivität viele ungelöste Fragen auf.

Die neodarwinistische Synthese

Zu Beginn des 19. Jahrhunderts stellte Jean-Baptiste Lamarck (1744–1829), der Schöpfer des Wortes *Biologie*, die Verbindung zwischen Fossilien und lebenden Organismen her. Gleichzeitig arbeitete er eine schlüssige Evolutionstheorie aus. Darwins Großvater Erasmus und andere hatten die Vorstellung entwickelt, wie eine Art aus der anderen heraus entstanden sein könnte. In der ersten Hälfte des 19. Jahrhunderts hatten einige Autoren bereits so etwas wie die natürliche Auslese bei solchen Lebewesen wissenschaftlich diskutiert, die eine besonders hohe Zahl von Nachkommen hatten (Darlington 1961, 14ff.). Darwin verdichtete diese Ideen und erhärtete sie durch eine Fülle von Beweisen. Seine Liebe zum Detail rief die Experimentalwissenschaftler auf den Plan.

Darwins großes Verdienst beruht nicht so sehr auf seiner heftig umstrittenen Idee vom gemeinsamen Ursprung der Arten, sondern auf seiner einfachen und logischen Erklärung durch vererbbare Variation und natürliche Auslese. Diese Vorstellung war jedoch keineswegs so klar wie die These von der Evolution (»Wir stammen von den Affen ab«); sie warf vielmehr eine Fülle von Fragen auf. Vollständig akzeptiert wurde sie erst viel später, nunmehr untermauert durch die Mendelsche Vererbungslehre. In unserem Jahrhundert entstand dann die nach wie vor anerkannte neodarwinistische Synthese.

Ohne Darwin würde die Lehre von der Evolution heute wahrscheinlich Wallaceismus heißen, nach Alfred Russell Wallace. Wallace war etwa gleichzeitig mit Darwin zu sehr ähnlichen Schlußfolgerungen gelangt. Doch ihm wurde weit weniger Anerkennung zuteil, nicht zuletzt, weil er seine Theorie nicht auf eine solche Vielzahl von Beobachtungen stützen konnte. Überdies hatte der aus einer verarmten Familie stammende Wallace nur eine mäßige Bildung vorzuweisen, ganz im Gegensatz zu Darwins aristokratischem Hintergrund und seinen ausgezeichneten Beziehungen zur britischen Wissenschaftselite. Während Darwin studierte und Schriften verfaßte, bestritt Wallace seinen Lebensunterhalt mit dem Sammeln von Präparaten für Naturliebhaber. Wallace verlor auch seine wissenschaftliche Reputation, als er sich von der natürlichen Auslese abwandte, um sich mit der Evolution des Menschen zu befassen und schließlich Spiritualist zu werden. Obwohl Darwin streng anglikanisch erzogen wurde und als Anwärter für das Priesteramt ausgewählt war, hielt er stets strikt am materiellen Ursacheprinzip fest. Wallace dagegen fand in der Evolution »Gründe für eine höhere Ordnung, als sie das rein materielle Universum aufweist« (Wallace 1901, 474 ff.).

Darwin, der besser situiert war, mehr Beweise vorlegte und seine wissenschaftlichen Überzeugungen konsequenter verfolgte, stieg schließlich zur Symbolfigur der Evolution auf. Anerkennung oder Ablehnung der Evolutionstheorie ist seitdem nahezu gleichbedeutend mit der Loyalität oder Gegnerschaft zu Darwin. Dennoch stützte sich seine Theorie vom Wandel durch natürliche Auslese stärker auf Plausibilität und Analogie als auf eine solide Beweisgrundlage. Es lag eigentlich auf der Hand, daß Variationen, wie sie bei Haustieren zu beobachten waren, auch Veränderungen in ihrem Lebensraum, ihrem »Biotop« bewirkten. Darwin behauptete daraufhin, daß alle Unterschiede zwischen lebenden Kreaturen, bis hin zur Trennung von Menschen, Fischen, Protozoen und Pflanzen, in diesem Wandel und in der natürlichen Auslese ihre Ursache hätten. Um alles auszuschließen, was auf eine göttliche Einmischung hinauslief, postulierte Darwin auch, daß der Wandel sich allmählich und zufällig vollzogen haben mußte.

Eine gravierende Schwäche der Theorie war, daß sie nicht erklären konnte, wie Abweichungen weitergegeben wurden. Darwin vermutete, daß sich in den Fortpflanzungsorganen Teilchen aus allen Körperteilen vereinigten und somit die Erbsubstanz der

Nachkommenschaft festgelegt würde (Pangenese). Einen Beweis dafür konnte er jedoch nicht vorlegen. Ein weiterer Mangel der Theorie war, daß sie zu Lamarcks früherer Vorstellung zurückführte, evolutionäre Fortschritte ergäben sich durch die Vererbung erworbener Merkmale. Genau davon wollte Darwin jedoch wegkommen. Als Lehrbeispiel dafür wurde die Giraffe angeführt, die sich aus einem gazelleähnlichen Tier entwickelt hatte, das sich immer strecken mußte, um an die höher gelegenen Blätter eines Baums heranzukommen. Ihre Nachkommen wurden dann mit einem längeren Hals geboren, und nach vielen Generationen war die Giraffe entstanden.

Ohne genetische Kenntnisse war es schwer nachzuvollziehen, wie sich eine Spezies aufgrund zufälliger Variationen verändern konnte. Paarte sich ein Tier mit einem Merkmal, das ihm Vorteil einbrachte, mit einem anderen, das dieses Merkmal nicht aufwies – so argumentierten die Kritiker – reduziert sich der Vorteil um die Hälfte, und nach einigen Generationen würde diese Verbesserung in der gesamten Population völlig verschwunden sein. Darwin bereitete dieses Problem Sorgen; besonders in späteren Ausgaben seiner *Entstehung der Arten* räumte er die Vererbung erworbener Eigenschaften neben den von ihm hervorgehobenen zufälligen Variationen ein. Würde zum Beispiel ein Organ nicht mehr gebraucht, so wäre es bei den Nachkommen schwächer ausgebildet: Viele Haustiere haben hängende Ohren, weil sie aufgehört haben, intensiv zu horchen (Francis Darwin, 1897, 10).

Ohne das Werk Gregor Mendels (1822–1884) zu berücksichtigen, war offenbar keine Antwort möglich. Darwin ignorierte dieses Werk dennoch, als er seine Forschungsergebnisse 1866 veröffentlichte (in seinem Exemplar von Mendels Buch *Versuche über die Pflanzenhybriden* hatte er nicht einmal die Seiten aufgeschnitten). Erst 1900 entdeckten drei Forscher die Mendelsche Theorie wieder, derzufolge Merkmale auf einfache und einheitliche Weise weitervererbt werden. Daher werden sie auch nicht durch Paarung und Vermehrung reduziert, sondern können in den folgenden Generationen wieder auftauchen. Das bedeutete, daß die charakteristischen Merkmale, die ein Tier oder eine Pflanze auszeichnen, auf mechanischem Weg weitergegeben werden und vom übrigen Organismus mehr oder weniger unabhängig sind. Es ließ sich nur schwer begreifen, daß die erworbenen Merkmale auf irgendeine fast geheimnisvolle Weise in der genetischen Ausstattung bzw. im Genotyp des Individuums oder der Art enthalten sein sollten. »Es bedurfte nur der Entdeckung der Vererbungslehre... und das Geheimnis [des Lebens, wie es Darwin enthüllte], stand in all seiner bloßen Herrlichkeit vor uns« (Crick 1988a, 32).

Die Mendelschen Gesetze schienen anfänglich der stufenweisen Variation Darwins zu widersprechen. Doch in den ersten Jahrzehnten des 20. Jahrhunderts verbanden die Biologen die Mendelsche Lehre mit dem Darwinismus und schufen damit eine gedankliche Grundlage, die als Synthese der Evolutionstheorie in die Wissenschaft Eingang fand. In einer konzertierten Forschungsaktion entdeckten Genetiker in ihren Käfigen mit *Drosophila*, der Fruchtfliege, immer mehr komplizierte Vorgänge bei Genotypen und Phänotypen, Heterozygoten und Homozygoten, Allelen, spontanen und induzierten Mutationen, Transpositionen, Genhäufigkeiten, Vererbbarkeiten, Koppelungen und dergleichen. Daraus bauten sie ein System auf, das eine solide Evolutionstheorie zu sein schien. Bis zu ihrer Vollendung in den vierziger Jahren war die Synthese zu einem beeindruckenden theoretischen Gebäude ausgereift.

Der Erfolg war beeindruckend – und stand doch auf tönernen Füßen. Es stellte sich heraus, daß die Genetik verwirrender und komplizierter war als erwartet. Mendels Versuche hatten hervorragende, klare Ergebnisse gebracht, aber zum Teil hatte er ungeheures Glück dabei gehabt. Die einzelnen Gene, die er bei Erbsen über mehrere Generationen hinweg beobachtete, lagen zufällig auf verschiedenen Chromosomen und präsentierten sich in einfacherer Weise als üblich. Es wurden nämlich Gene entdeckt, die in unterschiedlicher Kombination auftreten, vielfältige Wirkungen haben und sich auf unerklärliche Art verändern oder mutieren. Überdies trug die Fülle an Informationen nur wenig zum Verständnis der Evolution bei. So entdeckte man *Drosophila* mit verschiedenen Augenfarben oder mit nur einem Bein, das aus dem Kopf herauswuchs. Doch man fand nicht heraus, aus welchem Grund sich neue Organe bildeten, und begriff auch kaum, wie die verschiedenen Arten von *Drosophila* entstehen konnten.

Unter diesen Umständen suchten viele Biologen nach Kräften oder Richtungen in der Evolution, die in Darwins Ausgangstheorie nicht berücksichtigt worden waren. Einige stießen dabei auf den Vitalismus – die Auffassung, daß das organische Leben dank einer besonderen Lebenskraft existiert –, andere wandten sich bestimmten Varianten des Lamarckismus zu, und wiederum andere hingen der Teleologie an, dem Glauben an eine der Evolution innewohnende Zweckmäßigkeit.

Die Variation-Selektions-Theorie erfuhr dennoch neuen Auftrieb durch einen weiteren großen Fortschritt in der Genetik. Die Entdeckung der Nukleinsäuren (DNS und RNS) als Träger des Erbguts bewies die physikalische Körperlichkeit der Gene und stärkte das Vertrauen in die materialistische Erklärbarkeit der Evolution. Weil die beiden Nukleinsäuren sich selbst vermehren und Informationen an Proteine (Eiweißkörper) weitergeben, schlossen die Molekularbiologen, daß der Informationsfluß stets von den Nukleinsäuren zum Körper laufe, und niemals umgekehrt. Daraus folgte, daß Veränderungen im genetischen Programm oder Genom einzig durch Fehler bei der Replikation (d. h. durch deren Verdoppelung) zustande kommen könnten. Variation hätte zufällig zu erfolgen; eine Rückkoppelung könnte es nur durch einen relativen Erfolg oder das Versagen von Varianten bei der Fortpflanzung geben. Dieses wunderschöne mechanisch-materialistische Konzept war kaum mehr zu erschüttern. Oder wie es ein Biochemiker ausdrückte: »Die Fortschritte im Verstehen genetischer Details [durch die Entdeckung der DNS] bestätigten Darwins Theorie und belegten die einzelnen Prozesse in gleichem Umfang, wie sich die Newtonschen Gesetze in der Physik als gültig herausgestellt haben« (Loomis 1988, XII).

Die Erfolge der neuen Molekularbiologie in der Analyse und Manipulation von Enzymen und Nukleinsäuren legten den Schluß nahe, daß sich bei der Zerlegung der materiellen Erbsubstanz auch die Rätsel der Evolution lösen würden. Und doch ergaben sich wieder Antworten, die nur schwer zu verstehen waren. Die Beziehungen zwischen Genen und Organismus stellten sich als äußerst kompliziert heraus, und die gewaltige Informationsflut aus den Laboratorien half nur wenig bei der Interpretation der Fossilienfunde oder zum Verständnis von Strukturen und Verhaltensweisen. Doch die konkreten Begriffe aus der Molekularbiologie gaben unter den meisten praktizierenden Biologen seitdem den Gesprächston an, wenn es um das Problem der Vererbbarkeit ging.

Die orthodoxe Evolutionslehre, wie sie in den biologischen Fachbüchern dargelegt wird, ist recht einfach und streng reduktionistisch. Sie behandelt vorzugsweise den Organismus weitgehend als ein Bündel von Merkmalen, als einen genetischen »Bohnensack«.

Der Begriff klingt vielleicht etwas abschätzig, doch er stammt immerhin von Darwinisten, die ja bereitwillig einem Gen ein bestimmtes Merkmal zuordnen. Jedes Merkmal wurde demgemäß per Auslese wegen seines relativen Vorteils festgelegt; das war dann sein Beitrag zum Reproduktionserfolg. Edward O. Wilson sagte einmal: »Jedes Merkmal wird [durch die natürliche Auslese] auf seine adaptive Bedeutung hin gewogen und dann zu den Grundsätzen der Populationsgenetik in Bezug gesetzt« (E. Wilson 1980, 4). Es bleibt offen, wie in Zukunft all jene, die über die unendliche Vielfalt des Lebens nachdenken, zu dieser Forderung Stellung nehmen werden, aber es war in der Tat die bevorzugte Arbeitsthese.

»Die einzige Quelle wirklicher Neuerungen ist der Zufall« (Crick 1983, 62) lautet eine unabdingbare These des Neodarwinismus. Das bedeutet, daß Innovationen Fehlern im Fortpflanzungsprozeß entspringen. Die meisten dieser Fehler sind unbedeutend oder harmlos, gleichen Fehlzündungen in einer sorgfältig konstruierten und gründlich getesteten Maschine, die durch das harte Ausleseverfahren der Umwelt beseitigt werden. Einige Fehler aber sind Verbesserungen; sie befähigen den Organismus, sich besser anzupassen und sich stärker zu vermehren, insbesondere wenn Umweltveränderungen neue Anforderungen ins Spiel bringen. Wenn sich Variationen häufen, verändert sich die Population durch laufende Kreuzung unbegrenzt. Schließlich wandelt sich die Art, und es entstehen neue Arten. Darwin ging davon aus, daß die Variationen ohne klar abgesteckte Grenzen in jegliche Richtung tendieren könnten (Charles Darwin 1988). Die moderne Theorie scheint sich dieser Annahme, die den Organismus dem Roulettespiel der Variation und dem Druck seiner Welt ausliefert, weitgehend anzuschließen.

Ein heftiger Verfechter dieser Idee war August Weismann. Vor nahezu einem Jahrhundert vertrat er die völlige Trennung der Reproduktionszellen – der Keimbahn – von dem funktionellen Körper, dem Soma. Laut Weismann sind die Reproduktionszellen schon im frühen Embryo abgetrennt; sie behalten ihre Sonderposition bis zur Geschlechtsreife bei, bis sie dann zur Bildung der nächsten Generation beitragen. Das findet zwar bei den Pflanzen und auch bei den meisten Tierstämmen nicht statt, aber die Idee war sehr einflußreich und attraktiv, unterstützte sie doch die Nichtvererbbarkeit von erworbenen Merkmalen. Eine direkte Rückkoppelung zwischen Umwelt und Erbgut findet dabei nicht statt. Obwohl die sog. Weismannsche Barriere zwischen somatischen und genetischen Geweben zunächst nicht vorhanden ist, wird sie noch häufig zitiert (Lewin 1981, 316). Der wichtige Punkt dabei ist, daß es in der Evolution nichts Zweckgerichtetes oder Teleologisches geben darf. Jeder Gedanke an einen innewohnenden Zweck würde in der Natur eine objektive Analyse erschweren. Unter Biologen ist der gegenseitige Vorwurf der Teleologie schlicht eine Beleidigung. Allein die Vorstellung, daß die Evolution nicht durch innere Faktoren oder »Orthogenese« gesteuert würde, ist schon mißliebig. Die einzige Kraft, die einen Wandel herbeiführen darf, ist die Anpassung.

Viele Biologen weigern sich sogar, eine irgendwie geartete allgemeine Richtung in der Evolution anzuerkennen. Sie lehnen selbst die Vorstellung ab, daß bestimmte Lebewesen auf eine durchaus bedeutende Weise »höher« sind als andere. Obwohl die natürliche Auslese eine Verbesserung beinhaltet und ein Säugetier nun einmal wesentlich weiter von seinem vermuteten einzelligen Vorfahren entfernt ist als eine Amöbe, empfinden sie einen Widerspruch zwischen dem Gedanken an »höhere« Formen und den mechanistischen Mitteln eines Wandels. Wie R. L. Trivers feststellte: »Es gibt keine objektive Grundlage dafür, eine Art über eine andere zu stellen« (Trivers 1976, V). Ist eine Amöbe in ihrer einfachen Lebensweise nicht genauso vollkommen wie ein Mensch?

Die konventionellen Theoretiker denken in diesem Sinne möglichst in Form von materiellen Teilchen der Erbanlage, in Genen. Für Darwin war die Selektionseinheit das Individuum. Dank seiner Eigenschaften (und etwas Glück) hat es unter Umständen den Anstoß gegeben, mehr als nur seinen engeren Beitrag zur Weiterentwicklung der neuen Generation zu leisten. Die Entdeckungen in der Genetik führten jedoch zu einer Gewichtsverlagerung vom Organismus hin zu seinem Reproduktionsmaterial. Aus der Sicht der Populationsgenetik, wie sie von Sewall Wright, Ronald Fisher und anderen entwickelt wurde, ist eine Spezies, d. h. eine Art, durch die Häufigkeit verschiedener Gene und ihrer wechselnden Zustandsformen an einem bestimmten Platz – in der Fachsprache: ihrer Allele an einem Locus – charakterisiert. Evolutionärer Wandel wurde damit auf eine »genstatistische Formsache« reduziert (so lautet die klassische Formulierung von Crow und Kimura 1970 und Feldman 1988). Ihr Ergebnis ist ein Bündel beeindruckender und manchmal auch nützlicher Gleichungen, die die wahrscheinliche Veränderung einer Population (d. h. den evolutionären Wandel) steuern – Gleichungen, die zuweilen in den Rang eines biologischen Pendants zu den Newtonschen Gesetzen erhoben werden.

Die Populationsgenetik ist dennoch weniger festgefügt als die klassische Mechanik. Ihre Hauptvariable, die Genhäufigkeit, ist in der Praxis selten meßbar; ihre hauptsächliche unabhängige Variable, die Eignung, kann nur geschätzt werden, da man unmöglich festlegen kann, in welchem Umfang das Überleben speziellen Genen, dem Zufall oder besonderen Umständen zu verdanken ist. Noch allgemeiner gesprochen: Ein Organismus kann nicht einfach als das Produkt einer Anzahl von Proteinen – jeweils vom entsprechenden Gen produziert – betrachtet werden. Gene haben mehrfache Wirkungen, und die meisten Merkmale hängen von solchen »multiplen« Genen ab. Die Selektion einzelner Gene ist nur bei sehr einfachen Organismen von größerer Bedeutung. Die Populationsgenetik ist also am besten auf Bakterien anwendbar, für die Evolution von Organen und höheren Lebewesen hat sie wenig Aussagekraft.

Einige Biologen haben die Gene sogar über die Organismen gestellt und das Lebewesen selbst zum Werkzeug der Genreplikation degradiert (Dawkins 1978). Das Wesen der Evolution liegt danach im Wettstreit der Gene und in ihrem (unbewußten) Kampf um Überleben und Vermehrung. Ein typischer Ausspruch dazu: »Der Körper des Individuums ... eine ›Überlebensmaschine‹ zur späteren Verschrottung ... ist von Genen lediglich zur erhöhten Absicherung ihres eigenen Überlebens und ihrer Fortpflanzung konstruiert« (Barnard 1983, 119). Mit anderen Worten: »Der individuelle Organismus ist nur ihr [der Gene] Vehikel, Teil eines ausgeklügelten Plans, um sich mit dem geringstmöglichen biochemischen Aufwand zu erhalten und zu verbreiten« (E. Wilson 1980, 3).

Der Ausdruck »egoistisches Gen« besticht durch seine Kühnheit. Doch die Behauptung, die Gene wären auf eine undefinierbare Weise etwas Elementares, ist eher eine ideologische als eine wissenschaftliche Aussage. Gene sind keine selbständigen Wesen, sondern abhängige Teile eines Ganzen, das ihnen erst zur Wirksamkeit verhilft. Alle Teile einer Zelle stehen in Wechselwirkung zueinander, und die Genkombinationen sind zumindest so wesentlich wie ihre individuellen Wirkungen bei der Erzeugung des Organismus. Selektion wendet sich nicht an Gene, sondern an Organismen oder Gruppen (und möglicherweise an Arten).

In dem Zyklus *Geschlechtszellen (oder Gameten) – Organismus –*

Gameten ist jedes Bindeglied wesentlich. Es gibt auch keinen Grund für die Annahme, das Gen stehe bei der Erzeugung von Leben an erster Stelle. Im allgemeinen geht man davon aus, daß die Proteine und die RNS vor der DNS existiert haben. Den einfachsten und kleinsten Teil zum Ausgangspunkt für alles übrige zu erheben, hat zweifellos den Reiz eines offenbar fein ausgearbeiteten Modells und stellt durch das Paradoxe seiner Aussage einen Anspruch auf Tiefsinnigkeit. Doch es mutet schon etwas merkwürdig an, wenn die Funktion eines so komplexen, offensichtlich nützlichen und sensiblen Wesens wie des Elefanten oder eines Menschen lediglich in der Kopie von Sequenzen von Nukleinsäurebasen liegen soll, die außerhalb des Körpers nichts bewirken können und keinerlei Bedeutung haben, außer zur Entstehung eines neuen Elefanten oder Menschen beizutragen. Ein Organismus steht in Interaktion mit seiner Umwelt und hat eine Bestimmung; ein Gen dagegen ist nur Werkzeug beim Aufbau eines Organismus.

Jenseits solcher Extrempositionen stellt die Selektion-Variations-Theorie ein brauchbares Näherungsverfahren dar. Sie erklärt zweifelsohne sehr viel oder hilft zumindest bei der Deutung vieler Befunde. Die natürliche Auslese dient zur Eliminierung derjenigen Organismen, die zum Konkurrenzkampf weniger gut gerüstet sind, das heißt, sie stabilisiert Formen. Darwin betrachtete die Auslese nicht so sehr unter dem Blickpunkt der Eliminierung der Ungeeigneten, als vielmehr als günstige Gelegenheit für die besser Angepaßten, als adaptiven Wandel also.

Das am gründlichsten untersuchte und am häufigsten zitierte Beispiel ist die Veränderung des gesprenkelten Nachtfalters *Biston betularia* in Großbritannien. In Gegenden, wo der Rauch aus Industrieschloten einen Großteil der Landschaft schwarz färbt, setzte sich bei dieser Spezies wie auch bei anderen Falterarten und Insekten eine dunkelfarbige Variante durch. Sie ersetzte die grau gesprenkelte Form, deren Tarnung sich auf flechtenbewachsenen Oberflächen bewährt hatte. Diese Adaptation wird durch natürliche Umstände ausgelöst: Für Vögel waren die dunkelgefärbten Falter auf einem dunklen Untergrund schwer auszumachen. Als man Maßnahmen zur Sauberhaltung der Luft einleitete, kehrten die heller gefärbten Varietäten wieder zurück. Trotzdem sind die Dinge nicht so einfach. Das »dunkle« Gen war anfangs nicht voll dominant, wurde es dann aber (Wöhrmann 1990, 20). Melanistische Falter breiteten sich auch in ländlichen Gegenden mit flechtenbewachsenen Baumstämmen aus. Sie vermochten ihre Lebensfähigkeit anscheinend auf andere Weise zu erhalten als durch Tarnung (Grant 1985, 107f.). Der Erfolg der dunkleren Varietät ist interessant. Gleichwohl beweist er nicht, daß ein gleicher selektiver Prozeß auch der Fähigkeit des Chamäleons zugrunde liegt, sich rein reflektorisch innerhalb von wenigen Minuten zu tarnen.

Varianten der Theorie

Um die Fülle von Problemen zu bewältigen, modifizierten viele Biologen, die dem Darwinismus im Prinzip treu blieben, die ursprüngliche Theorie. Die Evolutionslehre büßte dadurch etwas an Klarheit ein. Obwohl sie im Prinzip weiterhin für richtig gehalten wird, ist der Streit der Gelehrten vorprogrammiert, wenn man sie beispielsweise zur Klärung der menschlichen Entstehungsgeschichte anzuwenden versucht.

Eine vorsichtige Kurskorrektur leitet der Gedanke ein, daß Populationen nicht nur durch Adaptation einen Wandel erfahren, sondern auch durch Mutationen, die sich neutral oder zumindest nicht einschneidend negativ auswirken. Strenge Adaptationisten behaupten allerdings, daß »sich ein evolutionärer Vorteil für ein Merkmal herauskristallisieren muß, wenn man nur scharf genug hinschaut«. Doch auf jede positive Veränderung müssen Tausende und Zehntausende kommen, die nicht eindeutig nützlich sind, und unzweckmäßige Merkmale können (mit Ausnahme derjenigen, die schädlich genug sind, um durch Selektion ausgeschaltet zu werden) zu Populationsänderungen führen, da Varianten durch reine Zufallsereignisse vermehrt oder eliminiert werden. Angenommen, man hat ein Faß, angefüllt mit weißen und schwarzen Bohnen. Man mischt die Bohnen kräftig durch, nimmt die Hälfte heraus und wirft sie weg. Danach füllt man das Faß in demselben Mischungsverhältnis wieder auf, den der verbliebene Rest hat – es ist, als ob eine neue Generation geboren würde. Dann wiederholt man den geschilderten Vorgang. Das Verhältnis von schwarzen und weißen Bohnen ändert sich bei jeder »Generation«. Hat man den Vorgang oft genug wiederholt, werden zum Schluß nur schwarze oder weiße Bohnen übrigbleiben. Wieviele »Generationen« das dauert, hängt vom Zufall und der Anzahl der Bohnen ab.

Dieser Wandel, der von Sewall Wright »genetische Drift« genannt wurde, ist dafür mitverantwortlich, daß sich die Evolution vom Prinzip der Adaptation fortbewegt hat. Daß die Drift eine Tatsache ist, läßt sich aus der allgemeinen molekularen Veränderung in Proteinen erkennen, die um so häufiger auftritt, je unwichtiger die Selektion ist (Kimura 1985, 80). Eingefleischte Selektionisten scheinen die neutralisierende Drift manchmal als ideologischen Affront zu empfinden. Und doch ist sie, weil nicht zweckgerichtet, eine durchaus akzeptable Ergänzung zur natürlichen Auslese. Eine besondere Bedeutung erhält sie, wo es um Theorien zur Bildung neuer Arten geht.

Eine schärfere Kampfansage an die Grundtheorie ist die Ablehnung des Gradualismus zugunsten der »Stasis-Punktuation«. Dahinter steht der Gedanke, daß Veränderung nicht einfach fließend, sondern in deutlichen Sprüngen verläuft. Trotz gelegentlicher gegenteiliger Bemerkungen hielt Darwin am Gradualismus fest, obwohl er von seiner Theorie aus gesehen nicht unbedingt zwingend war. Weitreichende Folgen hatte auch die Entdeckung der Kontinuität in der Natur. So war es selbstverständlich zu folgern, daß die Vergangenheit durch Kräfte zu erklären war, die in der Gegenwart wirksam waren. Es schien somit ganz natürlich und verständlich, einen Artenwandel allein einer Anhäufung von kleinen Variationen zuzuschreiben. Dieser Gedanke paßte auch zu Darwins philosophischer Anschauung: Gradualismus war das Gegenteil des besonderen Kreationismus, den er bekämpfte.

Die Überzeugung von einem Wandel, der sich fließend vollzogen haben mußte, stimmte mit der Ablehnung jeglichen Gedankens an eine Zielgerichtetheit in der Evolution überein. Wenn Organismen sich sozusagen zu neuen Adaptationen vorwärtstasten, so tun sie das in kleinen Schritten. Daher bevorzugen die meisten Biologen den Gradualismus, wie ihn schon Darwin bevorzugt hatte. Doch die Fossilienfunde belegen keine kontinuierliche Verbindung zwischen den verschiedenen Gruppen, und einige Biologen, angeführt von Richard Goldschmidt, versuchten Anfang des 20. Jahrhunderts aufzuzeigen, daß Evolution in radikalen Sprüngen stattgefunden haben mußte oder, mit Goldschmidts Worten, in Form von »hoffnungsvollen Monstern«. Diese Vorstellung wurde aber weitgehend verworfen. Man brachte vor, daß solche Sprünge nicht beobachtet worden seien. Gewaltige mutative Veränderungen, die man im Labor hervorgebracht habe – so zum Beispiel einen Doppelthorax bei Fruchtfliegen oder ein Bein, das aus dem Kopf herauswuchs –, wären stets strukturellen Fehlern entsprungen oder hätten dem Sitz von früheren Körperteilen entsprochen. Niemals aber wäre ein neues Organ entstanden. Es gebe *Drosophila*-Mutationen mit vier statt zwei Flügeln, doch das zusätzliche Flügelpaar sei nur eine Extra-Kopie. Es wurde auch bezweifelt, daß eine größere Umbildung des Organismus überhaupt lebensfähig sei. Und wenn – durch irgendeinen seltenen Zufall – doch ein erheblich verbessertes Lebewesen auftauchte, würde es vermutlich keinen Partner finden, mit dem es seine spezielle Ausstattung dauerhaft fixieren könnte.

Dennoch verfochten in jüngster Zeit einige Theoretiker, allen voran Stephen J. Gould und Niles Eldredge, nachdrücklich und auf etwas anspruchsvollerem Niveau die Idee von einer Evolution, die keinesfalls als bloße Anhäufung von kleinen, fortwährenden Veränderungen zu verstehen sei. Sie favorisieren das zweigleisige Modell einer Evolution, die sich zwischen Artenstabilität und raschem Wandel, also zwischen »Stasis und Punktuation«, abspielt (Stanley 1979, 13 ff.). Eher konventionellen Theoretikern mißfällt diese nichtdarwinistische These, weil sie dem streng mechanistischen Ansatz – zumindest auf geistiger Ebene – zu widersprechen scheint.

Eine andere Beurteilung des Prinzips der selektiven Adaptation gründet auf der Tatsache, daß Gene pleiotrop sind, das heißt Vielfachwirkungen haben, unter Umständen ein Dutzend oder mehr. Ein Zusammenhang zwischen ihnen läßt sich nicht erkennen, und viele erscheinen nutzlos oder negativ. Darwin war das ganz geläufig. Er schrieb ja in »Gesetze der Korrelation« über zusammengehörige Merkmale wie die Taubheit bei weißen Katzen mit blauen Augen. Die Darwinisten neigen zu der Ansicht, alle oder nahezu alle Merkmale seien individuell durch Selektion entstanden. Doch ansonsten schwer zu deutende Merkmale können einen Sinn ergeben, wenn man voraussetzt, daß sie mit nützlichen oder wesentlichen Charakteristika einhergehen. Der Vorteil dabei ist, daß ein wertloses Merkmal, das als Nebenprodukt aufgetreten ist, sich unter veränderten Bedingungen als nützlich erweist. Allerdings bedeutet das eine Aufweichung der selektionistischen Theorie. Merkmale werden nicht unmittelbar erkennbaren selektiven Vorteilen, sondern offenkundigen Beziehungen zu anderen Merkmalen zugeordnet.

Die Evolutionisten unterscheiden sich auch darin, ob sie Nachdruck auf einzelne Gene legen oder auf Genkombinationen, auf Gene, die Proteine hervorbringen, oder solche, die wiederum andere Gene ein- oder ausschalten. Wenn die meisten Merkmale auf die Wirkung mehrerer Gene, Regulationsgene oder Enzymgen-Systeme zurückgehen, lassen sich große Veränderungen besser als Ergebnisse von Rekombinationen begreifen; Mutationen zur Herstellung neuer Proteine sind dementsprechend weniger wichtig. Der Prozeß der Vererbbarkeit ist offensichtlich viel komplizierter, als er sich bei der Mendelschen Erforschung der einfachen und einheitlichen Merkmale in Erbsen (glatt oder gefurcht, gelb oder grün, winzig oder groß) herauskristallisierte. Das führt zu einer Schwerpunktsverlagerung, weg von den relativ gut verstandenen Struktur-Genen, (die keine Strukturen erzeugen, sondern Proteine, die wiederum in Strukturen enthalten sind oder auch nicht) und hin zu den kaum verstandenen Regulatorgenen, die Batterien von Genen ein- oder ausschalten. Keine der einfachen Theorien wird jedenfalls dieser enormen Komplexität, die durch die moderne Genetik aufgedeckt wurde, gerecht.

Ein anderes Problem ergibt sich aus der Existenz vieler Merkmale, die offenbar für die Gruppe von Vorteil sind, nicht aber für das Individuum. Bei den Präriehunden hält einer immer Wache, während die anderen fressen; er verzichtet dabei auf seinen Anteil am Futter und setzt sich selbst den Feinden aus. Wenn eine Honigbiene ihren Stock verteidigt, opfert sie auch ihr Leben, indem sie einen Störenfried sticht und dabei den mit Widerhaken versehenen Stachel zusammen mit der Giftblase und einem Teil der Eingeweide in dessen Fleisch zurückläßt. Zur Auflösung dieses Widerspruchs postulierten die Evolutionisten, daß die Selektion sowohl mit dem Vorteil des einzelnen als auch mit dem der Gruppe operiere: Eine Gruppe, die über Merkmale verfügt, die für ihren kollektiven Erfolg nützlich sind, wird gedeihen und sich vermehren und schließlich vielleicht Gruppen ersetzen, in denen das sozial vorteilhafte Merkmal fehlt.

Andererseits werden Einzelwesen ohne altruistisches Gen einen größeren individuellen Fortpflanzungserfolg haben; das soziale Merkmal wird wieder verschwinden. Diesem Widerspruch setzte William Hamilton in den sechziger und siebziger Jahren seine These von der indirekten Eignung entgegen, eine bedeutende Ergänzung zum Darwinschen Grundsatz. Als »direkte Eignung« bezeichnet man die Fähigkeit eines Lebewesens, seinen Stamm zu vermehren.

Darüber hinaus verfügt es über eine »indirekte Eignung«, indem es anderen Individuen Hilfe leistet, mit denen es verwandt ist, d. h. mit denen es gemeinsame Gene teilt. Trotz seiner logischen Schwäche hat sich diese Idee für die Evolutionstheorie als brauchbar erwiesen.

Man kann die Evolutionstheorie modifizieren, um solchen Schwierigkeiten zu begegnen; entsprechend groß ist die Bandbreite der evolutionistischen Meinungsvielfalt über Geschwindigkeit, Brennpunkt und Verlauf von Veränderung. An den zentralen Gedanken halten die Evolutionstheoretiker indes fest: Es gibt nichts Zweckgerichtetes, und die Organismen passen sich genetisch ausschließlich durch ihren Erfolg oder Mißerfolg in der Reproduktion an. Oder mit den Worten von Ernst Mayr: »Die einzige Frage, in der die modernen Autoren eine einhellige Meinung vertreten, ist die, daß die Anpassung nicht teleologisch ist.«

Die Bindung an den Darwinismus

Darwin gab eine Antwort auf das intellektuelle Bedürfnis seiner Tage, und seine Zeit erkannte sich in ihm wieder. Man sah ihn als den vielleicht größten Wissenschaftler an, und sein Name steht nunmehr für eine Theorie, die weit über sein Werk hinausgewachsen ist. Was allgemein als neodarwinistische Synthese oder einfach als moderne Synthese bekannt ist, hat besonders in den Vereinigten Staaten einen ideologischen Beigeschmack angenommen. Sie ähnelt mittlerweile fast der Offenbarung eines Propheten, von dem jedes Wort aus seinen großen Werken mit Zustimmung registriert wird. Man glaubt, den Darwinismus vor respektlosen Angriffen in Schutz nehmen zu müssen. Bruce R. Levin meinte dazu: »Neue Ideen fordern Angriffe heraus, und zwar ausschließlich deshalb, weil sie die orthodoxe Meinung tatsächlich oder auch nur scheinbar ankratzen.« Einige Biologen glauben, Grund zu der Annahme zu haben, »daß die Befangenheit in der orthodoxen Darwinschen Lehre die Thematik verschleiert und wenig nützt« (Miklos und John 1987, 279).

Eine sachliche wissenschaftliche Arbeit beruht auf »Bestimmung bedeutsamer Tatsachen, gegenseitige Anpassung von Fakten und Theorie, Artikulierung der Theorie« (Kuhn 1967, [2] 1976, 47); praktisch arbeitende Biologen verschwenden nicht viel Zeit für tiefschürfende Fragen, auf die es keine Antworten gibt. Kontroverse Theoriediskussionen sind weniger verdienstvoll als gezielte Forschungen. Nur hierbei werden Ideen geboren, nicht zur Evolution, aber beispielsweise zu den Nestgewohnheiten von Vögeln; man findet heraus, wie Gene konstruiert sein können, oder man züchtet Nutzpflanzen. Das darwinistische Modell jedoch liefert eine gute Arbeitshypothese und ein wertvolles Paradigma für die Forschung. Karl Popper sah in ihm sogar mehr ein »metaphysisches Forschungsprogramm« als eine wissenschaftliche Theorie.

Ganz allgemein gilt: Die anerkannte Evolutionslehre, wie ungenau sie auch sein mag, ist solange als wahr hinzunehmen, als sie nicht widerlegt ist, auch wenn ihre Beweismittel zugegebenermaßen unvollständig sind. Mark Ridley verteidigt beispielsweise die natürliche Auslese mit der einfachen Begründung, daß wir keine andere einleuchtende Erklärung haben (Ridley 1990). Diese Perspektive ist verständlich, vielleicht sogar überzeugend. Theorien, in die viele Wissenschaftler ihre ganze Arbeitszeit investiert haben, können nicht einfach beiseite geschoben werden, es sei denn, man kann sie durch andere befriedigende Theorien ersetzen, die normalerweise von jüngeren Forschern entwickelt werden. Der Neodarwinismus wird von Wissenschaftshistorikern als anerkannte »Erkenntnismethode« eingestuft.

Wissenschaftliche Fortschritte ergeben sich aus der Überprüfung, Abänderung und, soweit nötig, auch aus der Ablösung von Hypothesen. Doch die herkömmliche Evolutionstheorie wird üblicherweise nicht als eine Hypothese behandelt, die es zu untersuchen gilt. Ein mathematischer Lehrsatz ist durch ein einziges Gegenbeispiel zu widerlegen, die Evolutionstheorie aber ist in der Praxis nicht zu erschüttern (Saunders 1988, 279ff.). Viele einfache Tatsachen wie die, daß all die Millionen von Insektenarten, aber keine einzige sonstige Art, sechs Beine haben, bieten sich regelrecht dazu an, die natürliche Auslese als eine Verallgemeinerung zu widerlegen. Doch so allgemeine Fragen werden gewöhnlich hintangestellt; viel lieber geht man davon aus, daß jedes Rätsel innerhalb seiner Kategorie zu lösen sein muß, wenn es nur hinreichend durchleuchtet wird. Dazu der Ausspruch eines leidenschaftlichen Darwinisten: »Es ist beinahe gleichgültig, um welche Verhaltenskorrelation es sich handelt, ein fähiger Evolutionsbiologe wird im allgemeinen nachweisen können, daß sie in Wirklichkeit ›adaptiv‹ ist.« Er hätte »im allgemeinen« durch »immer« ersetzen können, wie McFarland dies tut: »Für ein zu beobachtendes oder angenommenes Merkmal kann ein plausibler adaptiver Wert immer gefunden werden« (McFarland 1989, 478).

Trotz der Seltenheit irgendwelcher nützlicher Mutationen kann man immer fordern, daß die geeigneten Mutationen durch Zufall entstanden und ausgewählt wurden und dabei die in Frage stehende Adaptation ermöglichten. So vermutet man zum Beispiel, daß die natürliche Auslese den weiblichen Schilfrohrsänger dazu veranlaßt hat, vollkehlige Männchen zu bevorzugen, weil sie gute Futterversorger für die Familie sein sollten. Andererseits führte vermutlich die natürliche Auslese beim weiblichen Leierschwanz dazu, Männchen vorzuziehen, die ihre Nachkommenschaft vernachlässigten, wodurch vermieden wurde, daß sie die Aufmerksamkeit von Räubern auf das Nest lenkten (Alcock [4]1989, 80f.). Die weibliche Fleckenhyäne hat, wie einige meinen, eine ganze Garnitur äußerer Geschlechtsmerkmale wie die Männchen, um ihre Artgenossen besser begrüßen zu können (Kruuk 1972, 229). Einige Webervögel sind monogam, weil es wenig Futter gibt, andere wiederum, weil Futter reichlich vorhanden ist (Crook 1972, 304). Murmeltierfamilien bleiben in höhergelegenen Gegenden länger zusammen, weil dort die Vegetation spärlicher ist; wenn die Jungen in diesen Hochlagen sich eher absondern, dann wahrscheinlich deshalb, weil sie bei dem mageren Futterangebot nach neuen Nahrungsquellen suchen müssen.

Ein Faultier entleert seinen Darm nicht wie andere Baumbewohner nach Bedarf, sondern bloß jede Woche einmal oder sogar in noch längeren Zeitabständen – was für einen Vertilger von grober Pflanzenkost gar nicht einfach ist. Zu gegebener Zeit läßt es sich dann zur Erde herab, mit der es ansonsten niemals in Berührung kommt, erleichtert sich und vergräbt seine Exkremente. Der evolutionäre Vorteil für das Faultier dürfte dabei die Befruchtung des Wohnbaums sein. Mit anderen Worten: Eine Reihe von zufälligen Mutationen brachte einen Urahn des Faultiers dazu, auf eine für ein Faultier ungewöhnliche Weise seine Notdurft zu verrichten. Das verbesserte die Qualität des Blattwerks in seinem Lieblingsbaum und führte dazu, daß er eine zahlreichere Nachkommenschaft zeugte als seine Artgenossen, die ihren Kot einfach herabfallen ließen. Das Merkmal setzte sich folglich durch.

In der Praxis sind die Biologen eher Realisten. Sie halten besser entwickelte Pflanzen und Tiere für »fortgeschritten« oder »höher«.

Obwohl sie eine teleologische Ausdrucksweise tunlichst vermeiden, erkennen sie bestimmte Tendenzen in der Evolution an. Daß Tiere zweckgerichtet und sicherheitsbestimmt handeln, bringen sie wahrscheinlich nur deshalb über die Lippen, weil es unbeholfen klingen würde, von Genen zu sprechen, die den tierischen Bewegungsapparat veranlassen, gewisse Tätigkeiten zu steuern, die sich günstig auf den Reproduktionserfolg auswirken. Nachdem sie Tausende von Stunden Löwen, Eichelhäher oder Libellen hingebungsvoll beobachtet haben, die nichts Aufregendes taten, gaben sie getreulich Tatsachen wieder, die mit der Standardtheorie nicht in Einklang zu bringen sind.

Es ist jedoch beruhigend, die Natur als etwas grundsätzlich Mechanistisches und daher rundum Verständliches zu betrachten. »Die Eignung maximieren« ist eine saloppe Erklärung, die sich auf fast alles anwenden läßt und solange überzeugend klingt, bis sie kritisch überprüft wird. Das Ordnungsprinzip der natürlichen Auslese hat den Reiz des Paradoxen und scheinbar tiefgründigen Verstehens: »Toll, wie sich diese auf den ersten Blick ungeordnete Vielfalt der lebenden Natur auf ein paar einfache Prinzipien reduzieren läßt!«

Aus der Sicht einiger Forscher »war die Selektion schon immer – und sie ist es noch – eher ein logisches Konstrukt als ein nachweislicher Prozeß« (Miklos und John 1987, 279). Aber sie eignet sich gut als Versuchsprogramm, und die Wissenschaftler verklären ihre Arbeitsmethoden zur philosophischen Weltsicht (Peacocke 1986, 1). Das Prinzip von Variation und Selektion repräsentiert eine geistige Ökonomie und bietet die Möglichkeit, nach Antworten zu suchen, ein Sesam-öffne-dich zur Entschlüsselung der unendlichen Vielfalt und Komplexität der lebenden Natur.

Keine andere Wissenschaft verfügt über eine so bequeme Grundlage. Die Physiker besaßen in der Newtonschen Synthese etwas Ähnliches, doch es kam ihnen abhanden, weil sie zuviel dazulernten. Die Soziologen und andere Sozialwissenschaftler (ausgenommen die Anhänger bestimmter Schulen) durften nicht einmal im Traum jemals an eine totale intellektuelle Souveränität denken. Doch die neodarwinistische Synthese verschafft den Biologen eine zufriedenstellende Arbeitsbasis, die am meisten jenen zugute kommt, die einfach nur ihre interessanten Studien vorantreiben wollen. Die Variation-Selektionstheorie bietet eine unkomplizierte Zusammenschau der menschlichen Rahmenbedingungen und verheißt ein Mittel, die Wirrungen der menschlichen Natur in den Griff zu bekommen. Da die Lehre von sich aus wahr ist, muß es in der natürlichen Auslese eine Grundlage für jegliches Verhalten von Menschen und anderen Lebewesen geben; wir müssen nur danach suchen. Die Soziobiologen finden eine Genugtuung darin, kühn zu behaupten, eine streng wissenschaftliche Haltung einzunehmen, und das in einem so kontroversen Bereich, in dem niemand befriedigende Antworten anzubieten vermag.

Der Hang zur Simplifizierung ist natürlich kein Monopol der Biologen. Die Historiker, die Soziologen und andere Gelehrte operieren mit Theorien, denen ein solides Fundament aus Fakten fehlt. Intelligente Sozialwissenschaftler haben im Marxismus ein Dogma anerkannt (daß Geschichte auf einen ökonomischen Klassenkampf hinausläuft), das sich auf weniger empirische Fakten stützen kann als die extremste darwinistische Position. Viele Psychoanalytiker haben eine Freudsche These anerkannt, die der allgemeinen Erfahrung widersprach und keinerlei wissenschaftliche Grundlage hatte – die These, daß alle Träume Wunscherfüllungen seien. Selbst die Physiker spielen zuweilen mit Theorien ohne erwiesene Faktengrundlage. Man denke nur an die These, daß ständig eine nahezu unendliche Anzahl von Universen entsteht, um die Quantenbedingungen zu erfüllen (Herbert 1985).

Es gibt gute Gründe, jede Änderung der Evolutionstheorie, die von ihrem mechanistischen Wesen wegführen könnte, zurückzuweisen. Die Menschen haben sich schon an weitaus unvernünftigere Ansichten geklammert – und waren viel blinder dabei.

Die religiöse Herausforderung

Die Biologen sträuben sich um so mehr dagegen, Schwächen des Neodarwinismus zuzugestehen, als sich alternative Theorien mit ungreifbaren oder mysteriösen Kräften beschäftigen. Die Evolutionskritiker beschwören im allgemeinen unbekannte Einflüsse herauf, die sich unter Umständen einer wissenschaftlichen Nachforschung verschließen. Dazu gehören eine vitalistische Kraft oder eine innere Zielgerichtetheit, die auf die Entwicklung von höheren Wesen, letztlich von uns Menschen, zustrebt. Sie können wie Arthur Koestler eine Tendenz zum Paranormalen oder zur Parapsychologie haben. Doch es gibt sogar noch eine schärfere Attacke:

die orthodoxe Lehre einer speziellen Schöpfung. Die Biologen sind mehr als alle anderen Wissenschaftler einem organisierten und unablässigen, wenn auch unterschiedlich heftigen Angriff ausgesetzt. Ihre Erkenntnisse werden oft mit Lehren, die jeglicher empirischen Grundlage entbehren, gleichgesetzt. Darüber sind sie verständlicherweise ungehalten und nehmen eine Verteidigungsposition ein. In den Vereinigten Staaten ist wohl hauptsächlich der biblische Fundamentalismus dafür verantwortlich, daß sich auch der darwinistische Fundamentalismus besonders stark ausgeprägt hat.

Der Kampf währt schon lange. Darwin wurde zum Vorkämpfer der Naturwissenschaft, als ihr intellektuelles Ansehen jäh anstieg und sich die intellektuelle »Gemeinde« Großbritanniens, dem damals fortschrittlichsten Land der Welt, von den theologischen Traditionen zu befreien suchte. Auf einem Gebiet von höchst philosophischer, ethischer und religiöser Bedeutung wurde der Darwinismus zum Bannerträger all jener, die das, was sie für eine irrationale und abergläubische Sicht des menschlichen Ursprungs hielten, ausrotten wollten.

Darwin entzog den alten Glaubensvorstellungen und Ideen von einer göttlichen Bestimmung mehr an Boden, als dies Newton zwei Jahrhunderte früher und vor ihm Kopernikus getan hatten. Die Evolutionstheorie entwickelte sich zum Brennpunkt der Auseinandersetzung zwischen Wissenschaft und Religion. Die Diskussion wurde emotional geführt, und es verstrichen Jahrzehnte, ehe sich die Wogen des Streites glätteten und sich die meisten Kirchen offiziell geschlagen gaben und mit der Evolutionslehre abfanden. Dennoch schlagen die Wellen von Zeit zu Zeit wieder hoch, vor allem, wenn die Verteidiger der Schöpfungslehre Druck auf die politischen Entscheidungsträger ausüben, um ihre Ansichten an den staatlichen Schulen durchzusetzen oder zumindest die Verbreitung des naturalistischen Ansatzes in der Frage des menschlichen Ursprungs zu verhindern. Unter dem Druck des Angriffs sind die Biologen nicht bereit, Zweifel zuzulassen, die ihre zentrale Theorie unterminieren könnten.

Eine solche Verteidigungshaltung wäre nicht notwendig. Die Tatsache der Evolution ist nur mehr schwerlich zu bestreiten, es sei denn, man unterstellt, daß Gott das Universum mit gut erhaltenen Fossilien und zurückweichenden Galaxien geschaffen habe, um seine vernunftbegabten Geschöpfe in Zweifel über die biblische

Darstellung zu stürzen. Trotzdem besteht keine Klarheit zwischen der Anerkennung von gemeinsamen Urahnen, was eine Lebensgemeinschaft auf Erden bedeuten würde, und der Untersuchung der Frage, wie sich die Arten voneinander abgespalten haben.

Die Gegner der Evolutionisten beschäftigen sich vielmehr damit, die Tatsache der Evolution zu leugnen, als mit der Theorie ihres Ablaufs, der sie im allgemeinen wenig Aufmerksamkeit schenken. Jede Unklarheit darin wird hingegen herzlich willkommen geheißen. Und wenn sie sich schon vom Dogma lossagen, daß alle Arten in ihrer heutigen Form individuell erschaffen worden sind, so möchten sie den Evolutionsprozeß doch gerne als zweckgerichtet, wenn nicht gar als göttlich bestimmt ansehen. Sie wären natürlich viel stärker, wenn sie die Tatsache von gemeinsamen Vorfahren akzeptieren und ihre Angriffe auf die Frage konzentrieren würden, wie die natürliche Auslese die vielen scheinbaren Wunder der Natur, darunter auch denkende Wesen, zu erklären vermag. Die Evolutionisten scheinen hingegen die fast unumstößliche Tatsache von gemeinsamen Vorfahren oft als Beweis für die vollkommene Richtigkeit des von ihnen postulierten Mechanismus zu betrachten.

Beim Meinungsstreit über die menschlichen Anfänge prallen verschiedene Weltanschauungen heftig aufeinander. Im Lager der Darwinismusgegner fühlt man sich, mit den Tieren auf eine Stufe gestellt, empfindlich in seiner Würde verletzt. Ein so glorreiches Geschöpf wie der Mensch mit seinen moralischen und intellektuellen Fähigkeiten sollte schon einem besonderen Akt göttlichen Willens entsprungen sein! Um diesen Stolz zu brechen, setzte Darwin alles daran, jegliche Illusion zu zerstören. Ihm folgend lehnen die Biologen daher jeglichen Anthropozentrismus ab, d. h. die Anschauung, nach der der Mensch Mittelpunkt der Welt und Zweck des Weltgeschehens ist, und sprechen dem Menschen jede Sonderrolle ab. Ihre religiösen Widersacher betrachten dagegen die Kehrseite der Medaille. Wenn wir schon das Werk eines zufallsgesteuerten Prozesses sind, das Ergebnis der Wechselwirkung zwischen willkürlichen Variationen und einer völlig unpersönlichen Umwelt, worin unterscheiden wir uns dann tatsächlich noch von den Affen, außer daß wir im Augenblick erfolgreicher agieren? Oder mit den Worten eines Neurologen: »Es gibt einen ewig währenden Kampf zwischen der sogenannten darwinistischen und der zivilisierten Seite unserer Natur« (Restak 1988, 15). Wenn wir ethisch gesehen den Tieren gleichgestellt sind, was wird dann aus den moralischen Werten? (Zum Thema Kreationismus, Schöpfungslehre siehe Bowler 1989, 354ff.)

Würden in der konventionellen Evolutionstheorie nicht so gesellschaftszerrüttende Anklänge mitschwingen, dann hätten die Kreationisten einen viel schwereren Stand. Entschlossen, sich nicht bezwingen zu lassen, schüren sie das emotionale Feuer ihrer Angriffe, was die Evolutionisten wiederum in dem hartnäckigen Festhalten an der Integrität der mechanistischen Erklärung bestärkt. Die Anti-Evolutionisten ahnen, daß die Lehre vom materiellen Ursprung und von den Antriebskräften (»Das Gen ist die Kreatur«) die soziale Ordnung zerstören würde, sobald man sie auf die menschliche Gesellschaft anwendet. Die Evolutionisten sind ihrerseits entschlossen, die Wissenschaft – und damit die Suche nach der Wahrheit – gegen alles, was sie als eigennützige »Mythologie« ansehen, zu verteidigen. Und in der Hitze dieses Gefechts kommt die Objektivität zu Schaden.

2. Kapitel

Das Universum der Komplexität

Grenzen des Reduktionismus

Die Theorie von der Evolution durch die natürliche Auslese zufällig entstehender Variationen wird gerne als wahr vorausgesetzt, weil sie sich so logisch und einfach anhört. Allein aus diesem Grund sollte sie mit Vorsicht betrachtet werden; unser unergründliches Universum eignet sich nicht für einfache Erklärungen. Ein mechanistisches Herangehen an die Evolution führt zu einer allzu vereinfachten Denkstruktur angesichts eines Themas von größter Komplexität.

Die Hoffnung vieler Biologen, ihre Disziplin theoretisch auf das Fundament der Modellwissenschaft Physik stellen zu können, ist aus zwei Gründen trügerisch. Zum einen verhindert schon die Komplexität von Organismen eine grundlegende biologische Erkenntnis aus den Fakten der Physik; bei der Erforschung von Anpassung, Verhalten und evolutionärem Wandel lassen die Biologen die Physik weit hinter sich. Lebewesen operieren auf einer ganz anderen Ebene als Atome, und Evolution ist kein mechanischer, sondern ein historischer Prozeß. Darüber hinaus wird ein Verständnis der Evolution unter streng materialistischen Gesichtspunkten noch durch die Tatsache erschwert, daß die Physik selbst in begriffliche Schwierigkeiten und Widersprüche verstrickt ist. Die materiellen Teilchen, die theoretisch eine feste Grundlage für die Biologie bilden sollten, entpuppen sich keineswegs als solide Bausteine der Wirklichkeit, sondern als rätselhafte, wenn nicht gar unbegreifliche Wesen. Und in allen Interaktionen zwischen Körpern und Kräften, von den einfachsten und beschränktesten einmal abgesehen, kommt es zu neuen Beziehungen.

Ein grundlegendes Prinzip des Universums ist, was wir als selbstordnende Kraft bezeichnen können: die Tendenz zur Komplexität, das Entstehen von Strukturen, die weder willkürlich noch ganz regelmäßig wie Kristalle zustande kommen, insbesondere von

Strukturen, die in der Lage sind, eine neue Ordnung hervorzubringen. Seit seiner Entstehung aus einem Feuerball vor zehn oder fünfzehn Milliarden Jahren ist das Universum immer komplexer und strukturreicher geworden. Im großen Maßstab wird diese wachsende Komplexität in der Bildung von Gaswolken, Galaxien, Sternen und ihren Planeten sichtbar. Im Mikrokosmos haben sich verschiedene Arten von Atomen zu immer komplizierteren Gebilden zusammengeschlossen, sich mit großen Molekülen in noch verwickelteren Systemen und Kombinationen vereinigt bis zur Entwicklung von Leben auf mindestens einem Planeten.

Aus der Untersuchung solcher Prozesse hat die Physik viel gelernt. Doch Dawkins Buch *Der blinde Uhrmacher*, in dem der Autor sich bemüht, die Evolution auf ihre mechanischen Vorgänge zu reduzieren, können Physiker nur kritisch gegenüberstehen, wenn sie ihre Materie als »die Welt der Einfachheit« (Dawkins 1987, 29) beschrieben sehen. Es ist schon richtig: Die Welt der Physiker ist grundsätzlich einfacher als die der Biologen, zumindest sind die Fragen, mit denen sie konfrontiert werden, exakter. Man darf vermuten, daß das Universum auf der Ebene der Atome leidlich, wenn auch nicht einfach, geordnet ist. Aber die Welt der Einfachheit existiert nur in der Phantasie; sie ist ein Nirwana, in dem die Wissenschaft, genauso wie ein Wunsch, endet.

Die einfachsten Bestandteile des materiellen Universums – Quarks, Elektronen und Interaktionsteilchen (hauptsächlich Photonen und Gluonen) – sind verwirrend. Das Proton ist als Herzstück fester Materie ein kleiner Zoo aus umherschwirrenden, einander umrundenden Quarks und Gluonen. Den Großteil seiner Masse bilden die Gluonen, deren Aufgabe es ist, das Proton zusammenzuhalten. Ihr Spin muß erst noch geklärt werden.

Das Elektron ist das am besten bekannte Teilchen; es muß das einfachste Ding in der Welt sein, zumindest das einfachste Ding, das sich (im Gegensatz zu einem Photon oder einem Neutrino) in Ruhe befinden kann. Und doch entdecken die Physiker ständig etwas Neues an ihm. Zugleich Welle und Teilchen, hat es keinen festen Ort, außer es nimmt an einer Wechselwirkung teil. Seine Ladung stößt andere Elektronen ab und zieht Protonen mit entgegengesetzter Ladung an, dank einer kleinen Wolke aus virtuellen oder immateriellen, halb realen Teilchen darum herum. Obwohl es keine Form oder Größe aufweist, hat es etwas, was wir Spin nennen. Der Spin hat eine klare Achse und Richtung, und es dreht sich zweimal um sich selbst, um eine Periheldrehung auszuführen. Wenn ein Elektron sich mit einem Kern verbindet und so ein Atom bildet, wird es noch interessanter. Es durchläuft modulierte Periheldrehungen und reicht sich – bildlich gesprochen – mit Elektronen in angrenzenden Atomen die Hand.

Das Verhalten des Elektrons wird von der Quantenmechanik beschrieben, einer mathematischen Methode, die mit den Gleichungen der klassischen Mechanik, die man bei makroskopischen Objekten anwendet, nichts gemein hat. Aber nur die einfachsten Gleichungen für die Steuerung des Elektrons sind lösbar, und für einen Großteil seines Verhaltens gibt es gar keine Gleichungen. Nichts an dem einzelnen Elektron deutet auf eine Supraleitfähigkeit hin.

Die Fähigkeit von Elektronen, sich in vielen Stoffen bei Temperaturen nahe dem absoluten Nullpunkt ohne Reibung zu bewegen, wird dem Umstand zugeschrieben, daß jedes Elektron mit einem anderen über eine für Teilchenverhältnisse beträchtliche Entfernung eine Verbindung eingeht, wobei dazwischen Millionen von anderen Elektronen sein können. Wie oder warum sie solche Pärchen bilden, ist unklar. Noch rätselhafter ist die kürzlich entdeckte Supraleitfähigkeit bei höheren Temperaturen. Auf neue supraleitfähige Materialien ist man fast durchweg per Zufall gestoßen (Cava 1990, 42). Elektronen weisen noch viele andere Merkwürdigkeiten auf. So richtet sich der Spin eines Elektrons in einer bestimmten Entfernung vom Atomkern parallel zu dem des Atoms aus. Etwas weiter entfernt wird er antiparallel, wieder ein Stück weiter läuft er abermals parallel und so weiter.

Materie besteht nur aus ein paar stabilen Teilchen, Elektronen, Protonen und Neutronen. Aber in Atombeschleunigungen entstehen immer mehr Arten von exotischen Teilchen. Der leere Raum, das Vakuum, hat laut Einsteins allgemeiner Relativitätstheorie eine komplexe Struktur, die sich durch zehn meist unlösbare Tensorgleichungen beschreiben läßt. Damit die Theorien der Physik übereinstimmen, sollte der Raum durch eine kosmische Konstante gesteuert werden, aber anscheinend ist es nicht so. Der Raum ist dennoch, in größtem Maßstab betrachtet, gekrümmt und dehnt sich aus, und mit ihm die Galaxien.

Der Raum ist angefüllt mit einer unendlichen Anzahl von virtuellen Teilchen, die ihre Masse aus dem Nichts beziehen und so in Übereinstimmung mit der Unschärferelation der Quantenmechanik nur flüchtig existieren können. Dieser Raum birst vor Energie, und die Lichtstrahlung wird durch die Interaktion von Atomen und dem Vakuum beeinflußt. Die Elektronen haben ein minimales Energiepotential, denn sie absorbieren Energie aus dem Raum. Das Vakuum übt in allen Richtungen Druck aus und tendiert dazu, Oberflächen (in geringstem Umfang) zusammenzuziehen. Der Raum hat eine bestimmte Ausrichtung, so daß einige Teilchenreaktionen eine Links-, andere eine Rechtsdrehung bewirken. Nichts kann schneller sein als das Licht, aber Quantenereignisse geschehen gleichzeitig über eine unbegrenzt große Entfernung hinweg; sie müssen bis zu einem bestimmten Grad vom Raum unabhängig sein. Einer Theorie zufolge verlaufen Bewegungen im Raum im kleinsten Maßstab größtenteils auf spiralartigen Bahnen.

Auf diesem Gebiet gibt es eine Fülle von grundsätzlichen theoretischen Problemen. Offenbar existiert keine Beziehung zwischen der Schwerkraft, wie sie in der allgemeinen Relativitätstheorie beschrieben wird, bzw. der Elektromagnetik und anderen in der Quantenmechanik auftauchenden Kräften. Die Mathematik dieser beiden Forschungsgebiete ist grundlegend verschieden. Beide sind für das moderne Verständnis von der Natur der Dinge wesentlich, aber sie widersprechen sich und können nicht beide richtig sein (Hawking 1988, 12). In der Quantenmechanik wird eine bestimmte Ursächlichkeit durch Wahrscheinlichkeiten oder statistische Unregelmäßigkeiten ersetzt. Mindestens siebzehn willkürliche Konstanten müssen in die Gleichungen eingesetzt werden, und keine von ihnen steht, soweit bekannt, zu einer anderen in Beziehung (Legge 1989). Solche grundlegenden Dinge wie die Regeln der Quantenmechanik und der Relativitätstheorie scheinen so willkürlich zu sein wie die Existenz des Kosmos selbst.

Das Problem der Realität in Quantenereignissen ist für Nichtphysiker völlig unverständlich. Die Physiker können sich auf keine überzeugende Interpretation einigen (Herbert 1985, 16–27, nennt acht »Quantenrealitäten«). Es ist nicht möglich, den Beobachter von der Beobachtung zu trennen. Die mittelalterliche Frage, ob ein Baum, der in einem Wald umfällt, ein Geräusch macht, wenn keiner es hört, führt zu den Schwierigkeiten der heutigen Physiker zurück. Es gibt gute Gründe dafür, Ereignisse erst dann als real zu betrachten, wenn sie registriert werden; die Beobachtung läßt die Quantenfunktion »zusammenbrechen«. Diese Vorstellung widerspricht dem gesunden Menschenverstand, für den die Welt ihren Lauf nimmt, ob jemand dabei zusieht oder nicht; doch viele Dinge in der Physik stehen im Widerspruch zum gesunden Menschenverstand.

Das Universum kann nicht in dem Sinn begreiflich gemacht werden, daß man seine Vorkommnisse von einer Handvoll intuitiv zwingender Prinzipien oder Axiome und logischer Verfahren ableitet, in der Weise also, wie Euklid seine Lehre der Geometrie aufgebaut hat. Gelingt es, bestimmte Phänomene in ein gemeinsames System einzupassen oder einem Naturgesetz unterzuordnen, so kann man von einer Sternstunde der Wissenschaft sprechen. Der Preis dafür sind jedoch immer Forderungen bestimmter Bezugssysteme oder mathematischer Verfahren, die akzeptiert werden müssen, weil sie funktionieren. Einer der jüngsten Triumphe der Physik war es beispielsweise, die elektromagnetische Kraft mit der »schwachen« Kraft vereinigt zu haben. Doch die Art und Weise der Verbindung erfordert detaillierte Untersuchungen. Es wäre großartig, alles in einer »Grand Unified Theory« zusammenzufassen, doch diese Theorie könnte nur eine Art von Verallgemeinerung der Grenzen des Erkennbaren sein.

Die Biowissenschaft sucht, genauso wie die Wissenschaft der Materie und Energie, vorsichtig nach den Grenzen des Erkennbaren. Und doch unterscheidet sich die Biologie grundlegend von der Physik. Sie hat keine Naturgesetze und macht keine exakten Vorhersagen. Verstehen bedeutet in erster Linie lernen, warum Arten so sind, wie sie sind.

In der Biologie hat das Ganze – mehr noch als in der Physik – Priorität vor den Einzelteilen und deren spezifischem Zusammenwirken. Die Biologen betrachten den Holismus oft mit Mißtrauen, weil er die Vitalisten auf den Plan ruft oder einen mehr oder weniger mystischen Ansatzpunkt heraufbeschwört. Aber der Organismus ist eine Einheit – wie eine Kathedrale. Wenn man sie abträgt – so die reduktionistische Vorgehensweise –, können wir erkennen, wie die Steine geschnitten und zusammengefügt sind, doch sie vermitteln uns keine Vorstellung von der Erhabenheit des Bauwerks.

Höhere Gesetze

Die Natur ist eine riesige, geordnete Wirrnis; Paul Davies nennt das Ganze eine »spontane Selbstorganisation« (Davies 1988, 6). Neue und unterschiedliche Relationen treten auf, wenn Elemente sich zu größeren Einheiten verbinden; diese agieren wiederum untereinander und bilden noch größere Einheiten mit immer mehr unterschiedlichen Elementen, gegenseitigen Verbindungen und Wechselwirkungen. Die Stufenleiter natürlicher Systeme baut sich aus Elementarteilchen, Atomen, Molekülen, Makromolekülen, Zellorganellen, Zellen, Organen, Organismen, Populationen, Arten und Ökosystemen auf.

Quarks erzeugen Protonen und Neutronen; diese bilden Kerne und verbinden sich mit Elektronen zu Atomen, aus deren Verbindungen wiederum Moleküle hervorgehen. Kleine Moleküle schließen sich zu großen zusammen, zu langen Ketten, Polymeren und Proteinen, in einer endlosen Vielfalt spiralförmiger und gedrehter, untereinander verzahnter Formen. Große Moleküle bildeten auf irgendeine Weise Bakterien und andere Zellen. Zellen verbanden sich zu höheren Pflanzen und Tieren. Bestimmte Lebewesen bekamen die Fähigkeit, Informationen zu verarbeiten und auf ihre Umwelt zu reagieren. Sie schlossen sich zu Gesellschaften zusammen und bauten eine Kultur auf.

Jede Ebene hat ihre eigene Realität. Komplexere Systeme erfordern entsprechende Erklärungen auf höherer Ebene und offenbaren Regelmäßigkeiten oder Gesetze, die nicht von einfacheren Bestandteilen hergeleitet werden können. Systeme setzen sich aus Subsystemen zusammen, doch entscheidend sind die Interaktionen; zerlegt man also ein System, um es zu untersuchen, zerstört man es gleichzeitig. In Ganzheiten tauchen neue Eigenschaften auf, und in Lebewesen ist das Ganze mehr als irgendwo sonst den einzelnen Teilen überlegen. »Emergent evolution« war ein beliebtes Konzept (Mayr 1984).

Man mag voller Überzeugung behaupten, daß die Eigenschaften von Verbindungen auf Kräfte und Bindungen zurückzuführen sind, wie sie in der Quantenmechanik beschrieben werden. Doch in der Praxis versuchen die Chemiker die Eigenschaften einer neuen Verbindung in Anlehnung an eine ähnliche, bereits bekannte Verbindung vorherzubestimmen. Sogar die Form, in der sie kristallisiert, kann sich sozusagen durch die Laune der Verbindung entscheiden. Wie Mario Bunge feststellte: »Es ist uns immer noch nicht gelungen, ein einziges organisches Molekül richtig zu verstehen.«

Gase sind schwer faßbar, weil ihre Moleküle nicht in festen Bindungen vorliegen. Doch feste Stoffe können nur im regelmäßigen Gefüge eines Kristalls einigermaßen analysiert werden. Der

Elektronenfluß in einem Leiter läßt sich bloß lückenhaft erkennen, ganz zu schweigen von den Halbleitern der Computerindustrie. Zusammengesetzte Materie verhält sich ganz anders als einzelne Atome oder Moleküle, und dieses Verhalten ist im wesentlichen unbestimmbar. Es kann nicht atomistisch behandelt werden. Um mit ihm umzugehen, bedarf es einer ganzen Reihe geeigneter Begriffe: Spannung, Widerstand, Induktion, Wellen, Hydraulik, Temperatur, spezifische Wärme, Elastizität (Leggett 1989). Will man nur eine ungefähre Vorstellung von den Eigenschaften einer neuen Legierung erhalten, muß man sie herstellen und erproben. Zustandsveränderungen – wenn sich z. B. Wasser in Eis verwandelt – sind immer noch ungelöste Rätsel ebenso wie die phantastischen Formen von Eiszapfen.

Der berühmte zweite Hauptsatz der Thermodynamik, das Entropiegesetz (Entropie ist eine physikalische Größe, die die Verlaufsrichtungen eines Wärmeprozesses kennzeichnet), läßt sich nicht aus unserem Wissen über Teilchen ableiten; er widerspricht vielmehr ihrem Wesen. Die Reaktionen der Elementarteilchen sind in der Zeit umkehrbar, aber die Essenz des zweiten Hauptsatzes ist die Irreversibilität, die Nicht-Umkehrbarkeit. Er beruht auf dem einfachen Prinzip, daß Energie von wärmeren in kältere Zonen fließt. Betrachtet man den Wärmeinhalt eines Systems als die Bewegungsenergie seiner Moleküle, so kann man die Entropie als Maß für die Wahrscheinlichkeit der Energieverteilung, die Entropie-Zunahme als Streben auf eine im ganzen Bereich des Systems durchschnittlich gleiche, aber im einzelnen völlig ungeordnete Verteilung der Bewegungsenergie verstehen, die durch den ständig fortschreitenden Ausgleich von Spannungen schließlich von selbst zustande kommt. Aufgeworfen wird dabei in naturphilosophischer Hinsicht die Frage, ob unsere Welt, mindestens wenn und soweit man sie als geschlossenes System betrachten darf, nicht auch im ganzen einem solchen Ausgleich und damit einem Stillstand alles geordneten Geschehens (»Wärmetod«) zustrebt. Die thermodynamische Entropie ist mit der Informationstheorie und dadurch auch mit der Evolution verknüpft. Einige Theoretiker sehen Organismen in erster Linie als Systeme, die den Prozeß der Energie zur Entropie verhindern (»Negentropie«).

Bei wachsender Komplexität liefern neue Beziehungen die Basis für neue Integrationen. Viele einfache Schaltungen ergeben, in geeigneter Weise miteinander verbunden, Computer mit unendlichen Kapazitäten. Für das praktische Verständnis eines Computers muß man nicht wissen, wie die Elemente funktionieren und wie die Übergänge von dotierten Halbleitern Gatter und Schalter herstellen; auf höherer Ebene werden die Gesetze einer niedrigeren Ebene irrelevant. Computerwissenschaftler bedienen sich Chips mit Tausenden oder Hunderttausenden von Schaltungen für bestimmte Zwecke; sie haben ihr eigenes Vokabular und ihre eigenen »Gesetze« für Computerverhalten. Die Ergebnisse werden unvorhersehbar, da die Organisationsprinzipien im Gleichschritt mit den Kapazitäten der Maschine immer qualifizierter werden und immer schwieriger zu formulieren sind.

Lebewesen übertreffen Computer hinsichtlich ihrer Komplexität und sind schwieriger zu erforschen. Es gibt zahllose subtile Interaktionen, die ständig innerhalb eines jeden Organismus vor sich gehen, so wie sie zwischen den Individuen einer Art, zwischen den verschiedenen Arten und zu ihrer Umwelt hin ablaufen. Biologen beschäftigen sich mit vielen nicht reduzierbaren Begriffen wie Instinkt, Fruchtbarkeit, Adaptation, Verhalten, Speziation (Bildung neuer Arten), Abhängigkeit und Spezialisierung. Im Verhältnis dazu ist das Wissen auf einer niedrigeren Ebene – beispielsweise von den Genen oder von der Physiologie – von begrenztem Nutzen.

Sobald wir uns unserer eigenen interessanten Spezies zuwenden, ist jegliches Bemühen um Generalisierung auf einer materialistischen Basis zum Scheitern verurteilt. Es gibt einfach viel zu viele Faktoren und Wechselbeziehungen, die zumeist mehr oder weniger durchschaubar sind. Natürlich lassen sich viele Dinge durch einfache materielle Tatsachen wie das Bedürfnis zu essen und den Sexualtrieb teilweise erklären, bloß führen solch allgemeine Fakten zu wenig interessanten Schlußfolgerungen. Ihre Ergebnisse sind, was ihre allgemeine Aussagekraft anbelangt, in unberechenbarer Weise abhängig von einer unklaren menschlichen Auswahl. Besonders unergründlich erweist sich die soziale Ordnung, da sie in höchstem Maße willensabhängig ist.

Es gibt also eine Reihenfolge, vom unerforschbaren Elektron bis zu den komplexesten Systemen, die wir kennen, die chaotische, unerforschbare Kulturgemeinschaft. In dieser Reihenfolge nimmt die Biologie einen vorderen Platz ein. Sie verfügt über eigene, tiefgründige Gesetze, die ohne umfangreiche Untersuchungen nicht verständlich sind und die sich auch nicht von einfacheren

Größenordnungen ableiten lassen. Ernst Mayr, der wohl angesehenste lebende Evolutionsbiologe, kommt zu dem Ergebnis: »Die Reduktion ist bestenfalls ein nichtssagender, noch häufiger aber ein irreführender und nutzloser Ansatz« (Mayr 1984, 52).

Für die Biologen ist das kein Geheimnis. Leider impliziert das Erkennen solch theoretischer Grenzen einen intellektuellen Rückzug. Die Hoffnung auf ein mechanistisches Verständnis der Natur ist tief verwurzelt. Sie reicht zurück bis ins 17. Jahrhundert, als René Descartes seine Systematik vorstellte und die Newtonsche Mechanik ihre Triumphe feierte. Vor über einem Jahrhundert, in den glorreichen Tagen der klassischen Physik, berauschten sich Wissenschaftler und Philosophen an ihren Entdeckungen auf dem Gebiet der Gravitation und der Mechanik, die rationale Erklärungen für eine Fülle von rätselhaften Erscheinungen lieferten, von den Gezeiten der Ozeane bis zu den Umlaufbahnen der Planeten. Viele glaubten schon, alle Grundsatzfragen seien beantwortet: Das Universum war als eine Maschine erkannt worden. Großtuerisch verkündete Laplace, man brauche nur noch die Positionen und die Bewegungen von allen Körpern im Universum zu kennen, um die gesamte Zukunft voraussagen zu können.

Es war eine berauschende Perspektive. Rückblickend erscheint sie uns lächerlich. Doch die mechanistische Philosophie war deshalb glaubhaft, weil die Denker damals von einer Flut von Entdekkungen überrollt wurden, die die intellektuelle Landschaft veränderten. Diejenigen, die sich mit der Erforschung der Natur abmühten, wollten einfach glauben, daß nunmehr der Schlüssel zur Schatzkammer mit ihren Geheimnissen gefunden worden sei. »Das Rätsel ist gelöst«, verkündeten sie.

Das Vertrauen in die Wissenschaft wuchs dank der vielen Siege an so vielen Fronten im 19. Jahrhundert. Dazu gehörten die Gesetze des Elektromagnetismus und das Aufblühen der Chemie ebenso wie Darwins vernunftmäßige Theorie von der Evolution. Als Darwins Theorie am Ende des Jahrhunderts in der »Scientific community« allgemeine Anerkennung erlangt hatte, dachten viele, daß nunmehr die grundlegenden Entdeckungen beendet seien. Die Erkenntnisse um Elektronen und Atomkerne legten nahe, daß alle natürlichen Phänomene auf ein paar grundsätzliche Prinzipien zurückzuführen seien. Es standen noch genug Fragen offen, doch es hatte den Anschein, als müsse die Wissenschaft nur ihre wohlerprobten Wege weitergehen, um die genauen Antworten zu finden.

Doch die Natur ist nicht so leicht durchschaubar, und die scheinbar klaren Wege begannen sich in den ersten Jahrzehnten des 20. Jahrhunderts immer mehr zu verwirren. Relativitätstheorie und Quantenmechanik brachten eine intellektuelle Revolution mit sich, da die Physiker erkannten, daß sie einfache Erkenntnisse opfern mußten, wenn sie Widersprüche auflösen wollten. Doch zu eben jener Zeit, als Max Planck, Niels Bohr, Albert Einstein, Erwin Schroedinger und ihre brillanten Kollegen Newtons Sicht vom physikalischen Universum gerade zurechtrückten, wurde die Biologie mit der Übertragung der Mendelschen Regeln auf den Darwinismus reduktionistischer. Und etwas später machte sich die Molekularbiologie daran, den materialistischen Ansatz noch weiter zu verstärken.

Die Biologie bleibt eine zögernde Wissenschaft. Den Biologen ist zwar die Unzulänglichkeit des Reduktionismus bewußt, und doch beharren sie auf einem reduktionistischen Lösungsansatz für ihr vorrangiges Problem, die Evolution. Demnach soll sich alles, mit unwesentlichen Einschränkungen und unter Einbeziehung verschiedener unvorhersagbarer Einflüsse, durch zufällige Variation (Mutation) und Selektion erklären lassen. Viele oder die meisten Praktiker unter den Biologen behandeln Organismen auf die klassische physikalische Art, gerade so, als seien sie den Kräften der Umwelt voll ausgelieferte Objekte. Gewiß ist während der letzten zehn Jahre Bewegung in die Biologie gekommen; es werden mehr Fragen gestellt, und vor allem werden die noch Mitte unseres Jahrhunderts sicheren Positionen in Frage gestellt. Doch die Evolutionstheorie »hält weiter an dem mechanistischen Weltbild von Descartes und Newton fest« (Ho 1988, 87).

Die neue Blickrichtung der Wissenschaft

»Den Physikern ist die Realität entglitten« (Herbert 1985, 15). Anfang des Jahrhunderts hatten sie diese Realität noch fest und sicher im Griff. Das Universum bestand aus einigen Teilchen und Bereichen, die in reversiblen Wechselwirkungen zueinander standen, und alles war theoretisch auf der Grundlage von Kräften und Bewegungen vorherzusagen (Nicolis und Prigogine 1987, 3). Der rasche Fortschritt auf den Gebieten der Thermodynamik, Elektronik, Chemie und Astronomie nährte die Hoffnung, daß die verbleibenden Probleme in einem rundum erkennbaren Universum nicht eine Frage des Prinzips, sondern der Komplexität seien. Wenn man fleißig weiterforsche, werde ihre Lösung nur eine Frage der Zeit sein.

Das festgefügte Gebäude der physikalischen Wissenschaft bekam seine ersten Risse, als man entdeckte, daß Strahlung sich ganz anders verhielt, als das aufgrund der klassischen physikalischen Gesetze zu erwarten war. Um zu beschreiben, wie das Licht von einem heißen festen Körper ausstrahlte, erfand Max Planck die Infinitesimalpäckchen, die man schließlich Quanten nannte. Daraufhin galt es zu erkennen, daß die Ausstrahlung von Licht mittels angeregter Elektronen durch ein ganzes Bündel neuer mathematischer Gesetze geregelt wurde, durch die Quantenmechanik, mit deren Hilfe sich alle Interaktionen von Elementarteilchen beschreiben ließen. Ihr Kennzeichen ist die sog. Unschärferelation (d. h. die Beziehung, die festlegt, wie genau zwei physikalische Größen eines mikrophysikalischen Systems, z. B. eines Elementarteilchens, gleichzeitig gemessen werden können) und die zu ihr gehörige Unvorhersagbarkeit oder die lediglich statistische Vorhersagbarkeit von beinahe allem. Einsteins Relativitätstheorie führte in dieselbe Richtung; auf einmal erwiesen sich die vermeintlich einfachsten Dinge, Raum und Bewegung, als ungeheuer komplex.

Die relativistische quantenmechanische Revolution wurde in den ersten drei Jahrzehnten dieses Jahrhunderts weitgehend abgeschlossen. Seither haben sich die Probleme der Physik dennoch weiter verstärkt, und aus der einst stabilen Welt der Elementarteilchen wurde ein Chaos der Instabilität. Besonders in den letzten zehn Jahren hat man neue, einschneidende Erkenntnisse in der Wissenschaft gewonnen. Bisherige Randbegriffe wie Entropie und Komplexität gewannen in subtilen Verbindungen, die sich einer genauen Analyse widersetzen, eine neue Bedeutung. Mathematisch gesehen hat eine Welt aus nichtlinearen Beziehungen ohne exakte Lösungen die klassische Newtonsche Welt einfacher linearer Beziehungen und theoretisch exakter Lösungen ersetzt.

Die Aufmerksamkeit wandte sich verstärkt einem Bereich zu, den man Wissenschaft der Komplexität nennen könnte: Untersuchungen in größerem Maßstab und Fragen auf höherer Ebene zu Themen wie Ökologie, Verhalten, Wirtschaft, Informationstheorie, kognitives Wissen, Künstliche Intelligenz und Computermodelle. In vielen Bereichen kehrte die Wissenschaft dem Reduktionismus, der bei der Untersuchung von flüchtigen und schwer erfaßbaren Elementarteilchen in eine Sackgasse geführt hatte, zugunsten einer ganzheitlichen Vorgehensweise den Rücken.

Am einschneidendsten war die durch den Computer bewirkte Umwälzung. Indem er zu allen möglichen Problemen einen leichteren Zugang schuf, rückte er sie selbst stärker in den Blickpunkt. Die Fähigkeit von Computern, vorher unlösbare Gleichungen zu lösen, ermutigte die Forscher, neue Gleichungen aufzustellen und Fragen aufzugreifen, die der menschlichen Intelligenz ohne Unterstützung kaum eingefallen wären. Komplexe Systeme wurden wissenschaftlich bedeutender, weil sie auf Computerschirmen simuliert werden konnten. Das Symbol der alten Wissenschaft war die Berechnung von Planetenbewegungen mit Hilfe der Arithmetik; das Symbol der neuen Wissenschaft dagegen ist die Ausarbeitung von Modellen für meteorologische Systeme mit Hilfe des Computers.

Neue Begriffe schoben sich in den Vordergrund. Die Entropie erfuhr eine zusätzliche Bedeutung. Bezeichnete sie in der Thermodynamik ursprünglich die Gesetzmäßigkeit, demnach in einem abgeschlossenen System die Wahrscheinlichkeit für einen Zustand um so größer ist, je größer seine Unordnung ist, so erlangte die Entropie nun eine allgemeine Signifikanz als Teil der Irreversibilität von Ereignissen bzw. als Erklärung dafür. Das Anwachsen der Entropie impliziert einen Energiefluß, der die Selbstorganisation von Systemen ermöglicht. Die Unvorhersagbarkeit ergibt sich nicht nur aus dem Verhalten von Elementarteilchen, sondern entspringt auch dem deterministischen Chaos. Die gebrochene Symmetrie – d. h. die Tendenz, Gleichförmigkeit zu brechen und dadurch Differenzierung zu erreichen – ist ein entscheidender Faktor in der Entwicklung von Komplexität, so wie die Autokatalyse entscheidend für den Wandel und die Entstehung von Neuem ist (Nicolis und Prigogine 1987).

Das Paradigma dieser »neuen Mode« ist ein allgemeines Prinzip, das mit dem Begriff »Chaos« eher irreführend umschrieben ist. Die Wissenschaft entdeckte eine neue dynamische Kraft, die schon immer existiert hatte und die das Universum zu regieren scheint. Der Physiker Joseph Ford meint: »Die ganze Art und Weise, wie wir Natur betrachten, wird sich ändern« (zitiert bei Pool 1989b, 26). Oder aus einer anderen Sicht: »Das Chaos hat in der Wissenschaft neue Horizonte eröffnet; viele sehen darin schon die dritte der bedeutenden Entdeckungen des 20. Jahrhunderts, nach der Relativitätstheorie und der Quantenmechanik.«

Der Meteorologe Edward Lorenz eröffnete diese Auseinandersetzung, indem er in den sechziger Jahren auf die Unvorhersagbarkeit des Wetters aufmerksam machte. In den achtziger Jahren kam – größtenteils aufgrund der Hochleistungscomputer und ihrer Fähigkeit, dynamische Systeme mathematisch darzustellen – die Untersuchung des Chaos in Mode; sie wurde so etwas wie eine eigene Wissenschaft (Gleick 1988; Briggs und Peat 1990; A. V. Holden 1988).

Das Chaos ist nicht leicht oder exakt zu definieren – der Begriff selbst ist schon ein wenig chaotisch –, trotzdem: irgendwie kann man sich darunter etwas vorstellen. Man könnte es als die Unschärferelation der makroskopischen Welt bezeichnen, eine allgemeine Tendenz zur Unregelmäßigkeit und Unvorhersagbarkeit innerhalb der Regelmäßigkeit und des Determinismus. Es stellt die Tendenz nichtlinearer Systeme mit positiver Rückkoppelung zu einem Verhalten dar, das deterministisch ist, aber nicht vorausgesagt werden kann. In der Praxis ist es nicht leicht von zufälligem oder zufallsabhängigem Verhalten zu unterscheiden, so wie es theoretisch geschieht. Anstelle von Chaos wäre es oft sinnvoller, von Unordnung zu sprechen.

Das erste Prinzip der Chaostheorie ist die empfindliche Abhängigkeit von Ausgangsbedingungen; unendlich kleine Unterschiede können im Ergebnis zu unendlich großen Unterschieden führen. Unterschiede ergeben sich nicht nur aus der unvermeidlichen Ungenauigkeit von Messungen; Abweichungen vergrößern sich exponentiell aufgrund der Rückkoppelung. Eine Störung ist wie eine Kaskade, denn Interaktionen verändern die Bedingungen von weiteren Interaktionen. Lorenz sah sich ursprünglich zur Untersuchung des Chaos veranlaßt, als er feststellte, daß sich eine kleine Störung in der Atmosphäre bis ins Unendliche ausweiten könne. So hätte das Flattern eines Schmetterlings über dem Amazonas eine Störung hervorrufen können, die letztlich in Kansas ein Unwetter auslöste. Um ein genaues Wettermodell zu erstellen, bedürfte es eines Apparates in der Größe des ganzen Wettersystems. Aber selbst ein solches Modell würde bald wieder unendlich von der Wirklichkeit abweichen.

Die Umlaufbahn des Pluto ist sehr viel einfacher als das Wetter, aber sie wird als chaotisch angesehen, obwohl man annimmt, daß sie vollends durch die Anziehungskraft anderer Körper bestimmt wird. Eine Verschiebung von Plutos Position um ein paar Zentimeter könnte in einigen Millionen Jahren auf Milliarden von Kilometern anwachsen, weil jede Annäherung an einen seiner Nachbarn die Abweichung vergrößert. Auf sehr lange Sicht kann auch das Sonnensystem sehr unstabil werden, da Planeten ihre Triebkraft einander in chaotischer Weise übertragen. Viele Schwerkraftinteraktionen innerer und äußerer Planeten weisen auf ein chaotisches Verhalten hin. Aber die Sonne wird, noch ehe ihr ein Planet entkommen kann, anschwellen und die inneren Planeten verschlingen.

Chaotische Systeme wiederholen einen früheren Zustand niemals exakt; täten sie das, wären sie nicht chaotisch, sondern zyklisch. Dennoch ist Chaos viel mehr als der Tatbestand der Unmöglichkeit einer exakten Vorhersage von Ergebnissen und die Tendenz von Systemen, Unregelmäßigkeiten auszubilden. Es hat eine mathematische Struktur. Viele Wiederholungen führen zu Zweierzyklen, Viererzyklen, Achterzyklen und so fort. Darüber hinaus hört die Periodizität bei einem bestimmten Wert eines Parameters auf und das Chaos beginnt. Das einfachste Beispiel ist die klassische Gleichung (May 1974, 645 ff.)

$$X_n + 1 = X_n k (1 - X_n)$$

In ihr steht X für die Populationsdichte (angenommen geringer als 1), k ist ein Parameter (z. B. Nahrungsangebot). Bei niedrigen Werten von k tendiert X zu einer festen Größe. X beginnt zu schwanken, wenn k größer als 3 wird; bei 3,5 wird es kompliziert und bei 3,57 beginnt das Chaos. Auf diese Weise teilen oder gabeln sich die Ergebnisse bei unterschiedlichen Ausgangswerten von X. Das Verhältnis der Abstände zwischen Gabelungen ist konstant, ausgedrückt durch die Feigenbaumzahl 4,669202 . . ., eine der ganz wenigen reinen Zahlen in der Mathematik wie pi und *e*, die Basis von natürlichen Logarithmen; diese Zahl steht für eine lange Reihe von Funktionen. Es gibt eine tief verwurzelte Gesetzmäßigkeit im Chaos.

Fraktale, in immer kleinerem Maßstab wiederholte Muster mit nichtintegralen Dimensionen und unvorhersagbaren Variationen innerhalb des allgemeinen Motivs, sind dem Chaos verwandt. Das übliche Beispiel dafür ist eine typische Küstenlinie. Auf einer Landkarte mit einem Maßstab von 1 : 100 000 000 sieht man eine Wellenlinie. Bei einem Maßstab von 1 : 10 000 000 oder 1 : 1 000 000 ergibt sich im allgemeinen ebenfalls eine Wellenlinie, aber mit mehr

Details. Fraktale lassen sich gut mit Hilfe von Computern demonstrieren, die einfache Funktionen wiederholen. Sie beginnen mit beliebigen Werten, die sie verwenden, um neue Werte daraus abzuleiten, die, in die Funktionen eingefügt, wiederum neue Werte ergeben und so weiter, bis sie gegen unendlich gehen oder in Richtung null schrumpfen. Wenn man Punkte der komplexen Fläche auf dem Computerbildschirm entsprechend den Ausgangswerten, die gegen unendlich bzw. null streben, farbig kennzeichnet, weisen die sich ergebenden Muster alle möglichen fremdartigen, oft sehr dekorativen Linienführungen auf. Die Muster zeigen eine grundsätzliche Ähnlichkeit, innerhalb derer sie aber in komplexer und unendlicher Weise variieren und die Motive in immer kleinerem Maßstab wiederholen. Diese mathematischen Kunstwerke, die wie Eisblumen auf winterlichen Fensterscheiben aussehen, werden erst durch Computer und ihre Millionen von Rechenvorgängen möglich.

Das Chaos ist ein Fraktal in dem Sinn, daß reine Werte durch wiederholte Unterteilungen in immer kleinerem Maßstab erscheinen. So können beispielsweise Trajektorien in eine Anzahl von Linien geteilt werden, die, multipliziert man sie, wieder unterteilt werden können und endlos so weiter. Ein Blick auf eine fraktale Mandelbrotmenge zeigt graphisch, daß man es mit demselben allgemeinen Phänomen zu tun hat: eine unendlich gegliederte und nicht vorherbestimmbare Unordnung, die gleichzeitig deterministisch ist und innerhalb eines grundsätzlichen Musters in unendlicher Vielfalt wiederholt wird. Wie auch bei Lebewesen ist die Variation im Chaos unregelmäßig, aber eingegrenzt.

Trotz seiner unendlichen Variationsmöglichkeiten bleibt das chaotische Verhalten innerhalb bestimmter Grenzen, der »Attraktoren«, d.h. innerhalb der anziehenden Kräfte (oder »chaotischen Attraktoren«, wie sie auch genannt werden) mit einer Reihe von Dimensionen je nach ihrer Komplexität, regelmäßig (Pool 1989a, 310). Ein Attraktor beschreibt die Grenzen, zu denen ein System tendiert – einen Punkt, einen Kreis oder einen Raum. Funktionen können ziellos um einen benachbarten Anziehungspunkt herumkreisen wie die Motte um das Licht, oder sie laufen um mehr als einen Attraktor und wechseln unregelmäßig von einem zum andern. Eine Instabilität tritt ein, wenn eine positive oder eine negative Rückkoppelung, die das System weiter vom Gleichgewicht wegführt, eine Bahn eröffnet, um dem Attraktor zu entkommen.

Attraktoren sind gewöhnlich chaotisch; je genauer sie beobachtet werden, um so komplizierter sind sie (Crutchfield, Farmer und Packard 1986, 53).

Die Mathematiker haben das Chaos zu einem neuen Spezialgebiet erhoben, doch dahinter verbirgt sich mehr als mathematisch beschrieben werden kann. Um es zu erfahren, braucht man nur einen Wasserhahn so weit aufzudrehen, daß die Laminarströmung einem Strahl weicht, der immer neue Formen hervorbringt, oder eine Fahne zu beobachten, die vom Wind ständig in Bewegung gehalten wird. Chaos kann allenthalben zu sehen oder zu erahnen sein. Die sich brechenden Wellen am Strand sind genauso chaotisch wie die Massenkarambolagen auf der Autobahn oder die Schwankungen an der Börse, insbesondere ein Krach, der nicht aus wirtschaftlichen Gründen, sondern durch das Wechselspiel der Spekulationskräfte ausgelöst wurde. Sonnenfleckenzyklen, die in ihrer Dauer und Intensität variieren, sind anscheinend so chaotisch wie El Niño, der in der peruanischen Wüste regnen läßt, der rote Fleck auf dem Jupiter oder zyklische Netzwerke in autokatalytischen Systemen. Wenn man einem periodisch schwingenden Pendel einen kleinen Stoß gibt, der es aus seinem Rhythmus bringt, werden seine Amplitude und Richtung in Kürze nicht mehr zu berechnen sein. Das heutige Verhältnis zwischen Yen und Dollar hängt vom gestrigen ab, also vom geplanten Verlauf der Handelsgeschäfte, aber auch von der Handelsbilanz, von den Zinssätzen und von den Kapitalflüssen, die periodisch von den Wechselkursen beeinflußt werden – eine auf komplexe Weise chaotische Fluktuation (*Economist* 1990, 93). Das Chaos ist ein bedeutender Faktor in der Elektronik, Chemie, Hydrodynamik, Optik und in anderen Fachgebieten. Es ist »eine fundamentale Art von Bewegung, die fast allen natürlichen Erscheinungen zugrunde liegt«.

Wo immer eine Energiezufuhr auf einen ungeregelten Zustand trifft, erzeugt das Chaos eine neue und nicht vorherbestimmbare Ordnung. Das ist die Form von Leben, das sich der Entropie widersetzt. In einer so dynamisch und durch Rückkoppelung gesteuerten Entwicklung wie der Evolution muß eine große Portion Chaos mitspielen.

Die Modernisierung des Darwinismus

Die Biologen können eine im wesentlichen Newtonsche, statistisch-mechanistische Auffassung beibehalten, weil die vielen Anomalien und unbeantworteten Fragen in der Biologie keine so klar definierten Kampfansagen an eine anerkannte Lehre darstellen wie jene, die die klassische Physik zu Fall brachten. Die Unveränderlichkeit der Lichtgeschwindigkeit oder die Spektrallinien des Wasserstoffs waren Tatsachen, die man nicht mehr ignorieren konnte. Dagegen ist die Evolutionstheorie wie Gummi, sie läßt sich solange dehnen, bis sie viele Dinge abdeckt. Man kann jederzeit annehmen, daß es irgendwelche geeigneten Mutationen gegeben haben muß. Es ist so viel unerkannt oder unerkennbar, daß man vermuten darf, bestimmte Fakten würden wohl zu der Theorie passen, wenn man sie irgendwo ausgraben könnte. Evolution ist Geschichte, und Geschichte ist nun einmal interpretierbar.

Doch das traditionelle Evolutionsdenken bleibt von der Korrosion durch das moderne intellektuelle Klima nicht verschont. Eine wissenschaftliche Theorie ist kein autonomes Gebilde. Wissenschaftliche Theorien erhalten ihre Form durch die Einstellungen und Voraussetzungen, mit denen Wissenschaftler an die Fakten herangehen. Und diese Fakten wiederum werden entsprechend den Voraussetzungen ausgewählt, die in der »Scientific community« und in der Gesellschaft überhaupt vorherrschen.

Die Darwinsche Evolutionstheorie war das Herzstück einer revolutionären Änderung der Weltanschauung in den Biowissenschaften Mitte des 19. Jahrhunderts, vergleichbar mit der rationalistischen Revolution, die Newton und Descartes zwei Jahrhunderte früher in den exakten Wissenschaften ausgelöst hatten. Sie machte den Wandlungsprozeß, der sich in der Welt der Lebewesen durch das Gesetz der natürlichen Auslese abspielt, verständlich, so wie Newton die Bewegungen der Planeten und vieles andere durch seine Gesetze von Bewegung und Anziehungskraft verständlich gemacht hatte. Ein Wandel ergibt sich durch die festgelegten und mechanistischen Prozesse in einem geschlossenen Universum. Die Evolution durch die natürliche Auslese »geeigneter« Individuen entsprach in ihrer Sinnfälligkeit und Einfachheit der klassischen Mechanik – und dem Wirtschaftssystem eines liberalen England, in dem der Wettbewerb zwischen Produktionseinheiten einen Fortschritt für die Gesamtheit erbrachte.

Die Verbindung von Darwins natürlicher Auslese mit der Mendelschen Genetik führte die Tradition der klassischen Mechanik einschließlich der statistischen Dynamik, die in der zweiten Hälfte des 19. Jahrhunderts aufkam, fort. Die Populationsgenetik, die das Gen zum Atom der Evolution machte, entwickelte sich Mitte des 20. Jahrhunderts zur neodarwinistischen Synthese und folgte damit – im zeitlichen Abstand von einem halben Jahrhundert – der bestimmenden Methode der Naturwissenschaft.

Diese Synthese schien zunächst zufriedenstellend. Sie paßte zu dem Bild, das die meisten Biologen von ihrer Wissenschaft und ihrer intellektuellen Rolle hatten. Heute dagegen erscheint sie überholt. Die Biologie muß sich zunehmend mit Prozessen und Mustern beschäftigen, mit selbstorganisierenden und selbstregulierenden Systemen. Wie die Physik ist sie dabei umstellt von Ungewißheit, Unbeständigkeit und Komplexität in einem Universum, das offen und unbegrenzt ist. Die gebrochene Symmetrie ist noch relevanter für die Morphogenese – sie ist das Wesentliche der Morphogenese überhaupt –, als für physikalische Systeme unter Belastung. Analog dazu ist sie entscheidend für die Evolution; Komplexität kann als die Fähigkeit definiert werden, Übergänge zu schaffen, mithin zu entwickeln (Nicolis und Prigogine 1987).

Wenn wir unser Verständnis für die Lebewesen und ihre Evolution erweitern wollen, müssen wir nach neuen Prinzipien Ausschau halten. Ein Gedanke erscheint recht vielversprechend: Je komplexer eine dynamische Struktur ist, um so endogener ist ihr Antrieb. Ihre Veränderung unterliegt nicht nur äußeren Zwängen, sondern hängt auch von ihren inneren Bedingungen ab. Lebewesen, die komplexesten Strukturen überhaupt, sind am stärksten selbstgesteuert und vermögen, entsprechend ihrer inneren Dynamik, auf äußere Bedingungen zu reagieren. Selbstorganisation ist die Grundlage für die Entstehung von Leben und für die Evolution. Sie steht im Mittelpunkt von Morphogenese, Ökologie und der gesamten menschlichen Kultur. Von diesem evolutionären Denkansatz her können Organismen als »autokatalytische, energieverarbeitende Systeme« betrachtet werden, »die sich weit von jedem Gleichgewicht stabilisiert haben« und die wegen ihrer energieverarbeitenden Fähigkeiten selektiert wurden (Depew und Weber 1989, 256, 260). Ihre zeitabhängige Evolution ist an das unvermeidliche Anwachsen von Entropie im Universum gebunden, da ein Energiefluß Materie befähigt, sich selbst zu organisieren (Wicken 1988, 140).

Solche Betrachtungsweisen sind abstrakt, aber sie haben bedeutende Auswirkungen auf unser Verständnis von Evolution. Laut Theoretikern wie Depew und Weber sollten wir Organismen nicht als geschlossene Systeme ansehen, die äußeren Kräften und Zwängen unterworfen sind, sondern als offene Systeme, die äußerlich wie innerlich einem ständigen Wandel unterliegen. In komplexer Wechselwirkung stehend, entwickeln sie sich innerhalb eines ökologischen Umfelds. Ihre Veränderung ist irreversibel, weil es kein stabiles Gleichgewicht gibt, zu dem sie zurückkehren können (Depew und Weber 1988, 333).

Die Suche nach neuen Ansatzpunkten bedeutet nicht, daß die natürliche Auslese überholt sei. Wissenschaftliche Fortschritte entstehen nicht dadurch, daß man sich von den großen Errungenschaften abwendet, sondern daß man sie vertieft und neu definiert. Der tiefere Wandel kommt nicht von Ergebnissen, sondern von Annäherungen. Die Einsteinsche Mechanik setzte Newtons wohlbegründete Prinzipien nicht außer Kraft, sondern sie modifizierte sie für die Bewegung in einem wichtigen Ereignis, nämlich dem der Lichtgeschwindigkeit. Für gewöhnliche Berechnungen reicht die klassische Mechanik voll aus. Die Newtonsche Gravitation blieb trotz der Einsteinschen Gravitation für alle praktischen Anwendungsbereiche gültig; die Physiker haben Schwierigkeiten, den Unterschied zu beweisen. Doch Einsteins Gravitationskraft, die sich aus der Geometrie des Raums ergibt, ist etwas ganz anderes und weitaus Komplizierteres als Newtons einfach postulierte Anziehungskraft.

Das Wesen der neodarwinistischen Synthese wird auch weiterhin Bestand haben. Keiner zweifelt daran, daß es kleine, zufällige Mutationen gibt, daß Mutationen die Überlebens- und Fortpflanzungsfähigkeit von Organismen beeinflussen und daß Genhäufigkeiten in einer Population variieren. Aber die Bedeutung und die zentralen Aussagen dieser Darwinschen Thesen werden sicherlich neu überdacht werden. Die neue wissenschaftliche Denkweise erfordert eine erweiterte Struktur evolutionären Denkens; man muß andere Fragen stellen und sich auf andere Arten von Antworten gefaßt machen. Die Argumentation wird zweifelsohne komplizierter ausfallen.

Die heutigen Theorien über die Grundlagen der Evolution bieten mehr interessante Perspektiven als spezifische Antworten. Die Ideen und Methoden der neuen Wissenschaft des Vielschichtigen lassen sich schwer auf biologische Prozesse und auf die Evolution anwenden. Dieses Buch versucht, die Notwendigkeit eines neuen Denkansatzes zur Evolution zu beweisen und einige nützliche Gedanken beizusteuern.

3. Kapitel

Nachweis im Verborgenen

Probleme mit dem Ursprung

Die Überreste von ausgestorbenen Lebewesen sind wahrscheinlich der überzeugendste Beweis für die Tatsache der evolutionären Herkunft von lebenden Geschöpfen. Aber sie nähren auch die Zweifel an der Theorie, daß zufällige Variation und natürliche Auslese die Evolution hinreichend erklären.

Die Erforschung von Fossilien war schon zu Darwins Zeiten ziemlich weit fortgeschritten. Seither hat man einen riesigen Berg von Informationen über das Leben in früheren Zeiten aufgehäuft. Es gibt viele offensichtlich altertümliche oder nahezu altertümliche Formen, doch viele Seiten im Geschichtsbuch des Lebens fehlen völlig – im allgemeinen wären es auch noch die interessantesten Seiten.

Darwin hielt am Gradualismus als dem wesentlichen Gehalt des Naturalismus und an der Verwerfung göttlicher Intervention fest. Seine Theorie implizierte, daß die Evolution am stärksten in großen Populationen ausgeprägt sei. Sie würden eine große Anzahl von Variationen hervorbringen und damit viele Beweise für den evolutionären Wandel liefern. Folglich war er von der Unvollständigkeit der Fossilüberlieferung, der er in seinem Werk *Über die Entstehung der Arten durch natürliche Zuchtwahl* 28 Seiten widmete, sehr betroffen. Er schob sie auf zufällig fehlende oder gelöschte Stellen in der Überlieferung und auf die unzulängliche Erforschung, und er war überzeugt, daß sich die Lücken mit der Zeit noch füllen würden.

Zu seiner Zeit war diese Annahme nicht unlogisch. Doch mittlerweile hat sich die Kontinuität der Funde durch die hundertmal größere Anzahl bekannter Fossilien nicht wesentlich verbessert. Das eindrucksvollste Bindeglied – der Reptilienvogel *Archaeopteryx*, das berühmteste Fossil überhaupt – wurde 1861 entdeckt – gerade rechtzeitig, denn damals war die Diskussion über die neue

Theorie auf ihrem Höhepunkt angelangt. Sein Fund ließ die Hoffnung steigen, daß weitere Grabungen noch mehr derartige Entdekkungen zutage fördern würden. Doch eine ähnlich wunderbare Überbrückungsform wurde nie mehr gefunden.

Das Problem kann nicht allein in der dürftigen Fossilbildung liegen. Es ereignet sich in der Tat recht selten, daß sich das Skelett eines Tieres, besonders eines Landtieres, über Millionen von Jahren erhält. Und es läßt sich immer argumentieren, daß eine Übergangsform existiert haben muß, nur noch nicht entdeckt worden sei. Unabhängig davon verfügen wir über eine enorme Menge an Informationen. Ein großer Teil der Erdkruste besteht aus verdichteten Sedimenten mit zahllosen Überresten von Lebewesen, die im Wasser gelebt haben oder, weggeschwemmt unter Sand und Schlamm, begraben worden sind. Die Mehrzahl der Funde sind Schalen von Meerestieren, von Kieselalgen bis hin zu großen Mollusken. Doch hin und wieder haben sich auch Knochen, gelegentlich sogar Spuren anderer Körperteile, von Landtieren erhalten.

Man hat die Überreste von etwa 250000 ausgestorbenen Arten entdeckt und klassifiziert. Eigentlich müßten sie ein gutes Bild vom Leben in der Vorzeit (soweit es in einer Versteinerung erhalten werden konnte) vermitteln. Wahrscheinlich tun sie das auch, zumindest die Meeresformen, und die weißen Flecken liegen weniger an der gescheiterten Fossilbildung als an der Zerstörung oder der Erosion der Sedimente. Das Alter scheint keine große Rolle zu spielen; Arten aus dem frühen Kambrium sind in etwa genausogut bekannt wie solche aus viel späteren Perioden.

Doch die Fossilienüberlieferung verrät nicht das, was die Theorie verheißt. Wir erhoffen, einen großen Baum mit vielen Gabelungen und Ästen in verschiedenen Richtungen zu finden. Der Lebensbaum wird häufig so gezeichnet, daß sich Gruppen gemeinsamen Ursprungs abzweigen, sich dann teilen und abermals teilen und die verschiedenen Stämme, Klassen, Ordnungen, Familien, Gattungen und Arten hervorbringen. Einige große und zahllose kleinere Äste sind bereits abgestorben; andere führen zu den Zweigen unserer heutigen Arten.

Doch der Lebensbaum, wie ihn die Steine freigeben, hat mit diesem Idealbild seltsamerweise wenig zu tun. Neue Hauptäste beginnen nur selten an dem Teil des Baumes, von dem sie vermeintlich herausgewachsen sind, und eine Reihe von Zweigen sprießt dicht beisammen, ohne eine Verbindung miteinander zu haben.

Schaubilder von unseren Vorfahren aus früheren Zeitaltern sind manchmal so manipuliert, daß sie dort Verbindungen aufzeigen, wo man sie annimmt; die ehrlicheren zeigen an diesen Stellen gestrichelte Linien. Logischerweise gibt es hierbei nur wenige Anzeichen für einen tatsächlichen Wandel. Stabilität oder Verharren ist normal. Ein allmählicher Wandel erscheint meist als anwachsende Vergrößerung oder Erweiterung von Teilen (Eldredge 1985, 23, 75). Wenn eine Spezies sich langsam zu einer anderen verändert (»Chronospezies«), unterscheiden sich diese Arten für gewöhnlich nicht stärker voneinander als die Angehörigen einer einzigen, gleichzeitig auftretenden Spezies (Stanley 1979, 14). Es ist so, als ob das Leben hinter ein Gebüsch tritt und dann in neuen Kleidern wieder auftaucht.

In einem auf zufälligen Ereignissen beruhenden Bericht muß man schon mit einigen Lücken rechnen, aber dokumentierte Übergänge sind mit ihm nicht ausgeschlossen. Es liegen ja nicht nur die verwandtschaftlichen Beziehungen zwischen den großen Gruppen, den Stämmen, im dunkeln; auch für kleinere Abspaltungen gibt es keine Belege. Die Logik legt nahe, daß zwischen sehr unterschiedlichen Gruppen intermediäre Formen existieren sollten, wie etwa zwischen einer Fledermaus und einem vierfüßigen Insektenfresser, aus dem sie sich entwickelt haben muß. Leichter findet man Übergangsformen, wo der Wandel nicht so drastisch verlaufen ist; etwa die zwischen heutigen Karnivoren und solchen, die vor 50 Millionen Jahren gelebt haben. Die Lücken verringern sich in einem taxonomischen Sinn, je mehr man sich der Gegenwart nähert; der strukturelle Wandel verlangsamt sich nämlich, sobald die Organismen komplexer werden und sich die ökologischen Räume füllen. Doch Ernst Mayr geht so weit zu behaupten, daß es »keinen eindeutigen Beweis für irgendeinen Wandel von einer Spezies zu einer anderen Gattung oder für das graduelle Auftauchen irgendeiner evolutionären Neuheit« gebe (Mayr 1991).

In einigen Fällen findet man durchaus Zusammenhänge. Die Evolutionslinie der Säugetiere ist, zurück bis zu den säugerähnlichen Reptilien vor 230 Millionen Jahren, verhältnismäßig gut dokumentiert. Aber es gibt weiße Flecken zwischen den Amphibien, frühen und späteren säugerähnlichen Reptilien und den Säugetieren. Jede neue Familie erschien plötzlich und veränderte sich danach langsam. Lücken tauchen auch auf zwischen den Säugetieren aus der Dinosaurierzeit und denen, die nach dem großen

Aussterben gelebt haben, als die modernen Ordnungen offenbar unabhängig davon etwa zur selben Zeit entstanden (Bonner 1988, 11; Carroll 1988, 361f., 415).

Die graduelle Entstehung des Pferdes wird oft als Beleg für die Evolutionstheorie angeführt. Vor etwa hundert Jahren stellte T. H. Huxley, genannt »Darwins Bulldogge«, die wesentlichen Glieder der Reihe zusammen, die von dem kleinen vierzehigen *Hyracotherium* (früher *Eohippus*), das vor 55 Millionen Jahren lebte, zu den heutigen, einzehigen Pferden führt. Aber sogar diese scheinbar geradlinige Entwicklung verlief in Sprüngen zwischen vielen Abzweigungen, und die modernen Pferde erschienen ziemlich plötzlich vor rund drei Millionen Jahren (Stanley 1983).

Die menschliche Reihe vom *Australopithecus* über den *Homo habilis* und den *Homo erectus* bis zum *Homo sapiens* verläuft eigentlich am kontinuierlichsten. Meinungsverschiedenheiten herrschen nur bezüglich der Anzahl von gleichzeitig existierenden Arten, über das Ausmaß des Wandels innerhalb der Arten bzw. zwischen den Arten und ihren Seitenlinien und darüber, ob neue hominide Arten auftauchten oder nur ersetzt wurden; doch es klaffen hierin keine großen Lücken. Bei dem frühesten hominiden Fossil (»Lucy«), das 4,5 Millionen Jahre alt ist, handelt es sich um einen voll ausgebildeten Zweifüßer, dessen Beine und Becken sich deutlich von denen der Affen unterscheiden und eindeutig dem Hominidentyp zuzurechnen sind.

Der *Australopithecus* ist nur eine von vielen unerwarteten Erscheinungen mit ausgesprochen neuen Formen. Bei den Reptilien hatte bereits die älteste bekannte Schildkröte einen vollständigen Panzer wie die heutigen Schildkröten auch. Die Schlangen erschienen schon in der modernen Form und verbreiteten sich rasch. Die Dinosauriergattungen wurden im Verlauf der langen Herrschaft dieser Ordnung von Zeit zu Zeit ausgetauscht, doch keine Gattung ist eindeutig der Vorfahre irgendeiner anderen (Carroll 1988, 180, 207, 234, 328).

Der Ursprung der Reptilien liegt im dunkeln, und er wird noch rätselhafter durch die kürzliche Entdeckung eines kleinen Reptils, dessen Entstehung 338 Millionen Jahre zurückliegt und das damit beinahe so alt wie die ältesten Amphibien ist (Smithson 1989, 676). Es gibt keine Funde von einer Übergangsform zwischen den Knochenfischen und den Amphibien. Heutige Amphibien unterscheiden sich erheblich von denen, die als erste auf dem Land siedelten, und in der Amphibiengeschichte gibt es für einige Hundertmillionen Jahre nach dem Beginn der Reptilienzeit eine leere Stelle. Dort, wo sie wieder anfängt, sind die älteren Typen alle verschwunden. Die drei modernen Ordnungen – Frösche (Anuren), Salamander (Urodelen) und Schleichenmolche – erscheinen in der Stammesgeschichte in ihrer nahezu neuzeitlichen Form. Man fragt sich daher, ob es sich nicht um Verzweigungen einer einzigen Linie handelt (Pough, Heiser und McFarland 1989, 374).

Noch weiter zurück gibt es keine Fossilien, die zu den primitiven Chordaten führen oder eine Verbindung mit den Wirbeltieren herstellen, die aus ihnen hervorgegangen sein müssen. Die letztgenannte Gruppe hob sich dadurch ab, daß sie eine Hirnschale, spezialisierte Sinnesorgane und kalkhaltige Knochen besaß. Die frühesten bekannten Glieder großer Vertebratengruppen unterschieden sich sehr stark voneinander. Ein größerer Schritt war die Entwicklung eines Kiefers; allerdings scheint kein bekannter kieferloser Fisch als Vorgänger in Frage zu kommen (Carroll 1988, 17, 21, 44).

Weitgehend dasselbe gilt für die Wirbellosen. Das erste bekannte Insekt sah aus wie eine Wanze der Neuzeit, und man weiß nichts von ehemaligen Wechselbeziehungen zwischen den verschiedenen Insektenordnungen (Libellen, Schaben, Käfern, Fliegen und so weiter). Jede ist unabhängig von einer anderen erschienen, obwohl etwa fünfzehn Ordnungen rund 300 Millionen Jahre alt sind (Cloudsley-Thompson 1988, 44 f.).

In noch früherer Zeit tauchten vor etwa 570 Millionen Jahren auf einmal vielzellige Lebewesen moderner Stämme in den berühmt gewordenen Burgess-Schieferformationen auf. Rund fünfzig Stämme (heute gibt es nur noch halb so viel) und eine große Zahl von Klassen entstanden – in ein paar Millionen Jahren entwickelten sich ungefähr 300 wesentlich neuartige Körperstrukturen. Aus heutiger Sicht sahen viele von ihnen sehr merkwürdig aus, und sie waren untereinander extrem verschieden. Es gibt auch kaum einen Übergang von den komplexen Burgess-Tonschiefer-Lebewesen mit harten Körperteilen zu den früheren Vendium-Ediacarum-Lebewesen, die weiche Körper hatten (Morris 1990, 33; Valentine 1985, 263 ff.).

Die tierischen Organismen waren einfacher strukturiert, als sie gerade erfunden hatten, Zellen zu Organen und vielzelligen Lebewesen zusammenzufassen. Dennoch ist es unklar, auf welche Weise

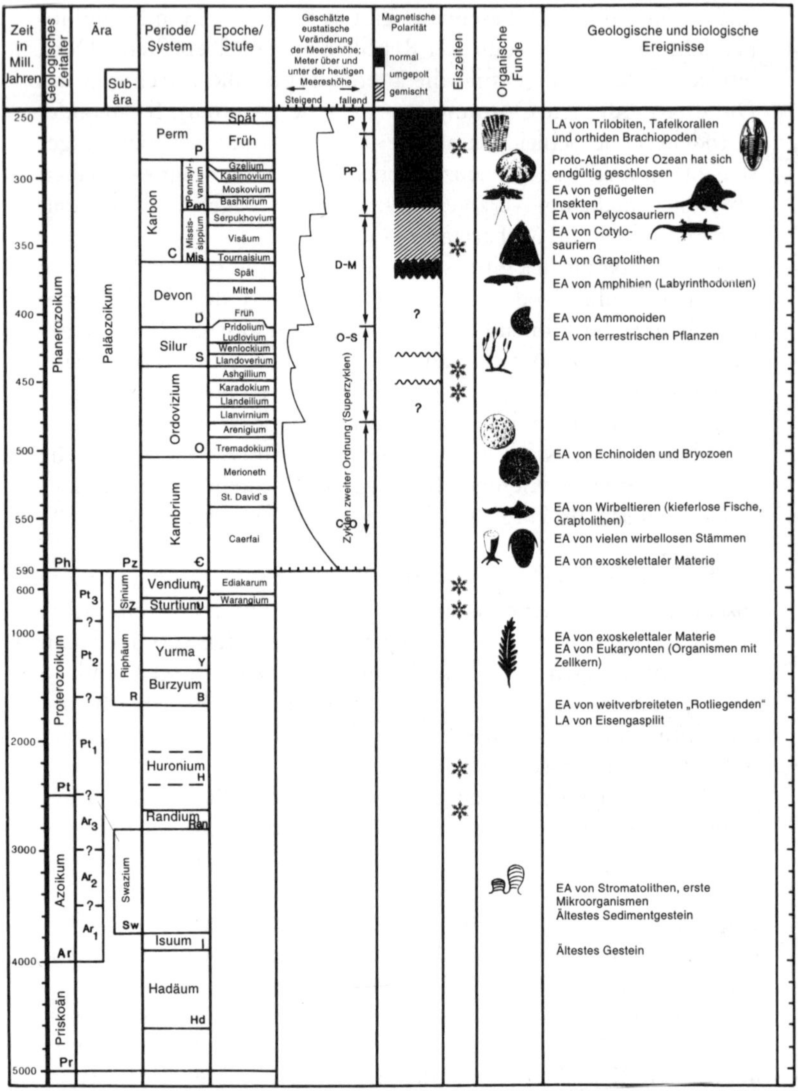

Geologische Zeittafel: Die jüngeren Zeiten enthalten mehr Details, so das erste Auftreten (EA) und das letzte Auftreten (LA) von großen Gruppen; außerdem Veränderungen in der Meereshöhe, die magnetische Polarität und Eiszeiten (symbolisiert durch Schneeflocken). (Graphik aus *The Fossil Book*, C. L. Fenton und M. A. Fenton, New York, Doubleday, 1989)

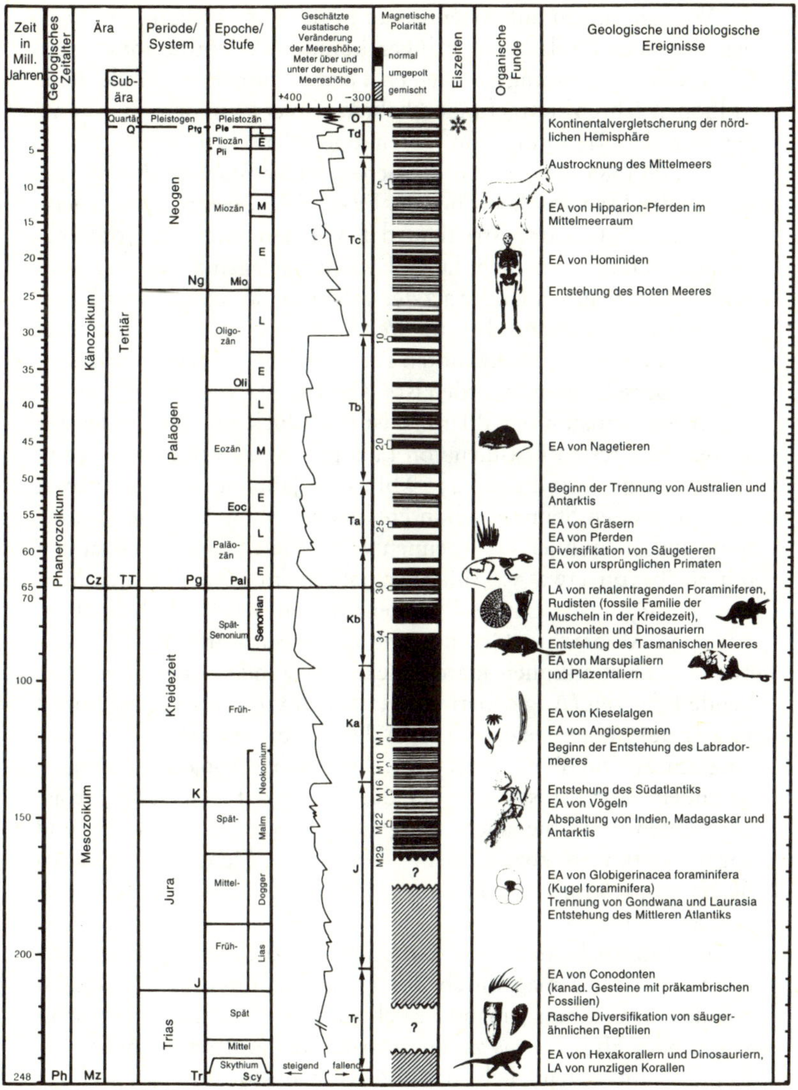
Zeit in Mill. Jahren
Geologisches Zeitalter
Ära
Sub-ära
Periode/ System
Epoche/ Stufe
Geschätzte eustatische Veränderung der Meereshöhe; Meter über und unter der heutigen Meereshöhe
+400 0 −300
Magnetische Polarität
normal
umgepolt
gemischt
Eiszeiten
Organische Funde
Geologische und biologische Ereignisse
Phanerozoikum
Ph
Känozoikum
Cz
Mesozoikum
Mz
Quartär
Q
Tertiär
TT
Pleistogen
Ptg
Neogen
Ng
Paläogen
Pg
Kreidezeit
K
Jura
J
Trias
Tr
Pleistozän
Ple
Pliozän
Pli
Miozän
Mio
Oligo-zän
Oli
Eozän
Eoc
Paläo-zän
Pal
Spät-Senonium
Senonian
Früh-
Neokomium
Spät-
Malm
Mittel-
Dogger
Früh-
Lias
Spät
Mittel
Skythium
Scy
L
E
M
steigend
fallend
Q
Td
Tc
Tb
Ta
Kb
Ka
J
Tr
1
5
10
20
25
30
34
M1
M10
M16
M22
M29
?
5
10
15
20
25
30
35
40
45
50
55
60
65
70
100
150
200
248
Kontinentalvergletscherung der nördlichen Hemisphäre
Austrocknung des Mittelmeers
EA von Hipparion-Pferden im Mittelmeerraum
EA von Hominiden
Entstehung des Roten Meeres
EA von Nagetieren
Beginn der Trennung von Australien und Antarktis
EA von Gräsern
EA von Pferden
Diversifikation von Säugetieren
EA von ursprünglichen Primaten
LA von rehalentragenden Foraminiferen, Rudisten (fossile Familie der Muscheln in der Kreidezeit), Ammoniten und Dinosauriern
Entstehung des Tasmanischen Meeres
EA von Marsupialiern und Plazentaliern
EA von Kieselalgen
EA von Angiospermien
Beginn der Entstehung des Labradormeeres
Entstehung des Südatlantiks
EA von Vögeln
Abspaltung von Indien, Madagaskar und Antarktis
EA von Globigerinacea foraminifera (Kugel foraminifera)
Trennung von Gondwana und Laurasia
Entstehung des Mittleren Atlantiks
EA von Conodonten (kanad. Gesteine mit präkambrischen Fossilien)
Rasche Diversifikation von säugerähnlichen Reptilien
EA von Hexakorallern und Dinosauriern, LA von runzligen Korallen

die Veränderungen auf Artenniveau in der zur Verfügung stehenden Zeit neue Phyla hervorbringen konnten (Valentine 1985, 270). Die große Verbreitung von neuen Formen dürfte in gerade zehn Millionen Jahren stattgefunden haben, also etwa in dem Zeitraum, der seit der Trennung von Affen und Menschen vergangen ist (Clarkson 1986, 48). Diese Tatsachen widersprachen den Folgerungen der Darwinschen Theorie. Er schrieb: »Wenn meine Theorie stimmt, ist es unbestreitbar, daß vor der untersten [fossiltragenden] Kambriumschicht lange Epochen gelegen haben – so lang oder wahrscheinlich länger als der ganze Zeitabschnitt vom Kambrium bis heute – und daß die Welt während dieser unvorstellbar langen, noch völlig unbekannten Perioden von [vielzelligen] Lebewesen überschwemmt worden ist« (Charles Darwin [4]1982).

Der Stammbaum der Pflanzen ist noch lückenhafter als der der Tiere. Die ältesten Fossilien von Landpflanzen – ohne überlieferte Abstammung – sind rund 450 Millionen Jahre alt. Damals hatten sich die großen Stämme schon entwickelt, ohne daß eine Verbindung zwischen ihnen zu erkennen wäre. Viele Stämme entstanden innerhalb von etwa 30 Millionen Jahren im Silur (Thomas und Spicer 1987, 21). Einige Pflanzenfamilien wie Schachtelhalme, Bärlappe, Moosfarne, Gingkos und Cycadeen waren einige Zehn- oder Hundertmillionen Jahre nahezu unverändert geblieben. Blühende Pflanzen (Angiospermien) tauchten vor etwa 120 Millionen Jahren auf; über viele Millionen Jahre hinweg nahmen sie nur langsam zu (Stebbins 1974, 318). Dennoch: »Sobald die Angiospermien in der fossilen Flora der Kreidezeit eine feste Größe einnahmen, sind sie auch weitgehend modernen Familien und sogar Gattungen zuzuordnen.« Die große Menge an Fossilien liefert kaum Hinweise auf einen schrittweisen Wandel (Thomas und Spicer 1987, 61 ff.).

Der Eindruck, daß viele Gruppen plötzlich etwa gleichzeitig entstanden sind, mag durch das Klassifikationssystem ausgelöst worden sein. Wenn jemand verschiedene Ordnungen wie Karnivoren oder Huftiere bis zu ihrem frühesten Auftreten zurückverfolgt, glaubt er natürlich, daß die Ausgangsformen sich weniger unterscheiden als ihre modernen Nachkommen. In gleicher Weise war es auch den am meisten verbreiteten tierischen Organismen möglich, sehr rasch zu divergieren, ohne Spuren von Zwischenformen zu hinterlassen, da sie ja viel einfacher strukturiert waren und weniger deutlich getrennt als ihre entfernten Nachkommen. Es gab zwar grundlegende Unterschiede, sie waren nur noch nicht so tief verankert.

Die Lücken in der Abstammung sind dennoch real. Arten sind für gewöhnlich über lange Perioden statisch oder nahezu statisch; bei ihnen findet selten, bei Gattungen niemals eine Evolution zu einer neuen Spezies oder Gattung statt; vielmehr lösen sie sich gegenseitig ab, und der Wandel geht mehr oder weniger abrupt vor sich (John und Miklos 1988, 307).

Das widerspricht dem Darwinschen Ansatz. Die natürliche Auslese – und die Lamarcksche Evolution durch Gebrauch und Nichtgebrauch – würden einen graduellen, progressiven Wandel mit willkürlich divergierenden Nachkommenschaftslinien implizieren. Auf diese Weise entstünde ein großer unregelmäßiger Busch, nicht aber das Idealbild von einem sich verzweigenden Lebensbaum, und noch weniger die tatsächliche Entwicklung mit großen und kleinen Zweigen, die ohne Verbindung untereinander herabhängen.

Die Erforscher der Fossiliendokumente, diejenigen also, die mit Fakten aus der Vergangenheit und nicht mit Gleichungen aus der Populationsgenetik arbeiten, stehen Darwins Beharren auf einem langsamen, mehr oder weniger stetigen Wandel zumeist skeptisch gegenüber. Diese Paläontologen – z. B. Stephen J. Gould, Niles Eldridge und Steven M. Stanley – sind es auch, die sich seit kurzem in die vorderste Reihe der Kritiker gestellt haben.

Der Sprung in den Luftraum

Neben den Leerstellen in der Überlieferung müssen sich die Evolutionisten auch mit dem Problem auseinandersetzen, wie es zu den wichtigen Wandlungen kommen konnte. Der Ursprung keiner einzigen Innovation von großer evolutiver Bedeutung ist bekannt (Langridge 1987, 248). Der vielleicht am meisten diskutierte Übergang ist jener von den Reptilien zu den Vögeln. Das Auftauchen der Säugetiere ist einigermaßen geklärt. Daß Reptilien sich allmählich zu Säugern entwickelt haben, kann man sich relativ leicht vorstellen: Sie richteten sich mehr auf, verbesserten das Herz, stabilisierten die Körpertemperatur, bildeten Haare zur Erhaltung der Körperwärme aus, produzierten ein nahrhaftes Sekret aus ihren Epidermisdrüsen zur Aufzucht ihrer Nachkommenschaft und so weiter.

Aber die Erklärung des Sprungs in den Luftraum bietet den Theoretikern große Schwierigkeiten.

In Deutschland wurden in einem Kalksteinsediment sechs etwa 150 Millionen Jahre alte Skelette von dem primitiven, taubengroßen, vogelähnlichen *Archaeopteryx* entdeckt (Wellnhofer 1990, 70ff.). Er wurde zunächst als Vogel klassifiziert, da sich bei einigen Exemplaren die Umrisse von Federn erhalten hatten. Das Skelett aber gehörte zu einem Reptil: ein langer Schwanz, kein Brustbein zur Befestigung der Flugmuskulatur, die Finger nicht verbunden zur Flügelbildung und Krallen am Flügel. Seine dinosaurischen Vorfahren sind unverkennbar, und die Evolutionisten präsentieren ihn als Musterexemplar eines Bindeglieds zwischen den Klassen. Er muß der urtümlichen Linie der Vögel sehr nahegestanden haben, da ein neuzeitlicher Vogel aus Venezuela, der Hoazin *(Opisthocomus hoazin)*, aufgrund einer bemerkenswerten Überlagerung unterdrückter Gene als junger Vogel annähernd die gleichen Flügelkrallen aufweist. Doch der Reptilienvogel läßt nicht erkennen, wie aus einem Landbewohner ein Flieger werden konnte. Die Frage nach dem Ursprung der Vögel wurde noch komplizierter, als man 1986 einige krähengroße Skelette entdeckte, die man zu Urvögeln (Protoavis) ernannte. Das vogelähnliche Tier war 65 Millionen Jahre älter als der *Archaeopteryx*; es war höchstens beschränkt flugtauglich, aber einem Vogel ähnlicher als der *Archaeopteryx* (Beardsley 1986, 677; Paul 1988, 251).

Es gibt zwei Theorien zum Ursprung der Vögel, die aber beide von den Spezialisten aus guten Gründen abgelehnt werden: Sie entwickelten ihre Flugeigenschaften in Ergänzung zum Laufen (Halbschwingen hätten das Tier langsamer gemacht) bzw. sie starteten in den Luftraum als Gleiter (weil sie Beine wie am Boden lebende Tiere hatten, Bock 1986). Viele Tiere haben sich irgendeine Art des Segelns angeeignet, um ihre Sprungeigenschaften zu optimieren – von Fröschen mit vergrößerten Füßen über gleitende Eidechsen bis zu Flughörnchen. Einige moderne Eidechsen gleiten in der Luft, die meisten machen dazu ihren Körper flacher. Eine (der *Draco*) kann dank einer Hautmembran, die durch Rippenfortsätze getragen wird, bis zu zwanzig Meter segeln. Doch der *Draco* wäre auf keinen Fall in der Lage zu fliegen. Fliegen setzt eine Fläche voraus, mit der die Luft in einem gewissen Abstand vom Körper geschlagen wird. Die gleitenden Echsen zur Zeit der Dinosaurier waren keine Vorläufer der Vögel.

Der taubengroße *Archaeopteryx* war ein kleiner Dinosaurier im Vogelgewand. Sein Gefieder war zwar voll ausgebildet, doch ansonsten wies sein Skelett kaum eine der Veränderungen auf, durch die sich Vögel von Reptilien unterscheiden. (Abbildung aus *The Fossil Book*, Carroll Lane Fenton und M. A. Fenton, New York, Doubleday, 1989)

Die erste Voraussetzung für das Fliegen ist eine stark vergrößerte Oberfläche der Vorderbeine; es ist sinnlos, ohne gute Tragflächen mit den Gliedern zu schlagen. Dieses Problem wurde durch die Entstehung von Federn gelöst. Schwieriger ist aber die Frage zu beantworten, wie diese Federn zustande kamen. Seltsamerweise stattete die Evolution den *Archaeopteryx* mit einem Gefieder aus, das sich kaum von dem eines heutigen Vogels, beispielsweise einer Taube, unterscheidet; er hatte sogar Reihen von Schwung- und Nebenfedern. Auf der anderen Seite blieb sein Skelett so weitgehend unverändert, daß einige Fachleute daran zweifelten, ob er überhaupt fliegen konnte. Federn sind komplex strukturierte Organe mit feinen, ineinander verzahnten Details wie Fahnen und Häkchen. Ihre Entwicklung dürfte schwieriger gewesen sein als die der Flügel (Flügel sind fünfmal entstanden, Federn nur einmal). Man vermutet, daß Federn ursprünglich zur Temperaturregelung dienten und für das Fliegen zusätzlich adaptiert wurden – eine Annahme, für die jeglicher Beweis fehlt, obwohl sie oft so vorgebracht wird, als sei sie erwiesen.

Obwohl sie voll ausgebildet und bei einem für das Fliegen nur dürftig ausgestatteten Tier auftauchten, sind Federn offenbar für diesen Zweck gedacht. Als Wärmeschutz würde etwas Einfacheres – Haare zum Beispiel – vollauf genügen, und einige flugunfähige Vögel wie der Kiwi tragen auch ein haarähnliches Federkleid (Grant 1985, 323). Die Flaumfedern der Vogelküken geben eine bessere Wärmeisolierung ab als die Flugfedern, würden aber beim Fliegen eher hinderlich sein. Nur echte Vögel haben so etwas wie ein Gefieder, doch viele Tiere – nicht nur Säuger, sondern auch Gliederfüßer wie Motten und Spinnen – sind mit Haaren oder ähnlichem ausgestattet.

Wenn am Boden lebende Reptilien Federn zur Wärmeregulierung geeignet gefunden hätten, würden einige von ihnen diese mit hoher Wahrscheinlichkeit als Merkmal behalten haben, oder zumindest wären etliche Fossilienspuren davon aufgetaucht, wie sie beim *Archaeopteryx* und späteren Vogelfunden festgestellt wurden. Ein Wärmeschutz wäre außerdem an den Extremitäten am wenigsten stark ausgebildet, doch zum Fliegen werden die Federn nur an den Vorderbeinen benötigt.

Es könnte möglich sein, daß das Gefieder sich als sexueller Signalgeber aus den farbigen und glänzenden Schuppen der Männchen entwickelt hat. Das Federkleid hält schließlich nicht nur warm und bildet eine ausgezeichnete aerodynamische Oberfläche, sondern es eignet sich in seiner oft schillernden Farbenpracht auch als Blickfang. Viele Vögel – von den prächtigen Quetzals und Paradiesvögeln bis hin zu den kunterbunt gefiederten Enten – beeindrucken durch ihr spektakuläres Äußeres.

Es wäre vorstellbar, daß ein kleiner Dinosaurier seine Partnerin anlockte und erregte, indem er mit seinen ansonsten nutzlosen Vorderbeinen (die Vorläufer der Vögel waren bipedal) anmutige Bewegungen vollführte, etwa in derselben Weise, wie viele heutige Eidechsen ihre Reize zur Schau stellen. Eine solche Art der sexuellen Selektion könnte wie zahllose andere zufällig entstanden sein. Im Schaukampf um die Zuwendung des Weibchens mag es sich als die am wenigsten aufwendige Methode bewährt haben, die leuchtend bunten Schuppen leicht und federartig auszubilden. Das auffällige Imponierverhalten erwies sich vielleicht als Vorteil, wenn die schmuckvoll gestalteten Vorderbeine des Tieres bei kurzen Sprüngen ins Flattern gerieten.

Die Entstehung von Vögeln ist um so bemerkenswerter, als der Luftraum bereits durch zahlreiche offenbar geschickt fliegende Echsen – Pterosaurier – besetzt war, die erst am Ende der Dinosaurierära, beinahe hundert Millionen Jahre nach dem *Archaeopteryx*, ausstarben. Der Ursprung der Pterosaurier ist ebenso ungeklärt wie der der Vögel. Die frühesten bekannten Pterosaurier waren sogar noch besser für das Fliegen gerüstet als der *Archaeopteryx*. Der Flügel bestand zumeist in einem stark verlängerten Finger; das Brustbein war zur Aufhängung der Flugmuskulatur entwickelt; und die wichtigsten Knochen waren als dünnwandige Röhren ausgebildet, wodurch das Tier im Verhältnis zu seiner Größe leichter als Vögel war. Der Pterosaurier hatte wie die Fledermäuse Flughäute. Eine Art, der *Quetzalcoatlus*, war der bei weitem größte, jemals bekannte Flieger; mit einer Flügelspannweite von elf bis zwölf Metern übertraf er einen Kondor um das Dreifache (Radinsky 1987, 132). Der Pterosaurier konkurrierte 70 Millionen Jahre lang mit den Vögeln; er unterlag erst mit dem großen Aussterben, das die Saurier hinwegraffte.

Bald nach dem großen Sterben taten die Fledermäuse einen spektakulären Sprung in den Luftraum, in dem sich schon viele Vogelarten tummelten. Das Erscheinen der Fledermäuse, der ersten Säugetiere moderner Prägung, geschah so unvermittelt wie das der Pterosaurier. Ihr Skelett zeigt nur wenig Ähnlichkeit mit dem eines Lauftieres, und die frühesten bekannten Fledermäuse waren von den heutigen kaum zu unterscheiden. Offenbar waren sie sogar mit einem gut entwickelten Echolotsystem ausgestattet. Wahrscheinlich hatten sie – was sehr ungewöhnlich ist – zweimal eine Evolution durchgemacht.

Um sich in die Lüfte zu erheben, veränderten Fledermäuse und Pterosaurier ihre Vorderfüße auf viel drastischere Weise als die Vögel. Was diese mit ihrem Gefieder erreichten, versuchten Fledermäuse und Pterosaurier durch das Ausstrecken ihrer Finger, die auf die doppelte Länge des übrigen Körpers anwuchsen. Eine solche Modifikation dürfte im Anfangsstadium sinnlos, für das Gleiten eine Erschwernis gewesen sein. Fledermäuse sind jedoch weniger für das Fliegen adaptiert als Vögel; sie können sich nur langsam und ruckartig in der Luft fortbewegen, und sie verfügen weder über das wirksame Kühl- und Atmungssystem der Vögel mit Luftsäcken noch über Röhrenknochen. Trotzdem verhalten sie sich auch auf dem Boden viel unbeholfener als Vögel.

Das Problem der Evolution des Fledermausflugs ist dasselbe wie bei den Vögeln. Die modernen Gleitsäuger wie das Flughörnchen oder der Flattermaki (Colugo) versuchen gar nicht erst, ihre Sprünge dadurch zu verlängern, daß sie mit den zwischen Vorder- und Hinterbeinen gespannten Häuten flattern; es wäre wohl auch ein schwieriges Unterfangen. Daß die Fledermäuse es auf solche Weise probierten, läßt sich damit erklären, daß ihre Flügel an den Hinterbeinen plaziert sind, die im Gegensatz zu denen der Vögel kaum zum Laufen taugen. Eine Schwierigkeit ist noch: Wenn ein Gleiter – ein Flughörnchen zum Beispiel – zur besseren Flugsteuerung mit seinen Häuten zu flattern anfing, verlängerte es offensichtlich die Vorderbeine, nicht die Zehen. Doch die frühesten bekannten Fledermäuse sind Fingerflügler, die sich kaum von ihren modernen Artgenossen absetzen.

Neben den genannten Gruppen ist nur den Insekten das Fliegen gelungen. Sie erschienen in der Karbonzeit, etwa hundert Millionen Jahre vor den Flugechsen. Insekten zeichnen sich auch dadurch aus, daß ihnen die Flügel – soweit ersichtlich – unabhängig von einer Übergangsstruktur gewachsen sind. Insektenflügel sind Ausstülpungen des Brustpanzers; ihre Entstehung erforderte die gleichzeitige Entwicklung einer leichten, aber steifen Membran, einer Gelenkverbindung mit dem Körper, einer geeigneten Muskel- und Nervenausstattung sowie der zum Fliegen nötigen Steuerorgane.

Man vermutet, daß Insektenflügel ursprünglich aus Larvenkiemen oder Temperaturregulierungsorganen hervorgegangen seien. Die Flügel einiger Dinosaurier sollen diese Funktion gehabt haben. Doch sind keine Insekten mit einem solchen Organ bekannt. Sie würden es auch gar nicht brauchen, denn sie können ihre Temperatur leicht dadurch regulieren, daß sie in die Sonne gehen oder sie meiden. Man glaubt jedenfalls, daß sich ihre Flugfähigkeit aus dem Gleiten heraus entwickelt hat. Aufgrund seines günstigen Verhältnisses von Oberfläche und Gewicht sollte es einem kleinen Tier leichter fallen, das Fliegen zu lernen. Und doch hat sich keine andere Klasse der Wirbellosen dahingehend entwickelt.

Zwischen Land und Meer

Der Wechsel zwischen dem Meer, wo das Leben begann, und dem Land, wo es seine größte Komplexität erreichte, vollzieht sich in einem gleichmäßigen Übergang. Doch nur wenige Gruppen waren dazu fähig. Obwohl verschiedene Würmer und andere Kleintiere in einem feuchten, terrestrischen Biotop leben können, schafften es nur drei Phyla (Mollusken, Arthropoden und Wirbeltiere), sich für ein Leben auf dem trockenen Land auszurüsten.

Die einzelnen Stadien, in denen sich ein Fisch zu einem Amphibium entwickelte, sind unbekannt. Es gibt zwar Ähnlichkeiten zwischen den ersten Amphibien und bestimmten in Brackwasser lebenden Fischen mit Knochenflossen; doch die frühesten Landtiere erscheinen mit vier ausgebildeten Beinen, Schulter- und Bekkengürtel, Rippen und ausgeprägten Köpfen. Gewisse Knochen in den Fischflossen entsprechen verschiedenen Gliederknochen bei den Vierfüßern, doch die Flosse ist bei weitem kein Bein. Vor 320 Millionen Jahren tauchten innerhalb von einigen Jahrmillionen auf einmal ein Dutzend Amphibienordnungen in der Stammesgeschichte auf – keine davon ist der Vorläufer einer anderen (Carroll 1988, 157).

Der umgekehrte Weg vom Land ins Wasser ging leichter. Ein Landtier kann schneller schwimmen lernen, als ein Wassertier sich auf das Leben an Land umzustellen vermag. Es gibt viele halbaquatische Tiere, von Krokodilen über Moschusratten bis zu Flußpferden. Ein Rätsel indes ist der Wal. Die frühesten Walfossilien (wissenschaftlich *Basilosaurus*, griech. Königsechse, weil man das erste Skelett für ein Reptil gehalten hatte) waren schon genauso spezialisiert wie moderne Wale, ähnelten äußerlich aber mehr einem Aal. Ein charakteristisches Detail ist die Fortbewegung der Wale durch Schläge mit ihrer waagrechten Schwanzflosse nach oben und unten. Fast alle Fische – große wie kleine – bewegen sich dagegen mit waagrechten Schlägen ihrer senkrecht stehenden Flossen. Landtiere wie die Hunde etwa wedeln mit ihrem Schwanz meist horizontal. Es kann keine intermediäre Form zwischen der waagrechten und senkrechten Bewegung geben. Bei effizientem Schwimmen müssen sich Muskeln und Flossen oder Walfinnen auf die eine oder andere Form festlegen.

Halbaquatische Säuger wie Biber, Moschusratten, Flußpferde, Polarbären und Ottern setzen ihre Hinterbeine zum Schwimmen ein, nicht aber ihren Schwanz. Der Biber kommt dabei den Walen noch am nächsten; er steuert mit seinem Schwanz und schwimmt vor allem mit den schwimmhautbewehrten Hinterbeinen. Ein Landtier, das sich ins Wasser begeben hat, muß in der ersten Zeit seine Beine zum Schwimmen benutzen. Ehe der Schwanz nicht stark genug ist, das Tier voranzutreiben, können daher die Beine nicht zurückgebildet werden. Es gibt eigentlich keinen Grund dafür, daß sie aufgegeben werden sollten. Selbst wenn sie nicht als Antrieb benötigt werden, tragen sie doch zur Manövrierfähigkeit der Tiere bei. Die meisten Fische haben nicht nur am Schwanz, sondern auch am vorderen Teil ihres Körpers Flossen.

Reptilien, die von Anfang an mit einem starken Schwanz ausgestattet sind, adaptieren ihn ohne weiteres ans Schwimmen; Krokodile sind ein gutes Beispiel dafür. Doch die verschiedenen Familien von Meeresreptilien (die ebenfalls plötzlich bei Fossilfunden auftauchen) behielten die Hinterbeine als Paddel. Nur bei den Ichthyosauriern waren sie sehr reduziert.

In den geradlinigen Adaptationen werden zunächst Schwimmhäute an den Füßen ausgebildet, die sich dann zu paddelähnlichen Organen verändern. Seehunde und Walrösser, deren Übergang vom Land ins Meer ebenfalls nicht dokumentiert ist, haben sich so entwickelt. Im Gegensatz dazu verloren die Seekuh-Arten Dugong und Lamantin ihre hinteren Gliedmaßen und stellten die Schwanzflosse senkrecht. In der Evolution erscheinen sie ebenfalls voll adaptiert an das Leben im Meer (Carroll 1988, 544). Man könnte daraus schließen, daß der Verlust der hinteren Gliedmaßen mit anderen Aspekten des Wal- (und Dugong-)musters als Teil der allgemeinen Entwicklung für ein Leben im Wasser in Zusammenhang steht.

Wale sind vom Grundmuster der Säugerklasse mehr als andere Säugetiere abgewichen. Wie lange sie (oder Seehunde, Dugongs, Ichthyosaurier, Vögel und Fledermäuse) zu ihrer Entwicklung seit ihrer Abspaltung von den normal vierfüßigen Vorläufern gebraucht haben mögen, ist nicht bekannt. Aber ihre außergewöhnliche Spezialisierung (wie die der Fledermäuse) muß sich innerhalb von zehn Millionen Jahren vollzogen haben. Eventuell hat es auch gar nicht so lange gedauert, weil die Wale vielleicht längst existierten, bevor die ersten bekannten Knochenfunde ihre Existenz belegen. Andererseits sind zehn Millionen Jahre gerade ein Fünftel der Zeit, die das *Hyracotherium* gebraucht hat, um ein gar nicht so extrem anderes Tier zu werden, das moderne Pferd.

Basilosaurus, der früheste bekannte Wal, hatte etwa die Größe heutiger Grauwale. Mit seinem langgestreckten, fast aalförmigen Körperbau war er eigentlich eher für ein Leben im Meer geschaffen. Er hatte jedoch kleine Hinterbeine (hier nicht sichtbar), über deren Funktion man nichts weiß. (Abbildung aus *The Fossil Book*, Carroll Lane Fenton und M. A. Fenton, New York, Doubleday, 1989)

In dieser Zeit bildeten die Wale nicht nur ihre Vorderbeine zu Paddeln um und einen langen, mächtigen Schwanz aus, sondern verschoben auch das Nasenloch zur Oberseite des Kopfes, veränderten ihr Atmungssystem und nahmen weitere Adaptationen vor, die ihnen die Nahrungsaufnahme in den Tiefen des Ozeans erleichterten. Bemerkenswerterweise entwickelten sie mit den Rücken- und Schwanzflossen aus Haut und Bindegewebe auch ganz neue Organe. Außerdem mußten sie noch, bevor sie die Hinterbeine verloren, die sie brauchten, um an Land zu klettern, fähig werden, ihre Jungen im Wasser zu gebären. Das setzte neue Instinkte bei der Mutter und beim Jungtier voraus. Zum Beispiel mußte dem saugenden Jungtier die Milch ins Maul gepumpt werden und die Saugwarze von einer Kappe umgeben sein, damit kein Seewasser eindringen konnte. Schwer vorstellbar, daß all dies ohne eine beachtliche Reihe genau aufeinander abgestimmter Veränderungen entstehen konnte.

Die genetischen Überlegungen weisen ebenfalls auf die Problematik der raschen Walevolution hin. Laut Ernst Mayrs Berechnung brauchen Schnellentwickler zur Vergrößerung eines Organs um ein bis zehn Prozent eine Million Jahre. Das Organwachstum beim Wal muß sich allerdings innerhalb von zehn Millionen Jahren zehnmal so schnell vollzogen haben. Zur Gensubstitution sind vielleicht 300

Generationen erforderlich (Mayr 1967). Darüber hinaus müssen sich Mutationen oftmals wiederholen, und zwar mit beträchtlichem selektiven Vorteil, wollen sie eine gute Chance haben, sich durchzusetzen. Berücksichtigt man die Dauer von Walgenerationen sowie die Seltenheit, mit der benötigte Mutationen vermutlich auftreten, und die Vielzahl von notwendigen Mutationen, um ein Landtier in einen Wal zu verwandeln, kann man sich unschwer vorstellen, daß eine graduelle natürliche Auslese von zufälligen Variationen hier nicht in Frage kommt. Nach ihrem schockierend raschen Entstehen entwickelten sich Wale und Fledermäuse viele Millionen Jahre hindurch langsam weiter, vermutlich, weil ihre Populationen sich aufgrund des wechselnden Standorts und der großen Verbreitung stark vermischten.

Vielleicht sollten wir gar nicht damit rechnen, große evolutionäre Innovationen zu verstehen. In der Tat hat ja keiner jemals beobachtet, wie durch eine Mutation ein neues Organ entsteht, nicht einmal im Anfangsstadium. Innovation ist das zentrale Problem, das die Evolutionisten seit Darwin beschäftigt. Heute ist es genauso geheimnisumwittert wie zur Zeit der Veröffentlichung seines grundlegenden Werks.

4. Kapitel

Die Natur als Erfinderin

Das Wunder des Lebens

Damit sich das Wunder des Lebens ereignen konnte, mußte die materielle Substanz eine komplexe, sich selbst organisierende Ordnung annehmen. Leben ist nicht bloß das Produkt der Vergangenheit, sondern ein Programm zur Gestaltung einer Zukunft, eine Neuheit im Universum, eine Struktur, die nach den Bedürfnissen geformt wurde.

Das fundamentale Problem des Lebens war: Wie konnte sich ein biochemisches System vervielfältigen und auf lange Sicht ebendiese Fähigkeit verbessern? Leben braucht Energie (fast ausschließlich aus dem Sonnenlicht), um das nahezu universelle Prinzip der Entropiezunahme, was ja Rückschritt ins Chaos oder Verlust an Möglichkeiten bedeutet, außer Kraft zu setzen. Kurzfristig ist diese Energie Grundlage für das Wachstum, langfristig aber erfordert sie Reproduktion, um den Tod des Individuums zu überwinden.

Wenn Moleküle sich miteinander verbinden, um einen Kristall zu bilden, dient ihre Ordnung als Schablone, an der sich andere Atome anhängen und die Struktur vergrößern können. Doch der Unterschied zwischen dem kompliziertesten Kristall und dem einfachsten lebenden Organismus ist gewaltig. Organismen sind selbstregulierend, d. h. homöostatisch, und sie erhalten innere Zustände aufrecht trotz der Fluktuationen des äußeren Mediums. Alle Lebewesen tauschen selektiv Stoffe mit ihrer Umwelt aus; Substanzen werden in ihren Körper aufgenommen und andere nach außen abgegeben. Mit Leben erfüllte Wesen mußten sich von Anfang an darauf einstellen, aufgenommene Stoffe verarbeiten zu können und sie zur Durchführung der lebenswichtigen Prozesse, zum Wachstum und zur Vermehrung zu verwenden. Dieser Stoffwechsel ist der Schlag des Lebenspulses. Dazu sind mindestens 300 biochemische Prozesse erforderlich; bei den einfachsten bekannten, sich selbsterhaltenden Organismen sind es 550 (Morowitz 1985, 248).

Es gibt viele Theorien, aber wenig gesichertes Wissen darüber, wie Leben entstanden ist. Man glaubt, daß das Urmeer eine Suppe aus großen organischen Molekülen war, wie man sie in Meteoriten gefunden hat und wie sie bekanntermaßen auch im Weltraum existieren. Sie konnten sich ansammeln, weil die Atmosphäre frei von zerstörerischem Sauerstoff war. Der Ablauf kann am Anfang so ausgesehen haben, daß eine Verbindung die Fähigkeit besaß, eine andere zu katalysieren, diese wiederum eine dritte und so weiter, bis die Kette an einen Stoff gelangte, der die ursprüngliche Verbindung zu katalysieren vermochte – ein Kreis, der sich fortsetzte, solange energiespendende Nährstoffe verfügbar waren (Waldrop 1990, 1543). Auf eine solche Weise mußten sich immer kompliziertere Kombinationen ergeben haben, was zu einem präbiotischen Wettlauf um die Erbeutung aufgelöster Substanzen führte. Eine Schwierigkeit bestand jedoch darin, daß die Autokatalyse einen feinen Mittelweg finden mußte, der für Lebensprozesse typisch ist: Der Katalysator mußte sich der entsprechenden Stoffe bemächtigen, durfte sie aber nicht behalten (Pool 1990, 1609).

Der erste – sehr schwer errungene – Erfolg auf dem Weg zum Leben dürfte gewesen sein, energieenthaltende Verbindungen so umzugestalten, daß dabei immer mehr von den zu ihrem Wachstum nötigen Substanzen entstanden. Dieser Vorgang könnte sich in Tümpeln abgespielt haben, in denen das Sonnenlicht den Kombinationen zu einer energetischen »Aufladung« verhalf. Mineralische Oberflächen mochten durch die Katalyse von Reaktionen ebenfalls ihren Beitrag geleistet haben. Den nächsten Schritt ins Leben haben wohl rezente, d. h. gegenwärtig noch lebende Bakterien getan, die auf Eisen- oder Schwefelverbindungen siedeln, die von der Erde erzeugt werden. Energiehaltige Verbindungen, die durch elektrische Entladungen in der Atmosphäre entstanden, könnten die Urform des Lebens ebenfalls genährt haben. Ohne Nutzung der Sonnenenergie konnte sich das Leben kaum weiterentwickeln.

Bestimmte Aspekte vom mutmaßlichen Beginn des Lebens sind durchaus einsichtig. Aminosäuren, die sich aus den wahrscheinlichen Bestandteilen der präbiotischen Atmosphäre leicht bilden konnten, verbinden sich unter Wärme zu Proteinen, die wiederum spontan kleine Kügelchen formen. Es muß eine Unzahl von Molekülen oder Kügelchen gegeben haben, die Millionen von Jahren in Interaktion miteinander standen. Manchmal verschmolzen sie miteinander, manchmal wuchsen sie zu übergroßen Gebilden heran und teilten (»vermehrten«) sich. Es war wirklich eine glückliche »Erfindung«, daß sie Kopien von sich selbst schufen – denn schon wurden sie unendlich zahlreich.

Doch die Hindernisse, die auf dem Entstehungsweg zum Leben standen, waren gewaltig. Organische Moleküle mußten groß genug werden, um biologische Reaktionen zustande zu bringen, aber nicht so groß, daß sie bewegungsunfähig wurden. Intensives ultraviolettes Licht hätte es allem, was irgendwie lebensähnlich war, unmöglich gemacht, auf oder nahe der Meeresoberfläche zu existieren. Man glaubt, daß es die RNS schon ziemlich am Anfang des Lebens gegeben haben muß, da sie chemisch aktiver als die DNS ist und sich einzigartig zu Selbstvermehrung und Katalyse eignet. Doch die RNS ist schwierig herzustellen und konnte nicht durch eine zufällige Kombination entstehen. Ohne einen lenkenden Mechanismus produziert sie sich nicht als exakte Kopie. Zur Replikation der Nukleinsäure bedurfte es einer Reihe von Proteinstrukturen, andererseits war Nukleinsäure (DNS) erforderlich, um die benötigten Proteine aufzubauen. Es bedurfte einer Membran mit den sich gegenseitig beeinflussenden Proteinen und Nukleinsäure, doch die Proteine und die Nukleinsäure werden genauso zum Aufbau der Membran benötigt. Diese mußte darüber hinaus von Anfang an halbdurchlässig sein, damit sie die brauchbaren Substanzen aufnehmen und die Abfallstoffe aus dem Körper heraus diffundieren konnte.

Es gibt noch ein weiteres Problem: Nichtbiologisch erzeugte Aminosäuren sind optisch entweder links- oder rechtsdrehend, biologische Aminosäuren hingegen immer linksdrehend. Sollen sie aber ihre Funktion ausüben können, müssen alle Aminosäuren in einem Enzym dieselbe Drehung haben. Dasselbe gilt für die Zukker, die einen Teil der Nukleinsäurekette bilden. Für den Start ins Leben hatte es lange Ketten mit vielen Einheiten derselben Drehung (isomerisch) geben müssen, aber eine solche Kette läßt sich – soweit bekannt – heute nur durch einen biologischen Prozeß herstellen.

Schon in dem einfachsten Bakterium ist die Reproduktion ein komplexer Vorgang. Die Nukleinsäurestränge müssen sich genau verdoppeln lassen; dann müssen die Stränge und die dazugehörigen Strukturen so voneinander getrennt werden, daß sich zwei vollständige Einheiten ergeben. Außerdem braucht man eine neue Wand zur Teilung der neuen Zellen. Dieser Vorgang erfordert Hunderte von Enzymen und Proteinen. Und er ist mit einer hohen Fehlerquote belastet, die zum Teil daher rührt, daß das innerzelluläre Umfeld niemals absolut stabil ist. Fehler müssen aber korrigiert werden, um die Lebensfähigkeit des Organismus zu erhalten. Nur eine ganz kurze DNS-Sequenz könnte sich mit hinlänglicher Sicherheit verdoppeln. Doch für die lange Sequenz in den Organismen – und das einfachste moderne Genom hat etwa drei Millionen Basen – müssen die entsprechenden Enzyme zur Fehlerkontrolle produziert werden. Wenn eine Zelle in ihrer DNS etwa hundert Basen hätte, dann ergäben sich ohne Korrektur zu viele Fehler zur Erhaltung der Strukturen – mehr als ein Prozent mißglückt bestimmt. Andererseits sind es viel zu wenig Basen zum Kodieren von Enzymen, die zur Fehlerkorrektur bei der Kopie benötigt werden (Maynard Smith 1986, 118). Um solche Barrieren zu überwinden, mußte sich das Leben durch einen Selbstorganisationsprozeß ein Strukturgeflecht einfallen lassen, das aus vielen wesentlichen Komponenten bestand, von denen anscheinend keine einzige ohne die anderen möglich gewesen wäre.

Trotz ihrer unendlichen Vielfalt haben alle Lebewesen dieselbe chemische Grundausstattung mit ähnlichen Stoffwechselprozessen. Am meisten fällt dabei auf, daß der genetische Code, der – soweit bekannt – zufällig entstand, universal ist (es gibt keinen ersichtlichen Grund dafür, daß eine spezielle Reihe von Basen für eine spezielle Aminosäure codiert, es sei denn, sie fing auf diese Weise an). Man nimmt an, daß der Code so alt wie das Leben selbst ist (Eigen u. a. 1989, 673). Einmal festgelegt, konnte er nicht mehr verändert werden. Möglicherweise stellen die grundlegenden chemischen Reaktionen, die in allen Lebensformen ablaufen, die einzige oder zumindest die beste verfügbare Möglichkeit dar, viele der grundlegenden Prozesse zu absolvieren.

Obwohl es geradezu unmöglich schien, hat sich das Leben offenbar doch in relativ kurzer Zeit entwickelt – innerhalb von ein paar hundert Millionen Jahren nach der Entstehung des Planeten. Als die frühesten Zeugen der Lebensgeschichte gelten fossile Bakterien, die etwa 3,5 Milliarden Jahre alt sind. Man darf annehmen, daß diese »frühzeitlichen« Bakterien einfacher strukturiert waren als ihre modernen Nachkommen. Und doch müssen sie die großen Probleme gelöst und die Mehrzahl der Enzyme und Proteine entwickelt haben, die die Organismen am Leben erhalten. Die Photosynthese, ein reichlich komplizierter Vorgang, ist etwa zur selben Zeit entstanden. Über zwei Milliarden Jahre – gut die Hälfte der gesamten Geschichte des Lebens – hatten die Bakterien die Welt für sich alleine. Das Leben erreichte offensichtlich rasch eine bestimmte Ebene, auf der es lange Zeit ohne erkennbaren Wandel verweilte – ein Vorgang, der sich in der Evolution unzählige Male wiederholte.

Die komplizierteren, mit einem Kern ausgestatteten Einzeller, die Eukaryonten, tauchten vor rund 1,2 Milliarden Jahren auf. Ihr Erscheinen hatte sich so lange hingezögert – es dauerte um ein Vielfaches länger als die Entstehung des Lebens selbst –, daß eigentlich schon nicht mehr damit zu rechnen war; ihr Auftreten markiert die größte bisher bekannte Diskontinuität in der Entwicklung von Lebewesen. Zwischen derart verschiedenen Organismen wie Bakterien und Protisten (Protozoen und Algen) gibt es kein Bindeglied. Der entscheidende Unterschied lag in einer Membran, die den bestimmenden Kern von dem tragenden Zytoplasma trennte. Die Nukleinsäure hatte sich auf Chromosomen aufgeteilt, anstatt nur – wie in den Bakterien – einen Ring zu bilden. Außerdem hatte ihre Menge um das Vielfache zugenommen, der Großteil davon wurde anscheinend nur in Reserve gehalten. Überdies gab es Organellen (hauptsächlich Mitochondrien und Chloroplasten), die in der Haushaltsführung der Zelle zusammenarbeiten, sich aber unabhängig von den restlichen Zellbestandteilen vermehren.

Die eukaryontische Zellteilung oder Mitose erfordert wegen der viel größeren DNS-Menge ein aufwendigeres System. Wenn die Zelle sich auf ein bestimmtes Signal hin zu teilen beginnt, wird das im Kern verteilte genetische Material systematisch in den richtigen Chromosomen gesammelt, die sich verdoppeln und dabei paarige Sätze bilden. Der Körper, zu dem die Chromosomen hingezogen werden sollen, verdoppelt sich ebenfalls – offenbar selbständig –, zwei Pole kristallisieren sich heraus. Die Kernmembran löst sich auf. Zwischen den Polen breiten sich Faserbündel aus, die sogenannte Kernspindel entsteht. Einige Fasern heften sich an die Mittelpunkte der Chromosomenpaare. Die beiden Chromosomensätze werden an der Äquatorialplatte der Zelle angeordnet. Von dort werden sie dann zu den Polen gezogen, die zusammengehörigen Chromosomen wandern jeweils zum entgegengesetzten Pol. Als nächstes umgibt sich jeder Satz mit einer neuen Membran. Mittlerweile hat sich in tierischen Zellen ein Ring aus Mikrofasern um den Zelläquator herum gebildet (der durch die Pole festgelegt ist). Der Ring schnürt sich zusammen, und eine neue Zellwand trennt die Hälften – die Teilung ist abgeschlossen. Der Vorgang, der wesentlich komplexer ist als hier beschrieben, mutet wie ein Ballett an. Wie die im Protoplasma fließenden Enzyme die komplizierteren und dynamischen Strukturen bestimmen, ist völlig unbekannt (Margulis und Sagan 1986, 146).

Während der Herrschaft von kernbildenden oder eukaryontischen Zellen, die seit ungefähr 600 Millionen Jahren andauert, müssen sich viele Verfeinerungen und Verbesserungen vollzogen haben, die schließlich so ausgeklügelte Organismen wie die modernen Protozoen möglich machten. Und dennoch: Die Leistungen eines einzelnen Reaktionssystems – das Gemisch von Enzymen und Strukturen in einer einzelnen Hülle – ist von Natur aus beschränkt. Mehr Erfolg versprach die Aufteilung verschiedener Prozesse in verschiedene Bereiche, die Zellen also so auszubilden, daß sie jeweils spezielle, unterschiedliche Aufgaben erfüllen.

Der Zusammenschluß vieler Zellen zu verschiedenen Strukturen – zu Organen – war der dritte große Fortschritt. Manche Bakterien (besonders *Myxococcus*) verhalten sich ja fast wie vielzellige Lebewesen, indem sie sich in Form eines Klumpens auf die Nahrung zubewegen (Shapiro 1988, 82ff.). Doch einigen Zellen gelang es, unterschiedliche Eigenschaften anzunehmen, die sich zu ihrem gemeinsamen Vorteil auswirkten. Einen multizellulären Organismus bildeten sie indes erst, als die komplexere eukaryontische Zelle gut entwickelt war. Die Vielzeller traten im Präkambrium, vor etwa 600 Millionen Jahren, auf. Sie entstanden offenbar etliche Male und brachten dabei etliche verschiedene Linien hervor: Pflanzen, Pilze und Tiere. Dennoch deutet die Tatsache, daß vielzellige Lebewesen (bis auf einige primitive Ausnahmen) ihr Leben als Blastula, als hohle Kugel also, begannen, auf eine gemeinsame Entstehung hin (Patterson 1990, 199f.).

Die Vielzelligkeit scheint mit dem Prinzip der natürlichen Auslese des Individuums nicht vereinbar. Manche Nachkommen einer Mutterzelle müssen auf ihre Reproduktionsfähigkeit verzichten; sie unterstützen dabei ein paar Schwesterzellen, mehr Reproduktionszellen hervorzubringen. Das heißt aber, der Organismus muß sein Genom derart überarbeiten, daß die meisten seiner Nachkommen programmiert sind, nur über eine begrenzte Anzahl von vegetativen Generationen zu reproduzieren. Zellen müssen darüber hinaus Teile des Genoms stillegen und andere aktivieren sowie bestimmte Gewebe und Organe ausbilden.

Der einzellige Organismus ist schon ein Wunderwerk: Die winzige Menge Nukleinsäure muß Instruktionen sowohl zur Verdoppelung enthalten als auch zum Aufbau einer komplexen Zelle, die das Erbmaterial schützt, ernährt und vermehrt. Im vielzelligen Organismus sind dem kleinen Teil, der das Erbgut trägt, nicht nur die Instruktionen für die Verdoppelung von sich und seiner Zelle aufgebürdet, sondern auch für die Differenzierung anderer Zellgruppen und deren Aufbau zu einem Gesamtorganismus. Dieses winzige Element erschafft Lebewesen mit Milliarden, ja Billionen von Zellen und vielleicht hundert verschiedenen Gewebearten. Der Weg für diese Ontogenese bleibt im dunkeln; die Genetiker wissen praktisch nichts über organaufbauende Gene.

Die Vielzelligkeit wie auch die vorausgegangenen Entwicklungen hin zum Leben waren höchst erfolgreich. Ihre Möglichkeiten waren (und sind) grenzenlos, weil sie unendlich mit Veränderungen spielen und sie reproduzieren konnten, um wieder darauf aufzubauen. Das Ganze führte rasch zu einem einzigartigen Reichtum an Formen. Rund 570 Millionen Jahre lang konnte die Evolution immer nur neue Details einer Stammesform hinzufügen.

Strukturen, die Erstaunen wecken

Obwohl alles, was zum Leben gehört, eigentlich wunderbar ist, finden diese Wunder für gewöhnlich nur wenig Beachtung. Wir staunen nicht über Unkrautpflanzen, die so genial beschaffen sind, daß sie allen Anstrengungen, sie auszurotten, standhalten. Und noch viel weniger machen wir uns Gedanken darum, mit welchem Geschick die submikroskopischen Erkältungsviren, die unseren Hals befallen, ständig mutieren, um das Immunsystem zu täuschen. Doch viele scheinbar harmlose oder kaum beachtete Fähigkeiten sind in Wahrheit staunenswert. So ziehen zum Beispiel einige Pflanzen, die auf salzigem Grund wachsen, Wasser gegen einen osmotischen Druck von 200 Atmosphären aus dem Boden; andere scheiden Salz gegen einen ähnlich hohen Druck aus.

Die Anzahl der bewundernswerten, mehr oder weniger unerklärlichen Merkmale, die man in diesem Zusammenhang aufzählen könnte, ist beschränkt, und zwar nicht etwa wegen des mangelnden Einfallsreichtums der Natur, sondern wegen der begrenzten Möglichkeiten der Forscher, sie zu untersuchen und zu beschreiben.

Doch allein schon die bekannten Phänomene würden viele Bände füllen. Die Ameisen werden in diesem Buch beispielsweise häufig erwähnt; nur wenige andere Familien haben die Wissenschaftler so in ihren Bann gezogen wie diese faszinierenden Insekten mit ihrer sozialen Struktur. Und doch haben sie bisher nur einen Bruchteil ihrer sicher verblüffenden Geheimnisse preisgegeben. Es gibt vermutlich 20000 Ameisenarten, von denen bisher lediglich rund 8800 beschrieben und annähernd hundert eingehend erforscht sind (Hölldobler und Wilson 1990, 2ff.).

Nicht nur die zahllosen komplizierten Instinkte und die dazugehörigen speziellen Organe fordern zu Erklärungen auf mechanistischer Begriffsebene heraus; manchmal sind es die Organe selbst und ihre erstaunlich präzise Funktionsweise. Man betrachte nur einmal das Gehirn, das u. a. das hier Gesagte zu verarbeiten hat. Seine Komplexität ist weitgehend unbekannt, aber sie läßt sich ermessen, wenn man sie mit den perfektesten Computern vergleicht, die heute hergestellt werden. Allein die vollständige Bauanleitung für einen Supercomputer, der im Grunde mit der Kapazität eines guten Gehirns nicht konkurrieren könnte, würde sicherlich viele Millionen Wörter umfassen. Der menschliche Computer hat nicht nur weitaus mehr Schaltungen als eine silikongestützte Maschine, er verfügt auch über viel mehr unterschiedliche Arten von Elementen – über mindestens dreißig verschiedene Neuronensorten, die ebensoviele Neurotransmitter (d. h. Botenstoffe, die ein Signal von einem Neuron auf ein anderes übertragen) einsetzen, und an die hundert Neuropeptide (Guyton 1986, 567). Eine Zelle kann die Dateneingaben von 100000 anderen aufnehmen; das Hirn muß Trillionen von Verschaltungen enthalten.

Die Leber, ein viel einfacheres Organ als das Gehirn, hat etwa 500 Funktionen, so die Produktion von Galle und anderen Verdauungssäften; die Speicherung, Umwandlung und Freisetzung von Kohlenhydraten; die Lagerung von Eisen und Vitaminen; die Regulierung des Fett-, Cholesterin- und Proteinstoffwechsels; die Herstellung von Stoffen zur Blutgerinnung (rund 30 Substanzen); die Reinigung des Blutes von Bakterien; den Abbau von überschüssigen Hormonen und vielen toxischen Substanzen. Fast alle diese Funktionen werden von Zellen eines einzigen Typs bewältigt.

Das klassische Beispiel einer besonders erstaunlichen biologischen Konstruktion, die ihre Signale an das Gehirn weiterleitet, ist das menschliche Auge. Es ist viel leistungsfähiger als jede Kamera vergleichbarer Größe und hat auch ein hervorragendes Auflösungsvermögen. Die Netzhaut setzt fortwährend Bilder in allen Farben zusammen, und ihre Zellen beginnen bereits mit der Verarbeitung dieser Bilder für das Gehirn. Sie ist so beschaffen, daß sie am Rand besonders sensibel auf eine potentiell drohende Bewegung reagiert. Auch bei schwachem Licht registriert das Auge ein Bild momentan, während eine Kamera mit einem hochempfindlichen Film mehrere Minuten dazu braucht. Die Netzhaut ist hinten mit einer schwarzen Pigmentschicht abgedeckt, die das durchgetretene Licht verschluckt. Die Empfindlichkeit der Netzhaut ist bei schwachem Licht um das Millionenfache erhöht, was das Sehen in einem Leuchtdichtebereich von einer Milliarde zu eins ermöglicht. Drei Arten von Zapfen für Blau, Grün und Rot garantieren, daß wir Millionen von Farbtönungen unterscheiden können. Mit dem Vitamin A verwandte Retinoide werden in den Stäbchen und Zapfen der Netzhaut gespeichert. Durch Lichteinfluß wird ihre innermolekulare Struktur verändert, was eine elektrische Erregung und damit das »Sehen« auslöst. Das ist nur die Anfangsphase beim Sehvorgang. Die Blende des Auges, die Pupille, stellt sich automatisch auf die jeweilige Lichtstärke ein. Die Hornhaut hat genau die passende Krümmung; die durch das wechselnde Brechungsvermögen ihrer Schichten achromatische Linse wird von winzigen Muskeln, die durch Rückkoppelung vom Gehirn automatisch gesteuert werden, auf Nähe und Ferne scharf eingestellt.

Im Gehirn werden die Bilder beider Augen zu einer einheitlichen Wahrnehmung verschmolzen, wobei auch Richtung und Abstand des Objektes mit einberechnet werden. Zwei Arten von Muskeln gestatten den Augen verschiedene Bewegungen: Man kann den Blick umherschweifen lassen, einer Bewegung fließend folgen oder eine Szene in Form von kleinen Sprüngen beobachten wie beim Eisenbahnfahren, wobei die Sehempfindung zwischen den Sprüngen ausgelöscht wird. Die Augen vibrieren außerdem dreißig- bis siebzigmal in der Sekunde, damit die Netzhautzellen für die Randgebiete des Gesichtsfeldes empfänglich bleiben.

Das menschliche Auge ist keineswegs überragend. Es gibt Vögel, die um ein Vielfaches besser sehen als der Mensch. Nachtaktive Tiere wie Eulen und Katzen brauchen zu einer guten optischen Wahrnehmung nur ein Zehntel bis ein Hundertstel der Lichtintensität, die wir benötigen. Manche Fische *(Anableps)* haben bifokale Linsen zum Sehen über und unter dem Wasserspiegel. Die Schützenfische *(Toxotes)*, die über einem Teich fliegende Insekten jagen, sind imstande, die Lichtbrechung an der Wasseroberfläche exakt einzukalkulieren.

Aus den verschiedenen Augentypen unserer rezenten Tiere läßt sich die Entwicklung dieses Organs ableiten. Viele primitive Tiere, darunter auch einige Einzeller, haben bereits lichtempfindliche Flecken. Bei manchen Plattwürmern (Planaria) bilden sich die Pigmentflecken zu Höhlungen aus; wenn sich die Öffnung verengt, kann ein schemenhaftes Bild zustande kommen. Ein durchsichtiges Häutchen darüber könnte dann zur Entstehung einer Linse führen und so weiter.

Darwin, den die Perfektion des Auges zutiefst beeindruckte, wies auf eine solche stufenweise Entwicklung hin. Doch die Existenz von lebensfähigen Entwicklungsstufen erklärt noch nicht, wie es möglich war, daß viele sehr ungleiche Gene auf solch ideale Weise zusammentrafen, um all die Details aufeinander abzustimmen; gleichzeitig mußte eine unendlich größere Anzahl von beständig auftretenden schädlichen Mutationen fortwährend eliminiert werden. Trotzdem sind die Augen als komplexe Seheinheit mindestens fünfmal entstanden. Manche Quallen *(Cubomedusa)* haben 24 Augen mit Netzhaut und Linse, die sich offenbar an unterschiedliche Lichtintensität und Entfernung anpassen können. Einige Würmer (Nereiden) sind ebenfalls mit Linsenaugen ausgestattet. Etliche Weichtiere, angefangen bei Kammuscheln und Schnecken, besitzen Augen. Darwin bemerkte, daß die Augen von Polypen und Tintenfischen vom Aufbau her denen der Wirbeltiere ähneln, obwohl beide sich seit ihren frühesten Anfängen unabhängig voneinander entwickelten und ihre Embryologie ganz unterschiedlich verläuft. Die Facettenaugen der Gliederfüßer mit ihren Tausenden oder Zehntausenden von kleinen Sehkeilen (Ommatidien) haben eine vollkommen andere Struktur, aber sie funktionieren ausgezeichnet. Bestimmte Tiefseegarnelen besitzen rudimentäre Augen ohne Linsen. Sie leben im Dunkeln und haben die Augen, die bei anderen Garnelen auf dem Kopf sind, durch einfache Sehorgane auf ihrem Rücken ersetzt; sie haben eine Verbindung zum Gehirn, ihr Zweck ist allerdings unklar.

Grubenottern (Klapperschlangen und ihre Verwandten) heißen deshalb so, weil sie eine Vertiefung mit einer kleinen Öffnung wie bei einer Lochkamera auf dem Kopf haben. Das Grübchen säumen 150000 infrarotlichtempfindliche Rezeptoren; sie stehen mit dem optischen Tectum im Gehirn der Schlange in Verbindung. Die Empfindlichkeit dieses »Wärmeauges« liegt in einem Bereich von 0,003 Grad Celsius, so daß es die groben Umrisse eines Säugetieres erfassen kann. Die Schlange ist daher in der Lage, ihre Giftzähne im Dunkeln treffsicher einzusetzen. Der Infrarotsensor ist auf seine Weise bemerkenswerter als das Auge, das auf jeder Entwicklungsstufe nur jene Wellenlängen wahrnehmen kann, die von der Sonne am stärksten abgestrahlt werden. Die Wahrnehmung der breiten Infrarotstrahlung, die von einem Tier ausgeht, kann sich kaum über einen sehr langen Zeitraum hinweg entwickelt haben. Diese Fähigkeit ist nämlich bei Schlangen nicht sehr verbreitet und wäre auf halbem Wege seiner Evolution nicht nützlich. Bei Tag wäre es wirkungslos, weil es zu Verwechslungen mit Oberflächen kommen würde, die von der Sonne erwärmt sind, doch ohne das System könnte die Schlange bei Nacht kaum jagen.

Hören ist eine einfachere Sinneswahrnehmung, doch einige Arten bringen ganz erstaunliche Leistungen hervor. Eine Eule vermag aufgrund des zeitlichen Unterschieds von einer Hunderttausendstel Sekunde, in der ein Ton das eine Ohr früher erreicht als das andere, die Richtung festzulegen, in der sich eine Maus aufhält. Bei der Schleiereule ist ein Ohr auf niedrigere Frequenzen abgestimmt, um einen Ton in der waagrechten Ebene zu lokalisieren, das andere auf höhere Frequenzen für die senkrechte Ebene (McFarland, 1989).

Das Echolotsystem der Fledermäuse ist noch raffinierter. Eine Fledermaus registriert nicht nur das äußerst leise Echo, mit dem sein Peillaut von einer Mücke zurückgeworfen wird, sie kann auch genau deren Entfernung und Richtung bestimmen. Um ein scharfes Echo zu erhalten, muß man im Ultraschallbereich senden. Da aber Ultraschall in der Luft stark absorbiert wird, muß das von der Fledermaus ausgesandte Signal, das gerade eine Zweitausendstel Sekunde dauert, millionen- oder gar milliardenfach stärker sein als das zurückkommende Echo. Um zu verhindern, daß das leise Echo vollkommen zwischen den lauten Peillauten untergeht, haben die Fledermäuse Muskeln, die das Trommelfell synchron mit den Schreien bis zu hundertmal in der Sekunde versteifen. Die lauten Peillaute (ca. 110 db!) werden auf diese Weise für das eigene Ohr stark gedämpft. Das Gehirn ist ferner darauf eingestellt, die subjektiven lauten akustischen Signale zu überhören; sie sind nur auf das schwache Echo sensibilisiert. Fledermäuse sind auch imstande, die zeitliche Verzögerung zwischen Signal und Echo so präzise zu errechnen, daß sogar die Bewegung eines Objekts angezeigt wird (durch den sog. Dopplereffekt), sie erkennen auch das Echomuster ihrer eigenen Signale wieder, so daß sie es von dem anderer Artgenossen unterscheiden können. Es gibt auch ein Vergleichssystem zwischen den beiden Ohren, um den Kontrast zu verstärken und die Tonrichtung genauer feststellen zu können. Das Gehirn der Bartfledermaus *(Myotis lucifugus)* kann den Frequenzunterschied von einer Siebenhundertstel Note erkennen. Viele Arten senden Signale mit gleichbleibender Frequenz, um die Richtung zu einer Beute festzustellen; das Ende des Peillautes zeigt eine stark fallende Frequenz, womit ihnen die Entfernung zur Beute mitgeteilt wird (McFarland u.a. 1985). Mit ihrem Echoortungssystem kann die Fledermaus ihr Objekt in einem Abstand von mehreren Metern bis auf ein, zwei Zentimeter genau festlegen, die Form eines winzigen Insektes erkennen und durch ein Netz von Fäden fliegen, die nicht dicker sind als ein Zehntel Millimeter, ohne anzustoßen.

Und doch ist diese wunderbare Adaptation nicht so erfolgreich, wie es auf den ersten Blick scheint; denn die Beutetiere können die Peillaute aus viel größerer Entfernung wahrnehmen, als die Fledermaus ihr Echo zu hören vermag. Nachtfalter, Florfliegen, Grillen und andere Insekten haben Hörzellen, die auf die Frequenz der Ortungsschreie der Fledermäuse eingestellt sind, so daß sie die Flucht ergreifen können, sobald sich eine von ihnen nähert (Alcock 1989, 114ff.). Einige Nachtfalter produzieren, wenn sie die Peillaute hören, eigene Töne im Ultraschallbereich und stören damit offensichtlich das Sonarsystem der Fledermäuse. Diese reagieren manchmal so darauf, daß sie ihre Echoortung einstellen und wie die Eulen auf Sicht und passives Gehör jagen.

Verschiedene andere Tiere – höhlenbewohnende Vögel, Spitzmäuse, einige Robben, möglicherweise auch einige Nagetiere und wahrscheinlich alle Zahnwale und Delphine – benutzen ebenfalls Echoortungssysteme. Der Apparat der Delphine ist schwieriger zu erforschen als der von Fledermäusen und folglich weniger bekannt, aber genauso bemerkenswert. Delphine können Gegenstände von einem Zentimeter Durchmesser auf dem Boden eines Wasserbekkens finden und sogar ein Stück Kupfer von einem gleich großen Aluminiumstück unterscheiden. Auf eine Entfernung von drei Metern sind sie in der Lage, ein Objekt mit einem Viertelmillimeter Durchmesser zu orten. Diese Genauigkeit ist um so erstaunlicher, als die Delphine mit Problemen zu kämpfen haben, die Fledermäuse gar nicht kennen. Da die Schallgeschwindigkeit im Wasser fünfmal größer ist als in der Luft, ist auch die Wellenlänge fünfmal so groß und infolge davon die Auflösungsschärfe fünfmal geringer. Für eine gute Auflösung muß das Signal eine sehr hohe Frequenz haben. Ein großes Tier bringt Töne sehr hoher Intensität hervor (sie sollen Fische betäuben können), deren Frequenzen noch höher liegen als die der kleinen Fledermäuse. Der Delphin muß auch den großen Energieverlust des Schalls, der aus der Luft ins Wasser eintritt und umgekehrt, einkalkulieren.

Infolgedessen mußte der Delphin in noch größerem Umfang als die Fledermaus neue Organe entwickeln. Das Signal wird durch ein System von Säcken und Ventilen im Kopf erzeugt, ohne daß das Tier dabei Luft ausstößt, und dann über eine Art akustische Linse im vorderen Teil des Kopfes fokussiert. Der Kopf verändert dabei seine Form, wobei die Schallwellen in die gewünschte Richtung gelenkt werden. Das Echo wird vom Unterkiefer aufgenommen und über einen Kanal zum Ohr weitergeleitet, das gegen Fremdgeräusche abgeschirmt ist. Ein breiter Sonarstrahl niedriger Frequenz dient der Navigation und ein schmaler hoher Frequenzbereich der Jagd (McFarland u. a. 1985, 510f.).

Das Elektroortungssystem mancher Fische war vermutlich noch schwieriger aufzubauen als das Echolotsystem der Fledermäuse und Delphine. Darwin, der für fast alles eine Erklärung anzubieten wußte, räumte ein, daß die Entwicklung der elektrischen Fischorgane auch für ihn ein Rätsel darstellte (C. Darwin 1988). Die moderne Wissenschaft ist einer Lösung kaum nähergekommen.

Bestimmte Haie haben eine so hohe Sensibilität gegenüber Entladungen entwickelt, die in einem sog. elektrischen Organ mit umgewandelter Muskulatur erzeugt werden (vergleichbar mit den Impulsen für ein Elektrokardiogramm), daß sie schon 0,01 Mikrovolt pro Meter wahrnehmen können – das entspricht etwa 10 Volt auf eine Entfernung von einem Kilometer. Andere Fische, die sowohl Elektrizität erzeugen als auch wahrnehmen können, nutzen ein elektrisches Feld von bis zu mehreren Volt Spannung als eine Art Radarsystem, indem sie die Störungen des Feldes durch andere Fische oder feste Objekte registrieren. Fische mit elektrischen Sinnesorganen haben schwache Augen; normalerweise leben sie in trübem Wasser, oder sie sind nachtaktive Tiere. Auch ihr Balzspiel können sie elektrisch abwickeln.

Andere elektrische Fische gebrauchen ihre Entladungen als

Waffe. Zitteraale *(Electrophorus)* erzeugen mit ihren etwa 6000 Batterien (aus Muskelfasern) umgewandelten Strom mit einer Stärke von einem Ampere bei 500 Volt; sich selbst gefährden sie dabei wohlweislich nicht. Einige Fische nutzen ihre Elektrizität gleichzeitig als Waffe und Spürgerät (Bennett 1971, 385). Nur einer, der Sterngucker *(Astroscopus)* besitzt anscheinend ein elektrisches Organ, das zu nichts nutze ist. Mit fünf Volt ist es zu schwach zur Betäubung von Opfern, und offensichtlich verfügt der Fisch auch über keine Rezeptoren, um es zur Orientierung einsetzen zu können (Bass 1986, 21).

Bei der Elektroortung müssen viele Dinge zusammenspielen: Ein Apparat, der ziemlich starke Stromstöße (bis zu 1700 pro Sekunde) über eine große Zahl von Platten abgibt, die wie Batterien in einer Reihe geschaltet sind; eine wirksame Isolierung des elektrischen Generators gegenüber dem Körper, um eine hohe Spannung aufbauen zu können, ohne daß sie verlorengeht; spezielle Flossen, damit der Körper beim Schwimmen keine Schlängelbewegungen vollführen muß und dabei das Stromfeld stört, eine Steuerungsmöglichkeit der Stromstöße; unglaublich sensible Rezeptoren, die fähig sind, kleinste Veränderungen in der Kraftliniendichte des Feldes zu registrieren; eine Methode, die elektrischen Entladungen anderer Fische auszuschalten, die weitaus stärker sind als das Echo des eigenen Feldes; eine spezielle Beschaffenheit des Gehirns, um die empfangenen Informationen zu verarbeiten und umzusetzen.

Die verschiedenen Teile des fischeigenen Radarsystems dürften – getrennt voneinander – schwierig aufzubauen gewesen sein. Der stromerzeugende Apparat ist beispielsweise aus Muskelgewebe entstanden; doch ist es schwer vorstellbar, daß ein Muskel sich in einen Generator verwandelt hat, während er gleichzeitig noch seine Funktion erfüllte. In Muskeln lassen sich winzige elektrische Entladungen feststellen, doch bevor man sie auf irgendeine Weise nutzen kann, muß die Entladung vieler Platten verstärkt, koordiniert und in ein kompliziert aufeinander abgestimmtes System integriert werden.

Ein nicht zu unterschätzendes Problem ist die Isolierung. Lebende Gewebe enthalten gelöste Salze und damit positive und negative Ionen mit elektrischer Leitfähigkeit. Nichtleitende Gewebe auszubilden, ist schwierig, außer sie sind von den normalen Vorgängen im Körper losgelöst. Die Blutbahnen und die das Organ aktivierenden Nervenfasern müssen leitend sein. Außerdem ist Süßwasser ein viel schlechterer Leiter als das Fleisch eines Tieres. Wenn der Fisch eine Spannungsdifferenz zwischen Kopf und Schwanz erzeugt, würde der Strom normalerweise den direkten Weg durch den Körper nehmen. Folglich hat der Fisch dort, wo der Strom aus dem Körper austritt oder wieder zurückkommt, eine dünne, leitfähige Haut und anderswo eine dicke, die zumeist aus nichtleitendem Bindegewebe besteht. Er verfügt auch über ein äußerst ausgeklügeltes System von Membranen, die die Weiterleitung von Nährstoffen und Nervensignalen ermöglichen, während sie das Entweichen von Ionen aus dem elektrischen Organ trotz der starken Entladung verhindern.

Ein interessantes Detail ist auch, daß die elektrischen Batterien genau gleichzeitig angeregt werden müssen. Da sie über den ganzen Körper verteilt sind, müssen die Nervenimpulse schneller zu jenen Zellen wandern, die vom Gehirn weiter entfernt liegen. Daher sind die Nervenfasern zu weiter entfernten Teilen des elektrischen Organs im Verhältnis dicker, oder die zu den näheren Teilen nehmen einen Umweg. Die Fische haben auch dasselbe Überlagerungsproblem wie die Fledermäuse: Ihre Rezeptoren müssen momentan gegenüber den eigenen Stromimpulsen unempfindlich werden (Pough, Heiser und McFarland 1989, 284ff.).

In den meisten der zehn verschiedenen Familien, bei denen sie vorkommen, haben sich die elektrischen Organe mehr oder weniger unabhängig voll ausgebildet. Eine Prädisposition dafür muß indes bereits sehr früh vorhanden gewesen sein, da sie schon bei der Familie der Haie (Elasmobranchier) und bei den Knochenfischen (Osteichthyer), die sich vor über 450 Millionen Jahren abgezweigt haben, üblich waren (Bennett 1971, 347). Dabei stellt sich natürlich die Frage, wie sich solch wunderbare Kräfte entwickeln konnten, wenn sie nicht gleichzeitig äußerst vorteilhaft waren, und wenn das zutrifft, warum sie sich dann nicht in größerem Umfang durchgesetzt haben.

Es gibt eine unendliche Fülle außergewöhnlicher Erscheinungen. So verleiht beispielsweise ein einfacher Schimmelpilz dem Blatt einer Blaubeerpflanze, das er befallen hat, unter ultraviolettem Licht das Aussehen einer Blüte. Das veranlaßt ultraviolettempfindliche Insekten, sich darauf niederzulassen und dabei Sporen aufzunehmen, die sie dann wiederum auf echten Blüten aussetzen. Bakterien haben sehr komplizierte Strukturen, zum Beispiel rotierende Geißeln, die sich wie ein Rad bewegen. Das kann zwar sehr brauchbar sein, ist aber mechanisch so schwierig zu bewerkstelligen, daß es bei anderen Lebewesen kaum vorkommt. Die Geißel eines Bakteriums trägt an ihrer Wurzel eine Reihe von Scheiben, die in Membranen eingepaßt sind. Diese werden irgendwie in eine fortwährende Kreisbewegung versetzt und treiben so das Bakterium vorwärts. Die Antriebskraft kann auch umgepolt werden, so daß die Scheiben in die entgegengesetzte Richtung rotieren. Es ist ein Rätsel, warum die Bakterien einen so diffizilen Mechanismus erfunden haben. In diesem Fall hat es den Anschein, als sei die Evolution weite Wege gegangen, um etwas Unnötiges zu bewirken: Verschiedene Körperzellen und Einzeller haben viel einfachere Fäden, mit deren Hilfe sie ganz passabel umherschwirren.

Nicht minder beeindruckend ist die Mimikry. Es handelt sich dabei zwar um eine durchaus begreifliche Überlebensstrategie, und doch ist ihre Entstehung in vielen Fällen unverständlich. Bei vielen Ordnungen ist sie sehr gebräuchlich; sogar einige Pflanzen beherrschen diesen Trick. Höhere Tiere beschäftigen sich weniger mit der Kunst des Spiegelfechtens, doch es gibt unter ihnen einen Wolf im Schafspelz. Der Mäusebussard *(Buteo)* im amerikanischen Südwesten wandelte sich zu einer fast perfekten Kopie des harmlosen Truthahngeiers (Alcock 1990, 144). Australische Misteln haben die gleichen Blätter wie die Wirtspflanze – Gründe waren bislang unbekannt. H. Ziegler (München) konnte neuerdings den Zusammenhang klären: Die Wirtspflanze wird vom Weiderich gemieden, weil die Blätter bitter schmecken und giftig sind. Die durchaus schmackhaften Mistelblätter werden aber als solche optisch nicht erkannt und daher ebenfalls gemieden. Einige Raupen krümmen sich so zusammen, daß sie den Kothäufchen von Vögeln ähneln (Cloudsley-Thompson 1988, 116). Eine noch erfindungsreichere Raupe *(Nemoria arizonaria)* lebt auf Eichen. Nach dem Schlüpfen im Frühjahr ernährt sie sich von Eichenblüten oder -kätzchen, von denen sie auch nicht zu unterscheiden ist; sie trägt sogar imitierte Pollensäckchen auf ihrem Rücken. Nachdem die Kätzchen verschwunden sind und die Raupe Blätter fressen muß, verändert sie ihr Äußeres völlig und sieht nun wie ein Zweig aus.

Hunderte von Schmetterlingsarten sind täuschend ähnliche Kopien anderer Arten, mit denen sie oft nicht einmal nahe verwandt sind; eßbare Arten imitieren dabei häufig ungenießbare. Das bekannteste Beispiel ist der Viceroy (Vizekönigs)-Schmetterling, der seinen Namen deshalb trägt, weil er ein etwas kleinerer Doppelgänger des Monarchfalters und des Chrysippusfalters ist. Der letztgenannte hat einen giftigen Stoff in sich, den er sich als Raupe von Wolfsmilchpflanzen einverleibt hat. Der afrikanische Monarchfalter wird immerhin von 33 anderen Falter- und Mottenarten nachgeahmt (Cloudsley-Thompson 1988, 119). Einige Schmetterlingsarten haben vielfältige Varianten oder Morphen, die ihr Aussehen von verschiedenen Vorbildern entlehnt haben. So findet man von *Pseudoacraea eurytus* über 30 Varianten, wobei Männchen und Weibchen oft jeweils andere Arten imitieren (Mayr 1967, 201 f.).

Die ungeheure Fähigkeit einiger Schmetterlinge, die Muster auf ihren Flügeln zu verändern, muß von Genfamilien bestimmt sein, die als Einheit funktionieren. Die meisten Schmetterlingsflügel sind Varianten eines einzigen Grundmusters (Saunders 1988, 254). Da es mehr mimetische als giftige Schmetterlinge gibt, muß es für einen eßbaren Falter einfacher sein, einen ungenießbaren zu imitieren, als selbst einen Giftstoff zu entwickeln. Nicht eßbare Schmetterlinge ahmen sich oft gegenseitig nach – vielleicht ebensosehr aus Konvergenz wie aus selektiver Adaptation. Schmetterlinge aus verschiedenen Gegenden können durchaus nahezu gleiche Flügelzeichnungen aufweisen, obwohl hier weder eine Mimikry noch eine Reaktion auf die Umwelt vorliegt (Ho 1986, 42).

Daß ein Chamäleon seine Farbe an die Umgebung (und an seine Stimmungen) anpassen kann, ist hinlänglich bekannt. Die physiologischen Mechanismen wurden jedoch noch nicht völlig durchschaut; die Pigmentzellen reagieren nicht nur auf das, was das Tier sieht, sondern auch auf das Licht, das auf die Haut fällt. Das Chamäleon scheint besonders zur Innovation, d. h. zu neuen Ideen, befähigt zu sein: Der Schwanz ist zum Greifen geeignet, unter Echsen fast ein Unikum; die Füße haben einen Griff, der ansonsten bei Echsen nicht zu beobachten ist; die Augen ähneln unabhängig voneinander beweglichen Teleskopen; die Zunge ist anderthalb mal so lang wie der Körper; und viele Chamäleons tragen ungewöhnlich geformte Hörner, die offenbar keine Funktion haben.

Einige Grundfische – insbesondere Scholle, Seezunge und Flunder – übertreffen das Chamäleon sogar noch. Sie nehmen nicht nur die Farbe des Meeresgrunds an – in allen möglichen Variationen von weiß bis schwarz –, sondern imitieren auch die Muster von Kies, Sand oder Felsen unter ihnen. Legt man sie auf ein Schachbrettmuster, geben sie die Zeichnung ziemlich naturgetreu auf ihrem Rükken wieder. Wie schafft es das Gehirn, die Pigmentzellen zur Bewältigung dieser ständigen Herausforderung anzuhalten? Wie die Gene das Gehirn entsprechend programmieren konnten, sprengt ohnehin den Rahmen des Vorstellbaren (von Frisch, 1974).

Phantastisches Verhalten

Es ist völlig rätselhaft, durch welch trickreiche Konstruktionen die Gene die Bildung von Neuronanordnungen steuern, die dann die angeborenen Verhaltensmuster darstellen. Lebewesen reagieren ja nicht nur angemessen auf die vielfältigsten Erfordernisse; sie tun das oftmals auch noch auf eine Weise, die an so etwas wie Voraussicht denken läßt.

Es gibt ein winziges Tier, die Blattlaus *Pseudoregma bambusicola*, kaum einen Millimeter lang, die ein recht kompliziertes Leben führt. Ihr weicher Körper, dessen Darm zudem prall mit Zuckersaft gefüllt ist, ist eine Delikatesse für viele Beutejäger. Zum eigenen Schutz bildet die *Pseudoregma* (und mit ihr etwa zwanzig andere Blattlausarten verschiedener Gattungen) spezialisierte Soldaten aus. Diese sind – ohne einen ersichtlichen adaptiven Grund – unfruchtbar; sie fressen nichts, und sie sterben jung, aber sie tragen scharfe Hörner auf ihren gepanzerten kleinen Köpfen und sondern zudem einen Reizstoff als »Repellent« ab. Ihre Kleinheit gleichen sie durch ihre Vielzahl aus; auf diese Weise gelingt es ihnen, die meisten hungrigen Insekten in Schach zu halten.

Einige Arten der Schwebfliegen (Syrphidae) bringen es dennoch fertig, die Verteidiger zu übervorteilen. Das Weibchen macht eine Blattlauskolonie ausfindig und legt ihre Eier dazwischen ab. Das gelingt allerdings nur bei kühlem Wetter, wenn die Blattläuse träge sind. Bei warmem Wetter entledigt sich die Fliege ihrer Eier etwas abseits von der Kolonie, beispielsweise auf einem Spinnwebfaden. Wenn die Blattlaussoldaten an die Eier herankommen, vernichten sie diese. Bleiben die Eier erhalten, so schlüpfen die winzigen Fliegenlarven aus und kriechen zu der Blattlauskolonie. Vor den Soldaten durch einen harten Hautpanzer und anscheinend auch durch ein Gift geschützt, verzehren sie dort genüßlich die Blattläuse. Am Rande sei angemerkt, daß diese Schwebfliegenlarven äußerst wirkungsvoll für eine biologische Schädlingsbekämpfung eingesetzt werden können. Eine einzige Larve von Syrphris corollae fraß in den acht Tagen ihres Larvendaseins 700 Blattläuse von Aphis fabae, die auf Bohnentrieben lebt. Leider werden diese natürlichen Feinde der Blattläuse immer wieder durch Insektizide vernichtet.

Ein anderer Läusefresser, eine winzige Motte, löst das Sicherheitsproblem für die Eier dadurch, daß sie diese so flach wie einen Pfannkuchen ausbildet, damit die Blattlaussoldaten sie nicht ergreifen können. Beim Schlüpfen spinnen die Mottenlarven eine seidene Hülle, in der sie sich verbergen. Wenn sie hungrig sind, stürzen sie heraus und schnappen sich eine Blattlaus. Das Opfer sondert dabei Pheromone ab, um seine Artgenossen zu warnen und zu Hilfe zu rufen. Wird die Mottenlarve von einem Soldaten angegriffen, läßt sie sich mit ihm an einem Seidenfaden herunterfallen und wirft ihn ab, indem sie den Faden durchbeißt. Das alles dürfte lediglich ein Bruchteil der Erkenntnisse sein, die man von diesem wenig erforschten, mit einem winzigen Gehirn ausgestatteten Insekt gewinnen konnte.

Bestaunen wird man sowohl den Amazonasfisch, der seine Eier am Strand oberhalb der Flutlinie ablegt und sie alle zehn Minuten naßspritzt – und das drei Tage oder länger, bis die Jungen schlüpfen (Kevles 1986, 64), als auch die kleine Wespe, die einen insektenfressenden Ameisenlöwen provoziert, sie zu ergreifen, nur um dann ein Ei auf ihrem Eroberer ablegen zu können (Askew 1971, 167). Der Katalog der Wunderwerke im Verhalten enthält auch das Gesangsrepertoire des männlichen Sumpfzaunkönigs, das in Kalifornien hundert oder zweihundert Lieder enthält (der östliche Zaunkönig beherrscht nur ein Drittel davon), mit denen er, in festgelegter Reihenfolge, seine Angebetete bezirzt. Ein wesentlicher Teil seines kleinen Gehirns ist ausschließlich der Musik gewidmet. Die Spottdrosseln, die ebenfalls bis zu zweihundert Melodien pfeifen, setzen die jeweiligen Lieder gezielt bei bestimmten Gelegenheiten ein; die meisten dienen zum Anlocken von Weibchen oder zur Vertreibung von Männchen.

Adaptationen, die mit der Orientierung in Zusammenhang stehen, sind noch spektakulärer. Vögel, Schildkröten, Fische und viele andere Tiere finden sich über große Entfernungen zurecht. Zugvögel fliegen ohne vorausgehende Erfahrung von der Arktis bis zur Antarktis – und brauchen dazu meist keinerlei Landmarken als Orientierungspunkte. Der drei Gramm schwere Rubinkehlkolibri überquert den 1000 Kilometer breiten Golf von Mexiko – ohne Halt. Die Jungen des Glanzkuckucks fliegen, einen Monat nachdem sie von ihren bereits abgereisten Eltern in Neuseeland zurückgelassen worden sind, ohne jede Erfahrung knapp 2000 Kilometer über das Meer nach Australien und noch einmal 1600 Kilometer nach Norden bis zu den Solomon- und Bismarckinseln. Dabei scheint die Reise unnötig, denn vor den milden Wintern in Neuseeland müßten die Vögel eigentlich nicht fliehen. Zudem bleibt es ein Rätsel, warum die Eltern von ihren Sprößlingen verlangen, daß sie sich selbständig zurechtfinden.

Viele Vögel benutzen die Sterne als Kompaß oder orientieren sich an den Sternbildern, was die Jungen vor Beginn der herbstlichen Wanderung lernen müssen (Barnard 1983, 168ff.; Emlen 1972, 283). Die meisten scheinen das erdmagnetische Feld wahrnehmen zu können – es zeigt nicht nur Norden und Süden, sondern auch die Neigung der magnetischen Kraftlinien gegen die Horizontale (am Magnetpol zeigen sie direkt nach unten); am magnetischen Äquator in Nordafrika verlaufen sie horizontal. Damit wäre eine echte *Navigation* möglich, sofern diese Kraftlinien genau vom Tier gemessen werden können. Aber niemand vermag zu erklären, wie die Flieger nach den langen Reisen kleine Ziele auffinden können, oftmals sogar in der Nacht und nachdem sie durch Winde weit von ihrem Kurs abgetrieben wurden. Sie halten ihren Kurs selbst dann ein, wenn Wolken die Sterne über ihnen und die Erde darunter verdecken.

Nicht nur gewandte Flieger wie die Regenpfeifer, sondern auch Schnepfen, Brachvögel und Uferläufer pendeln zwischen Alaska oder Sibirien und den Hawaiischen Inseln hin und her. Für diese Tiere, die ja keine Seevögel sind, wäre es verhängnisvoll, die Inseln in dem konturenlosen Ozean zu verfehlen. Der Goldregenpfeifer fliegt nach seiner Hawaiireise über 4000 Kilometer weiter zu den noch kleineren Marquesas-Inseln (Emlen 1972, 278). Die Hawaiischen Inseln waren niemals mit dem Festland verbunden und sind erst ein paar Millionen Jahre alt. Es ist daher kaum vorstellbar, wie sich der Instinkt entwickeln konnte, 4000 bis 6000 Kilometer von Alaska oder Sibirien aus weiterzuziehen. Stürme verschlagen Vögel gelegentlich nach Hawaii, doch dieser glückliche Zufall würde keinen Zugvogelinstinkt auslösen.

Die Navigationsfähigkeit von Tauben ist über viele Jahre hinweg eingehend untersucht worden. Die Forscher entdeckten dabei, daß die Vögel sich am Magnetfeld der Erde und am Sonnenstand orientieren. Sie müssen lernen, die Sonne auf der Basis der magnetischen Orientierung zu nutzen, doch sobald sie die Sonnennavigation begriffen haben, setzen sie diese bevorzugt ein. Sie können sich außerdem nach olfaktorischen Merkzeichen ihrer Heimat orientieren. Diese Fähigkeiten sind nur zum Teil angeboren. Verschiedene Vögel wenden unterschiedliche Strategien an. Doch ihre Begabung, von einem weit entfernten Gebiet aus, in dem sie niemals vorher waren, ihre Richtung nach Hause wiederzufinden, bleibt weiterhin rätselhaft. Sogar Vögel, die keine Zugvögel sind, finden manchmal den Weg in ihre Heimat, auch wenn sie Tausende von Kilometern davon entfernt sind. Doch diese Fähigkeit gilt nicht allgemein. Einige Spatzenarten fliegen aus großen Entfernungen wieder nach Hause, andere hingegen verirren sich, wenn sie sich nur ein paar Kilometer von ihrem Heimatgebiet entfernt haben.

Meeresschildkröten, die sich mehrere Jahre lang vor der Küste Brasiliens aufgehalten haben, schwimmen danach rund 4000 Kilometer bis zur Insel Ascensión, die nur einen Durchmesser von zwölf Kilometern hat. Man kann sich zwar vorstellen, daß die Schildkröten hin und wieder aus dem Wasser herausschauen, um sich nach dem Stand der Sonne oder der Sterne zu orientieren. Doch wie sie sich ohne einen modernen Chronometer und einen Sextanten zurechtfinden, bleibt nach wie vor rätselhaft. Die Schildkröten können auch nicht über ihren Geruchs- oder Geschmackssinn den Gewässerabfluß der Insel ins Meer aufnehmen und sich so leiten lassen, denn das trockene Land hat keinen Abfluß. Die Reise scheint jedenfalls der Mühe wert zu sein, denn auf Ascensión leben keine Räuber. An den Festlandssträngen hingegen dienen Schildkröteneier vielen Tieren als Nahrung, und die frischgeschlüpften, weichen Jungen werden auf ihrem Weg ins Meer leicht gefangen (Lewin 1989a, 1009).

Lachse dürften sich kaum nach den Sternen richten, und doch finden sie, Hunderte oder sogar Tausende von Kilometern von der Küste entfernt, ihren Weg zu dem Fluß und schließlich zu dem kleinen Bach, in dem sie vor Jahren geboren wurden. Niemand konnte bisher eine plausible Erklärung für ihr Orientierungsvermögen liefern, obwohl es bekannt ist, daß Fische sich nach dem Erdmagnetismus, dem Sonnenstand, der Polarisation des Lichts und nach elektrischen Feldern richten (Barnard 1983, 174). Lachse reagieren auf chemische Stoffe, denen sie in den ersten Wochen ihres Daseins ausgesetzt waren. Doch reicht dies nicht aus, um das Wasser ihres Geburtsbaches, das sich mittlerweile mit Tausenden von Kubikkilometern Seewasser vermischt hat, aufgrund seines Geruchs oder Geschmacks wiederzuerkennen. Das Meer enthält viel größere Mengen an gelösten Mineralien als die Bäche, die sich, was die gelösten Salze und die organischen Stoffe anbelangt, die sie in kleinen und je nach Jahreszeit unterschiedlichen Mengen mit sich führen, nur geringfügig voneinander unterscheiden dürften. Es ist zumindest sehr schwierig, einem im Wasser gelösten Duft zu folgen. Die Lachse müßten weit genug schwimmen, bis sie bemerken, daß der Geruch schwächer oder stärker wird, und das Duftgefälle im Meer wird verschwindend gering sein. Eine wenn auch nicht sehr große Hilfe bringt die Annahme, daß die Lachse zur Küste schwimmen und dann so lange deren Verlauf folgen, bis sie den typischen Geruch ihres Flusses wahrnehmen (McFarland 1989) – so unmöglich diese Aufgabe uns Menschen scheinen mag, sie wird millionenfach von den Lachsen bewältigt.

Die europäischen Aale kommen in der Sargassosee unweit von Nordamerika zur Welt. Sie nehmen den umgekehrten Weg wie die Lachse. Die jungen Aale durchqueren den Ozean, bis sie nach Europa kommen, verbringen dort einige Zeit in den Küstengewässern, verändern als sog. Glasaale ihre Form und schwimmen dann die Flüsse aufwärts, wo sie heranwachsen. Schließlich begeben sie sich wieder ins Meer zurück und steuern die Laichgründe an, von denen sie viele Jahre vorher aufgebrochen waren (Moriarty 1978, 60ff.).

Die Wanderlust muß im Gehirn programmiert sein, und das Gehirn des Lachses ist klein, verglichen mit dem einer Schildkröte oder eines Vogels. Andererseits wandert auch der Monarchfalter *(Danaus plexippus)*, dessen Gehirn mit dem bloßen Auge kaum zu erkennen ist. Er überwintert an ein paar Plätzen, vorzugsweise in Zentralmexiko, wo ganze Schwärme wie Girlanden die Bäume schmücken. Im Frühjahr wandern die Schmetterlinge nach Norden, wobei jede Generation Hunderte von Kilometern zurücklegt, bis nach Kanada hinauf. Im Herbst machen sich die Jungen aus der siebten Generation auf den Rückweg; sie flattern 2800 Kilometer über Länder, die sie noch niemals gesehen haben, bis hin zu dem Wald, vielleicht sogar bis zu demselben Baum, von dem ihre Vorfahren aufgebrochen sind. Mit unserem Verstand ist das jedenfalls nicht mehr zu begreifen. Man könnte auch fragen, warum sie die beschwerliche und gefahrvolle Reise überhaupt auf sich nehmen. Eigentlich würden sie in einer Felsspalte einfacher und sicherer überwintern (Cloudsley-Thompson 1988, 101). Doch der Monarchfalter stellt eine individuenreiche Spezies dar, ist also durchaus erfolgreich in der Wahl seiner Lebensräume.

Viele andere einfach strukturierte Lebewesen verfügen über ausgefeilte Navigationssysteme. Verschiedene Schmetterlinge wandern über beträchtliche Entfernungen hinweg, wobei sie die Sonne als Kompaß benutzen. Auch bei Wanderheuschrecken sowie einigen Käfern und Wasserläufern beobachtete man, daß sie sich bei ihrer Wanderung über den Himmel nach dem Sonnenstand orientieren. Sandhüpfer, winzige Krebstiere, scheinen sich nach dem Mond zu richten (Cloudsley-Thompson 1988, 108ff.). Bienen orientieren sich nicht nur an dem mit der Tageszeit wechselnden Sonnenstand; sie können an Wolkentagen anhand des Polarisationsmusters, das ein freigebliebener blauer Himmelfleck bietet, den jeweiligen Sonnenstand ausmachen. Anders als unser Linsenauge kann das Auge der Bienen die Schwingungsrichtung des polarisierten Lichts, das vom klaren Himmel auf die Erde kommt, wahrnehmen und analysieren. Auch Ameisen sind dazu fähig; in einem über hundert Meter auf einem vom Wind blankgefegten, konturenlosen Gelände ohne Pfade finden sie sich zurecht (E. Wilson 1971, 211). Nur die Sonne kann ihnen die Richtung zum Nest weisen.

Es gibt zahllose ungeklärte Adaptationen von Parasiten, die in Millionen von Arten existieren; vermutlich übertrifft die Gesamtzahl der Parasitenspezies die aller anderen Tierarten (May 1988, 1447; Noble und Noble 1982, 3). In vielen Fällen, besonders was die »Endoparasiten«, d.h. die im Inneren des Wirtes lebenden Parasiten betrifft, ist eine Zwischenstufe zwischen eigenständigem Leben und parasitärer Abhängigkeit nicht ohne weiteres vorstellbar. Als schwierig stellt sich auch die Anpassung an zwei oder mehrere verschiedene Wirte wie Schnecken, Schaben und Säugetiere dar. Allein unter den Gliederfüßern sind einige Tausend Arten – Stechmücken, Flöhe, Zecken und so weiter – Krankheitsüberträger. Viele Parasiten, insbesondere Würmer, durchlaufen erstaunliche Metamorphosen, wobei sie bis zu vier Wirte hintereinander aufsuchen (Inglis 1965, 85f.).

Der Lanzettegel oder »Kleine Leberegel« *(Dicrocoelium dendriticum)*, der sich in der Leber von Schafen fortpflanzt, benutzt Ameisen und Schnecken als Zwischenwirte. In die Ameisen gelangen die Egel, nachdem sie vorher Schnecken befallen hatten, die die

Exkremente der Schafe fressen und dabei ein Larvenstadium des Leberegels aufnehmen. In der Schnecke entwickelt sich eine neue Larvengeneration. Ihre Nachkommen wandern in die Lunge der Schnecke und werden eingehüllt in einen Schleimballen »ausgehustet«; die Ameisen fressen gierig die Schleimballen und infizieren sich so mit einigen Dutzend der Parasiten. In der Ameise reifen die sog. Metacercarien, die bereits einem Leberegel ähnlich sind, heran. Aber wie sollen jetzt die jungen Leberegel von einer Ameise in das Schaf als Endwirt gelangen? Ameisen sind ja keineswegs eine begehrte Mahlzeit für Schafe. Professor Hohorst, ein deutscher Parasitologe, hat dies folgendermaßen aufgeklärt: Während sich die meisten Egellarven in der Bauchhöhle der Ameise häuslich einrichten, sucht eine den Weg in ihr Gehirn; sie befällt ausgerechnet das motorische Zentrum, das die Ameise dazu veranlaßt, auf einen Grashalm zu klettern, wo sie beim Weiden von einem Schaf gefressen wird. Die Ironie des Schicksals will es aber, daß genau den Egel, der das seltsame Verhalten der Ameise programmiert hatte, in den Schafsgedärmen das Glück verläßt; er wird abgekapselt und stirbt.

Diese geisterhafte Prozedur scheint eigentlich unnötig. Warum lassen die Egel ihre Eier nicht einfach vom Schaf ausscheiden und lassen dann die Larven schlüpfen, steigen auf einen Grashalm und warten, bis ein weidendes Schaf vorbeikommt, anstatt die gefährliche Reise durch Schnecke und Ameise anzutreten? Wie konnten sie auf den Zwischenaufenthalt in der Ameise adaptiert werden, es sei denn, die Ameise wäre schon programmiert, pathologisch auf einen Grashalm zu klettern und sich so als Schafsmahlzeit zur Verfügung zu stellen?

Es kommt oft vor, daß eine Tierart eine andere dazu benutzt, ihre Jungen aufzuziehen. Mindestens 53 Vogelarten, besonders Kukkucksvögel und Kuhstare, legen ihre Eier in fremde Nester. Das erfordert eine Vielzahl von Verhaltensstrategien. Das schmarotzerhafte Weibchen pirscht sich an das Nest des in Aussicht genommenen Wirtes heran und legt schnell ein Ei hinein, während die Eigentümer gerade ausgeflogen sind, um Futter zu besorgen. Das Männchen hilft ein wenig mit, indem es die späteren unfreiwilligen Erzieher provoziert und vom Nest weglockt. Das Legegeschäft des Kuckucksweibchens dauert nicht länger als ein paar Sekunden. Und ihre Eier gleichen denen des in der jeweiligen Gegend am meisten verbreiteten Wirtes. Einige Arten ahmen Falken nach, um die ausgespähten Gastgeber in Schrecken zu versetzen. Das untergeschobene Ei ist als erstes ausgebrütet, und das Küken hackt die Stiefgeschwister tot oder wirft sie aus dem Nest.

Etliche Fische tragen den Laich aus Sicherheitsgründen im Maul mit sich und behalten ihre Jungen in der ersten Zeit auch dort. Dennoch schafft es ein Wels, seine Eier in das Maul eines brütenden Cichliden zu legen, wo der frisch geschlüpfte junge Wels dann die Cichlidenbabys verspeist (Alcock 1989, 254). Der Bitterling *(Rhodeus)*, ein europäischer Süßwasserfisch, legt seine Eier in eine Muschel. Dazu braucht er eine speziell konstruierte Legeröhre, mit der er die Eier blitzschnell ausstößt, bevor die Muschel ihre Schalen schließen kann; außerdem muß er über die entsprechenden Instinkte verfügen. Das Männchen wählt eine Muschel als sein Territorium aus und führt seine Weibchen an deren Standort, während andere Männchen vertrieben werden. Nachdem das Weibchen seine Eier direkt in die Muschel abgelegt hat, stößt es seinen Samen aus, den die Muschel einsaugt, so daß die Eier in ihrem Innern befruchtet werden. Die Muschel wiederum hält sich schadlos, indem sie ein phantastisches Verbreitungsverfahren für ihre Nachkommenschaft entwickelt. Schwimmt ein Fisch vorbei, haken sich die Muschelbabys, die schon auf der Lauer liegen, mit einem Spezialzahn an einer Flosse oder Kieme fest. Vorübergehend führen sie somit ein Parasitenleben an dem Fisch. Erst nach ein paar Wochen lassen sie sich herunterfallen, möglichst an einem Ort, der für den Start in ihr seßhaftes Leben günstige Voraussetzungen bietet.

»Intelligente« Instinkte

Ein komplexes Verhalten kann durch ein einfaches Zentralnervensystem gesteuert werden. Niedere Tiere wie Einzeller, Schwämme, Quallen und Korallen benötigen dazu überhaupt kein Gehirn. Eine Amöbe vermag eine eßbare, kleinere Alge wahrzunehmen, sie dann ohne jegliche Berührung mit Scheinfüßchen zu umgeben und zu verschlingen. Eine Seeanemone *(Calliactis)* kann eine Muschel erspüren, die einen Einsiedlerkrebs beherbergt, und dann auf sie steigen; sie bemerkt auch, wenn ein feindlicher Seestern sich nähert und springt dann davon. Doch die Seeanemone besitzt nicht einmal den Ansatz eines Gehirns, um das Geflecht ihrer Nerven zu koordinieren.

Beachtlicher sind da schon die Nervensysteme der Insekten mit ihren bis zu 1000000 Neuronen. Und doch ist es schwer zu verstehen, wie diese, verglichen mit einem Computer, geringe Menge an Bausteinen eine solche Vielfalt an plastischem und funktionellem Verhalten erzeugen kann. Wenn das Weibchen einer parasitären Ameisenart *(Epimyrma)* auf eine Kolonie von Wirtsameisen *(Leptothorax)* stößt, packt sie eine Arbeiterin, reibt an ihr die Bürsten ihrer Beine und reibt sich dann selbst ab, um den Geruch zu übertragen. Auf diese Weise verschafft sie sich eine olfaktorische Eintrittskarte in die Kolonie. Dann marschiert sie stracks zur *Leptothorax*-Königin und erdrosselt sie. Hummeln kamen irgendwie auf den Trick, ein eindringendes Insekt dadurch bewegungsunfähig zu machen, daß sie es mit Honig beschmierten. *Trigona droryana,* eine stachellose Biene, verklebt Beine und Flügel von Wespen und anderen Räubern mit Harzklümpchen. Wenn Raubwanzen eine Termitenkolonie angreifen, tarnen sie sich mit Teilen aus dem Bau oder mit den Panzern toter Bewohner, um die Termitensoldaten zu täuschen (Griffin 1985). Gegen Ameisen, die Wespennester ausrauben, bestreichen die Wespen die Streben zwischen den Waben mit einem Repellent gegen Ameisen.

Soziale Insekten weisen mehr eindrucksvolle und intelligent scheinende Eigenschaften auf als ihre solitären Verwandten. Der Grund dafür liegt zweifellos in der größeren Verhaltensbreite, die durch das Zusammenleben innerhalb der Gruppe eröffnet wird. Am besten erforscht sind die Honigbienen, deren Tänze eine einzigartige Kommunikation unter wirbellosen Lebewesen darstellen. Mit der genauen Beschreibung der gegenseitigen Verständigung und des Zusammenlebens im Bienenstock könnte man Bände füllen.

Die Weberameisen *(Oecophylla)* nutzen die Fähigkeit der Larven, Kokons zu spinnen, zum Bau ihrer Nester. Sie formieren sich zu Ketten von maximal zwölf Arbeitern, die Blätter zusammenziehen oder ein Blatt falten. Die Blattränder werden dann mit dem von den Larven ausgeschiedenen Seidenfaden zusammengenäht. Es werden Verbindungen zu den Nachbarnestern hergestellt, bis ein stattlicher Bau mit vielen Appartements entsteht. Gleichzeitig errichten sie auch »Ställe« für die Blattläuse, deren zuckerhaltige Exkremente sie gierig aufsaugen. Die Weberameisen kennen fünf verschiedene Alarmsignale, mit denen sie bei Bedarf, z. B. zum Herbeischaffen von Nahrung, Verstärkung anfordern. Mit einem besonders auffälligen Signal werden Soldaten alarmiert: Eine Ameise gibt ein Zeichen, das wie das Schütteln einer Faust aussieht, und die nächststehende Mitbewohnerin im Bau gibt die Botschaft genauso an andere weiter (Hölldobler und Wilson 1990, 618 ff.).

Viele Ameisen halten sich Blattläuse, die als Gegengabe für mannigfache Dienstleistungen einen süßen Honigtau absondern. Die Ameisen fressen sie dafür nicht auf, sondern verteidigen ihre »Kühe« gegen räuberische Insekten und errichten Schutzbauten für sie. Manche Ameisen bringen die Blattläuse über Nacht oder während des Winters in ihren Bau, wo sie sie zu deren Versorgung in der Nähe von Wurzeln unterbringen. Andere sammeln die Läuseeier ein, so daß die Larven bei ihnen schlüpfen können. Wenn eine jungfräuliche Ameisenkönigin auszieht, um eine neue Kolonie zu gründen, nimmt sie bei einigen Arten ein paar Blattläuse zum Aufbau einer frischen Herde mit (Perry 1983, 28 f.).

Die besten Gärtner in der Tierwelt sind die Blattschneiderameisen. Von ihren großen Kolonien senden sie in einem Umkreis von mehreren hundert Metern Arbeitskolonnen aus, die kleine Stücke von Blättern abbeißen. Diese werden in den Bau gebracht, zerkaut und zur Aufzucht einer Pilzart verwendet, die, soweit bekannt, nirgendwo anders gedeiht. Die Ameisen pflegen ihre Beete, jäten »Unkraut«-Pilze und ernten aus ihren Gärten die Hyphen (Pilzfäden), sog. Kohlrabi, die als eiweißhaltiges Nahrungsmittel dienen. Es gibt ein halbes Dutzend Spezialisten unter den Arbeitern, die verschiedene Aufgaben erfüllen. Zu ihrem Hochzeitsflug nimmt sich die Königin einige kleine Arbeiter zur Bildung einer neuen Kolonie sowie ein Paket Pilze mit. Die Pilze werden in ihrem neuen Heim mit dem Darminhalt der Königin gedüngt; sie legt außerdem unbefruchtete (trophische) Eier, mit denen sie die ersten Larven füttert. Diese Form des Gartenanbaus begann vermutlich, als die Ameisen die Eßbarkeit eines Schimmels entdeckten, der auf Abfällen oder Exkrementen gedieh (Hölldobler und Wilson 1990, 596 ff.). Dennoch bedurfte es einer Art kreativen Sprungs, um die zufällige Entdeckung für eine Pilzkultur nutzbar zu machen.

Andere tropische Ameisen bilden mit bestimmten Büschen oder kleinen Bäumen eine Symbiose. Eine Akazie versorgt eine aggressive Spezies *(Pseudomyrmex)* mit Nistplätzen in ihren hohlen Dornen und mit einem Nahrungssekret; die Ameisen halten im Gegenzug andere Insekten fern und bekämpfen Tiere, die sich an den Blättern gütlich tun wollen. Sie vernichten sogar konkurrierende

Pflanzen im Umkreis von mehreren Metern am Fuß der Akazie (Hölldobler und Wilson 1990, 531ff.), nur die in den Zweigen nistenden Vögel lassen sie unbehelligt.

Zieht man die Fähigkeiten sehr kleiner Lebewesen mit ihrem winzigen Zentralnervensystem in Betracht, so erscheinen die komplexen Leistungen großer Tiere nicht besonders beeindruckend. Und doch ist es bemerkenswert, wenn der afrikanische Ferkelfrosch *(Hemisus)* am Bachrand eine Höhle gräbt, in die er seinen Laich ablegt. Sobald die Kaulquappen geschlüpft sind, schaufelt er einen Tunnel, durch den sie ins freie Wasser schwimmen können.

Bei zahlreichen Fröschen und Kröten trägt ein Elternteil den Laich auf seinem Rücken. Die Nasen-Kröte hat eine Kammer für jedes Ei mit speziell ausgebildeten Membranen sowie einen Apparat zur Versorgung der Kaulquappe mit Sauerstoff. Der Vorteil dieses Aufwands scheint freilich gering, denn wenn die Jungen nach vier Monaten freigelassen werden, sind sie nicht nennenswert gewachsen.

Eine tropische Froschmutter von der überaus giftigen *Dendrobates*-Art legt ihren Laich an einen feuchten Ort und bedeckt ihn mit Gallerte. Der Vater kehrt von Zeit zu Zeit dorthin zurück, um die Eier zu belüften und sie mit Wasser aus seiner Blase anzufeuchten. Wenn die Kaulquappen zu schlüpfen beginnen, kommt die Mutter erneut und nimmt eines der Jungen nach dem anderen auf ihren Rücken, wo es mit Klebstoff festgehalten wird. Nun sucht sie sich eine Epiphytenpflanze im Geäst eines Baums, die an ihrer Basis ein kleines Wasserreservoir hat. Sie prüft erst, ob der Miniaturteich nicht etwa schon bewohnt ist, und läßt dann die Kaulquappe dort zurück. So deponiert sie vielleicht ein Dutzend Junge in ebensovielen Privatpools, ohne sie jedoch zu vergessen. Nach ein paar Tagen erscheint sie wieder, um nachzusehen, ob alles in Ordnung ist. Gleichzeitig hinterläßt sie ein paar unbefruchtete Eier als Nahrung in dem proteinarmen Milieu.

Eine andere Verhaltensvariante pflegt das Männchen eines südafrikanischen Froschs, *Rhinoderma darwini*; es brütet die Eier in seinem Kehlsack aus (von Frisch 1974, 168f.). Noch besorgter um seine Jungen ist der kleine Frosch *Rheobatrachus silus*, den man in Bächen im Südosten Australiens entdeckt hat. Das Froschweibchen verschluckt seine Eier und behält die Kaulquappen – etwa zwanzig an der Zahl – sechs bis sieben Wochen in seinem Magen, ehe es die kleinen Frösche mit einem Rülpser in die Freiheit entläßt; unter

Umständen verschluckt es diese dann noch einmal. Laut M.T. Tyler, einem Fachmann für magenbrütende Frösche, ist die Entstehung dieses Verhaltens nicht leicht nachzuvollziehen. Das Verschlucken des Laichs oder die Reduktion der Verdauung im Magen konnte sich nicht in fortschreitenden Stadien entwickelt haben. Der Wandel vollzog sich wohl recht schnell. Die Kaulquappe hatte sich ebenfalls von einem fressenden und freibeweglichen zu einem unbeweglichen Organismus ohne Nahrungsaufnahme zu verändern. Nach Tylers Meinung mußte sich diese Gewohnheit »in einem einzigen großen Quantenschritt« vollzogen haben (Tyler 1983, 129, 133). (Leider ist *R. silus* seit 1980 nicht mehr gesehen worden; wahrscheinlich ist er, wie viele Amphibien auf der Welt, aus unbekannten Gründen ausgestorben. Doch eine verwandte Art hat überlebt.) Ein paar Froscharten haben eine naheliegende und vermutlich auch praktischere Möglichkeit zum Schutz ihrer Eier gefunden: Sie behalten sie bei sich, bis sie zu voll ausgebildeten Jungen gereift sind, wie es viele Reptilien auch machen.

Die geschickten Verhaltensweisen von Vögeln sind schon Legende, und es ist schwer, ein paar besonders spektakuläre Beispiele zu finden. Menschen würde es jedenfalls nicht so leicht fallen, Nester aus Grashalmen zu flechten, wie das rund 150 Arten der Webervögel tun, die sie dann als ihre Behausung in Zweigen aufhängen. Die Vögel verschlingen und verknüpfen die Halme miteinander, was bestimmt keine einfache Aufgabe ist (von Frisch 1974, 207ff.). Einige Arten können Überhand- und Laufknoten, andere eine Art Seil flechten, um ihr Nest einen Meter vom Ast abhängen zu können. Der indische Schneidervogel näht breite Blätter mit Fasersträngen zusammen. Schimpansen bringen trotz ihrer Hände und der hundertmal größeren Gehirnmasse nichts derartig Kunstfertiges zustande.

Doch es gibt viele weniger raffinierte Instinkte, die ebenfalls schwer zu erklären sind. Warum werden zum Beispiel einige Fledermäuse zu Blutsaugern? Für Fledermäuse ist es sicher angebracht, sich von großen Tieren fernzuhalten, wenn sie nicht das Rüstzeug dafür haben, sie zur Ader zu lassen. Aus diesem Grund müssen die Vampire viel flinker auf den Beinen sein als ihre weniger angriffslustigen Vettern, und sie brauchen scharfe Zähne, einen gerinnungshemmenden Speichel, einen veränderten Verdauungstrakt sowie entsprechende Instinkte.

Aufgrund eines solchen Instinkts verhält sich das Individuum wider sein normales stammesgeschichtliches Wesen. Das gilt ebenso für die vielen Fische, die ihre Jungen im Maul ausbrüten. Im allgemeinen würden sie einen kleinen Fisch nur ins Maul nehmen, um ihn zu fressen; viele Arten fressen in der Tat gelegentlich ihre eigenen Jungen. Das Maulbrüten wäre also kein Vorteil, wenn das Fischweibchen seinen Schluckreflex nicht unterdrücken und darüber hinaus eine angemessene Zeit für die Versorgung der Jungen verwenden würde (während es selbst hungert), um ihnen einen besseren Start ins Leben zu ermöglichen. Die Jungen müssen ebenfalls für ein Leben im Maul der Mutter gerüstet sein. Doch das Maulbrüten scheint mehrmals unabhängig voneinander bei verschiedenen Fischarten entstanden zu sein.

Glühwürmchen haben ein erstaunliches Signalsystem zur Partnerfindung. Es setzt voraus, daß beide Geschlechter über entsprechende Leuchtorgane verfügen, deren Tätigkeit durch Nerven zu steuern ist, so daß der Signalcode und die dazu passenden Instinkte aufeinander abgestimmt sind. Wenn nicht alles koordiniert ist, wären die Leuchtspiele reine Energievergeudung. Die weiblichen Glühwürmchen einer bestimmten Art *(Photuris)* ahmen die Lichtzeichen von verschiedenen kleineren Glühwürmchen anderer Arten nach und fressen jene Männchen, die den Lockruf beantworten und sich dem Weibchen nähern, um mit ihm zu kopulieren. Schwer zu verstehen, wie sich dieses Verhalten in der Evolution durchsetzen konnte, da ja die normale Kost von erwachsenen Glühwürmchen aus Nektar und Blütenstaub besteht.

Igel *(Erinaceus)* haben sicherlich schlechte Erfahrungen mit Kröten gemacht, die eßbar aussehen, aber Giftdrüsen in ihrer Haut versteckt haben; eigentlich müßten sie schnell lernen, auf einen solchen Leckerbissen zu verzichten. Und doch zerkauen Igel immer wieder die ungenießbare Krötenhaut, sie spucken das Gift auf ihre eigenen Stacheln. Warum? Dieser Instinkt ist um so bemerkenswerter, als Igel ohnehin ganz gut geschützt sind. Doch er ist offenbar tief verwurzelt, denn junge Igel machen es ohne eigene Erfahrung so.

Meeresschnecken (Nacktkiemer wie die *Aeolidia*) machen sich ebenfalls die Abwehrwaffen anderer Arten zunutze. Sie fressen Seeanemonen und Quallen und verleiben sich deren Nesselzellen ein. Auf irgendeine Weise neutralisieren die Nacktkiemer die Nesselzellen und schließen sie auch von der Verdauung aus. Statt dessen lagern sie diese in ihrer Haut ein und reaktivieren sie dort wieder, indem sie das Abzugsstiftchen, das die Explosion auslöst, nach außen richten; andere Arten deponieren sie in einem speziellen Säckchen, von wo aus sie sie bei Bedarf einem Angreifer in den Mund spucken (Greenwood und Mariscal 1984, 719 ff.).

Die Magenbremsen *(Dermatobia)* versuchen, ihre Eier auf der Haut von Menschen (oder Affen) abzulegen. Dazu warten sie jedoch ab, bis sich eine Stechmücke oder eine blutsaugende Fliege nähert. Sie stürzen sich auf sie und heften ihr Ei an deren Leib. Sobald sich die Mücke nun auf der warmen Haut eines Menschen niederläßt, schlüpft die Larve der Magenbremse rasch aus dem vorgebrüteten Ei, läßt sich herabfallen und nistet sich in ihrem neuen Wirt ein (Sancho 1988, 242 ff.). Die Magenbremse muß also:

1. einen Instinkt dafür entwickelt haben, sich einen geeigneten Wirt auszusuchen, ihr Ei aber nicht direkt auf dem auserwählten Opfer abzulegen, sondern einen Umweg einzuschlagen;
2. braucht sie die Fähigkeit, einen potentiellen Überträger, also eine Stechfliege, zu erkennen;
3. den Instinkt, der Fliege nachzujagen und sie zu fangen;
4. müssen die Beine adaptiert sein, sie zu packen und festzuhalten;
5. muß die Legeröhre so beschaffen sein, daß das Ei an der Unterseite der Fliege abgelegt werden kann;
6. bedarf es eines Klebstoffes, der das Ei hält;
7. muß das Ei auf die Körperwärme eines Säugetiers ansprechen (die in den Tropen nur wenig über der Lufttemperatur liegt),
8. muß sich die Larve reflektorisch im richtigen Augenblick befreien, sich auf die Haut eines Menschen herabfallen lassen und sich einbohren.

Bei eingehenderen Forschungen würden sich zweifellos noch weitere Einzelheiten herausstellen, die unbedingt notwendig sind. Aber es steht nicht einmal fest, daß dieses Verhalten von großem Vorteil ist. Es wäre wahrscheinlich nicht sehr gefährlich, wenn die Stechfliegen bei einem schnellen Flug über dem Opfer ein Ei auf seine Haut fallen ließen. Stechfliegen bohren normalerweise bei ihrer Mahlzeit mit ihrem Saugrüssel durch die Haut. Für das Ei ist es sehr riskant, genau dort zu landen, wo eine Mücke sticht, da der Betroffene zumeist schlägt oder kratzt. Magenbremsen, die Rinder befallen, lassen sich daher auf ein solch umständliches Verfahren gar nicht erst ein.

Die Evolutionstheorie muß sich auf den *Homo sapiens* genauso anwenden lassen wie auf andere Organismen. Es ist aber sehr schwer, für all die Fähigkeiten und außergewöhnlichen Leistungen des Menschen eine Erklärung in biologischen Begriffen zu finden.

Probleme der Kreativität

Mit der natürlichen Auslese läßt sich vieles im Lebensablauf recht plausibel erklären. So ist anzunehmen, daß viele kleine Veränderungen beim Koalabären zu einem Leben ohne Konkurrenzkampf geführt haben, in dem er seine Eukalyptusblätter kaut und zwanzig Stunden am Tag in Astgabeln schläft. Doch wie fand der Koala diese komfortable Nische? Er stammt nicht von Baumbewohnern, sondern von dem am Boden lebenden Wombat ab. Bevor er die unverdaulichen und giftigen Eukalyptusblätter fressen konnte, mußte er erst ein außergewöhnliches Verdauungssystem und eine besondere, entgiftende Leber entwickeln (Lee und Martin 1990), d. h. er muß in seiner Evolution einen Umweg gegangen sein, indem er allmählich von leichter verdaulichen Pflanzen zu den ungenießbaren Eukalyptusblättern überging, wobei er seine Anatomie und seine Gewohnheiten bei der Nahrungssuche stufenweise änderte.

Manchmal ist es möglich, eine Folge von Adaptationen herauszufinden, die zu einem beobachteten Verhalten führten. Jeder Schritt verbesserte vermutlich den Reproduktionserfolg des jeweiligen Tieres oder beeinträchtigte ihn zumindest nicht wesentlich. Wenn man die Lebensweise des Nestparasiten genauer analysiert, stellt man fest, daß sie sich nicht nur bei Kuckucksvögeln und Kuhstaren herausgebildet hat, sondern auch bei Honiganzeigern, Witwenvögeln und Enten, Tieren, die offenkundig nichts miteinander gemein haben. Man vermutet, daß ein Mangel an Nistplätzen zwei Weibchen dazu bewogen hat, ihre Eier in ein gemeinsames Nest zu legen. Als eines sich entfernte, die Eier zurückließ und fremde Nester zur Eiablage aufsuchte, dürfte sich das parasitische Verhalten durchgesetzt haben. Denkbar wäre auch, daß ein Weibchen sein Nest noch vor Beendigung der Eiablage verloren und dann seine Eier in ein anderes Nest derselben Spezies abgelegt hat (Anderson 1983, 220). Das mag dazu geführt haben, daß die Eier fortan regelmäßig auch in die Nester anderer Arten gelegt wurden. Die meisten Kuhstare und alle Kuckucksvögel haben aufgehört, eigene Nester zu bauen.

Das setzt voraus, daß Mutationen stattgefunden haben, die geeignet waren, die Instinkte für ein parasitäres Verhalten umzubilden. Zweifellos gibt es bestimmte Schritte, die vom normalen Nistverhalten Stufen aufweisen, die zur wohlüberlegten Eiablage der Kuhstare und Kuckucksvögel in andere Nester führten. Doch es konnte kein gradueller Übergang gewesen sein, der damit endete, daß eine Felsenschwalbe sich entschloß, ihr Ei im Schnabel zu einem benachbarten Nest zu tragen. Kolonienbildende Schwalben legen ihre Eier nicht nur in Nachbarnester, sondern transportieren diese oft noch nach tagelangem Brüten in unbeaufsichtigte Vogelbehausungen. Die Schwalbenmännchen helfen dabei, indem sie die Eier der Zieheltern aus dem Nest werfen.

Einige einfache Adaptationen lassen sich rational kaum erklären. So wunderte sich Stephen J. Gould zum Beispiel über die außenliegenden Backentaschen der Taschenratten *(Thomomys)*. Verwandte Arten haben große Innentaschen entwickelt, aber ein äußerer Beutel ist solange nutzlos, wie er nicht voll ausgebildet ist; er kann auch nicht im Zuge einer einzigen Mutation entstehen (S. Gould 1980, 190). Andere weitläufig verwandte Nagetiere – die Taschenspringermaus und die Känguruhratte – haben ähnliche außenliegende Einkaufstaschen, die sich durch Muskelbewegungen reinigen lassen.

Wenn etwas grundsätzlich nicht möglich ist, kann es auch nicht geschehen, ganz gleich wieviele Versuche unternommen werden. Es ist umstritten, ob zufällige Mutationen Gewebe so umstrukturieren können, daß sie neue Organe bilden, ob sie das Geflecht des Zentralnervensystems soweit verändern können, daß es neue Instinkte hervorbringt. Die einzige Information, die wir in dieser Hinsicht haben, ist negativ. Man hat Tausende von Mutationen bei *Drosophila* beobachtet, aber sie waren zumeist belanglos oder pathologisch (Mayr 1967). Manche führen zu Resistenz gegenüber gesundheitsschädlichen Einflüssen wie Wärme, aber keine hat auf ein neues Organ hingedeutet.

Die Wahrscheinlichkeit einer schädlichen Veränderung übertrifft wohl bei weitem die Wahrscheinlichkeit einer zufälligen Veränderung, die in einem fein abgestimmten Organ eine Verbesserung hervorruft. Um vielmehr ein Organ wie das Auge funktionsfähig zu erhalten, bedarf es Hunderter und Tausender vollkommen exakter Genreplikationen. Von Zeit zu Zeit werden mangelhafte Gene auftauchen, und viele von ihnen werden nicht so schädlich sein, daß sie sofort zu eliminieren sind. Überdies sind die meisten schädlichen Gene rezessiv und werden sich folglich ansammeln, bis sie einen großen Teil des Genoms bilden. Doch das tun sie nicht. Es bedarf wahrscheinlich einer unglaublich starken Selektion, um das Organ in einem guten Zustand zu erhalten.

Je vollkommener eine Struktur ist, um so eher wird ein zufälliger Pfusch Schaden anrichten. Selbst wenn ein Klavierhersteller eine sehr große Produktion an Klavieren hat, könnte er sie nicht stimmen lassen, indem er einem Affen einen Schraubenschlüssel in die Hand drückt und ihn an den Stimmwirbeln, die die Saiten spannen, herumspielen läßt und dann jedes ungestimmte Instrument ausrangiert. Je genauer das Stimmen erfolgen muß, um so größer dürfte der Ausschuß sein. Tatsächlich würde der Affe nur in den seltensten Fällen den Klang des einwandfrei gestimmten Instruments verbessern. Außerdem dürfte es nicht genügen, verstimmte Klaviere einfach auszusondern. Wenn die Affen die Hebel ein wenig verstellen, wären alle Klaviere innerhalb kürzester Zeit verstimmt. Übertragen heißt das, das Organ (z. B. das Auge) würde degenerieren.

Der Vergleich bleibt noch hinter der Wirklichkeit zurück, weil das fein abgestimmte Auge höher einzustufen ist als ein künstliches Instrument. Es verfügt über koordinierte Systeme zur Blickführung, zum Fokussieren, zur Lichtanpassung und -aufnahme, zur Farberkennung und zum anfänglichen Bildaufbau; jedes einzelne System kann einmal versagen. Eine zusätzliche Komplikation ergibt sich daraus, daß Gene multiple Wirkungen haben. So ist es immer möglich, daß ein Gen, das anderswo benötigt wird, für das Auge negative Folgen hat. Für die bloße Auslese wäre es wahrscheinlich schwierig, die detaillierte Struktur von großen Gensteuerungssystemen, die für ein derart fein integriertes Organ wie das Auge zuständig sein müssen, aufrechtzuerhalten – es sei denn, das Grundmuster ist irgendwie selbstregulierend. Zufällige Veränderungen waren wirksamer als eine hohe Selektionsrate; sie beschränken die Anzahl von Genen, die als Gruppe erhalten werden können (Winstatt und Schank 1988, 239ff.). Eine Kombination vieler Gene wäre anfällig gegenüber schädlichen Mutationen, die das labile Gleichgewicht stören, wenn die Struktur nicht über große Kräfte gebieten würde, um Fehler zu korrigieren.

Diese Logik gilt in noch größerem Maße für die Instinkte. Jedem Instinkt – wie komplex er auch ist – bei dem eine Reihe von zusammengehörigen Wahrnehmungen und Handlungen abläuft, muß eine sehr große Zahl von Verbindungen innerhalb des Gehirns oder der Nervenganglien eines Tieres zugrunde liegen. Vergleicht man den Instinkt mit einem Computerprogramm, so muß er auf Tausenden von Nervenzeilen aufbauen. Dabei wäre nicht nur die Chance einer Verbesserung durch zufälligen Wandel gering. Es wäre problematisch, das Programm ohne Degeneration über einen langen Zeitraum hinweg zu erhalten, ungeachtet der von Zeit zu Zeit auftretenden Replikationsfehler.

Die Theorie, daß hoch entwickelte Organe und Instinkte durch Selektion von Fehlern des genetischen Programms entstanden sein können, erfordert eine gute Portion Glauben ebenso wie die Annahme, daß die Organismen über irgendwelche Mittel verfügen, um Verluste an subtilen Strukturen möglichst gering zu halten. Vielleicht setzt die Variation-Selektionstheorie die größere Glaubensbereitschaft voraus.

Zahllose Instinkte verlangen vom Genom die Zusammensetzung eines Musters, das selbst einem gutentwickelten Zentralnervensystem nicht leicht fallen kann. Viele Forscher zeigten sich sehr beeindruckt von der Architektur tropischer Termitenbauten, die in Afrika und Australien drei Meter hoch werden können. Die kleinen, blinden Insekten verfügen, soweit bekannt, über keinerlei Möglichkeiten zu detaillierter Kommunikation über eine Bauplanung. Und dennoch bauen sie Kühl- und Lüftungsschächte mit speziellen durchlässigen Wänden an dafür vorgesehenen Stellen und richten ihre Turmbauten so aus, daß sie möglichst viel Morgen- und Nachmittagssonne erhalten und von der Mittagshitze weitgehend verschont bleiben. Offenbar können sie den Erdmagnetismus zu ihren »Berechnungen« heranziehen, doch wie sie die Leistung von Hunderttausenden von Arbeitern koordinieren, grenzt an ein Wunder (von Frisch 1974).

Die Unwahrscheinlichkeit einer Kombination adaptiver Änderungen, von denen keine für sich genommen nützlich ist, ist genauso groß wie die Summe der Unwahrscheinlichkeiten für jedes der dazu notwendigen Elemente. Eine solch unwahrscheinliche Kombination wird vom Bombardierkäfer *(Brachinus)* anschaulich vorgeführt. Er produziert ein kochend heißes Verteidigungsspray, das durch die Reaktion von Chinonen und Wasserstoffsuperoxid mit oxidierenden Enzymen entsteht – eine Art binäres Nervengas. Der Käfer speichert die Hydrochinone und das Wasserstoffsuperoxid in einem Reservoir, von dem aus die Mischung in eine Reaktionskammer mit Enzymen gepumpt werden kann. Das Ventil wird geschlossen, und die Explosionswirkung katapultiert das Spray bei 100 Grad Celsius durch eine geschützrohrähnliche Öffnung am Hinterleib des Käfers in jede gewünschte Richtung nach außen in einer Reihe von 500 Salven pro Sekunde (Dean u. a. 1990, 1219ff.). Das Abwehrmittel wirkt nicht so sehr durch die Chinone als durch die Hitze, wodurch der ansonsten schwache Effekt der Chinone erheblich verstärkt wird. Offen bleibt dabei die Frage, wie es dem Käfer gelingt, sich nicht innerlich zu verbrühen.

Die Entwicklung neuer Proteine durch Replikationsfehler, wie sie durch das Selektionsraster der sog. Umwelt fallen, ist einleuchtend. Die Bildung von Organen ist jedoch weitaus komplizierter als die Herstellung von Enzymen und wird wahrscheinlich solange unbegreiflich bleiben, bis die Prozesse der Morphogenese nicht geklärt sind. Schon einfache Veränderungen bereiten hierbei Schwierigkeiten. Die Umbildung des Vorderlaufs eines Insektenfressers zum Schaufelarm eines Maulwurfs erfordert eine Reihe von gleichzeitig stattfindenden Veränderungen in den Knochen, Muskeln, Sehnen, Füßen und so weiter. Gene funktionieren als integriertes System, als Team, und ihre Veränderung ist ebenfalls ein Teamwork; doch niemand kann sich erklären, wie diese Umbildung beim Maulwurf vor sich gegangen ist. Die Anweisungen zur Ausbildung einer Sehne müssen zum Beispiel so beschaffen sein, daß die Sehne einwandfrei mit Muskeln und Knochen harmoniert.

Die Entwicklung ausgefeilter Verhaltensmuster ist noch weit komplexer als die Schaffung eines Organs. Sie erfordert nicht nur die Konstruktion von überaus subtil organisierten Strukturen, den Neuronen mit ihren Fortsätzen, sondern auch die Anweisung, Verbindungen zwischen ihnen und dem Betriebssystem aufzubauen – als ob man ein Computerprogramm entwerfen würde. Der Ursprung der Komplexität des Lebens ist für uns genausowenig begreiflich wie der Ursprung des Universums.

5. Kapitel

Die widersprüchliche Natur

Die Adaptation

Die Evolutionstheorie sollte eine Erklärung für die Vollkommenheit der Natur liefern, für die zahllosen wunderbaren Wege, die Pflanzen und Tiere gefunden haben, um ihre Art weiterzuentwikkeln. Man muß aber auch die vielen Merkmale in Betracht ziehen, die offensichtlich keinen adaptiven Wert haben und sogar eindeutig schlecht angepaßt und nachteilig sind.

Die Adaptation ist der zentrale Begriff in der Evolutionstheorie; oft ist sie regelrecht offensichtlich. So ist zum Beispiel ein Barrel-Kaktus für ein Leben in einem heißen, trockenen Klima bestens gerüstet. Er hat seine Blätter zu Stacheln umgewandelt, was den Wasserverlust reduziert und sein Fleisch vor hungrigen oder durstigen Tieren schützt. Seine wächserne Außenschicht bewahrt die Feuchtigkeit. Mit seinem weitflächigen Wurzelsystem vermag er jeden Regenschauer auszunutzen und Wasser für lange Trockenperioden zu speichern.

Doch wenn auch eine Spezies, wie beispielsweise ein Kaktus, an einen bestimmten Ort im Ökosystem, an eine ökologische Nische angepaßt ist, so bevölkern doch zahlreiche Kaktussorten von unterschiedlicher Form, mit verschiedenen Stacheltypen und Blüten dasselbe Terrain. Darüber hinaus konkurrieren viele ganz andersartige Pflanzen direkt mit den Kakteen. Der Mesquitbaum und der Kerzenstrauch sind beispielsweise an das Wüstenleben gleichermaßen gut angepaßt. Können sie alle nahezu optimale Grundmuster haben? Keine Pflanze könnte in ihrem Erscheinungsbild weniger an einen Kaktus erinnern als *Welwitschia*, eine eigenartig aussehende Wüstenpflanze im Südwesten Afrikas. Sie hat nur zwei bandförmige Blätter mit mehr Spaltöffnungen pro Flächeneinheit als Pflanzen, die in feuchteren Gegenden heimisch sind. Ihr fehlen im großen und ganzen deutliche Adaptationen an das Wüstenleben.

Noch auffallender ist die überbordende Artenvielfalt in tropischen Wäldern. Unter dem grünen Dach der Regenwälder ballt sich eine unerschöpfliche Mannigfaltigkeit von Insekten. Nach deren Zählung auf ein paar ausgewählten Bäumen setzten die Entomologen ihre Schätzungen vom Gesamtbestand der Insektenspezies von weniger als einer Million auf etwa zehn Milliarden hoch. Warum tummeln sich wohl 81 Froscharten auf zwei Quadratkilometer Dschungel in Equador, während es in einem Wald in Michigan wahrscheinlich nur zwei oder drei Arten gibt?

Vielleicht erlauben die günstigen Bedingungen in den Tropen eine vielfältigere Spezialisierung. Die tropischen Meere, besonders die Korallenriffe präsentieren sich ebenfalls abwechslungs- und artenreicher als die Ozeane mittlerer Breiten. Der Unterschied ist nicht so groß wie der zwischen den Wäldern in den gemäßigten Zonen und den Tropenwäldern, aber er ist vorhanden – und zwar obwohl kälteres Wasser sauerstoffreicher ist und eine größere Biomasse produziert. Die Stabilität scheint eine sich selbst steigernde Ausbreitung von Typen zuzulassen. Die Regenwälder sind nicht von vornherein mit so vielen Nischen gesegnet; das Leben selbst erzeugt sie.

Die Vielzahl von Arten, die im Regenwald unter ähnlichen Bedingungen leben, steht im Gegensatz zu einzelnen Arten, die unter völlig verschiedenen Voraussetzungen existenzfähig sind. Einige Schabenformen sind überall in den gemäßigten Regionen *(Blatta orientalis)* oder beinahe weltweit *(Blatta germanica)* anzutreffen. Eine kleine Erdwespe ist über ganz Australien verbreitet, von den dunstigen Regenwäldern im Norden über die zentralen Wüsten bis zu den milden Klimazonen im Süden. Während auf einem Hektar tropischen Regenwalds Hunderte von Baumarten wachsen, ist in einigen Andenregionen der exotische australische Blaue Gummibaum *(Eucalyptus globulus globulus)* fast der einzige Baum. Dieser Eukalyptus, der wegen seines raschen Wachstums und seiner aggressiven Ausbreitung manchmal Unkrautbaum genannt wird, konkurriert erfolgreich mit den einheimischen Baumarten von Nordkalifornien bis zum equadorianischen Hochland, von den hochgelegenen Teilen Brasiliens bis hinab nach Uruguay und Südchile, von trockenen bis zu feuchten Klimazonen, in den Tropen von den warmen höheren Regionen bis zu den kalten Gebirgsgegenden. Er gedeiht auch in Südeuropa, Südafrika und Indien, bei jährlichen Niederschlagsmengen von durchschnittlich 50 bis 200 Zentimetern, auf Meereshöhe und auf 3000 Metern. In Mittelportugal hat er die heimische Baumflora weitgehend verdrängt.

Wie der Eukalyptus lassen auch so unliebsame Wesen wie Ratten, Mäuse, Stubenfliegen und Tauben ein außergewöhnliches Adaptationsvermögen erkennen, besonders wenn es um die Anpassung an ein von Menschen geprägtes Umfeld geht. Nachdem englische Spatzen 1850 in die Vereinigten Staaten eingeführt worden waren, entwickelten sie sich innerhalb eines halben Jahrhunderts zur verbreitetsten Vogelart Nordamerikas. Übertroffen wurden sie nur noch durch die später angekommenen Stare, die sich in Nordamerika ebenfalls stärker vermehrten als in ihrer Heimat Europa. Die gemeine Gartenschnecke *(Helix aspera)* siedelte sich von Malaysia bis Arizona an. Die Argentinische Ameise *(Iridomyrmex humilis)* breitete sich weithin in tropischen und subtropischen Regionen aus; ebenso ein paar andere Arten, darunter die Feuerameise *(Solenopsis invicta)*, die vielerorts den Großteil der heimischen Ameisenfauna vertrieb und zu einer wirklichen Plage wurde.

Arten, die über große Gebiete hinweg unter den verschiedensten Umweltbedingungen gediehen, konnten nicht aufgrund ihrer speziellen Eignung selektiert worden sein. Als Faustregel gilt: Die am weitesten verbreiteten Arten sind auffällig gleichförmig (Mayr 1991, 423). Noch auffälliger ist, daß eine Spezies in begrenzten, aber gänzlich andersartigen Verbreitungsgebieten beheimatet ist. So lebt beispielsweise der nordamerikanische Savannensperling *(Passerculus sandwichiensis)* sowohl in Salzsümpfen an der Ostküste als auch im trockenen Binnenhochland des Südwestens. Der Swainson-Sänger liebt die Rohrdickichte im Flachland genauso wie die Rhododendrongebüsche in den Bergen (Mayr 1967, 284). Vermutlich weisen die beiden Biotope etwas Gemeinsames für ihn auf.

Man kann annehmen, daß eine Art, die über lange Zeit in einem bestimmten Umfeld gelebt hat oder dort vielleicht sogar entstanden ist, für diese Umgebung am besten adaptiert ist. Cichlidenfische beispielsweise haben sich in den ostafrikanischen Seen in viele verschiedene Arten aufgefächert und sich dabei an ihre jeweilige Umgebung angepaßt. Doch eine Art, die auf der anderen Seite der Erdkugel angesiedelt ist *(Tilapia)*, hat viele von ihnen ausgerottet.

Eindringlinge sind oft erfolgreich, und zwar nicht dadurch, daß sie einheimische Arten vertreiben, sondern weil sie sich in unbesetzten Nischen niederlassen. Trotz der Artenvielfalt ist die Evolution weit davon entfernt, alle möglichen Nischen auszufüllen. Seeschlangen, die im Pazifischen und Indischen Ozean häufig vorkommen, findet man im Atlantik nicht. Auf Borneo und Sumatra gibt es 27 Spechtarten, in den ähnlichen Wäldern des benachbarten Neuguineas keine einzige (Mayr 1967, 76). Andererseits lebt in der baumlosen argentinischen Pampa ein Specht, dessen Schnabel, Zunge, Zehen und Schwanz genauso beschaffen sind wie bei den Vögeln, die sich auf das Aufhacken von Baumrinden spezialisiert haben (Darwin 1964, 144).

Viele Arten, die außergewöhnlich gut gerüstet scheinen, sind selten. Die afrikanischen Jagdhunde *(Lycaon pictus)* – so hat man festgestellt – weisen die höchste Tötungsrate der afrikanischen Jäger auf, doch sie kommen nicht häufig vor. Dank ihrer ungeheuren Schnelligkeit ist es für die Geparde leicht, Beute zu machen, aber es gibt hundertmal mehr Löwen.

Anders verhält es sich mit dem Fortbestand von vermutlich unterlegenen Evolutionsmustern. Ein neuer Typus entsteht und gedeiht aufgrund seiner überlegenen Organisation. Der ältere Typus würde sich dann – so könnte man vermuten – nur noch in speziellen Nischen aufhalten können. Oft trifft das sicherlich auch zu. Amphibien als Beispiel einer stammesgeschichtlich alten Wirbeltiergruppe leben als kleine, feuchtigkeitsliebende Insektenfresser weiter. Blütenbildende Pflanzen haben sich aufgrund ihrer höheren Flexibilität und Reproduktionsfähigkeit sowie ihrer differenzierten Gewebe fast überall auf der Erde durchgesetzt. Doch Farne, Schachtelhalme, Bärlappe und ihre Verwandten mit den relativ primitiven Strukturen ihrer Urahnen, die schon vor Hunderten von Millionen Jahren existiert haben, konkurrieren vielerorts erfolgreich mit den höherentwickelten Blütenpflanzen und sind lokal sogar in der Überzahl.

Die Struktur hat mit allerlei Lebensgewohnheiten nicht sehr viel zu tun. Tiere können ihre Lebensweise ändern, ohne daß das mit einem auffälligen morphologischen Wandel einherginge. Die Cichlidenfische in den ostafrikanischen Seen haben beispielsweise die verschiedensten Ernährungsgewohnheiten angenommen – vom Beutejäger bis zum Steinalgenkratzer –, wobei sie nur geringfügige organische Änderungen durchmachten. Die Iguanas auf den Galapagosinseln müssen sich einmal angewöhnt haben, am Strand angeschwemmten Seetang zu fressen, und sich dann auf der Suche nach weiterem Futter dieser Art ins Meer gewagt haben; ihre im Meer lebenden »Verwandten« sehen ihnen indes sehr ähnlich. Die Wasseramsel *(Cinclus)*, ein kleiner Vogel, der auf dem Grund von Bächen nach Insekten taucht, gleicht einem normalen Landvogel. Obwohl er seine Flügel zum Schwimmen benutzt, hat er es – wie der Meeresiguana – versäumt, Schwimmhäute an den Füßen zu entwickeln (Darwin 1964, 145).

Die Seeottern sind reine Wasserbewohner, nur selten gehen sie an Land. Sie schlafen in Tangbetten, tauchen in beträchtliche Tiefen und schwimmen über lange Strecken. Sie paaren sich und gebären im Wasser und ziehen dort auch ihre Jungen auf (Riedmann 1990, 52). Doch sie sehen, anders als Robben, wie Landtiere aus. Verschiedene Wespenfamilien finden ihr Futter ausschließlich unter Wasser und benutzen ihre Flügel zum Schwimmen, auch sie sehen wie Landbewohner aus (Mayr 1960, 371 f.). Wasserspinnen (wie die *Desis marina*) bleiben viele Tage lang mit einer Luftblase unter Wasser, weben dort ihre Netze und schwimmen heraus, um Beute zu erjagen (McQueen und McLay 1983, 383 ff.); auch sie sind von ihren Artgenossen auf dem Land kaum zu unterscheiden. Evolution ist nicht immer gleichbedeutend mit sorgfältig angepaßten Strukturen.

Eine grundlegende Frage ist, warum Landtiere überhaupt imstande sein sollten, den Konkurrenzkampf in der Meeresarena zu bestehen. Meereslebewesen haben sich immer perfekter für ihre Umgebung ausgerüstet. Doch da etwa seit 200 Millionen Jahren aus den Gewässern keine bedeutenden Neuerungen mehr kamen, lieferten Landbewohner den Hauptbeitrag zur Meeresfauna. Diese Neuerungen stammen von Tieren ab, die sich vor vielen Generationen an die trockene Erde angepaßt haben. Dazu gehören etliche Familien von großen, ausgestorbenen Reptilien, wie Ichthyosaurier und Plesiosaurier, außerdem Schildkröten, Krokodile, Schlangen und vier Ordnungen von Säugern.

Landpflanzen haben es jedoch seltsamerweise nicht geschafft, ins Meer vorzudringen, abgesehen von Randbeständen in seichten Gewässern. Eigentlich würden ihnen die Strukturen, die sie entwickelt haben, einen großen Vorteil gegenüber den verhältnismäßig einfachen Algen verschaffen. Auch den Insekten gelang es trotz ihres unglaublichen Einfallsreichtums in Struktur und Verhalten nicht, es den Reptilien und Säugetieren gleichzutun und Nischen im Meer zu finden oder einzurichten.

Die Auslese sollte – so fordert es die Logik – immer weiter voranschreiten und immer effektivere Möglichkeiten eröffnen, aber zuweilen wendet sie sich auch wieder zurück. Die Schnecken haben offensichtlich gut daran getan, ihren weichen Körper mit einem harten Panzer zu versehen. Und doch haben vier Gastropodenordnungen – von den Gartenschnecken bis zu den Nacktkiemern im Meer – auf den schützenden Schild verzichtet. Die Spinnen entwikkelten über einen langen Zeitraum hinweg die Kunstfertigkeit, Netze zu weben, die die Naturliebhaber immer wieder in Entzükken versetzen. Aber viele von ihnen beschränken sich inzwischen auf ein kleines Gespinst bzw. einen einzelnen klebrigen Strang oder, wie im Fall der Lassospinne, auf einen Faden mit einem Tropfen Klebstoff, der nach Insekten geschleudert wird. Es gibt auch Spinnen (z. B. *Pachygnatha*), bei denen die jungen die kreisförmigen Netze weben, während die erwachsenen davon ablassen und wie schon ihre Ahnen ein freies Leben als Jäger führen.

Wenn die Biologen bestimmte Merkmale für adaptiv, d. h. dem Reproduktionserfolg dienlich, halten, so muß man ihnen auch das Recht einräumen, am Wert von anderen Merkmalen Zweifel anzumelden. Wir dürfen annehmen, daß die Natur mit ihren Geschöpfen oft schäbig verfährt, allerdings niemals so einschneidend, daß sie nicht weiterexistieren könnten. Es gibt eine Menge wunderbarer und nützlicher Merkmale, aber in vielen Fällen hat die natürliche Auslese auch darin versagt, die Organismen mit scheinbar einfachen Adaptationen auszustatten, und bürdete ihnen dagegen nutzlose oder sogar schädliche Merkmale auf.

Strukturen und Funktionen ohne adaptiven Wert

Lebewesen befolgen – anscheinend ohne adaptiven Hintergrund – starre Programme. So sind die einzelnen Entwicklungsstufen eines Keimes zeitlich und räumlich streng festgehalten. In einigen Fällen mag das an der Schwierigkeit liegen, Merkmale in einem frühen Stadium des ontogenetischen Ablaufs zu verändern. So haben Vogel- und Säugetierembryos Kiemenbögen, die schon 400 Millionen Jahre lang bei ihnen keine Funktion mehr haben. Kiemen haben nur bei ihren Vorgängern, den Fischen, eine lebensnotwendige Funktion. Viele starre Formen lassen sich nicht funktionell erklären. Jede der über tausend *Drosophila*-Arten in all ihren verschiedenen Lebensräumen auf der Welt haben – bis auf seltene Ausnahmen – drei Borsten an jeder Seite des Kopfes, zwei sind nach vorne gebogen und eine nach hinten. Millionen von Insektenarten, von den beinahe mikroskopisch kleinen Schmarotzerwespen bis zu den schwerfälligen, knapp 20 Zentimeter großen Käfern, haben sechs

Beine, die an ihrem Thorax befestigt sind. Diese Zahl kann nicht besonders adaptiv sein, sonst hätten nicht nur Insekten dieses Merkmal. Sechs Beine können aber auch nicht für alle Insekten nützlich sein; manche könnten vermutlich ganz leicht auf einige davon verzichten, so wie Höhlenarten ihre Augen verloren haben und viele Wirbeltiere mit verkümmerten Gliedmaßen leben. Andererseits scheinen viele Raupen mehr als sechs Beine zu brauchen. Obwohl die Embryos in den frühen Entwicklungsstadien viele Beinansätze an ihren Körpersegmenten aufweisen, sind die Raupen nicht imstande, die verlorenen Beine ihrer vermutlich tausendfüßigen Ahnen wieder zu ersetzen; vielmehr müssen sie sich mit beinähnlichen Fleischfortsätzen begnügen. Anders als bei den Beinen fällt die Trennung der Flügel leicht. Viele Insekten – wie auch viele Vögel – haben ihre Flugkraft verloren. Spinnentiere besitzen acht oder mehr Beine, obwohl vier zum Laufen ausreichend wären und alles, was darüber hinausgeht, für viele Arten eine Behinderung darstellen muß. Die zahlreichen Beine des Tausendfüßlers sind eine schwache Lösung des Fortbewegungsproblems.

Zoologen können eine Unzahl solcher Beschränkungen aufzählen. Spinnentiere besitzen eine Fülle von Fortsätzen, aber Kopf und Brust sind zu einem starren »Cephalothorax« verschmolzen; bei Insekten hingegen ist der Kopf frei beweglich vom Thorax getrennt. Dabei führen sehr viele Angehörige dieser beiden Klassen einen ganz gewöhnlichen Lebensstil. Wenn Angehörige einer Klasse verschiedene Gewohnheiten haben, können die Merkmale, die die Klasse charakterisieren, nicht für alle adaptiv wertvoll sein; sie werden sich für viele von ihnen sogar mehr oder weniger nachteilig auswirken.

Es ist leicht, akkumulierten Mutationen das Verdienst für zahllose erstaunliche Adaptationen zuzuschreiben. Doch dann erscheint es um so überraschender, daß der Prozeß fehlgeschlagen ist, Lebewesen mit durchaus elementaren Fähigkeiten auszustatten. So ist z. B. kein mehrzelliges Lebewesen bekannt, das imstande wäre, Zellulose – die am meisten vorhandene organische Substanz – zu verdauen. Das dafür nötige Enzym, Zellulase, kann nicht schwierig herzustellen sein. Bakterien, Pilze und Protozoen besitzen es, doch es paßt nicht in das Genom der Vielzeller. Termiten und Pflanzenfresser stützen sich auf Protozoen oder Bakterien, denen sie in ihrem Magen und Darm als Symbionten eine komfortable Wohnstätte bieten; die Symbionten verdauen das pflanzliche Material, und die Tiere wiederum verdauen die Symbionten.

Seltsam ist auch, daß Vögel und Säugetiere, die oft von Parasiten wie Läusen, Zecken und Würmern befallen werden, keinen chemischen Schutz dagegen entwickelt haben. Das steht in deutlichem Widerspruch zu der Vielzahl von Abwehrmitteln, die die Pflanzen hervorgebracht haben. Trotz der unglaublichen und oft unerklärlichen Instinkte und Adaptationen ist kein Tier (mit Ausnahme der Blattschneiderameise) auf die einfache Strategie verfallen, pflanzliche Kulturen anzulegen. Der Mensch bedient sich seit kurzem ebenfalls dieser Strategie. Wenn man bedenkt, daß Tiere häufig Samen horten oder vergraben, schiene es einfacher, sie würden eine Art Ackerbau betreiben, als die vielen bereits zitierten Adaptationen vorzunehmen.

Die Vermutung liegt nahe, daß ein Hauptgrund für die Konkurrenz von Landtieren im Meer – nicht nur von Walen, Robben, Seeottern und ähnlichen, sondern auch von Schildkröten, Krokodilen, Schlangen und vielen ausgestorbenen Reptilien – in ihrer Luftatmung liegt; Wasser enthält etwa vierzigmal weniger Sauerstoff. Das Scheitern der Meereslebewesen bei der Atmungsentwicklung ist um so erstaunlicher, als Fische wahrscheinlich schon zu einem frühen Zeitpunkt Lungen ausgebildet hatten; doch sie verloren sie zumeist wieder oder wandelten sie in Schwimmblasen um (S. Gould 1989a, 30). Anstatt die Luftblasen zur Aufnahme von Sauerstoff zu nutzen, entwickelten viele Fische gasabsondernde Drüsen, womit sie ein passives Absinken verhindern.

Nützliche Merkmale können verlorengehen. Schlangen haben ihr Gehör größtenteils aufgegeben, obwohl es allgemein von Nutzen ist. Und warum sind Vögel zahnlos? Im Mesozoikum hatten die meisten Vögel Zähne wie ihre Reptilien-Vorfahren. Zumindest einigen rezenten Vögeln würden Zähne zum Greifen, Schneiden oder Zerreißen sicherlich gut zustatten kommen. Einige erst kürzlich ausgestorbene Vögel *(Pseudodontornis)* trugen zahnartige Hornfortsätze an ihren Schnäbeln, um Fische damit zu fangen. Küken besitzen immer noch die Fähigkeit, Zahnschmelz zu produzieren, aber nicht das zum Beginn der Schmelzproduktion nötige Zahnbein. Normalerweise geht man davon aus, daß die Zähne eliminiert wurden, um Gewicht zu sparen; doch Vögel erfreuten sich über 100 Millionen Jahre lang ihrer Zähne, ebenso die Flugsaurier, und auch die Mäuler aller Fledermäuse sind zahnbewehrt. Die Schildkröten, den Reptilien zugehörig, verfügen über schnabelartige Hornfortsätze wie die Vögel, auch sie haben keine Zähne.

Schildkröten brauchen aber kein Gewicht zu sparen; es muß also eine gewisse Unvereinbarkeit zwischen Hornschnäbeln und Zähnen geben.

Dinosaurier müßten als grundsätzlich gut ausgestattete Tiere gelten. Immerhin beherrschten sie das Land dreimal so lange wie bisher die Säugetiere. Und doch brachten sie es nie soweit, derart spezialisierte Zähne zu entwickeln, wie sie Säugern so gute Dienste leisten. Die meisten von ihnen hatten schwach entwickelte vordere Gliedmaßen, obwohl ihre Vorgänger mit etwa gleich starken Vorder- und Hinterbeinen versehen waren und Vierbeiner schneller laufen können als Zweibeiner. Der König unter den Jägern, *Ty-*

Der über 15 m lange *Tyrannosaurus rex* war ein sehr erfolgreicher Fleischfresser. Doch sein Körperbau entsprach nicht durchweg einer logischen Funktion. Die allzu kleinen Vorderbeine konnten keine Beute festhalten, und sein langer, dicker Schwanz muß eine große Behinderung gewesen sein. (Abbildung aus *The Fossil Book*, Carroll Lane Fenton und Mildred Adams Fenton, New York, Doubleday, 1989)

rahnosaurus rex, besaß so kleine Vorderbeine, daß sie praktisch keine Funktion hatten. Sie waren kürzer als das schreckeneinflößende Haupt und reichten kaum bis zum Maul. Trotz der stark ausgebildeten Krallen ließ sich damit keine Beute packen, wenn er nicht gleichzeitig die Kiefer mit ihren schwertähnlichen Zähnen zurückwarf. Die Vorderbeine waren noch stärker ausgebildet als bei den mutmaßlichen Vorfahren des *Tyrannosaurus*. Ein Löwe schlägt ein Zebra mit seinen Krallen, ohne sie hätte er eine Menge Mühe, große Tiere zu reißen.

Alle Dinosaurier hatten große, zumeist dicke und schwere Schwänze, die so lang wie der Rumpf waren oder sogar noch länger. Solche Schwänze waren sicherlich eine große Behinderung wie auch eine Belastung für den Stoffwechsel. Der Schwanz des bizarr anmutenden *Tanystropheus* war doppelt so lang wie der Ober- und Unterkörper, der Hals sogar dreimal so lang. Der über drei Meter lange Hals war nicht sehr beweglich – ein einzelner Wirbel maß dreißig Zentimeter –, und das Tier konnte wohl nur mit Mühe seinen Kopf auf den schwachen Beinen hochhalten (Carroll 1988, 266).

Die Schwänze der Dinosaurier gehörten sicher zur Kategorie »Übergröße« (im Sinne der Evolutionstheorie), doch auch die modernen Eidechsen haben Schwänze, deren Zweck nicht oder kaum ersichtlich ist. Bei manchen reißt der Schwanz leicht ab, was sich vorteilhaft auswirkt, weil es etwaige Verfolger verwirrt. Auf dem Land lebende Salamander und viele Säugetiere (z. B. Ratten, Katzen, Halbaffen, Ameisenbären) fallen ebenfalls durch ihre langen Schwänze auf, die zwar nicht so schwer sind wie die der Dinosaurier, aber dennoch hinderlich. Der lange Schwanz ist nicht tief im Genom der Säugetiere verankert; trotzdem scheint er Teil eines gemeinsamen Körperplans zu sein. Daß Tiere, die im Dunkeln leben, ihre Augen verlieren, wird generell mit ökonomischen Gründen erklärt, doch der energetische Aufwand für die Augen ist geringfügig im Vergleich mit dem für lange Schwänze. Die Vögel haben den eleganten Schweif des *Archaeopteryx* seltsamerweise zu einem bloßen Stummel zurückgestutzt. Die frühen Flugsaurier hatten einen langen Schwanz, ihre späteren Artgenossen reduzierten ihn wie die Vögel zu einem kurzen Anhängsel.

Unbegreiflich ist auch die Größe einiger Dinosaurier. Viele waren weitaus größer als ein Elefant, etliche Arten wogen 75 Tonnen oder mehr. Der *Seismosaurus* (»Erdbebenechse«) hatte eine

Länge von 30 bis 36, möglicherweise sogar 42 Meter; das entspricht der Größe eines Blauwals oder übertrifft sie sogar. Eine Reihe von weiteren Riesen, zum Beispiel der *Brachiosaurus*, wies kaum weniger gigantische Ausmaße auf. Ein solches Tier mag im Erwachsenenalter für einen Beutejäger unverletzlich gewesen sein, und dennoch scheint es mit dem schwerfälligen Körper, dem überlangen Hals, dem kleinen Kopf und ohne Panzer zur Verteidigung dürftig ausgerüstet gewesen zu sein. Der Blauwal ist trotz seiner Masse noch beweglich, weil er sich im Wasser aufhält, die Monstersaurier aber hatten mit strukturellen Schwierigkeiten zu kämpfen. Lag ein solcher Riese auf der Seite, so war es für ihn äußerst schwierig, wieder auf die Beine zu kommen. Schon für die Giraffe ist es eine Leistung, ihren Blutdruck leidlich konstant zu halten, wenn sie ihren Kopf zum Trinken nach unten neigt und anschließend wieder in knapp sechs Metern Höhe das Laub zu fressen anfängt. Erheblich komplizierter war es für einen Dinosaurier, dessen Kopf dann in einer luftigen Höhe von 13 bis 16 Meter schwebte. Der Blutdruck vom Herzen zum Körper mußte dabei nach oben schnellen, während er in den Lungen niedrig bleiben sollte, um den Gasaustausch zu gewährleisten.

Offenkundig unlogische Merkmale zeigen sich in allen Bereichen. Die Hörner von Huftieren haben selten eine Form, die sie zu ihrem eigentlichen Zweck, dem Kämpfen, tauglich erscheinen läßt. Schafe, einige Wildrinder und viele Antilopen haben beispielsweise nach hinten gebogene Hörner. Diese Abwendung der scharfen Spitzen mag für die Spezies gut sein, weil sie verhindert, daß kämpfende Männchen sich gegenseitig zu sehr verletzen. Dennoch dürfte es einen starken Selektionsdruck bei Hörnern geben, je nachdem, ob ein Feind abgewehrt oder ein Rivale besiegt werden soll. Warum werfen Hirsche jedes Jahr ihr Geweih ab? Schafe, Rinder und Antilopen tun das nicht. Der Aufwand für die jährliche Geweiherneuerung – durch zusätzlichen Futterverbrauch – hat angeblich zum Aussterben des irischen Elchs geführt zu einem Zeitpunkt, als das Futter knapp wurde.

Ein anderes Problem stellt sich bei dem Hirscheber *(Babirousa babyrussa)*. Zwei Hauer des oberen Gebisses sind nach oben gebogen und bohren sich durch die Backen. Das verwandte Warzenschwein hat obere Hauer, die seitlich herauswachsen und sich dann nach oben krümmen. Diese Lösung dürfte unbequem für die Schweine sein, wenn die Hauer bei ihrer Entwicklung langsam durch die Backen stoßen. Sowohl beim Hirscheber als auch beim Warzenschwein weisen die Hauer nach hinten; sie können damit nur stoßen, aber nicht stechen. Beim Hirscheber bohren sich die Hauer manchmal wieder zurück in den Oberkiefer oder dringen in den Schädel ein. Die Hauer des Warzenschweins taugen zumindest zum Graben, beim Hirscheber haben sie keinen erkennbaren Nutzen.

Der Tensor tympani, ein kleiner Muskel, der das Trommelfell versteift, um das menschliche Innenohr vor lauten Geräuschen zu schützen, scheint eine ausgezeichnete Adaptation bei geringer Beanspruchung darzustellen. Weniger verständlich ist die Umbildung von zwei hinteren Knochen am Reptilienkiefer in Hammer und Amboß, zwei Knöchelchen im Mittelohr der Säuger, die viele Millionen Jahre gedauert hat. Dieser evolutionäre Triumph muß die Selektion von geeigneten Mutationsergebnissen zur rechten Zeit erfordert haben. Unerklärlich ist aber, warum diese Knochen sich von dem am besten entwickelten Teil des Kiefers abgetrennt haben beziehungsweise was der ganze Prozeß funktionell bewirkt hat (Carroll 1988, 354). Ein einzelner Knochen, der den Ton vom Trommelfell ins Innenohr leitet, reicht aus, wie das hervorragende Gehör einiger Vögel beweist. Ein Teil der Klangschärfe muß zudem durch die Leitung über zwei zusätzliche Bindeglieder verlorengehen.

Ein anderes, wenig beachtetes Beispiel für die mühsamen Wege der Evolution ist der Pseudodaumen des Riesenpanda. Er entwickelte sich aus der Verlängerung eines Handgelenkknochens, der Beweglichkeit erlangte und mit Muskeln und einem Ballen ausgestattet wurde. Doch Waschbären und andere Panda-Verwandte kommen ohne weiteres mit ihren normalen Zehen zurecht. Als der Möchtegern-Panda einen stärkeren Daumen zum Bambusschälen brauchte, schien es nur natürlich, die daumenähnliche Zehe, die er bereits besaß, allmählich weiterzuentwickeln, statt ein neues Organ auszubilden. Das Problem reicht aber noch weiter zurück, denn gewöhnliche Bären haben einen leicht vergrößerten Handgelenkknochen (Sesamknöchelchen), mit dem sie ihren Griff verstärken. In einer parallel verlaufenden Evolution bildeten auch die Maulwürfe ein zusätzliches Zehenglied aus demselben Knochen aus.

Viele andere Adaptationen scheinen sinnlos zu sein. Warum tragen die Wolfsspinnenmütter *(Lycosa)* rund hundert Spinnenbabys sechs Monate lang auf ihrem Rücken herum, ohne daß die

Jungen in dieser Zeit fressen oder wachsen? Die buschige Mähne erschwert es dem Löwenmännchen, Wild zu jagen; darum machen die Weibchen 90 Prozent der Beute. Es ist nicht ersichtlich, daß die Mähne im Zweikampf oder als sexuelles Schauobjekt besonders nützlich wäre. Warum zeigen Weißwedelhirsche, wenn sie aus einer gefährlichen Situation entfliehen, ihre beachtlichen Schwänze? Naturforscher meinen, sie täten dem Beutejäger damit kund, ihn entdeckt zu haben. Doch das scheint weder notwendig noch vorteilhaft noch bedeutend genug, um durch die natürliche Auslese verankert zu werden – unter der Voraussetzung, daß die nötigen Mutationen zufällig geschehen.

Tiere tun oft viel weniger zu ihrer Verteidigung als sie könnten. Eine Tarantel lebt davon, sich auf Insekten zu stürzen und sie zu töten. Nähert sich eine spinnenjagende Wespe, dann kann diese an der Tarantel ohne Gegenwehr einen Punkt aussuchen, an dem sie ihren lähmenden Stich ansetzen wird (Smith 1984, 101). Mit Ausnahme der afrikanischen Moschusochsen, die sich im Kreis aufstellen, um die schwächeren Herdenmitglieder zu decken, und der afrikanischen Büffel, die es mit einem Löwen aufnehmen, verbünden sich Huftiere in den seltensten Fällen zur Abwehr von Feinden. Sogar die hornlosen Zebras könnten sich leicht der Löwen erwehren, wenn sie zusammenstehen würden. Ausgewachsene Weißschwanzgnus strengen sich trotz ihrer Kraft und ihrer mächtigen Hörner kaum an, um ihre Jungen oder sich selbst gegen die Angriffe von Hyänen zu schützen.

Die Natur geht oft verschwenderisch und sinnlos vor. Avokados haben je Pflanze an die hundert Blüten, lassen aber nur eine Frucht reifen. Beuteltiere können ein dutzendmal mehr Embryobabys hervorbringen, als sie Zitzen zum Säugen haben. Eine andere negative »Adaptation« wird man darin sehen, daß viele Wespen sowie einige Bienen und Ameisen ihre eigenen Eier fressen. Ameisenköniginnen, die einen Staat gründen, setzen ihre Körperreserven in Futter für ihre erste Brut um. Sie legen unbefruchtete Eier, die aufgebrochen und an die Larven verfüttert werden. Diese trophischen Eier bilden das Äquivalent zur Milch. Doch bei vielen sozialen Hautflüglern fressen Arbeiterinnen und Königinnen Eier, die von anderen oder von ihnen selbst gelegt wurden, und ernähren sich damit von der eigenen Substanz (Brian 1981, 186). Vom Stoffwechsel her macht diese Gewohnheit keinen Sinn. Um ein Ei zu produzieren, bedarf es des Nährwerts von dreien. Einige Ameisen haben dieses Verhalten so weit entwickelt, daß sie bei Bedarf nur unvollständig ausgebildete Eier abstoßen (Brian 1985, 394). Eine andere unökonomische »Adaptation« besteht darin, daß die Männchen sozial lebender Hautflügler (bis auf ganz wenige Ausnahmen) als gesellschaftliche Parasiten leben, bis sie ihre einzige Aufgabe, die Begattung, erfüllt haben. Da sie sich aber bei vielen Formen morphologisch nicht erheblich von den Weibchen unterscheiden, könnten sie sich gewiß nützlich machen, wenn sie entsprechend vorgeprägt wären (Hölldobler und Wilson 1990, 301).

Wie verwickelt Evolution abläuft, läßt sich an jenem Erdbewohner ablesen, der in der Geschichte des Lebens (was sein zahlenmäßiges Anwachsen betrifft) den größten Erfolg feierte. Der Mensch ist schlecht angepaßt, nicht nur an die neue Umwelt, die er selbst geschaffen, sondern auch an jene, in der er sich entwickelt hat. Die überlangen Haare auf dem Kopf erscheinen gegenüber der dürftigen Körperbehaarung unnütz. Der Körper des Menschen ist ein Konglomerat an Mängeln mit Hängebäuchen und -brüsten, nutzlosen Höckern über den Nasenlöchern, einem zerbröckelnden Gebiß mit anfälligen Weisheitszähnen, schmerzenden Füßen, ausladenden Gesäßen, leicht überanstrengten Rücken und einer nackten, empfindlichen Haut. Der Mensch ist ein schlechter Läufer und nur ein Drittel so stark wie die körperlich kleineren Schimpansen.

Die Frau hat am meisten Grund zur Klage. Kein anderes Säugetier stößt periodisch die Gebärmutterschleimhaut ab. Nur die Frau gebärt unter Schmerzen und langen Wehen. Sie ist mit funktionell nutzlosen, hauptsächlich aus Fettgewebe bestehenden Brüsten ausgestattet – bei anderen Säugern verändern sich die Milchdrüsen nur bei Bedarf. Die breiteren Hüften wären als Sexualsymbol sicherlich ausreichend.

Das menschliche Verhalten macht biologisch in manchen Situationen noch weniger Sinn als die menschliche Anatomie. Was in einem Kulturkreis verbindlich ist, ist in einem anderen verboten. Die meisten menschlichen Betätigungen in den Industriegesellschaften sind, wie man den Tageszeitungen entnehmen kann, biologisch irrational.

Menschen demonstrieren vielleicht deutlicher als nahezu jedes andere Lebewesen eine Wahrheit der Evolution: Der Weg zu effektiveren Strukturen und Instinkten ist mit unnützen Veränderungen gepflastert, die auf noch unbekannte Weise zustande kommen.

Unfruchtbarkeit

In der Evolutionstheorie beinhaltet der Auftrag des Lebens Fruchtbarkeit und Vermehrung. Die überwiegende Mehrzahl der Tiere und Pflanzen richtet sich kompromißlos danach. Austern spucken Millionen von Eiern aus, Bäume verstreuen unzählige Samen, und Kaninchen vermehren sich besonders stark. Überall findet man eine Menge von Adaptationen für die Paarung, die Reproduktion und die Aufzucht der Jungen.

Doch einige Tiere und Pflanzen haben weitaus weniger Nachkommen, als sie offenbar haben könnten. Es ist einfach unreproduktiv, wenn Skorpionmännchen mit ihren Partnerinnen kämpfen und sie manchmal sogar töten. Löwen lassen ihre Jungen oft verhungern, während die Erwachsenen sich sattfressen. Die Männchen sind noch eher bereit, ihre Beute mit den Jungen zu teilen, die Weibchen jagen sie einfach weg. Viele Tiere haben es nicht eilig mit der Zeugung von Nachkommen. Die gemeinen Zikaden in den Vereinigten Staaten leben dreizehn oder siebzehn Jahre unter der Erde und ernähren sich dort vom Saft der Wurzeln. Ein Insekt mittlerer Größe kann sich mühelos in ein, zwei Jahren voll ausbilden; wenn es sich dann nach zwei anstatt nach siebzehn Jahren fortpflanzt, steigert es seine Reproduktionsfähigkeit um mehr als das Hundertfache. Seltsamerweise haben die drei üblichen Zikadenarten in den Vereinigten Staaten alle eine dreizehn- oder siebzehnjährige Entwicklungszeit, und sie schlüpfen alle in denselben Jahren. Man begreift nicht ohne weiteres, warum sie so lange brauchen und wie sie zu denselben Entwicklungsperioden kommen, es sei denn, diese Perioden hätte es schon vor der Trennung der Arten gegeben.

Zahlreiche Tiere vermitteln den Eindruck von Nichtstun, sie arbeiten den Großteil der Zeit gar nicht oder wenig. Baumkängurus verbringen 60 Prozent ihrer Zeit mit Schlafen, 30 Prozent sitzen sie träge herum, und 10 Prozent bleiben ihnen für ihre sozialen Aufgaben, für ihre Körperpflege und für den Konsum von Blättern.

Besonders Männchen neigen dazu, ihre Nachkommenschaft zu vernachlässigen. Bei vielen monogamen Vogelarten beteiligen sich die Männchen pflichteifrig am Brutgeschäft und an der Ernährung der Jungen – für uns ein Zeichen, daß zwei Elternteile besser sind als eines. Doch gibt es viele polygyne Arten, bei denen die Männchen außer der Begattung nichts beitragen. Natürlich ist es selbstverständlich, daß ein Männchen seine Gene vervielfältigen möchte, indem es möglichst viele Weibchen umwirbt, doch den Weibchen – wie auch den Populationen – würde es sehr zum Vorteil gereichen, wenn sie sich hilfsbereite Männchen aussuchen würden.

Es ist allgemein bekannt, daß es in diesem Punkt einen Ausgleich gibt: Auf der einen Seite steht eine zahlreiche Nachkommenschaft, um die sich die Eltern aber wenig kümmern können, auf der anderen eine zahlenmäßig kleine, die dafür besser ernährt und gepflegt wird. Das ist realistisch. Viele kleine Tiere – Mäuse und Kaninchen beispielsweise – pflanzen sich schnell und zahlreich fort, schicken ihre Jungen aber dann weg und gründen neue Familien. Große, langsam wachsende Tiere wie Elefanten haben eine verhältnismäßig niedrige Reproduktionsrate. Allerdings vermehren sich viele Tiere weitaus weniger, als sie das offenbar könnten. Elefanten haben ihre Brunstzeit nur einmal alle vier Jahre (Kevles 1986, 93). Pandas sind offensichtlich ausgesprochene Sexmuffel, zumindest was den Austausch von Zärtlichkeiten anbelangt, und die Weibchen erweisen sich zur Mutterschaft als denkbar untauglich. So wird ein Pandaweibchen erst im Alter von sechs Jahren fruchtbar und bekommt dann ein winziges Junges. Nashornweibchen bringen normalerweise nur alle vier Jahre ein Junges zur Welt. Kein Wunder, daß die echsenähnliche Tuatera so selten vorkommt: Sie braucht zwanzig Jahre bis zur Geschlechtsreife, und dann legt sie nur alle zwei Jahre ein Ei. Ihr Verhalten steht allerdings in eklatantem Widerspruch zu den meisten Reptilien.

Offenbar sind solche Tiere in ihrem Verhalten so programmiert, daß sie ihren Bestand wahren. Sie zeugen genug Nachkommen, um Ersatz für sich selbst zu schaffen und Verluste auszugleichen. Die meisten Nagetiere werden stark bejagt und sind sehr fruchtbar. Nur das gut bewehrte Stachelschweinweibchen paart sich bloß an einem Tag im Jahr und bekommt dann nur ein oder zwei Junge. Bei den Grizzlybären gibt es erst nach sieben oder acht Jahren Nachwuchs und danach normalerweise in einem Abstand von drei Jahren (Bunnell und Tart 1981, 79). Killerwale kalben nur alle fünf Jahre einmal. Die Laktationszeit geht normalerweise mit der Periode zwischen den Geburten einher – der Grindwal soll angeblich siebzehn Jahre lang gestillt werden (Kevles 1986, 136).

Vögel sollten die Größe ihres Geleges theoretisch an die Zahl von Jungen angleichen, die sie voraussichtlich zu ernähren imstande sind; tatsächlich scheinen sie auch nach diesem Prinzip zu verfahren. Nur könnten manche Vögel weitaus mehr Futter einfliegen und eine größere Nachkommenschaft aufziehen, als sie das üblicherweise tun. Tölpelweibchen legen in manchen Populationen nur ein einziges Ei, obwohl sie zwei oder drei Junge durchfüttern könnten wie die Tölpel anderer Kolonien und wie Ornithologen bewiesen haben, die ihnen zusätzliche Eier unterschoben (Maynard Smith 1978, 37). In den feuchtwarmen Tropen, wo die Sterblichkeit niedrig und reichlich Nahrung vorhanden ist, legen die Vögel im allgemeinen nur ein bis zwei Eier, und die Männchen haben es sich angewöhnt, ihre Familien zu vernachlässigen (Skutch 1987, 264).

Die Brut wird häufig durch den Konkurrenzkampf im Nest reduziert, obwohl im allgemeinen die wechselseitige Toleranz der Küken offenbar eine gewisse Überlebensgarantie darstellt. Bienenfresser füttern nur das zuerst geschlüpfte Junge. Die anderen werden zurückgestoßen und sind zum Hungertod verurteilt, wenn dem gefräßigen Nestältesten nicht etwas zustößt. Dabei stehen den Eltern zumeist Helfer zur Seite, und sie könnten wahrscheinlich problemlos etliche Küken großziehen. Bei einer Reihe ganz verschiedener Vogelordnungen – Silberreihern, einigen Spechten, Adlern, Eulen, Tölpeln und anderen – tötet das älteste Küken die jüngeren. Auch bei vielen anderen Arten, insbesondere bei Raubvögeln, hat ein zweites Küken keine Chance, unabhängig davon, ob das Futterangebot reichlich oder kärglich ist. Bestimmte Vögel – darunter Möwen, Seeschwalben, Störche, Enten, Eulen und Kraniche – fressen gelegentlich ihre eigenen Jungen.

Die recht geringe Bereitschaft von Kondoren zur Brutaufzucht bedroht ihren eigenen Fortbestand. Der Albatros beginnt mit der Fortpflanzung im sechsten, manchmal auch erst im zehnten Lebensjahr, obwohl er schon mit zwei Jahren voll ausgewachsen ist. Danach legt er wie die großen Geier jedes zweite Jahr lediglich ein Ei. Ein Pärchen zeugt im Jahresdurchschnitt 0,2 Junge. Die Weibchen des Schottischen Moorhuhns meiden Gebiete, in denen ihnen ein Partner über den Weg laufen und mit ihnen Nachkommen zeugen könnte. Das ließ die Spekulation zu, daß sie der Fortpflanzung entfliehen, um eine Überpopulation zu verhindern.

Die Zurückhaltung des Albatros im Sexualleben ist vermutlich darin begründet, daß die Jungen den gewaltigen Stürmen über dem Meer nicht standhalten (Mayr 1991), aber eigentlich wäre das schon eher ein Grund, mehr Junge aufzuziehen statt weniger. Maynard

Smith stellt die Hypothese auf, daß die Tölpel mit ihren Kleinfamilien vielleicht an einer Gewohnheit festhalten, die sich zu einer Zeit, als die Fische knapper und folglich die Versorgung einer zahlreicheren Nachkommenschaft schwieriger war, als zweckmäßig erwiesen hatte. Doch einige Untersuchungen erbrachten, daß die Gelegegröße nicht allein von den Futtermöglichkeiten, sondern auch von der Sterblichkeit, also von der Notwendigkeit, die Population zu erhalten, abhängig ist. Natürlich wäre es einleuchtend, daß Gene, die die Fortpflanzung eines Tieres regeln, bevorzugt vermehrt würden (Baldwin und Baldwin 1981, 3). Aber Evolution hat offenbar eher das Wohlergehen der Art zum Ziel, was dann mit Rücksicht auf die Existenzbedingungen in einer zahlenmäßigen Beschränkung mündet.

Tiere (z.B. Vögel) mit den höchsten Überlebensraten weisen meist die geringste Fruchtbarkeit auf (McFarland 1989), während sich die anfälligsten – oft sind es Beutetiere langlebiger Arten – am stärksten vermehren. Geburtenregelnde Vögel gehören zur langlebigen Gruppe; Albatrosse beispielsweise können ein Alter von vierzig Jahren erreichen, während Singvögel knapp vier Jahre leben. Folglich sollte es angesichts ungünstiger Umstände einen erbitterten Kampf ums Überleben geben, der dazu führt, daß der Stärkste solange weitermacht, wie sein physischer Zustand es ihm gestattet. Doch *Drosophila*-Züchter müssen oft feststellen, daß gerade die am sorgfältigsten ausgesuchten Arten trotz bester Pflege aussterben. Wenn sich bei Vögeln, Hasen, Mäusen und vielen anderen Tieren der Bestand in ihrem Territorium zusehends verdichtet, werden sie krank und steril und sterben unter Streß, selbst wenn Futter noch reichlich vorhanden ist (E. Wilson 1980, 42).

Unsere nächsten stammesgeschichtlichen Verwandten sind ebenfalls weit davon entfernt, sich so stark zu vermehren, wie es ihnen biologisch möglich wäre. Ein Orang-Utan- oder Gorillaweibchen, das sein Junges zu versorgen hat, wird vier, fünf Jahre oder sogar länger keinen Nachwuchs mehr zeugen. Ein Schimpansenweibchen wird mit zehn Jahren geschlechtsreif und bekommt dann in etwa alle fünfeinhalb Jahre Nachwuchs (wenn er vorzeitig stirbt, früher). Im Alter von einundzwanzig Jahren kann sie dreimal geboren haben, und nur wenige leben über diese Grenze hinaus. Desgleichen hatten unsere eigenen Vorfahren, die als Jäger und Sammler in einer relativ »natürlichen« Umgebung lebten, ihre Fruchtbarkeit entschieden eingeschränkt; sie hatten eine späte Pubertät (mit sechzehn oder siebzehn Jahren), danach waren sie in ihrer Jugend noch lange unfruchtbar; der erste Nachwuchs kam spät, die Stillzeit dauerte etliche Jahre; zwischen den Geburten lag ein Zeitraum von vier Jahren oder mehr, und das Klimakterium kam früh. Der Grund hierfür lag nicht in einer Nahrungsknappheit; die Erwachsenen brachten meistens nur zweieinhalb Tage in der Woche mit der Beschaffung von Nahrung zu (Lancaster und Lancaster 1983, 43).

Es gibt ein anderes, noch rätselhafteres Beispiel. Beim Studium der Populationsdynamik des in Amerika heimischen rosafarbenen Frauenschuhs, der Orchidee *Cypripedium caule*, stellte sich heraus, daß die meisten Pflanzen über Jahre hinweg keine Blüten trieben und neun Zehntel der Blüten keine Samen ansetzten; das ergab eine Fruchtbarkeitsrate von rund zwei Prozent. Der Grund dafür lag in der fehlenden Bestäubung; von Hand bestäubte Pflanzen erzeugten genügend Samen. Die Blüten werden in der freien Natur nicht bestäubt, weil ihre Schönheit »täuscht«: Sie haben keinen Nektar zu bieten und locken auch keine Insekten durch Duft herbei. Zu einer Bestäubung kommt es nur gelegentlich, wenn eine unerfahrene Biene, durch die Farbenpracht verführt, in die Blüte hineinstolpert. Die natürliche Auslese sollte in einem solchen Fall eigentlich unschwer Abhilfe schaffen: durch die Möglichkeit der Selbstbestäubung, durch das Angebot von Nektar oder durch eine Verschiebung der Blütezeit vom Frühjahr auf den Sommer, wenn mehr nahrungssuchende Insekten unterwegs sind. Eine Blüte, die ehedem ein Lockmittel für Bestäuber bereitstellte, mutierte offensichtlich nachteilig und stellte sich damit in Widerspruch zu jedem gängigen Verständnis von natürlicher Auslese. Der Frauenschuh verhält sich hierbei gar nicht ungewöhnlich; etwa 8000 Orchideenarten halten für ihre Bestäuber keine Belohnung bereit. Nur weniger als ein Zehntel ihrer Blüten produziert Samen, während Arten, die Nektar anzubieten haben, im allgemeinen viele Samen ausbilden. Die Frauenschuh-Orchideen überleben dennoch und gedeihen sogar – dank ihrer außerordentlich langen Lebensdauer. Doch die Evolution hat sich die kunstvollsten und komplexesten Blüten einfallen lassen, nur um deren eigentlichen Sinn schließlich ad absurdum zu führen. Die *Welwitschia*, die schon einmal als Gegenmodell zum Kaktus in einer Wüstenumgebung erwähnt wurde, kombiniert ebenfalls niedrige Fruchtbarkeit mit hoher Überlebenschance: Nur etwa 0,2 Prozent ihrer Samen sind keimfähig, doch die Pflanze kann tausend Jahre oder länger am Leben bleiben.

Noch ein anderes Problem muß bei der eingeschränkten Fruchtbarkeit bedacht werden. Wenn Organismen eine Vielzahl von Nachkommen zeugen, findet eine intensive Auslese statt. Das ermöglicht die Aussonderung von unzureichenden Mutationen. Außerdem erweitert eine zahlreiche Nachkommenschaft für geeignete Mutationen die Möglichkeit, sich durchzusetzen; für das Lebewesen bedeutet das, sich selbst zu verbessern oder sich an Umweltveränderungen anzupassen. So wirkt sich DDT beispielsweise für kleine Vögel kaum mehr als Beeinträchtigung aus, doch Adlern und anderen Großvögeln fällt es aufgrund ihrer geringen Fruchtbarkeit schwer, eine Resistenz zu entwickeln. Unter hervorragenden Bedingungen stellen sich mit Sicherheit untüchtige Mutationen ein, und zwar sehr häufig – beim Menschen eine oder mehrere pro Individuum jeder Generation. Bei einem Tier (oder einer Pflanze) mit geringer Vermehrung sind schädliche Mutationen schwer zu eliminieren, während es für das Auftauchen und für den Bestand positiver Mutationen kaum eine Chance gibt. Sollte die Anzahl der Jungen gerade ausreichen, die Eltern zu ersetzen, natürliche Verluste auszugleichen und eine stabile Population aufrechtzuerhalten, würde die Art sicherlich im gleichen Tempo wie die entstandenen Mutationen degenerieren und vermutlich aussterben.

Da sich die meisten Todesfälle mehr oder weniger zufällig ereignen und die Sterblichkeit unter den Jungen am höchsten ist, läßt die eingeschränkte Fruchtbarkeit bei Kondoren, Schimpansen oder frühzeitlichen Menschen der natürlichen Auslese wenig Spielraum. Zwar sind große Vögel anfälliger gegenüber Umweltveränderungen, doch ist nicht ersichtlich, daß sie auch weniger gut adaptiert sind als kleine, sich zahlreich vermehrende Vögel unter starkem Selektionsdruck.

Allgemein herrscht über die reproduktionsbeschränkenden Faktoren Unklarheit. Der Gedanke, daß Organismen zu einem möglichst großen Reproduktionserfolg tendieren, ist zwar logisch, doch keine Antwort auf die Fakten.

Stengel und Blätter verschiedener Orchideenarten sehen sich sehr ähnlich, doch ihre Blüten sind Kunstwerke der Phantasie. (Abb. Ernst Haeckel, *Kunstformen in der Natur*, Verlag des Bibliographischen Instituts, Leipzig und Wien, 1904).

Daß viele kleine, schnellwachsende Tiere sowie einjährige Pflanzen nach einem einzigen Fortpflanzungsakt sterben, ist nicht überraschend. Doch Kleinheit bedeutet nicht notwendigerweise ein kurzes Leben. Die Königinnen der Honigbienen, Ameisen und Termiten leben ungefähr genauso lang wie Hunde und Katzen – unter Umständen mehr als zwanzig Jahre (Hölldobler und Wilson 1990, 267). Die Kolonien vieler Wespen- und Ameisenarten sterben jedoch mit dem Tod der Königin sinnloserweise aus.

Eindrucksvoller ist der Tod größerer Tiere nach der Fortpflanzung; ein großer Körper ist eine große Investition. Jeder weiß, daß die Lachse nach dem Laichen verenden. Nicht daß die körperliche Substanz durch die Anstrengung aufgezehrt wäre; Männchen wie Weibchen sterben auch, wenn man sie füttert und beschützt (Kevles 1986, 65). Ihr Tod scheint mit einem hormonellen Ungleichgewicht der Hypophysenhormone in Zusammenhang zu stehen, und doch kann keine unabdingbare Notwendigkeit dahinterstecken, denn die nah verwandten Stahlkopfforellen führen ihre Wanderung zum Meer des öfteren durch. Sogar einige Lachse machen das Spiel mit dem Tod nicht mit. Die Königslachse erreichen ihre majestätische Größe, weil sie den Laichvorgang überleben, ins Meer zurückkehren und dort weiterwachsen. Die Bachforelle *(Trutta fario)* laicht in Bächen mehrmals; in Seen laicht dieselbe Art nur ein-, höchstens zweimal (Mayr 1967, 285). Die meisten Neunaugen haben den gleichen Lebenszyklus wie die Lachse – vom Bach zum Meer und zum Laichen und Sterben wieder zurück. Einige stellen mit Beginn der Geschlechtsreife das Fressen ein. Die Aale, die den umgekehrten Weg der Lachse gehen – vom Süßwasser ins Meer –, sterben ebenfalls nach dem Laichen in der Sargassosee. Bei den Tintenfischen *(Octopus)* hören Männchen wie Weibchen zu fressen auf, nachdem sie die Geschlechtsreife erlangt haben, und sterben nach der Fortpflanzung. Hierzu ist zu bemerken, daß die Oktopuspopulation (zumindest in hawaiischen Gewässern) nicht unter Futtermangel leidet.

Von einem ähnlichen Schicksal sind auch viele Säugetiere betroffen. So endet der Liebesrausch der Beutelmaus *(Antechinus)* schon nach einer Saison (Cockburn und Lee 1988, 43). Weibliche Spitzmäuse kommen auf einen, höchstens zwei Würfe, und ihre Lebenserwartung läßt sich zuweilen in Wochen berechnen. Viele Wühl-

und andere Mäuse, Taschenratten, Maulwürfe und sonstige Kleinsäuger werden nicht älter als ein oder maximal zwei Jahre und erleben lediglich eine Paarungszeit. Das Problem dabei ist nicht nur der schnelle Verschleiß der Eltern, sondern auch die schmale Überlappung der Generationen. So bleibt also nur eine kurze Lern- und Sozialisierungsphase, die für das Tier wichtig wäre, um mit einer feindlichen Umwelt zurechtzukommen.

Das kurze Leben und die hohe Fruchtbarkeit gehen Hand in Hand mit dem Druck von seiten der Beutejäger. Unter scharfer Verfolgung leidende Tiere wie Wühl- und andere Mäuse vermehren sich besonders stark und schnell. Da sie damit rechnen müssen, bei der nächstbesten Gelegenheit in die Falle zu geraten, macht es eigentlich wenig Sinn, wenn sie genetisch mit einem langen Leben ausgestattet werden. Dennoch ist es für das ausgewachsene Tier eigentlich stets von Vorteil zu überleben, um soviel Nachkommenschaft wie möglich zu hinterlassen, und es ist unklar, warum sich erhöhte Vitalität nicht mit Fruchtbarkeit in Einklang bringen läßt. Spitzmäusen und Maulwürfen, Kleintieren also, die nicht besonders verfolgt werden, ist ebenfalls nur ein kurzes Leben beschieden. Kurzlebigkeit geht in der Regel auch mit einer hohen Stoffwechselrate einher. Doch die kleinen Kolibris, die beinahe den höchsten Stoffwechsel in der Tierwelt aufweisen, können fünf Jahre alt werden. Das Opossum, ein mittelgroßes Tier mit niedrigem Stoffwechsel, erlebt aber im allgemeinen nur eine einzige Reproduktionsphase; vielleicht zehn Prozent kommen ein zweites Mal zur Paarung, zeigen aber dann schon Anzeichen von Senilität.

Wo Kälte- oder Trockenperioden dem Wachstum während eines Großteils des Jahres im Wege stehen, wachsen viele Pflanzen schnell, produzieren Samen und sterben. In diesem Kontext ist es weniger verständlich, daß manche langlebigen Pflanzen sich nur einmal vermehren. Ein Baum auf Jamaika treibt seine Blüten, die ihm den Namen »Stolz der Berge« eingetragen haben, nur ein einziges Mal (Huxley 1981). Ein tiefreichendes Wurzelgeflecht ist eine maßgebliche und nicht leicht zu erwerbende Existenzgrundlage in trockenem Klima; obwohl die Agave ein solches über viele Jahre hindurch ausbildet, überlebt sie normalerweise ihre erste Blüte nicht.

Noch mehr Rätsel wirft das Absterben des Bambus auf, das in einem ganzen Gebiet gleichzeitig nach der Blüte auftritt. Dieses Phänomen wird bei über hundert Arten beobachtet, darunter auch bei einer wirtschaftlich wichtigen Bambusart in Asien. Über diese Tatsache wurde viel geschrieben, als der Große Panda Südchinas vom Hungertod bedroht war, nachdem die Bambuspflanzen, von denen er sich ernährt, in den siebziger Jahren aussamten und starben.

Etliche Arten blühen im Abstand von vielen Jahren, oft liegen fünfzehn bis sechzig Jahre zwischen den Blütezeiten. Manche legen eine Pause von hundert Jahren oder mehr ein; *Phyllostachus bambusoides* hat einen Blütezyklus von hundertzwanzig Jahren. Die Pflanze stirbt dann an Erschöpfung, so daß die neuen Sämlinge unter freiem Himmel gedeihen können (Janzen 1976, 347ff.). Einige Bambusarten blühen dennoch mehr oder weniger kontinuierlich (oft ohne Samenproduktion), wobei sie sich durch Schößlinge oder Wurzeltriebe verbreiten. Gärtner brauchen eigentlich kaum zu befürchten, daß ihre Bambusstöcke nach der Blüte sterben; bei den häufigsten kultivierten Arten wurde niemals ein solches Verhalten beobachtet.

Die Bambuspflanzen halten sich nicht ausnahmslos an eine strenge Regel, doch Millionen oder Milliarden von Pflanzen blühen nach einer sehr langen Pause immer gemeinsam. Ein Ableger mit einem eigenen Wurzelstock macht im selben Rhythmus weiter, den er von der Mutterpflanze übernommen hat; die kleinen Pflanzen halten sich an die Vorgabe der Großen. Die zeitliche Koordination scheint von der Länge des Tages abhängig zu sein, denn Bambuspflanzen in der Nähe des Äquators haben keine gemeinsamen Blütezeiten. Durch geringe Verlängerung der Lichtphase läßt sich die Blüteperiode offenbar kaum verlängern; Verdoppelungen oder Halbierungen der Rhythmen sind indes anscheinend möglich (Janzen 1976, 372). Der Versuch, die Periode um weniger als die Hälfte zu verlängern, würde bewirken, daß eine oder mehrere Pflanzen einen bedenklichen Alleingang des Blüteprozesses starteten. Doch wie oder warum die Uhr bei halber Geschwindigkeit zu ticken anfängt, ist ein Rätsel.

Als Grund für die Verzögerungstaktik bei zeitgleicher Blüte wird die Befriedigung der Samenfresser – vorzugsweise Vögel und Nagetiere – angenommen. Diese Notwendigkeit wird aber zum Teil schon durch die Tatsache widerlegt, daß die Ernte so lange dauert, daß kleine Nager sich vermehren und Vögel sich in großen Schwärmen am Ort des Nahrungsüberflusses einfinden können. Es mag ja für den Bambus sinnvoll sein, Speicher für eine großangelegte

Samenproduktion aufzubauen, doch für diesen Zweck sollten eigentlich weitaus weniger als sechzig Jahre genügen. Es hat auch Nachteile, eine riesige Menge Samen auf einmal abzuwerfen: Die Schößlinge besetzen dann unter Umständen jeden verfügbaren Flecken und ersticken sich gegenseitig; manchmal ist der Boden in verschwenderischer Weise zentimeterhoch mit Samen bedeckt.

Warum ist der Bambus nach der Blüte zum Sterben verurteilt? Es liegt nicht einfach an der Erschöpfung, denn dann würde er sofort verwelken. Er kann aber noch ein oder zwei Jahre am Leben bleiben. Wenn er länger überdauert, vermag er sogar wieder zu Kräften zu kommen. Das Absterben bedeutet den Verlust einer großen Menge an struktureller Materie und Wurzelsystemen, die die Fähigkeit besitzen, sich weiter auszubreiten. Die kleinen Pflanzen, die nun aus den Samen keimen, müssen ganz von vorne anfangen, während die Konkurrenzvegetation gedeiht.

Welchen Vorteil das System auch haben mag, die langperiodischen Bambuspflanzen sind jedenfalls außerordentlich erfolgreich; in weiten Gebieten Südost- und Ostasiens bilden sie die vorherrschende Vegetation. Einige andere subtropische Pflanzen verhalten sich ähnlich. Die Blüteperioden des südasiatischen Strauchs *Strobilanthes* und der Palme *Corypha umbracilifera* liegen zwischen drei und sechzehn Jahren beziehungsweise zwischen siebenunddreißig und vierundvierzig Jahren; danach sterben sie ab (Janzen 1976, 379ff.).

Die Verschiedenheiten der Lebewesen sind offensichtlich größtenteils nicht direkt adaptiv. Ein Teil der Erklärung hierfür mag in einer indirekten Adaptation der Merkmale liegen: Gene haben mehrfache Wirkungen (Pleiotropie), und ein wertvolles Merkmal zeitigt vermutlich neutrale oder sogar negative Nebenwirkungen. Das Gen, das Siamkatzen weiß macht, läßt sie auch schielen. Die Erklärung, daß Merkmale vermutlich untereinander eine Verbindung aufweisen, hat logischerweise die Schwäche, daß sie für alles hergenommen werden kann. Anstatt zu fragen, auf welche Weise ein Merkmal zum Reproduktionserfolg beiträgt, stellen wir nur noch die abstrusere Frage, warum es mit wichtigeren Merkmalen in Verbindung steht oder warum Reproduktion oft einen anscheinend unnötigen Tod zur Folge hat.

Kurz zusammengefaßt: Die Verbindung zwischen Adaptation und Umwelt ist locker. Tiere und Pflanzen haben ihre eigene Dynamik, ihre eigenen Lebensziele, Beschränkungen und Entwicklungsmöglichkeiten. Sie beziehen diese aus der Gesamtheit ihres Wesens, das sich durch Zufälle ebenso wie durch Notwendigkeiten in vielen Jahrmillionen herausgebildet hat.

Auch wenn sich eine einfache und logische Erklärung für evolutionäre Vorgänge anbietet (»Geparde haben sich durch natürliche Auslese zum schnellen Jagen entwickelt«), ist sie lediglich eine mehr oder weniger einleuchtende Hypothese. Nur mit Hilfe einer Zeitmaschine, mit der wir die Entwicklungsgeschichte der Adaptation nachvollziehen könnten, ließe sich die Hypothese bestätigen oder als falsch belegen.

6. Kapitel

Das Problem der Sexualität

Die Rolle der Sexualität

Auf den ersten Blick ist der Nutzen der Sexualität nicht klar erkennbar, denn es widerspricht dem Grundprinzip der Selbstvermehrung, einen Satz Gene von einem anderen Organismus anzunehmen oder anzufordern. Sexuelle Reproduktion bedeutet einen großen Aufwand und Komplikationen. Viele Tiere und Pflanzen verzichten darauf, andererseits ist die Sexualität für Vögel und Säuger unentbehrlich. Für den evolutionären Fortschritt scheint sie essentiell zu sein.

Bei Bakterien kann man bisweilen einen sexähnlichen Prozeß oder eine Konjugation beobachten: Ein Spender übergibt seine DNS teilweise oder als Ganzes an einen Empfänger, der sie seinem eigenen Erbgut einfügt, dieses dann verdoppelt und die eine Hälfte wieder weitergibt. Der Empfänger kann seinerseits zum Spender werden. Dieses Prinzip entstand möglicherweise, um die DNS zu reparieren, als es keine schützende Ozonschicht gab (Margulis und Sagan 1986, 35 f., 49). Wenn dem so ist, bleibt unklar, warum sich diese Technik, die dem Gedanken des »egoistischen Gens« zuwiderläuft, erhalten hat.

Sexualität impliziert üblicherweise Meiose, den Prozeß, bei dem sich der für Eukaryonten normale doppelte (diploide) Chromosomensatz aufspaltet und haploide Geschlechtszellen bildet, die sich vereinigen, um ein neues diploides Individuum hervorzubringen. Dieser komplexe Vorgang entstand offensichtlich bei den frühen einzelligen Eukaryonten. Möglicherweise ist er mit der bakteriellen Konjugation verwandt.

Einzeller weisen eine große Vielfalt an sexuellem oder sexähnlichem Verhalten auf. Sie sind alle zur asexuellen Fortpflanzung fähig, doch bei den meisten Arten vereinigen sich die Individuen von Zeit zu Zeit, manchmal auf sehr komplexe Weise. Bei vielen läuft ein Prozeß (Autogamie) ab, der zur Neubildung des Kerns ohne Zellvereinigung oder -teilung führt. Für Einzeller ist Sexualität unabhängig von der Fortpflanzung; entscheidend ist die Umstrukturierung des Kerns, nicht die Erhöhung der Zahl. Dabei kann es mehrere Kerne geben. Manche Spezies haben verschiedene Paarungstypen, wobei jede mit einer anderen konjugiert werden kann (Fenchel 1987, 7; Sleigh 1989, 84f.). Wenn die Trompetentierchen unter den Ciliaten *(Stentor)* der sexuellen Versuchung erliegen, sterben beide Partner (Margulis und Sagan 1986, 220).

Bei vielzelligen Lebewesen bilden die Individuen eines Geschlechts kleine Zellen, Spermatozoen, die eine viel größere Eizelle, das »Ovum«, befruchten; das ist die Definition für männlich und weiblich. Man nimmt an, daß ein solcher Prozeß für die Evolution der Zelldifferenzierung und der Vielzelligkeit notwendig war. Er taucht bei allen Tierstämmen auf und ist bei den höher entwickelten Klassen am meisten verbreitet und hier auch besonders notwendig. Viele Wirbellose pflanzen sich zeitweise oder die meiste Zeit ungeschlechtlich fort. Rädertierchen, kleine Wasserbewohner mit Cilienkleid, sind meistens geschlechtslos, ebenso viele Würmer und andere verhältnismäßig einfache Lebewesen. Manche Plattwürmer *(Planaria)* verbreiten sich nur durch Spaltung oder Knospung. Quallen und andere Nesseltiere reproduzieren sich sowohl durch asexuelle Knospung als auch auf sexuelle Art.

Mehrere Insekten, zum Beispiel die Blattläuse, durchlaufen erst eine Reihe von asexuellen Generationen, ehe sie für eine sexuelle Phase Männchen zeugen. Ein geflügeltes Weibchen fliegt dabei üblicherweise im Herbst zu einer neuen Pflanze und schenkt winzigen, halb ausgewachsenen Männchen und Weibchen das Leben. Diese paaren sich und legen Eier, aus denen im Frühling eine neue Generation schlüpft. Diese zeugt größere, flügellose Tiere, die sich während des Sommers ungeschlechtlich fortpflanzen und im Herbst geflügelte Weibchen hervorbringen, die dann neue Kolonien aufbauen. Einige Blattlausarten vermehren sich, wie auch bestimmte Käfer und manche Hautflügler, vollkommen parthenogenetisch, d. h., sie zeugen keine Männchen. Etwa 30 Echsenarten, einschließlich 15 der 45 Spezies von Rennechsen *(Cnemidophorus)*, sind eingeschlechtlich. Eine kleine Schlange *(Rhamphotyphlops bramius)*, die zu den Bodenwühlern gehört, pflanzt sich ebenfalls parthenogenetisch fort.

Alle asexuellen höheren Lebewesen haben sich jedoch aus sexuellen Vorgängern entwickelt. Die eingeschlechtlichen Echsen beispielsweise sind eng mit den konventionell geschlechtlichen Echsen verwandt; sie haben sich wahrscheinlich durch Hybridisierung getrennt entwickelt. Einige von ihnen brauchen ein Paarungsritual, um Eier zu legen; am Anfang ihres Zyklus verhalten sich die Weibchen wie Männchen und führen Kopulationsbewegungen aus. Das parthenogenetische Weibchen des Amazonas-Zahnkarpfen *(Mollienesia formosa)* benötigt eine Stimulation durch Samen zum Eierlegen; daher lockt es Männchen einer verwandten Art zur »Paarung« an (Forsyth 1987).

Viele Tiere, so Regenwürmer und Schnecken, sind Hermaphroditen, d. h. Weibchen und Männchen zugleich. Hermaphroditen sind manchmal auch Selbstbefruchter, beispielsweise eine Wurmspezies (*Diplozoon*, das Doppeltier), bei der sich Männchen und Weibchen zu einem einzigen Organismus vereinigen.

Das Geschlecht ist normalerweise genetisch festgelegt, wobei das eine ein Paar ungleiche Chromosomen hat. Bei den Wirbellosen hat im allgemeinen das Männchen das unterschiedliche Chromosom, bei den Vertebraten variiert es. So hat das Männchen bei den Säugern ein X- und ein Y-Chromosom, das Weibchen ein Paar X-Chromosomen. Bei Vögeln ist es umgekehrt. Selbst innerhalb abgegrenzter taxonomischer Gruppen herrscht dabei keine Einheitlichkeit. Bei manchen Fliegen zum Beispiel hat das Männchen, bei anderen das Weibchen das andersartige Chromosom. Theoretisch könnte der Wechsel dadurch zustande kommen, daß ein neuer Faktor auftaucht, der das bis dahin bestimmende Chromosom dominiert.

Bei verschiedenen Insektenordnungen und einigen Rädertierchen ist das Männchen haploid und hat einen einzigen Chromosomensatz, während das Weibchen diploid ist. Haplodiploidie hat möglicherweise den Vorteil der Aussonderung schädlicher, nicht durch Heterozygotie geschützter Gene (Mayr 1967); doch dieser Vorteil sollte es eigentlich unmöglich machen, daß sich die Haplodiploidie entwickelt: Die Mutation zu männlicher Haploidie würde den schädlichen Genen zum Durchbruch verhelfen. Doch sie ist mindestens ein dutzendmal eingetreten, bei Wirbeltieren ist sie allerdings nicht bekannt. Irgend etwas in der Ausstattung des Wirbeltiergenoms muß diesen Typus sexueller Determinierung ausschließen.

Eine völlig ungeklärte Rolle bei der Festlegung des Geschlechts spielt die Umwelt. Bei einigen Echsen, den meisten Schildkröten und allen Krokodilen bestimmt die Umgebungstemperatur während der Entwicklung das Geschlecht. Niedrige Temperaturen bringen bei Krokodilen und bestimmten Schildkröten Männchen, höhere Weibchen hervor; bei Echsen, Alligatoren und anderen Schildkröten ist es umgekehrt. Obwohl sich die Temperatur naturgemäß immer wieder der Grenze des einen und anderen Geschlechts nähert, gibt es nur selten Intersex.

Wie Schildkröten dazu kommen, das Geschlecht ihrer Nachkommen dem Wetter zu überlassen, ist ein Rätsel. Um den Übergang von der genotypischen zur phänotypischen Geschlechtsbestimmung zu vollziehen, müßten einige Weibchen bei bestimmten Temperaturen zu Männchen werden – was ebenso unwahrscheinlich wie ohne ersichtlichen Vorteil für das Individuum oder die Art ist (Bull 1987, 109). J. Bull, ein führender Wissenschaftler auf diesem Gebiet, glaubt, daß die Geschlechtsbestimmung durch die Temperatur bei Reptilien ein uralter Vorgang ist, während die chromosomale Festlegung des Geschlechts neueren Datums ist und sich bei den Familien, in denen sie vorkommt, getrennt entwickelt hat.

Auch bei einigen Fischen und zahlreichen Wirbellosen bestimmt die Temperatur im frühen Entwicklungsstadium oder andere Umweltbedingungen das Geschlecht – alleine oder in Verbindung mit der chromosomalen Bestimmung. Der Faktor Umwelt kann den genetischen überstimmen. Die Individuen vieler Fisch- und Krebstierarten wechseln in ihrem Leben ein oder mehrere Male das Geschlecht. Alle Angehörigen eines Schwarms blauköpfiger Lippfische sind Weibchen mit Ausnahme des männlichen Anführers. Verschwindet er, wechselt das dominante Weibchen innerhalb von Stunden sein Geschlecht. Kehrt der frühere Anführer zurück, nimmt es abermals seinen Weibchenstatus ein (Kevles 1986, 70f.). Auch Froschweibchen können in einer überwiegend weiblichen Population zu Männchen werden.

In derartigen Fällen scheint die umweltbedingte Festlegung des Geschlechts adaptiv. Bei einem Überhang des weiblichen Geschlechts gewinnt ein Individuum an Geltung, indem es zum Männchen wird. Die Geschlechtsbestimmung des Nachwuchses jedoch dem Wetter zu überlassen, zeitigt keine erkennbaren Vorteile. Ein ungewöhnlicher Kälteeinbruch oder eine Hitzeperiode würden ein Ungleichgewicht hervorrufen; außerdem ist zur Vermeidung von Intersex eine präzise Abgrenzung nötig.

Die Rolle des Geschlechts oder der Bestäubung bei den blühenden Pflanzen ist recht unterschiedlich. Viele von ihnen sind auf Befruchtung angewiesen; einige, wie beispielsweise die Orchideen, unternehmen die größten Anstrengungen und treiben phantastische Blüten, um eine Kreuzbefruchtung sicherzustellen. Die meisten Pflanzen vereinigen männliche und weibliche Organe in sich, häufig sogar in derselben Blüte, doch viele Arten kennen getrennte männliche und weibliche Individuen. Einige Pflanzen treiben eine bestimmte Art von Blüten zur Kreuzbestäubung und eine andere zur Selbstbestäubung. Andere sind ausschließlich oder zeitweise Selbstbefruchter. Viele vermehren sich vegetativ durch Ausläufer oder dergleichen, obwohl sie auch Samen haben. Dazu gehören der Bambus und andere Gräser, wahrscheinlich alle Wasserpflanzen und bestimmte Bäume wie die Espen. Der Knoblauch treibt kleine Knollen am Stengel anstelle von Samen.

Viele höhere Pflanzen sind geschlechtslos. Löwenzahn, Habichtskraut, Brombeeren und verschiedene andere Gattungen bilden Samen ohne jeden geschlechtlichen Prozeß. Einige haben, wie der Löwenzahn, auffällige Blüten behalten, die auch Nektar und Pollen anbieten. Bei anderen wird der Blütenstaub als Auslöser für die Samenproduktion benötigt, obwohl er keine genetische Funktion erfüllt.

Es widerspricht eigentlich jeder Logik, daß in den artenreichen tropischen Wäldern, in denen Pflanzen derselben Art oft sehr weit voneinander entfernt sind, die Pflanzen eher diözisch sind (weibliche und männliche Pflanzen getrennt) als in den gemäßigten Regionen, wo es weniger Arten gibt und die Partnerpflanzen dichter beisammen stehen.

Einige Pflanzen haben sich außerordentlich spezialisiert. Eine Orchidee spiegelt zum Beispiel vor, eine weibliche Hummel zu sein, um die Hummelmännchen zu einem Kopulationsversuch zu verleiten, obwohl diese mit der Zeit lernen, die Täuschung zu bemerken. Diese Spezialisation birgt die Gefahr der Abhängigkeit von einem oder wenigen Pollenträgern in sich (Ghiselin 1974, 44). Es wäre bestimmt viel einfacher, ein wenig Nektar bereitzustellen. Dennoch scheinen viele Orchideen nicht davon abhängig zu sein, ob sie auf diese Weise bestäubt werden oder nicht.

Verwirrend sind auch verschiedene Blütenformen an ein und derselben Pflanzenart (Heterostylie). Viele Arten präsentieren zwei oder drei Blütenformen, die sich hauptsächlich in der Länge von

Stempel und Blütengefäß unterscheiden, wie bei der Primel *(Primula)*. Sie sind so aufeinander abgestimmt, daß sie den Blütenstaub an verschiedenen Stellen eines Insektenkörpers abladen und beim nächsten Blütenbesuch davon aufnehmen können. Darwin beschrieb dieses Phänomen in einem seiner letzten Werke, *Verschiedene Formen von Blüten auf Pflanzen der gleichen Species*. Er kam zu dem Ergebnis, daß die Befruchtung einer Blüte durch Pollen eines anderen Typus einen normalen Samen erzeugte, die Befruchtung mit demselben Typus aber zu partieller oder vollständiger Sterilität führte. So gibt es nicht nur zwei Geschlechter (in derselben Pflanze vereinigt), sondern zwei (oder drei) Paarungsklassen; von den Keimlingen entfallen dann auf jede Klasse etwa gleichviel. Darwin behandelte die Heterostylie im Sinne von Kreuzungen zwischen Populationen *(outbreeding)*. Die natürliche Auslese kam dabei nur als Schlußfolgerung in Betracht, doch er war sich der Schwierigkeit bewußt, natürliche Auslese für die Sterilität zu postulieren.

Selbststerilität und obligatorisches Outbreeding wären nur von Vorteil, wenn die Art durch viele rezessive, negative Gene belastet wäre; aber selbstbefruchtende Pflanzen eliminieren negative Gene bei der Verdoppelung. Der Aufbau von verschiedenen Blütenformen mit entsprechenden Sterilitätsbarrieren ist genetisch kompliziert, und doch taucht die Distylie in 25 Familien auf, in etwa 18 davon unabhängig (nach Angaben von Robert Ornduff). Die Tristylie, die ganz komplexe Fertilitäts- und Sterilitätsbeziehungen unter den drei Blütenformen aufweisen kann, scheint noch schwerer erreichbar. Trotzdem kommt sie in drei weit voneinander getrennten Familien vor. Der Aufbau mutet aufwendig an, denn mehr als die Hälfte der Nachbarn von heterostylen Pflanzen sind ungeeignete Partner. Was auch immer die Gründe für das Erscheinen des Merkmals gewesen sein mögen, es zeigt jedenfalls eine häufige Neigung, bei reduzierter Selbstunverträglichkeit zu versagen.

Sexualverhalten

Der eigentlich simple Akt der Spermaübertragung zur Befruchtung ist mit unzähligen Komplikationen verbunden. So überträgt das Schlankjungfermännchen – anstatt wie die große Mehrzahl der Insekten einfach zu kopulieren – sein Sperma zu einem Spezialorgan auf der Unterseite des Thorax, von dem es dann an das Weibchen weitergereicht wird. Das erfordert nicht nur einen speziellen Auffangbehälter am Thorax, sondern auch eine besondere Haltevorrichtung, um den Hals des Weibchens zu packen, einen Apparat, der von Spezies zu Spezies deutlich variiert, in der Natur aber ohnegleichen ist. Gegenüber der direkteren Methode bietet er im übrigen keine augenscheinlichen Vorteile (Cloudsley-Thompson 1988, 71). Ein vieräugiger Fisch *(Anableps)* verfügt über ein seitliches Geschlechtsorgan – manchmal rechts, manchmal links – so daß sich ein rechtsseitiges Männchen nur mit einem linksseitigen Weibchen zusammentun kann (Kevles 1986, 79).

Das sexuelle Verhalten ist äußerst unterschiedlich. Die Männchen eines bestimmten Salamanders *(Ambystoma)* benehmen sich in diesem Punkt so, wie es sich für Amphibien gehört; nach dem Balzspiel legt das Männchen seine Spermatophore (den Samenträger) am Boden ab, und das Weibchen nimmt sie auf. Bei einer nahverwandten Art aber legt eine Gruppe von Männchen ihre Samenträger in verschiedenen Abständen ab und wetteifert dann untereinander darum, die Weibchen dorthin zu locken. Die meisten Vögel sind monogam; ein verwitwetes Schwanenweibchen oder -männchen erkennt keinen neuen Partner mehr an. Andere widmen sich der Vielweiberei und Vielmännerei, oder sie verhalten sich mehr oder weniger promiskuitiv wie die meisten Tierordnungen. Die Weibchen suchen sich häufig mehrere Partner – eine erstrebenswerte Einstellung, denn sie garantiert die Befruchtung und erhöht die Chancen des Nachwuchses durch größere Variation. Die alte Annahme, eine Bienenkönigin werde auf ihrem Hochzeitsflug nur von einem einzigen Drohnen begattet, muß revidiert werden. Neue Beobachtungen und eine genetische Kontrolle der Nachkommen haben eindeutig erwiesen, daß die junge Königin schon beim ersten Hochzeitsflug von mehreren Drohnen begattet wird. Sie fliegt sogar mehrmals zu einem Hochzeitsflug aus – bis zu siebzehnmal wird sie dabei begattet!

Viele Fische und Gliederfüßer konstruieren oder akzeptieren eine Art Vaginaltampon, vergleichbar mit einem Keuschheitsgürtel, und entwickeln damit Strukturen, um eine zweite Paarung zu verhindern (Kevles 1986, 106, 109). Das ist ein Verhalten, das vom sog. egoistischen Gen programmiert ist. Einige Säugetiere – beispielsweise Insektenfresser und Streifenhörnchen – praktizieren diese Methode ebenfalls.

Bei einigen Sonnenfischen gibt es in einem bestimmten Gebiet neben großen Männchen, die sich Weibchen zu reservieren versuchen, auch kleine Männchen mit weiblicher Zeichnung. Diese pirschen sich heran und befruchten die Eier, wenn sich eine günstige Gelegenheit bietet. Andere Fische, die Zahnkarpfen zum Beispiel, haben ebenfalls zwei Kategorien von Männchen. Bei bestimmten Tieren mit ausgeprägter männlicher Dominanz scheint es üblich zu sein, eine günstige Gelegenheit abzuwarten, um dem Machthaber das Vaterschaftsrecht abzutrotzen. Diese Strategie ist bei den Salamandern ebenso verbreitet wie bei einigen Vögeln, Bergschafen und Hyänen (Alcock 1989, 406, 411 f.).

Viele an Land lebende Gliederfüßer schnüren Spermapäckchen, die das Männchen, oft unter vielen Verrenkungen und Verführungskünsten, dem Weibchen zugänglich macht. Spinnentiere (Spinnen, Skorpione und andere), an Land lebende Krebstiere und einige Insekten beherrschen die verschiedensten Varianten dieser Prozedur. Ein Spinnenmännchen sondert Samenflüssigkeit in ein eigens dafür verfertigtes, kleines Netz ab und zieht das Knäuel dann in spezielle Organe an seinen Scherentastern, die er in die Genitalöffnung des Weibchens einführt. Findet eine Tausendfüßlerin *(Scutigerella)* einen der Samenträger, die das Männchen in der Gegend verstreut hat, nimmt sie ihn in ihren Mund und bewahrt ihn in einer Backentasche auf. Sobald sie ein Ei hervorbringt, legt sie es an einem geeigneten Ort ab und bestreicht es mit dem Sperma aus ihrem Mund.

Viele Insekten (wie die Fruchtfliegen) führen Hochzeitstänze auf, rufen ihre Partner mit einem Werbegesang (wie die Heuschrekken) oder verständigen sich über optische Signale (wie die Glühwürmchen). Zu den eher exzentrischen Sexualkünstlern zählen die Skorpionsfliegen, deren Männchen drei verschiedene Strategien anwenden: Sie legen ein Futterdepot an – z. B. ein totes Insekt – und schmeicheln sich damit bei dem Weibchen ein; sie bestreichen ein Blatt mit ihrem Speichel, den die Partnerin ablecken darf; und sie zwingen sie einfach zur Kopulation, was nach Ansicht der Ethologen beinahe schon einer Vergewaltigung gleicht. Entdeckt ein Männchen einen Mitbewerber, der gerade ein Geschenk mit sich führt, so geht es unter der Vorspiegelung, ein Weibchen zu sein, auf ihn zu, um ihm das Präsent streitig zu machen.

Einige Männchen haben sogar Mittel und Wege gefunden, den Samen eines erfolgreichen Vorgängers wieder zu entfernen. Männliche Schlankjungfern haben zu diesem Zweck ebenso Vorrichtungen entwickelt wie Haie und einige Vögel. Die männlichen Schlankjungfern haben dazu eine Art Scheuerbürste an ihrem Penis, die Haimännchen ein Rohr, um die Partnerin mit Meerwasser zu »spülen« (Alcock [4] 1989, 418 f.).

Das Liebesspiel des Wanzenmännchens grenzt an Perversion. Anstatt sein Sperma in einen Gang zu applizieren, der zu den weiblichen Geschlechtsorganen führt, bohrt es dem Weibchen ein Loch in den Bauchpanzer. Der Samen kommt in die Körperhöhle, wandert ins Herz und verteilt sich im Weibchen. Bei einigen Arten sticht das Wanzenmännchen das Weibchen mehr oder weniger willkürlich, so daß jeder Sexualakt bei dem Weibchen eine deutliche Narbe hinterläßt. Bei anderen Arten haben die Weibchen Bereiche am Unterkörper, die zur Perforation vorgesehen sind. Die Samenflüssigkeit gelangt über Gewebegänge zu den Eierstöcken. Das Ganze bildet ein neues System von Geschlechtsorganen, das in abgewandelter Form die alte Prozedur wieder aufgreift (Eberhard 1985, 95). Bei einigen Wanzenarten, die das Blut von Fledermäusen *(Afrocimex)* saugen, haben auch die Männchen Perforationspunkte wie die Weibchen und animieren auf diese Weise zum gleichgeschlechtlichen Verkehr. Ihre Ausstattung zum Empfang von Stichen ist sogar weiter entwickelt als bei den Weibchen. Bei einer Gattung *(Xylocoris)* klettert das Männchen auf seine Partnerin und wartet dort, bis ein Geschlechtsgenosse kommt, um sich mit ihm zu begatten (Lloyd 1979, 17 ff.).

Die Tendenz, das Ziel zu verfehlen, konnte bei normal kopulierenden Wanzen kaum durch natürliche Auslese zustande gekommen sein. Überdies erfordert die Injektionsbefruchtung eine Veränderung des Geschlechtsapparates bei Männchen und Weibchen. Man stellte die Hypothese auf, daß die Nahrungsaufnahme bei diesem Vorgang wegweisend gewesen sei, da sie auch zur Ernährung des Nachwuchses beitrug. Doch dann hätte es auch genügt, die Samenflüssigkeit auf normalem Weg zu übertragen. Das Weibchen benötigt zum Legeprozeß in jedem Fall eine Portion Blut; der Gewinn, den ihr der Samen brächte, wäre nebensächlich. Beobachtungen ergaben, daß das Weibchen keinen Vorteil davon hat, vielmehr an der Verwundung zugrunde gehen kann (Eberhard 1985, 98 f.). Und doch entwickelte sich diese Art der Besamung wahrscheinlich mehrere Male unabhängig voneinander, weil die Position der rezeptiven Stellen stark variiert.

Die Launenhaftigkeit der Natur auf sexuellem Gebiet zeigt sich auch bei der Vielgestaltigkeit der jeweiligen Genitalien. William Eberhard schreibt: »Bei vielen Arten sind die Genitalien der strukturell komplexeste Organismus des gesamten Körpers; bei manchen sind sie auch unwahrscheinlich groß, bei den Fadenwürmern und Fliegen zum Beispiel, deren Penetrationsorgane die Länge ihres übrigen Körpers übertreffen« (Eberhard 1985, 12f.). Die männliche Spinne *Tidarren fordum* hat derart unmäßig vergrößerte Scherentaster (zur Samenübertragung), daß sie einen davon bei Erlangung der Geschlechtsreife abbricht (Eberhard 1985, 74). Ganz unterschiedlich sind die Spermien der Insekten, sogar innerhalb derselben Gattung; manche sind für zelluläre Maßstäbe geradezu riesig, gut einen halben Zentimeter lang (Sander 1983, 154f.).

Die Sexualorgane, insbesondere die männlichen, sind die charakteristischsten anatomischen Details vieler Wirbellosen- und einiger Wirbeltiergattungen. Für die Taxonomen sind sie die äußeren Unterscheidungsmerkmale ähnlicher Spezies. Das widerspricht dem, was man von der natürlichen Auslese erwartet, nämlich die Arten aufgrund ihrer adaptiven Merkmale unterscheiden zu können. Aber viele ansonsten nicht voneinander zu unterscheidende Spezies lassen sich anhand von völlig andersartigen Organen identifizieren, die ein und dieselbe einfache Funktion ausüben: die Übertragung von Sperma. Als Beispiel dafür können die nahezu tausend Arten umfassenden Drosophiliden Hawaiis gelten. Trotz einer breiten Palette an Lebensformen entfällt der weitaus größte Teil der interspezifischen Unterschiede auf das Werbungs- und Paarungsverhalten. Männchen unterscheiden sich dabei zuweilen sehr grundlegend, während bei Weibchen mehr Übereinstimmungen festzustellen sind.

Die allgemeine Erklärung dafür ist, daß die sexuellen Eigentümlichkeiten als Barriere gegen untaugliche Kreuzpaarungen wirken. Nach William G. Eberhards Ansicht ist alles eine Frage der weiblichen Auswahl; an ihr liegt es, ob die Befruchtung effektiv ist oder nicht. Diese Theorie wird durch die Tatsache gestützt, daß sich der Variantenreichtum in den männlichen Stimulierungskünsten artikuliert, was nicht nur die Genitalien, sondern auch die Samenträger mit einschließt. In einer Reihe von Familien, in denen die Werbung komplex und die Arten sehr spezifisch sind, findet man ganz einfache Genitalien (Eberhard 1985, 22).

Dennoch bleibt unklar, was durch eine Differenzierung gewonnen wird, die über die notwendige Sicherstellung hinausgeht, den Partner von der richtigen Spezies zu finden. Außerdem: Wenn das Signal – irgendein Detail des männlichen Balzverhaltens gegenüber dem Weibchen – für die Fortpflanzung wesentlich ist, sollte es möglichst stabil sein. Eine mutative Veränderung würde die Reproduktion gefährden.

Die Frage bleibt offen, ob die Arten Barrieren aufbauen, um schädliche Kreuzungen zu verhindern, oder ob die Barrieren die Trennung der Arten bewirken. Die zweite Annahme scheint sich schon dadurch zu bestätigen, daß Weibchen verschiedener Arten unter Umständen morphologisch schwer oder gar nicht zu unterscheiden sind und die gleichen oder sehr ähnliche ökologische Nischen bewohnen können. So besucht etwa ein halbes Dutzend Arten der hawaiischen *Drosophila* ein und dieselbe Blume. Aber es dürfte für ein Weibchen kaum von Vorteil sein, eine besondere Krümmung der männlichen Hinterbeine zu bevorzugen, oder für das Männchen, eine solche Krümmung zu haben, wenn es nicht erwiesen ist, daß das Weibchen diese entschieden bevorzugt.

Signifikant scheint jedenfalls, daß sowohl verschiedengeschlechtliche (in Zeiten der Unfruchtbarkeit) als auch gleichgeschlechtliche höhere Lebewesen (Männchen wie Weibchen) auch nichtreproduktive Sexualität aufweisen. In diesem Zusammenhang sind die imitierten äußeren männlichen Geschlechtsteile der weiblichen Flekkenhyäne interessant. Wenn nicht gerade die Zitzen angeschwollen sind, lassen sich die Geschlechter äußerlich kaum unterscheiden. Die Sexualorgane fallen besonders bei Begrüßungszeremonien auf, beide Geschlechter haben dabei Erektionen. Ob das Weibchen seine maskuline Ausstattung zu diesem Zweck besitzt, ist unklar. Es hat jedenfalls einen hohen Anteil an dem männlichen Hormon Testosteron, was es befähigt, größer und stärker als das Männchen zu werden. Das Weibchen bewacht das Gelände, führt bei der Jagd, beansprucht seine Privilegien beim Fressen und bei der Auswahl der Ruheplätze und beherrscht das Rudel. Wie es sich seine weiblichen Reproduktionseigenschaften bewahrt, während es sich ansonsten zum Männchen entwickelt, ist unbekannt.

In sexueller Hinsicht hat die Evolution eine außerordentliche Kreativität bewiesen. Die Interaktion zwischen Männlichem und Weiblichem beinhaltet mehr reaktives Feedback an Verhalten und Antrieb als jeder andere Aspekt des Lebens und führt daher zu unvorhersehbaren Beziehungen, unter anderem auch zur sexuellen

Auslese. Es ist kaum anzunehmen, daß Darwin seine Theorie vom *Ursprung der Arten durch natürliche Auslese* aufgestellt hätte, wenn ihm bekannt gewesen wäre, daß in vielen Gruppen – besonders bei den Wirbellosen – interspezifische Unterschiede zumeist mit Kopulationsweisen und -organen in Zusammenhang stehen und wenig oder gar keine Relevanz für die Anpassung an die Umwelt haben.

Warum Sexualität?

Die übliche Begründung für die Dominanz der Sexualität lautet, daß sie bei nah verwandten Individuen die Rekombination von Genen ermöglicht; dadurch entstehen mehr Muster, aus denen das Geeignetste für die Artverbesserung und für die Anpassung an Umweltveränderungen ausgewählt werden kann. Es gibt allerdings keinen tatsächlichen Beweis für diese vielfach wiederholte Annahme. Die Arten sind schlechte Spurenleser der Umweltveränderung. So mögen sie während einer Eiszeit zwar zum warmen Äquator wandern, doch sie verändern sich für gewöhnlich nicht sehr, bis sie nach Ablauf von einer Million Jahren oder mehr ersetzt werden. Die meisten Arten scheinen über Millionen oder zehn Millionen von Jahren von ihren Variationsmöglichkeiten wenig Gebrauch gemacht zu haben.

Sexualität wird zur Erzeugung von Variationen nicht benötigt. Bei der Replikation der Ketten von vielen Millionen Basen und ihrem Zusammenbau zu neuen Kernen kommt schon eine Menge Fehler zustande. Wäre mehr Variation wünschenswert, würde der Organismus nur die Fehlerkorrekturmechanismen zu lockern brauchen. Es steht nicht fest, wieviel genetische Variation wünschenswert ist; starke und weitverbreitete Arten entwickeln sich erfolgreich in ausgesprochen unterschiedlichen Situationen. Eine höhere Mutationsrate ist nur unter Streßbedingungen, die normalerweise die genetische Variation verstärken, erstrebenswert.

Jedenfalls gibt es keinen Beweis dafür, daß sexuelle Organismen anpassungsfähiger sind als asexuelle (Margulis und Sagan 1986, 4). Der geschlechtslose Löwenzahn blüht überall in den Vereinigten Staaten und in seinem Ursprungsgebiet Eurasien in vielen Varietäten. *Salvinia molesta*, ein Farnverwandter, überwuchert in den gesamten Tropen die Seen und Wasserwege. Obwohl die meisten Rädertierchen ohne Sexualität auskommen, haben sie in den verschiedensten Habitaten Hunderte von unterschiedlichen Arten (oder unterscheidbare Klone) hervorgebracht (Stanley 1979, 225). Die Kälte- und Trockenperioden ausgesetzten Süßwasserrädertierchen sind vorwiegend parthenogenetisch oder haben asexuelle Phasen, während die Rädertierchen im stabileren Umfeld des Meeres sich sexuell verhalten. Etwa die Hälfte der amerikanischen Regenwurmarten, die unter allen möglichen Umweltbedingungen leben, sind ganz oder beinahe parthenogenetisch. Bei Pflanzen tritt Geschlechtslosigkeit offenbar am häufigsten in einem unstabilen Umfeld auf (Huxley 1981).

Die durch Sexualität ausgelöste Mischung der Chromosomen erzeugt neue Kombinationen und löscht bereits existierende aus. Jede Verbesserungsmöglichkeit im Genom eines asexuellen Lebewesens wird unversehrt weitergegeben, kann durch natürliche Auslese begünstigt werden und führt zu einer verbesserten Form. Doch wenn eine neue Kombination ein sexuelles Lebewesen verbessert, wird sein Partner wahrscheinlich nicht dieselbe Kombination besitzen. Und selbst wenn er sie hätte, würde die gewünschte Kombination nur bei einem Bruchteil des Nachwuchses auftauchen.

Auch wenn die Sexualität für die Zukunft der Arten etwas Gutes darstellt, für die Individuen ist sie beschwerlich. Zum Risiko gehört dabei, daß man in einer dünn besiedelten Population keinen Partner findet und daß bei der Partnersuche besonders die Männchen Beutejägern in die Hände fallen. Das Quaken der Froschmännchen hören nicht nur die Weibchen, sondern auch froschfressende Fledermäuse. Stichlingsweibchen fühlen sich von rotbauchigen Verehrern angezogen, Forellen und ihre Jäger ebenso (Kevles 1986, 12). Bei vielen männlichen Säugern kommt hinzu, daß sie sich in aufreibende Kämpfe einlassen. Nicht wenige von ihnen – man denke nur an die Hirsche und Robben – werden dabei verwundet oder kommen um. Vom ökonomischen Standpunkt ist der sexuelle Werbeaufwand – vom Federkleid bis zum Balzgesang – eine nutzlose Investition.

Sex verlangsamt die Fortpflanzung. Ein Tier, das in den Genuß von reichlich Futter kommt, tut gut daran, sich so schnell wie möglich zu vermehren und seinen Vorteil wahrzunehmen, bevor die Konkurrenz auf den Plan tritt. Um die Fruchtbarkeit voll auszuschöpfen, sollten alle Individuen Junge zeugen. Bei Futterknappheit macht sexuelle Fortpflanzung Sinn. Sehr viele Protozoen sind asexuell, solange sie wachsen und sich teilen können. Schwindet der Futtervorrat oder verschlechtert sich ihre Umwelt – wenn zum Beispiel der Sumpf, in dem sie leben, austrocknet –, beginnen sie eine sexuelle Phase und bilden Zysten als Ruhezellen, um bessere Zeiten abzuwarten. Unzählige Tiere wie Rädertierchen, Blattfußkrebse und mehrere Insekten verfahren ebenfalls nach diesem Konzept.

Der höchste Preis, der für den Sex zu zahlen ist, ist die Beschränkung der Fortpflanzung auf das Weibchen. Wenn ein sexuelles Weibchen zwei Junge hat, hat es sich letztlich einmal vermehrt, indem es auf jedes Junge die Hälfte seiner Gene überträgt. Ein asexuelles Weibchen mit zwei Jungen hat seine Gene verdoppelt. Dasselbe gilt für getrenntgeschlechtliche Pflanzen: die diözische weibliche Pflanze muß doppelt soviel Samen produzieren, um mit einer hermaphroditischen Spezies mithalten zu können.

Im Naturhaushalt sind die Männchen normalerweise nutzlos. Eine Ausnahme stellt die umfangreiche Mithilfe der Vogelmännchen – bei 90 Prozent der Arten – dar. Ansonsten liegt die Fähigkeit der Männchen, einen materiellen Beitrag zur nächsten Generation zu leisten, mehr oder weniger brach. Ein Paradebeispiel sind die Drohnen, die sich nicht einmal selbst ernähren können und nur für einige Wochen im Bienenvolk geduldet werden. Wie die Ameisenmännchen führen sie ein Parasitendasein und sind völlig von der Leistung ihrer Schwestern abhängig. Die Situation ändert sich, wenn das Männchen bei der Aufzucht der Jungen mithilft. Die asexuelle Mutter dürfte aber, wenn sie alleine zurechtkommen kann, einen immensen Vorteil haben. Und doch verdrängen parthenogenetische Echsen trotz ihrer doppelten Vermehrungskapazität nicht verwandte sexuelle Formen, die in demselben Territorium leben.

Eine Mutation zur Parthenogenese scheint nicht schwierig zu sein, sie kommt bei vielen ganz verschiedenen Gruppen vor. Eine Reihe von Ameisenarten ist beispielsweise gelegentlich parthenogenetisch. Die häufig auftretende japanische Ameise *Pristomyrmex pungens* ist es durchgehend; sie bringt kaum Männchen hervor und hat keine Königin. Die Eier werden von gewöhnlichen Arbeiterinnen gelegt (Hölldobler und Wilson 1990, 188). Bei den Wirbeltieren gibt es nur ein paar Dutzend parthenogenetische Arten. Darunter sind jedoch keine Säugetiere oder Vögel, obwohl aus unbefruchteten Truthahneiern zuweilen Küken schlüpfen. Vielleicht hängt der Mißerfolg von Tieren, die die Möglichkeit größerer Genmultiplikation durch Parthenogenese nutzen wollen, mit ihrem Scheitern, die Fortpflanzung insgesamt zu maximieren, zusammen.

Hermaphroditische Tiere haben einen großen Vorteil, denn beide Geschlechter leisten den gleichen Beitrag. Zwittrige Tiere (und Pflanzen) scheinen die gesamten Vorteile der Geschlechtlichkeit zu haben – und das bei geringem Aufwand. Man könnte also erwarten, daß der Hermaphroditismus allgemein verbreitet ist; in Wirklichkeit ist er jedoch bei Gliederfüßern und Wirbeltieren weitgehend unbekannt.

Es gibt Hinweise darauf, daß Meiose und Befruchtung möglicherweise notwendig sind, um Fehler im Genom zu korrigieren. Notwendig sind dabei nicht andere Gene, sondern Gene aus anderen Quellen. Bei Pflanzen kommt Selbstbefruchtung sehr häufig vor, und viele niedere Tiere, an erster Stelle die Milben, kennen über Generationen hinweg »inzestuöse« Paarungen zwischen Geschwistern bzw. zwischen Mutter und Sohn. Bei Säugern reicht es nicht, einen Satz Gene in einer Eizelle zu plazieren. Zur Entwicklung eines Embryos bedarf es der Chromosomen von beiden Geschlechtern, wobei es von Bedeutung ist, von welchem Elternteil ein bestimmtes Chromosom kommt, wie man am Beispiel von Maultier und Maulesel sehen kann.

Das Maultier, eine Kreuzung aus Eselhengst und Pferdestute, unterscheidet sich vom Maulesel, der einer Kreuzung von Pferdehengst und Eselstute entspringt. Bei den Hengsten von Maultier und Maulesel ist der Unterschied zu erwarten, denn sie haben jeweils ein Y-Chromosom vom Pferd oder vom Esel. Doch auch die Stuten sind verschieden, obwohl sie dieselben Chromosomen haben sollten, gleichgültig ob sie von der einen oder anderen Art stammen. Die Grundregel lautet: Wechselseitige Kreuzungen differieren, je nachdem, ob ein Merkmal vom Vater oder von der Mutter stammt (Sapienza 1990, 52ff.).

Man nimmt an, daß eine sexuelle Vereinigung notwendig sei, um Veränderungen in den Methylgruppen zu korrigieren. Diese sind an die DNS geknüpft und signalisieren, wo die Gentranskription anfangen oder enden muß. Die Methylgruppen gehen von Zeit zu Zeit verloren, können aber dank der Unterschiede zwischen männlichen und weiblichen Gameten wiederaufgebaut werden (Holliday 1988, 46; Holliday 1989, 68). Daß die Sexualität für eine gewisse Art von Normalisierung notwendig ist, wird schon durch die Tatsache unterstrichen, daß viele Lebewesen, die sich asexuell vermehren können, nach mehreren Generationen zu einem sexuellen Prozeß zurückkehren. Pantoffeltierchen zum Beispiel degenerieren und gehen zugrunde, wenn sie nicht von Zeit zu Zeit konjugieren.

Der adaptive Vorteil, der gewöhnlich der Sexualität zugeschrieben wird – sie soll für eine größere Mannigfaltigkeit bei den Nachkommen sorgen –, kann kaum als Produkt der Auslese angesehen werden. Bei gutadaptierten Arten ist die Variabilität im allgemeinen schädlich. Wenn durch den sexuellen Prozeß zufällige neue Kombinationen zustande kommen, ist die Wahrscheinlichkeit, daß sie positiv sind, gering: jede Abweichung vom Durchschnitt ist vermutlich negativ (Mayr 1967).

Sex scheint allerdings, wenn schon nicht immer notwendig, so doch im allgemeinen wünschenswert zu sein. Nicht nur der Prozeß der genetischen Konjugation dürfte sich positiv auswirken, offenbar sollten die Gene auch von nah verwandten Individuen kommen. Das mag mit der Tatsache zusammenhängen, daß Pflanzen und Tiere üblicherweise eine Kreuzung zwischen Populationen vorziehen, obwohl Inzucht nicht notwendigerweise nachteilig sein muß. Im allgemeinen wird allerdings betont, daß durch Inzucht schädliche rezessive Gene in den Vordergrund treten; doch sie werden auch genauso oft ausgeschaltet. Starke Inzuchtlinien, die verderbliche Gene eliminiert haben, sollten außerordentlich lebensfähig sein; sie sind es aber nicht. Außerdem eliminieren Pflanzen und Tiere, die haploid sind oder eine haploide Phase haben, automatisch schädliche rezessive Gene.

Frei lebende Geparde zeichnen sich durch hohe Unfruchtbarkeit aus; in Gefangenschaft pflanzen sie sich selten fort. Die Samenflüssigkeit weist einen großen Anteil defekter Spermien auf, und die Sterblichkeit der Jungen ist hoch. Dies wird einem hohen Maß an genetischer Gleichförmigkeit zugeschrieben, die möglicherweise auf die Populationsverringerung zurückzuführen ist, die vor ein paar tausend Jahren den Gepardbestand stark schrumpfen ließ (O'Brien u. a. 1986, 84ff.).

Warum genetische Gleichförmigkeit schädlich ist, wird nicht erklärt. Die Selektion-Variationstheorie würde viel besser zu einer geschlechtslosen Welt passen, und die Evolution würde viel schneller voranschreiten. Laut Darwins Theorie sollte die Verbesserung, die bei einem Individuum auftaucht, als Einheit an seine Nachkommen weitergegeben werden. Die Bildung von Geschlechtszellen durch Meiose, wobei die Hälfte der Chromosomen zurückbleibt, stellt ein grundlegendes Problem dar. Es verstärkt sich noch dadurch, daß die meisten Verbesserungen Rekombinationen sind, die durch die Wiedervereinigung der Chromosomen automatisch getilgt werden (Maynard Smith 1988, 225). Darwin setzte jedoch voraus, daß asexuelle Individuen nur geringfügig mutieren. Da seiner Theorie zufolge die erfolgreicheren sich öfter vervielfachen, würden sich positive Mutationen leicht durchsetzen, und die Spezies würde sich langsam verändern. Genauer gesagt, es gäbe keine Spezies, nur eine große Zahl variierender Klone; es ist die Mischung des Erbguts, die Populationen ihre Einheitlichkeit verleiht und die Spezies definieren hilft.

Doch für das Leben ist Geschlechtlichkeit offensichtlich notwendig. Es gibt zwar parthenogenetische Fische und Echsen sowie unzählige Wirbellose, aber keine Familie ist ausschließlich asexuell. Asexuelle Formen haben rezente sexuelle Vorfahren. Das kann nur bedeuten, daß Sexualität die Voraussetzung für größere Veränderungen ist – für die Übergänge zwischen den Formen und für eine erneute Angleichung der Steuerungssysteme. Sexualität ist nicht die Vorbedingung für eine genetische Veränderung; eine solche kommt bei den komplexen dynamischen Systemen, Organismen genannt, nur allzu leicht zustande. Doch auf irgendeine Weise scheint sie eine wichtige Voraussetzung für eine sinnvolle Veränderung der Organismen zu sein.

7. Kapitel

Das Leben in Gesellschaften

Sozial lebende Tiere

Lebhaft wurde unter den Biologen diskutiert, wie man Altruismus definieren solle. Er ist ein Verhalten, das nicht nur dem Individuum und seinem engeren Verwandtschaftskreis nutzt, sondern einer ganzen genetisch nicht verwandten Gruppe. Es ist nicht leicht zu erklären, wie die natürliche Auslese Merkmale hervorbringen kann, die nicht unmittelbar das Überleben und die Reproduktion ihrer Träger unterstützen.

Das Zusammenleben in Gemeinschaften setzt voraus, daß ihre Mitglieder sich gegenseitig als dem Verband zugehörig erkennen. Gemeinschaften einfacher Struktur gibt es allenthalben: Vogelschwärme, die sich auf beengten Nistplätzen zusammenballen, Fischschwärme, die in militärisch geordneter Formation schwimmen, Heuschreckenschwärme und Schwärme wandernder Schmetterlinge oder Marienkäfer. Cichlidenfische *(Tropheus)* rotten sich zu Trupps zusammen, deren Mitglieder einander »persönlich« kennen und Außenstehende bekämpfen. Hunderte von Klapperschlangen finden sich im Herbst in einer Höhle ein, in der sie zusammen überwintern. Nasenbären begeben sich unter gegenseitigem Schutz gemeinsam auf Nahrungssuche.

Obwohl das soziale Leben negative Aspekte hat – Krankheiten und Parasiten verbreiten sich rasch, und beschränkte Vorräte müssen geteilt werden –, scheinen höhere Organismen für gewöhnlich die Geselligkeit vorzuziehen. Wenn Pflanzenfresser sich versammeln, wird der einzelne weniger angreifbar; innerhalb der Herde ist er schwerer zu überraschen. Sozial lebende Säugetiere füttern manchmal Kranke und Verletzte mit durch. Ein kräftiger afrikanischer Büffelbulle übernimmt die Bewachung eines angeschlagenen Artgenossen.

Fleischfresser wie die Tiger sind gewöhnlich Einzelgänger, die nur zur Paarung zusammenkommen; doch einige – Angehörige der

Hundefamilie – leben und jagen in kleinen Gruppen. Das empfiehlt sich insbesondere, wenn es gilt, große Beutetiere zu erlegen: ein einzelner Wolf kann keinen gesunden erwachsenen Elch reißen, und im Alleingang wird auch keine Hyäne mit einem Zebra fertig. Löwen jagen und lagern in kleinen Rudeln; sie teilen die Beute, wenn auch widerwillig, haben keine feste Hierarchie und kämpfen gelegentlich miteinander. Mehrere Löwen schließen sich zusammen und pirschen sich aus dem Hinterhalt an die Beute heran. Zwei oder drei vermögen einen Büffelbullen zur Strecke zu bringen, unter Umständen sogar eine Giraffe. So können sie auch einen Kadaver nutzen, der als Mahlzeit für ein einzelnes Tier zu groß wäre, und ihn gegen Hyänen, Schakale und Geier verteidigen. Der einzelgängerische Leopard kann nur Tiere reißen, die nicht viel größer sind als er selbst, und er muß die Beute auf einen Baum zerren, wenn er eine Chance haben will, sie zu behalten. Ein weiterer beträchtlicher Vorteil des Gruppenlebens ist für höhere Tiere die Möglichkeit, durch Nachahmen oder auf eine Aufforderung hin zu lernen. Die höchste Stufe des sozialen Lernens ist dem Homo sapiens vorbehalten. Erfahrung und Erkenntnis werden von einer Generation zur nächsten weitergegeben und bilden die Grundlage seiner kulturellen Entwicklung.

Affen leben zwar auch sehr sozial, arbeiten aber im allgemeinen nicht besonders eng zusammen. Ihre Gepflogenheiten sind recht uneinheitlich. Die braunen Kapuzineraffen sind untereinander sehr aggressiv, und der Führer versucht, die Weibchen in der Brunftzeit für sich zu sichern; die Totenköpfchen wiederum teilen Früchte und Partner miteinander. Die olivfarbenen Anubis-Paviane und die Mantelpaviane sind einander sehr ähnlich und kreuzen sich manchmal untereinander; doch die Anubismännchen beanspruchen die Weibchen für sich allein, während die Mantelpaviane sich mit ihnen nur in der Brunftzeit abgeben (E. Wilson 1980). Zuweilen gehen die Paviane auch gemeinsam auf die Jagd, wobei ein Führer offensichtlich die Horde befehligt (B. Campbell 1985, 380). Sie bilden Cliquen innerhalb der Horde und entwickeln Freundschaften. Die Männchen kooperieren bei ihren Werbestrategien; ein Männchen kann sich auch mit einem Weibchen zusammentun, dessen Junges nicht von ihm stammt (Moss 1975, 206ff.).

Das Sozialverhalten der Säugetiere stellt eine Erweiterung der elterlichen Instinkte dar. Bei einigen Ordnungen kann man eine gemeinsame Aufzucht der Jungen beobachten; darunter fallen mehrere Nagetiere, eine Seehundart, bestimmte Wale, zwei Fledermäuse, etwa ein Dutzend Primaten, verschiedene Fleischfresser, Raubtiere und Elefanten. Die nachwuchslosen Elefantenkühe helfen beim Stillen von fremden Kälbern in der Herde. Verendet eine Mutter, sorgen andere Weibchen für das Kalb. Afrikanische Wildhunde *(Lycaon pictus)* halten wie die Wölfe Futter für die Jungen zurück, ebenso für ausgewachsene Tiere, die entweder als Wächter oder weil sie zu schwach sind zurückbleiben. Sobald die Jungen groß genug sind, um auf die Jagd mitzugehen, läßt man ihnen den Vorzug an der erlegten Beute. Wenn die Welpen der Schabrackenhyäne etwas älter als zwei Monate sind, werden sie in eine gemeinsame Höhle gebracht, wo die Weibchen sie unterschiedslos säugen und mit Futter versorgen.

Am altruistischsten unter den Säugetieren sind die Vampirfledermäuse *(Desmodus rotundus)*. Die Vampire müssen sehr häufig fressen; trotz des hohen Nährwertes, den das Blut hat, können sie nur eine Nacht ohne Mahlzeit überleben. Die Antwort der Evolution war nun nicht, entsprechende Speichermöglichkeiten bereitzustellen – wie bei vielen kleinen Vögeln, die weitaus längere Zeit ohne Nahrung fliegen können –, sondern eine Versorgungsgemeinschaft auf Gegenseitigkeit einzurichten. Diejenigen Fledermäuse, die gesättigt zum Schlafplatz zurückkehren, würgen einen Teil der Nahrung wieder heraus – eine Schlemmerei nicht nur für die Jungen, sondern auch für hungrige Nestgenossen, unabhängig davon, ob sie verwandt sind oder nicht.

Die Zwergmungos ernähren sich von Insekten und Kleintieren, doch ihr soziales Leben ist weiter entwickelt als das der Wölfe. Wenn ein Mungo-Clan, bestehend aus etwa einem Dutzend Tieren, auf Nahrungssuche geht, wird eines davon zur Bewachung abgestellt, oder es meldet sich freiwillig dazu. Und während die anderen mit den Köpfen am Boden nach Nahrung schnüffeln, klettert der Wachhabende auf einen Baum und hält nach Falken oder anderen Feinden Ausschau. Nur das führende Paar bekommt Junge, doch bei deren Versorgung helfen alle mit; die Weibchen ohne Nachkommenschaft stellen ihnen ihre Milch zur Verfügung. Die Hilfsbereiten dürfen zwar miteinander kopulieren, die Weibchen werden aber nicht trächtig. Stoßen andere Mungos zu der Sippe hinzu, sind sie als Helfer ebenfalls willkommen; sie werden sich jedoch nur mit viel Glück vermehren.

Das Säugetier, das sich der Gemeinschaft fast vollkommen unterordnet, ist die fellose afrikanische Maulwurfsratte *(Heterocephalus)*. In den Rattenkolonien mit ihren bis zu 50 Mitgliedern wirft nur die Königin Junge. Sie unterdrückt nicht nur die Sexualität der anderen Weibchen durch ein Pheromon in ihrem Urin, sondern drangsaliert und tötet sie sogar zuweilen. Selbst wenn man die Königin entfernt, bleiben die älteren Koloniemitglieder unfruchtbar. Es herrscht ein regelrechtes Kastensystem, das kleine Schwerarbeiter, größere Faulpelze und noch größere Nichtstuer umfaßt (Jarvis 1981, 571ff.; Kevles 1986, 217ff.). Die Arbeiter koordinieren die Grabarbeiten, bei denen die Erde fast wie auf einem Förderband abtransportiert wird. Ein effizientes System, könnte man meinen, doch die wurzelfressenden Nagetiere profitieren aus ihrem Kräfteverbund unter einer diktatorischen Herrschaft wenig. Die einzellebenden Taschenratten sind weitaus zahlreicher.

Vögel leben, wie die Säuger, in verschiedenen Gesellschaftsformen, von einfachen Zusammenschlüssen bis zu streng hierarchischen Gruppen. Ziehende Gänse sparen (bis auf den Leitvogel) Kraft, indem sie im Windschatten des führenden Tieres fliegen. Bei den Krähen hält ein Vogel immer Wache, während die anderen aus dem Schwarm Futter suchen; durch einen Warnschrei lenkt er die Aufmerksamkeit eines Beutejägers auf sich. Die Kolonien der Graudrossel können bis zu fünfzehn Vögel umfassen; nur ein Weibchen legt Eier, aber alle füttern und beschützen die Nestlinge. Der »Vorstand« versorgt seine Sippe mit Futter, als ob er seine Vorrangstellung durch Großzügigkeit demonstrieren wollte.

Bei mehr als 140 Vogelarten helfen die jungen, ausgewachsenen Tiere bei der Aufzucht auch von nicht eigenen Küken (Skutch 1987, 253). Ein Pärchen der Florida-Buschhäher ist durchaus in der Lage, seine Jungen großzuziehen, zieht manchmal aber auch drei oder vier Helfer hinzu. Die Jungen sind nach einem Jahr geschlechtsreif, bekommen jedoch zumeist ein Jahr später Nachwuchs. In dieser Zeit leben sie bei ihren Eltern oder anderen Sippenangehörigen und helfen bei der Betreuung neuer Gelege (McFarland 1989).

Der afrikanische Weißstirnspint *(Merops)* lebt in Großfamilien mit bis zu fünf Pärchen und einem Dutzend Singles. Alle arbeiten beim Bau der Nesthöhlen zusammen, sie jagen und schlafen gemeinsam, brüten die Eier der älteren Vögel aus und füttern die Küken. In den meisten Fällen helfen die Jungvögel ihren Geschwistern oder Halbgeschwistern; manchmal unterstützen sie auch ein Brutpaar, mit dem sie nicht verwandt sind (Emlen 1990, 489ff.).

Solche Gemeinschaften bewähren sich zwar als Verteidigungsbündnis, sind aber nicht unbedingt notwendig. Die Helfer sind nicht unentbehrlich. Man hat festgestellt, daß sie wenig zum Aufzuchterfolg der Jungen beitragen und manchmal sogar die Gelege in ihren eigenen Familien zerstören (Skutch 1987, 265). Als Ausgleich für die verzögerte Fortpflanzung gewinnen die Helfer unter Umständen an Erfahrung, was wiederum zu ihrem späteren Erfolg beiträgt; außerdem kann die Knappheit an Nistplätzen die jungen Vögel dazu veranlassen, zu Hause zu bleiben. Doch es gibt keinen deutlich erkennbaren Bezug zwischen der sozialen Bindung in einer Vogelgesellschaft und der Lebensweise oder den Existenzmöglichkeiten.

Soziale Insekten

Eine ansehnliche Zahl unter den Arthropoden zeigt die Anfänge eines sozialen Lebens. Einige Spinnenarten wie *Stegodyphus* weben Netze, die sie sich mit Hunderten von Artgenossen teilen; beim Fangen relativ großer Beutetiere hilft man sich dann gegenseitig (Griswold und Meikle 1990, 6ff.). Doch ein hochentwickeltes Gemeinschaftsleben mit einem spezialisierten Kastensystem ist ausschließlich bei den Insekten entstanden.

Die besten Beispiele für tierisches Zusammenleben sind die Hautflügler- und Termitenstaaten. Viele Arten, insbesondere Ameisen und Termiten, bilden riesige Familien mit Hunderttausenden oder Millionen von Einzelwesen, die der Gemeinschaft völlig untergeordnet sind. Die Individuen arbeiten für den Staat, üblicherweise für eine einzige Mutter-Königin und opfern sich für sie auf. Honigbienen lassen beim Angriff auf einen Eindringling ihren Stachel, der mit Widerhaken besetzt ist, und die Giftblase in dessen Körper (sofern der Störenfried ein Mensch oder ein Säugetier mit einer elastischen Haut ist). Bei den Termiten schwärmen die Soldaten aus, um Angreifer zu bekämpfen, während hinter ihnen die Arbeiter die Beschädigungen am Bau reparieren. Die Verteidiger werden dabei alleingelassen und geben ihr Leben hin.

Da keine Übergangsformen existieren, können die einzelnen Etappen auf dem Weg zum voll entwickelten Termitenstaat bloß vermutet werden. Aber es gibt eine lückenlose Stufenleiter von den einzeln lebenden Wespen und Bienen bis zum durchorganisierten

Staatengebilde. Solitäre Wespen legen ihre Eier an Insekten oder einer anderen Beute ab. Der nächste Schritt ist die Betäubung eines Beutetiers, meist einer Spinne oder einer Raupe, die dann mit einem Ei am Körper in einem Nest zurückgelassen wird. Später kehrt die Wespenmutter mit weiterem Versorgungs- und Pflegegut für die Larve ins Nest zurück oder errichtet Kammern für mehrere Larven. Sie kann ihre Brutpflege auch fortsetzen, nachdem die ersten Töchter bereits herangereift sind. Diese wiederum beteiligen sich in anderen Fällen an der Fütterung und Pflege der Jungen in nun schon zahlreichen Zellen. Auf der obersten Stufe stellen die Helferinnen ihre Reproduktionstätigkeit weitgehend oder ganz ein und spezialisieren sich als Arbeiterinnen in einer vorbildlich organisierten Kolonie.

Die Feldwespen *(Polistes)* repräsentieren eine mittlere Phase in diesem Prozeß. Sie sind sozial bestens organisiert, indem sterile Weibchen alle Arbeit machen; allerdings gibt es keinen sichtbaren physischen Unterschied zwischen der Königin, deren Hauptaufgabe es ist, Eier zu legen, und den Arbeiterinnen. Im Frühjahr gründen ein einzelnes oder mehrere Weibchen, unter Umständen Schwestern, eine neue Kolonie. Beteiligt sich mehr als eine, kommt es zum Kampf um die Vorherrschaft; er wird meist durch Droh- oder Imponiergehabe ausgetragen. Die Siegerin wird Königin und Urmutter der Kolonie, die Unterlegenen werden zu Arbeiterinnen degradiert und halten sich vom Legegeschäft weitgehend zurück. Entschlüpft ihnen dennoch einmal ein Ei, wird es von der Königin gefressen. Neu geschlüpfte Weibchen müssen bis gegen Saisonende als Arbeiterinnen Dienst tun. Dann werden einige von ihnen nach unbekannten Kriterien ausgewählt, ihre Arbeit einzustellen, sich zu paaren und schließlich zu überwintern.

In der Hummelkolonie herrscht ebenfalls die Hierarchie. Die Königin, die sich kaum von den Arbeiterinnen unterscheidet, muß immer auf der Hut sein, daß diese keine Eier legen (E. Wilson 1971, 299). Im Notfall verletzt oder tötet sie sogar die Arbeiterinnen, noch bevor sich diese in ihr Sklavenschicksal fügen können. Auch wenn sie sich nicht paaren, konkurrieren die Arbeiterinnen gelegentlich mit der Königin um das Privileg, unbefruchtete Eier zu produzieren, aus denen dann nur Männchen hervorgehen.

Bei den höheren Hautflüglerstaaten der Ameisen und Bienen heben sich die Arbeiterinnen physisch von der Königin ab; ihr Status wird auf chemischem Weg gesteuert. Die Bienenkönigin hält ihre Arbeiterinnen »in Schach« mittels eines Pheromons, der sog. Green Substance, eines Gemischs der Oxodecensäure und der Hydroxydecensäure, die von der Oberkieferdrüse sezerniert und an die Hofstaatbienen weitergegeben wird. Diese verteilen die Substanz in minimalen Mengen an alle Arbeiterinnen. Die Arbeiterinnen können sich nicht paaren, und ihre Eierstöcke sind verkümmert. Zwar sind sie imstande, unbefruchtete Eier zu produzieren, aus denen dann Drohnen werden, doch sie werden daran durch die »Green Substance« behindert. Wenn die Königin alt und schwach wird oder wenn das Volk im Mai sich zum Schwärmen vorbereitet, werden in sog. Weiselzellen junge Königinnen nachgezogen; eine von ihnen wird die Herrschaft übernehmen, die übrigen Prinzessinnen werden im Zweikampf beseitigt (Michener 1974, 114). Die Arbeiterinnen der Treiberameisen sind unfruchtbar und viel kleiner als die Königin; doch herrscht hier ein Mindestmaß an Demokratie. Die Arbeiterinnen entscheiden, wann für die alte Monarchin die Zeit gekommen ist abzudanken, und welche ihrer Töchter den Thron besteigen soll (Hölldobler und Wilson 1990, 584).

Unter den sozial lebenden Bienen, Wespen und besonders Ameisen gibt es alle nur denkbaren Spielarten von Subordination, Konkurrenzkampf, Reproduktionsteilung, Steuerung von seiten der Königin und Kastenwesen: Es gibt eine Königin oder mehrere; häufige, gelegentliche oder überhaupt keine Fortpflanzung durch Arbeiterinnen; und vieles mehr – wobei die Nahrungsquelle, das Klima oder andere äußere Einflüsse oder Adaptationen offensichtlich kaum eine Rolle spielen. Innerhalb einer einzelnen Gattung kann es verschiedene Arten der Koloniegründung geben, Monarchie oder Oligarchie, ein festes Territorium oder auch nicht – und das alles unter nahezu gleichen Voraussetzungen (Alloway 1988, 172ff.). Bei einigen Ameisen bestehen Hierarchien unter den Arbeiterinnen; die höhergestellten dürfen unbefruchtete Eier (Männcheneier) legen. Bei anderen Arten, zum Beispiel bei der Argentinischen Ameise *(Iridomyrmex humilis)*, ist es unklar, wo die Grenzen einer Kolonie enden und eine andere anfängt; so werden auch Königinnen von außerhalb anerkannt.

Bei den primitiveren Ameisenarten sehen sich Arbeiterinnen und Königinnen sehr ähnlich; das auffälligste Unterscheidungsmerkmal sind die Flügel der Königin, die sie zum Hochzeits- und Wanderflug braucht. Die höher entwickelten Arten haben die Differenzierung sehr weit getrieben. Die Königinnen erscheinen manchmal als

Riesenweibchen, verglichen mit den kleinsten Arbeiterinnen. Die Größe der Arbeiterinnen wiederum differiert um den Faktor zehn, hundert oder noch mehr; sie spezialisieren sich in Kasten und verändern sich dabei manchmal so sehr, daß man meinen könnte, sie gehörten einer ganz anderen Art an.

Insoweit als die Arbeiterinnen ihre Fortpflanzungsfähigkeit eingebüßt haben, wird die Kolonie zur Selektionseinheit. Die Eignung der Königin (sowie die ihrer Partner) hängt von ihrer Fähigkeit ab, leistungsstarke Arbeiterinnen hervorzubringen, um ein großes Reservoir an Vollgeschlechtstieren zum Aufbau neuer Kolonien bereitzustellen. Die einzelnen Arbeiterinnen lassen sich insofern mit den somatischen Zellen eines vielzelligen Lebewesens vergleichen, wobei die Kolonie als »Superorganismus« zu betrachten ist. Seine größte Entfaltung erreicht das Gemeinschaftswesen bei den Treiber- und Blattschneiderameisen sowie bei den Termiten; die Einwohnerzahl ihrer Kolonien unterscheidet sich nicht sehr von der unserer Großstädte. Ihre Mitglieder sind bei den allermeisten Arten Töchter einer einzigen Königin, die mit einer riesigen Legemaschine verglichen werden kann. Allein ihre Anzahl – ihre sog. Biomasse – macht sie zu wichtigen Faktoren der tropischen Ökologie.

Obwohl die Termiten zerstörerischer und, besonders in den Tropen, zahlreicher sind als die Ameisen, verlassen sie ihre Bauten selten bei Tageslicht und sind darum schwieriger zu erforschen. Bis zu drei Meter hoch ragen die Termitenhügel auf und bilden in mancher tropischen Region, insbesondere in Afrika, markante Punkte. Außerdem ernähren die Termiten, wie auch viele Ameisen, als Gäste eine Vielzahl von Tieren, die in die Festung eindringen. Biologisch unterscheiden sie sich erheblich von den Ameisen. Ihre Nahrung beschränkt sich auf Holz und verwandte pflanzliche Stoffe, die von Protozoen und Bakterien in ihren Eingeweiden verdaut werden. Wie die meisten Ameisen haben auch die Termiten gewöhnlich nur eine einzige Königin; das Männchen darf jedoch nach der Paarung ein sorgenfreies Leben als Prinzgemahl führen. Während es in den Hautflüglerstaaten nur Arbeiterinnen gibt, wird die Werktätigkeit der Termiten auf Männchen und Weibchen verteilt.

Das Sozialverhalten der Termiten und Ameisen weist Parallelen auf, auch wenn sie zu verschiedenen Ordnungen gehören und unterschiedliche Lebensformen entwickelt haben. Beide haben viele unfruchtbare Arbeitskräfte und eine größere, meist alleinregierende Königin. Beide benutzen Pheromone zur Aufrechterhaltung der Hierarchie. Beide haben verschiedene Arbeiterklassen oder Arbeiterinnen und Soldaten; die Termitensoldaten sind noch spezialisierter, sie können sich nicht einmal selbst ernähren. Beide gründen für gewöhnlich Kolonien, indem sie sexuelle Sippenmitglieder auf einen Hochzeitsflug entsenden, nach dem das Weibchen – oder im Fall der Termiten das Pärchen – einen neuen Staat aufbaut.

Die Altruismustheorie

Daß Individuen ihre Interessen zugunsten anderer Individuen oder einer Gruppe opfern – insbesondere wenn sie ihre Fortpflanzungsfähigkeit aufgeben – läßt sich nicht ohne weiteres mit Auslese- und Überlebensgrundsätzen in Einklang bringen. Selbst wenn die Gruppe dabei mehr gewinnt als das Individuum verliert, kann die Gruppeneinheit offensichtlich schwer etabliert oder aufrechterhalten werden. Schließlich könnte sich ein Abweichler jederzeit reproduktiv einen Vorteil verschaffen, indem er auf seine eigenen Interessen schaut. Die australischen Glockenvögel fressen die Ausscheidungen von Blattinsekten auf Eukalyptusbäumen, aber nicht die Insekten selbst. Jeder Vogel könnte eine größere Brut aufziehen, wenn er über die Wirtstiere selbst herfallen würde.

Wenn der Reproduktionserfolg das vorrangige Ziel von Lebewesen wäre, müßten alle erwachsenen Mitglieder eines Wolfsrudels oder eines Bienenvolkes bis zur Kapazitätsgrenze Nachwuchs zeugen. Doch dies ist nicht der Fall. Früher oder später werden die Ranghöchsten, d.h. die »Alpha-Tiere« eines Rudels, von etwa zwölf Wölfen verdrängt, oder sie sondern sich selbst ab. Doch die meisten Wolfsmännchen und -weibchen beenden ihr Leben, ohne ihre Gene vermehrt zu haben. Es steht nicht einmal fest, ob der Verzicht der Mehrzahl der Wölfe auf die oberste Rangstellung für die Gruppe sehr vorteilhaft ist.

Als Erklärung für ein Verhalten, bei dem die Interessen des Einzeltieres denen des Kollektivs geopfert werden, favorisierte Darwin den Gedanken, daß die Gruppe, der Stamm oder die Gemeinschaft besser gedeihen und wachsen würden, wenn die einzelnen zu einer freiwilligen Unterordnung bereit wären. Das führte zu einer Theorie der Gruppenselektion: Bei miteinander konkurrierenden Gruppen setzen sich diejenigen mit den erfolgreicheren Kooperationsprogrammen durch, wobei sich die für das altruistische Verhalten verantwortlichen Gene vermehren. Dennoch wurde bisher nur wenig Beweismaterial beigebracht, das für eine Gruppenselektion unter freibrütenden Tieren spricht. Man weiß noch nicht, wie man Individuen davon abhalten kann, wieder in ihr egoistisches Verhalten zurückzufallen. Eigentlich könnte sich die altruistische Eigenschaft nur dann durchsetzen, wenn die Gruppe einen entscheidenden Vorteil hätte, der Nachteil des Individuums gering wäre und Gruppen sich jederzeit vermehren oder aussterben könnten.

Um solche Schwierigkeiten zu überwinden und eine Erklärung für das auffällige Sozialverhalten der Hymenopteren zu finden, entwickelte William Hamilton (nach J. B. S. Haldane) die Begriffe »Verwandtschaft« oder »Gemeinsamkeit von Genen« und »Gesamtfitness« (inclusive fitness). Er hatte darauf hingewiesen, daß die Nachkommen von jedem Elternteil die Hälfte ihrer Gene in willkürlicher Chromosomenzusammensetzung bekommen. Das bedeutet, daß ein Elternteil und das Kind die Hälfte ihrer Gene gemeinsam haben; Geschwister haben ebenfalls die Hälfte ihrer Gene gemeinsam. Analog dazu haben Tanten und Nichten ein Viertel, Cousinen ersten Grades ein Achtel gemeinsam und so weiter. Rettet also ein Individuum zwei Geschwister oder acht Cousinen, so rettet es damit das genetische Äquivalent seiner selbst. Es könnte somit zur Förderung seiner Gene indirekt mehr tun, wenn es einer Reihe von Verwandten hilft, als auf direkte Weise, indem es den eigenen Reproduktionserfolg erhöht. Haldane war derart überzeugt von seiner Idee, daß er erklärte, er würde sich für zwei Brüder oder acht Cousins opfern (Haldane 1955, 34).

Mit Hilfe des Verwandtschaftskonzeptes konnte der scheinbare Altruismus als indirektes Eigeninteresse interpretiert und auf diese Weise mit der natürlichen Auslese in Übereinstimmung gebracht werden. Ein soziales oder kooperatives Verhalten wäre durchaus vorteilhaft, und die Selbstaufopferung vieler Tiere, insbesondere der sozial lebenden Insekten, würde verständlich werden. »Man darf erwarten, daß Tiere anderen Individuen sogar auf eigene Kosten helfen, vorausgesetzt, diese Individuen sind mit ihnen eng verwandt.« Dieser Gedanke wurde in die Theorie vom Überleben des Geeignetsten mit aufgenommen. Die Hilfe für direkte Nachkommen bezeichnete man als »direkte Fitness«, die Hilfe für weitläufige Verwandte als »indirekte Fitness«. Zusammen ergab dies die »Gesamtfitness« – den gesamten Reproduktionserfolg (Barnard 1983, 120f.).

Hamiltons Werk wurde in den siebziger Jahren unseres Jahrhunderts als bedeutender Fortschritt für den Darwinismus gerühmt. Besonders mathematisch orientierte Biologen und Soziobiologen arbeiteten mit diesem Ansatz, der sich strikt an die genetischen Gesetze hielt. Aber Verwandtschaftsauslese und »Gesamtfitness« sind nicht unproblematisch. Das Verwandtschaftskonzept besteht ja nicht in den gemeinsamen Genen, sondern in der Wahrscheinlichkeit, Gene von den unmittelbaren Vorfahren zu erhalten. Warum die Weitergabe von Genen durch unmittelbare Vererbung bedeutender sein soll als jene durch weitläufigere Vererbung oder durch Gene, die unabhängig von den Vorfahren strukturell gleich sind, wird nicht erklärt. Je homogener die Population ist, um so unwichtiger ist die familiäre Verwandtschaft von Individuen. Geht man ein paar Generationen zurück, so stellt man fest, daß zwei beliebige Individuen einer Population in einem bestimmten Grad miteinander verwandt sind. Dehnt man beispielsweise die Ahnenforschung auf die letzten zwanzig Generationen aus, wird sich herausstellen, daß nahezu alle Engländer miteinander verwandt sind.

Ein Biologe zeigt Verständnis, wenn ein Skorpion *(Paururoctonus)* im Südwesten Amerikas sich weitgehend von kleinen Artgenossen ernährt – mit der Begründung, daß die Opfer meistens keine Verwandten seien. Der Skorpion schwächt also vermutlich seine eigene »Gesamtfitness« nicht (Alcock 1990, 153). Aber die Skorpione einer bestimmten Wüstenregion müssen ihre Gene untereinander über viele tausend Jahre austauschen und – mit Ausnahme von Mutationen – alle fast genau den gleichen Satz haben.

Die Bedeutung des Verwandtschaftsgrades wäre somit offenbar auf die Wahrscheinlichkeit gemeinsamer Mutationen beschränkt, die sich in der Familie ereignen. Von Bedeutung wären ferner ungewöhnliche Gene, die in der allgemeinen Population nicht häufig vorkommen. Die Genverwandtschaft läßt auch die Tatsache unberücksichtigt, daß ein Großteil des evolutionären Wandels nicht durch neue Gene, sondern durch Rekombination entsteht. Geschwister haben praktisch keine gemeinsamen Kombinationen, und die Biologen sprechen von gemeinsamen Genen, nicht von gemeinsamen Kombinationen.

Dennoch wird vermutlich keiner sagen: »Ich opfere mich für zwei Menschen, die zufällig die gleichen Mutationen mit mir teilen.« Das Konzept, daß die Gene nicht nur ihre eigene Reproduktion vorantreiben, sondern auch die ihrer Homologe in anderen Organismen, ist sehr verschwommen. Trägt es zur »Gesamtfitness« bei, wenn ein Gen ein zweites, zwar an sich identisches, fördert, das aber anders in das gesamte Genom eingebunden ist und daß eine etwas andersartige Wirkung hat, oder ein Gen gefördert wird, das leicht unterschiedlich in seiner Sequenz, jedoch gleich in seinem physiologischen Effekt ist?

Die Idee von der »Gesamtfitness« ist bestenfalls eine Näherungsformel, die aber die Theorie von einer Evolution durch Variation und Selektion verschleiert. Das bedeutet, daß das Gen und nicht das Individuum als Selektionseinheit begriffen wird. Der Darwinsche Konkurrenzkampf bezieht sich auf Individuen, nicht auf ihre Interessen an anderen, und er berücksichtigt die Verwandtschaft nur insofern, als die Familie so etwas wie eine Selektionseinheit wird. Individuen und Generationen haben ihre eigenen Bestimmungen.

Darwins »Kampf ums Dasein« wird »fast ausnahmslos am härtesten zwischen den Individuen derselben Spezies sein«. Dieses »fast ausnahmslos« mag vielleicht nicht ganz zutreffen, doch der Konkurrenzkampf innerhalb der Arten ist üblicherweise schärfer als zwischen zwei Arten, die sich derselben Ressourcen bedienen (so bei Ameisen, siehe Hölldobler und Wilson 1990, 424). Ein Ökologe definiert Spezies als Populationen, die zumeist untereinander konkurrieren. Analog dazu sollte der Konkurrenzkampf innerhalb kleiner Populationen, in eng miteinander verwandten Gruppen oder zwischen Geschwistern am heftigsten sein. Das trifft besonders auf die Menschen zu, die mit ihresgleichen und sehr oft mit nahen Angehörigen konkurrieren.

Theoretisch ist die Verwandtschaft zwischen Geschwistern dieselbe wie die zwischen Eltern und Kindern, doch ihre Beziehungen zueinander sind grundsätzlich verschieden. Das Verhalten zwischen Geschwistern reicht von Mord und Kannibalismus bis hin zu einem freundlichen Miteinander. Brudermordende Vogeljunge scheinen nicht zu realisieren, daß sie ihre »Gesamtfitness« schwächen. Unter dem Gesichtspunkt der natürlichen Auslese ist ein solches Verhalten allerdings verständlich: Wenn ein Küken der Brut ein mörderisches Gen in sich trägt, dürfte es einen starken Vorteil haben. Dieser brutale Zug ist unter Vögeln, insbesondere unter Raubvögeln, ziemlich verbreitet. Die Jungen verschiedener nichtparasitärer Arten werfen, wenn sie in ein Elsternnest eingeschmuggelt werden, ihre Stiefgeschwister hinaus oder töten sie. Bei Säugetieren findet man diese üble Angewohnheit nicht, obwohl es für einen Säugling durchaus von Vorteil sein könnte, seine Rivalen angesichts des begrenzten Milchvorrats zu beseitigen.

Das Konzept von Verwandtschaft und »Gesamtfitness« schien am meisten Sinn bei Bienen, Ameisen und Wespen zu machen, für die es ja auch ursprünglich entworfen worden war. Dies hat seinen Grund in der Organisation ihrer Vererbung. Bei den Hautflüglern sowie bei einigen anderen Insektenordnungen schlüpfen die Männchen aus unbefruchteten Eiern. Sie sind also haploid, während die Weibchen diploid sind. Das hat zur Folge, daß – neben der willkürlich zusammengewürfelten Hälfte mütterlicher Chromosomen – alle Töchter dieselben Chromosomen vom Vater erhalten. Bei der Berechnung des Verwandtschaftsgrades ergibt sich, daß sie nicht 50 Prozent ihres Erbguts gemeinsam haben, wie die Geschwister aus einer monogamen, diploiden Verbindung, sondern 75 Prozent. Folglich sollten sie, was den Reproduktionserfolg anbelangt, mehr daraus profitieren, ihren Schwestern zu helfen, als eigenen Nachwuchs zu haben. Deshalb füttern die Arbeiterinnen ihre jüngeren Schwestern und verteidigen die Kolonie.

Diese Rechnung setzt jedoch voraus, daß die Königin sich nur einmal paart. Die Hautflüglerweibchen sind allerdings nicht unbedingt so keusch. Honigbienen können sich zwanzigmal paaren. Bei manchen Ameisenarten paaren sich die Weibchen häufig, wozu sie vielleicht sogar gezwungen sind, um genug Samen für die Erzeugung von Millionen von Arbeiterinnen anzusammeln (Hölldobler und Wilson 1990, 154). Haben die Arbeiterinnen zehn Väter, so haben die weiblichen Nachkommen nicht 75, sondern nur 30 Prozent ihres Erbguts gemeinsam und sind somit weniger miteinander verwandt als die Geschwister eines diploiden Paares. In Kolonien mit mehreren, manchmal sogar vielen Königinnen ist die Situation noch schlechter. Das tatsächliche Verwandtschaftsverhältnis zwischen den Arbeitsameisen liegt also gewöhnlich unter 75 Prozent, die die Theorie erfordert: es ist auf 10 Prozent oder noch weniger reduziert (Hölldobler und Wilson 1990, 187). Die Gruppenauslese-Verwandtschafts-Theorie wird auf diese Weise ein Argument gegen das soziale Leben der Hautflügler.

Die sozialen Beziehungen zwischen Arbeitsameisen und Königinnen sind sehr unterschiedlich: es kann eine oder mehrere Königinnen geben; die Königin kann über die Arbeiterinnen fast völlig oder nur teilweise dominieren; die Arbeiterinnen können gelegentlich oder häufig Eier legen und dabei Männchen oder – seltener – Weibchen erzeugen. Bei einigen Gattungen gibt es diploide Männchen; bei manchen Arten paaren sich die Männchen mit den Schwestern aus dem eigenen Bau, in den meisten Fällen fliegen sie jedoch weg, um nichtverwandte Partnerinnen zu finden; bei einigen verhältnismäßig primitiven Ameisengattungen gibt es keine Königinnenkaste (Hölldobler und Wilson 1990, 185 ff.). Die genetische Verwandtschaft kann dazu nur sehr vereinzelt ein entscheidender Faktor sein.

Warum sollte man nach einer genetischen Erklärung für einen solchen »Altruismus« der Arbeiterinnen suchen? Da ihr Verhalten chemisch gesteuert ist, braucht man weder einen Trieb zum Dienen noch das Vorhandensein einer genetischen Grundlage voraussetzen, wenn sie Parasiten aufgrund attraktiver Sekrete pflegen. Sie sind für gewöhnlich physiologisch und anatomisch paarungsfähig und können häufig auch keine Eier legen. Man könnte sagen, daß die Königin ihre Töchter versklavt, worin Biologen eine elterliche Manipulation sehen. In der Tat vermag die Königin, unfruchtbare Töchter hervorzubringen, die für sie arbeiten.

Aufgrund des Fortpflanzungsprivilegs der Königin wurde die Kolonie zur Reproduktions- und Selektionseinheit, was bereits Darwin beobachtet hatte. Die genetische Verwandtschaft der Arbeiterinnen untereinander bzw. zwischen Arbeiterinnen und Königinnen oder Männchen wird somit bedeutungslos; wenn sie sich nicht fortpflanzen, betrifft die natürliche Auslese nicht sie, sondern nur die Königin oder die Kolonie als Ganzes. Die gleichen Gene führen bei Arbeiterinnen und Königinnen zu unterschiedlichen Konsequenzen, wobei sie bei den erstgenannten in eine Sackgasse geraten (abgesehen von den Männchen, die von den seltenen eierlegenden Arbeiterinnen gezeugt werden). Es ist unerheblich, welche Gene die Arbeiterinnen haben. Es würde keine Rolle spielen, wenn die Königin ihren Sklavinnen nur einen reduzierten Satz dieser Gene übertrüge – z. B. jene, die nötig wären, um ihr zu dienen. Die natürliche Auslese läßt sich jedenfalls auf sie nicht anwenden.

Die Frage bleibt somit offen, wie sich das soziale Verhalten etablieren konnte. In wesentlichen Elementen muß es sich aus der Familie heraus entwickelt haben. Soziale Spinnen verhalten sich insofern ungewöhnlich, als die Mütter ihre Jungen füttern; anfangs würgen sie ihnen die Nahrung aus, später bringen sie ihnen Beutestücke. Die Hautflügler ragen unter den Insekten durch die Komplexität ihrer Instinkte hervor, die sich z. B. in ihren Nestkonstruktionen kundtut, durch die intensive Pflege der Jungen und durch die vielfachen Überschneidungen der Lebensweise von Müttern und Töchtern – alles Merkmale, die die Grundlage für ein soziales Leben bilden.

Die heute noch lebenden Bienen- und Wespenarten repräsentieren alle Abstufungen an sozialer Organisation – von den völlig solitären, nicht staatenbildenden Wespen oder Bienen über diejenigen, die Erdhöhlen miteinander teilen oder in kleinen Kolonien zusammenleben, über diejenigen, die Kolonien ohne Kastenunterschiede gründen, bis zu den anderen, die nur in solchen mit einem spezialisierten Kastensystem leben. Es gibt zwei Pfade, die zu einer Sozialisierung führen und sich überschneiden können. Der eine führt zur Kooperation mehrerer Individuen, die in einem gemeinsamen Bau leben, wobei sich einige auf die Reproduktion spezialisieren, während im anderen Fall die Mitglieder voll und ganz für die Gemeinschaft arbeiten.

Die Arbeiterinnen werden schließlich eine eindeutig unfruchtbare Kaste; solche Kolonien werden in der Fachsprache als »eusozial« bezeichnet. Diese evolutionäre Stufenleiter ist eindrucksvoll. Weitaus mehr Bienenarten sind auf verschiedenen unteren Sozialebenen stehengeblieben. Um das Ganze noch verworrener zu machen, schließen sich bei vielen sozialen Hautflüglern nicht eng miteinander verwandte Individuen zu einer halbsozialen Kolonie zusammen, wobei einige von ihnen das Eierlegen der anderen Art überlassen. Im Gegensatz zu den genetischen Sozialtheorien steht auch, daß Arbeiterinnen aus eusozialen Staaten (einschließlich der Honigbienen) sich oft bei einer fremden Kolonie einschmuggeln, dabei fördern sie natürlich nicht die »Fitness« ihrer eigenen Verwandten, sondern die ihrer Konkurrenten (Michener 1974, 47, 233 ff.).

Ein Schlüsselelement in der Entwicklung von Gemeinschaften ist die Einschränkung der Reproduktion – augenscheinlich kein schwieriges Problem, da viele Arten ohnehin weit weniger Nachkommen zeugen, als sie es eigentlich könnten. Das bestimmende Prinzip in tierischen Gemeinschaften scheint die Dominanz und nicht so sehr der Altruismus zu sein. Die Reproduktion ist mit dem sozialen Status verknüpft. Weibchen wie Männchen konkurrieren um das Privileg, Nachkommen zu zeugen, und die dominanten Individuen behindern dabei die unterlegenen. Ein dominantes Mäusemännchen sondert ein Pheromon ab, um den sexuellen Reifeprozeß bei jüngeren Männchen zu unterminieren und die Schwangerschaft von Weibchen, die von Rivalen befruchtet wurden, abzubrechen; dominante Weibchen unterdrücken die Fruchtbarkeit bei ihren Untergebenen.

Bei Pavianen, vielen Affenarten, Mäusen, Murmeltieren, Wüstenmäusen, Mungos, Elefanten, sozial lebenden Spechten und anderen Tieren schaffen es unterlegene Weibchen nicht bis zur Geschlechtsreife, oder sie kommen nicht in die Brunftphase (Kevles 1986, 216). Höherrangige Weibchen ziehen bei einigen Arten, beispielsweise bei den Wölfen, die Aufmerksamkeit dominanter Männchen außerhalb der Brunftzeit auf sich, halten untergeordnete Weibchen von der Paarung fern oder töten deren Junge und fressen sie nicht selten auf. Unter solchen Arten wie den Eichelspechten, den Anis und den Straußen werfen die höherstehenden Weibchen die Eier der untergeordneten aus dem gemeinschaftlichen Nest. Die Königinnen primitiver Wespenstaaten *(Polistes)* fressen die von Arbeiterinnen gelegten Eier.

Die Bedeutung der Dominanz bei der Entwicklung von sozialem Verhalten ist zweifellos unterschätzt worden. Männlicher Rivalität und Hierarchie wurde bislang größere Beachtung geschenkt als der üblicherweise weniger hervorstechenden Rivalität unter den Weibchen. Doch der Konkurrenzkampf der Weibchen untereinander kann durchaus stärker sein als der unter den Männchen – aufgrund der größeren weiblichen Verantwortung für die Jungen.

Die dominante Position verstärkt sich, wenn ein Weibchen, das die Fortpflanzung der anderen erfolgreicher kontrolliert, aufgrund dessen mehr Nachkommen hinterläßt. Notwendig ist nur, daß das dominante Weibchen ein genetisches Verhaltensmuster auf seine Jungen überträgt, so daß diese, ob untergeordnet oder dominant, darauf vorbereitet sind, sich in eine soziale Ordnung einzufügen. Unterschiede im Temperament begünstigen hierbei die Bildung von Rudeln. Wolfsjunge weisen eine viel größere Temperamentsskala auf – von scheu bis aggressiv – als die nicht in Gesellschaft lebenden

Füchse. Das Wechselspiel zwischen Dominanz und Unterwerfung ermöglicht die soziale Ordnung der Wölfe.

Die »Gesamtfitness« erfordert eine Abwägung, inwieweit ein bestimmtes Maß an Altruismus für die Individuen und die Familie von Vorteil ist. Die natürliche Auslese allein von Individuen mit dem größten Reproduktionserfolg hätte niemals zur Entwicklung sozial lebender Tiere geführt. Desgleichen wäre in der Vergangenheit keine menschliche Gesellschaft möglich gewesen, und sie wäre es auch heute nicht, wenn ihre Mitglieder ausschließlich durch reproduktive »Fitness« motiviert würden.

Spezialisierung auf sozialer Ebene

Kooperation liegt ebensosehr in der Natur des Lebens und der Evolution wie Konkurrenzverhalten. Die freiwillige Unterordnung der Mungos oder der Maulwurfsratten hat keinen sichtbaren Bezug zu ihren ökologischen Verhältnissen. Besonders erfolgreiche soziale Geschöpfe haben ganz unterschiedliche Existenzgrundlagen: Honigbienen sammeln Nektar, Blattschneiderameisen bestellen Gärten, Treiberameisen sind Beutejäger, Termiten kauen Holz, und der Mensch als »Homo faber« versucht mit Verstand und Werkzeug die Energiequellen des gesamten Erdballs auszubeuten. Das Gemeinschaftsleben hat eine evolutionäre Dynamik, die von einer Anpassung an die Umwelt unabhängig ist.

Sehr einfache multizelluläre Tiere können viel mehr zu ihrer Ernährung und zu ihrem Selbstschutz unternehmen als Einzeller. Und die Probleme auf dem Weg zur Vielzelligkeit gehen mit jenen einher, die es beim Aufbau von hochstrukturierten Tierverbänden zu überwinden gilt. Für ihre Spezialisierung in Geweben und Organen mußten die Zellen zunächst ihre eigene Reproduktion aufgeben. Diesen Verzicht haben primitive Lebewesen nur unvollständig geleistet. Ein kleines Stück einer Qualle oder eines Plattwurms kann zu einem neuen Individuum heranwachsen. Bei höheren Tieren haben die somatischen Zellen komplett auf Reproduktion verzichtet, die Keimbahn wird durch die Weismannsche Barriere getrennt.

Auf einer höheren Ebene vermögen Gruppen, Rudel oder Kolonien mehr als das Individuum; sie werden, in dem Maß, in dem die Mitglieder in der Gesamtheit aufgehen, zu einem »Superorganismus«. Eine effektivere Spezialisierung bedingt auch einen vollständigeren Verzicht der »Zellen« der Kolonie auf Reproduktion. So sind die Arbeiterinnen bei den höher entwickelten Ameisen nicht nur sehr differenziert, sondern auch völlig unfruchtbar.

Es scheint so, als könnten die sozialen Insekten die Spezialisierung der Individuen noch weiter treiben und dabei eine Differenzierung erreichen, die den Hunderten oder mehr Zellformen in einem Tierkörper entspricht. Das wäre gewiß sehr vorteilhaft; ein Bienenvolk oder eine Ameisenkolonie mit vielen unterschiedlichen Arbeiterinnen, die speziell für viele verschiedene Aufgaben ausgestattet sind, wäre eine erstaunliche Gemeinschaft. Der Plan für die Bildung von vielen Zelltypen und deren Instruktion zum Aufbau von Organen, aus denen sich höhere Lebewesen zusammensetzen, ist eine phänomenale Leistung, die in Hunderten von Millionen Jahren entstanden ist. Für das Genom bedeutet es eine weitere Perfektionierung, Instruktionen weiterzugeben, die zum Aufbau unterschiedlicher Körper für Männchen und Weibchen, für Junge und Erwachsene (wie bei Raupen und Schmetterlingen) führen, ganz zu schweigen von den verschiedenen »Organen« bei Gemeinschaftslebewesen wie den Siphonophoren, den sog. Staats- oder Röhrenquallen.

Wespen und Bienen haben Königinnen und Arbeiterinnen entwickelt, die nur verhältnismäßig geringfügige Unterschiede aufweisen. Die Arbeiterinnen sind imstande, Eier zu legen, wenn auch nicht, sich zu paaren. Ameisen sind auf diesem Gebiet viel weiter gegangen. Die Arbeiterinnen vieler Arten unterscheiden sich erheblich in der Größe – der Unterschied macht bis zum Hundertfachen aus – und in der Morphologie. So haben die einen Kiefer, die sich zum Kämpfen eignen, andere solche zum Zerkleinern von Samen, wieder andere solche für einfache Haushaltsverrichtungen. Arten mit solcher Spezialisierung – dazu gehören auch die Ameisensoldaten und die Pilzgärtner – zählen zu den erfolgreichsten überhaupt, und doch nimmt sich ihre Differenzierung bescheiden aus, wenn man bedenkt, welch sinnvolle Möglichkeiten hier noch brachliegen. Die sozialen Insekten haben eine Grenze erreicht, über die sie sich offensichtlich nicht mehr hinausentwickeln können. Die Programmierung vieler andersartiger, voneinander unabhängiger Körperstrukturen mit jeweils spezialisierten Geweben und Organen scheint das Evolutionspotential zu übersteigen.

Vögel und Säuger haben keinerlei genetische Kastenspezialisierung entwickelt und blieben daher auf einer niedrigen sozialen Stufe stehen. Nur die Menschen waren zu einer weitergehenden Spezialisierung fähig, indem sie von der genetischen zur kulturellen Evolution vordrangen. Dank der enormen geistigen Leistungen des Gehirns und des gespeicherten Wissens gelang es ihnen, die durch die verschiedenen Körperzellen bedingte Spezialisierung unendlich zu erweitern. Eine hohe Intelligenz und die kulturelle Potenz ermöglichten eine gewaltige Vervielfältigung ihrer Fähigkeiten; es entstand eine neue Art von Gesellschaft mit unbegrenztem Potential.

Die Steuerung der Reproduktion ist in der menschlichen Gesellschaft nicht mehr entscheidend, da die Individuen sowohl kulturell als auch gemäß ihrer Abstammung motiviert sind. Sie bemühen sich nicht mehr bloß um eine Fitness im evolutionären Sinn. Hier wird ein echter Altruismus möglich, und ein bestimmtes Maß davon ist für das Funktionieren der Gesellschaft unerläßlich. Eine Form der Unterwerfung, wie sie zur Aufrechterhaltung der Ordnung bei Ameisen und Termiten vorkommt, ist beim Menschen auf Dauer nicht möglich. Diktaturen haben eine Gleichschaltung des Willens und der Interessen aller versucht, aber die Menschen finden immer Wege, sich einer tyrannischen Herrschaft zu entziehen. Starre Ordnungsgesellschaften vermögen das menschliche Potential nicht auszufüllen.

Die Qualität sozialer Strukturen und die Fähigkeit der Gemeinschaft, sich selbst zu lenken und zu steuern, wird die Zukunft der Spezies »Homo sapiens« und ihrer Kultur bestimmen. Das ist um so kritischer und schwieriger, als die Technologie immer größere Macht gewinnt und immer mehr die biologische Grundlage unserer Existenz entscheidend beeinflußt.

8. Kapitel

Die Dynamik der Evolution

Die genetische Vielfalt

Die klassische genetische Theorie, die sich zwischen den vierziger und sechziger Jahren des 20. Jahrhunderts entwickelte, besagt, daß die Gene wie Perlen entlang dem Chromosom aufgereiht sind, von dem jedes 1000 bis 10000 Basen lang ist. In der Interphase des Kernes wird die DNS aufgerollt, dadurch wird es möglich, daß Teile davon kopiert werden. Diese wandern als Boten-RNS zu Ribosomen im Zytoplasma weiter, und die Transfer-RNS bringt Aminosäuren in die von der Boten-RNS angegebene Reihenfolge, um das codierte Protein aufzubauen. Das einzig Komplizierte dabei scheint zu sein, wie die Gene an- und ausgeschaltet werden, um eine sich selbst regulierende Funktion zu garantieren.

Doch die Angelegenheit ist weitaus komplexer. Die DNS-Stränge sind nur das Zentrum der wundervoll schwirrenden Welt einer Zelle mit ihrem unaufhörlichen Tanz von Bewegungen und Tausenden von Substanzen und Strukturen. Im Durchschnitt führt eine Zelle rund 500 Stoffwechselprozesse durch, an denen etwa 10000 Proteine beteiligt sind (Endler und McLellan 1989, 401). Es gibt Abteilungen und Gefäße, Organellen für verschiedene Zwecke und Mittel zum Transport von Stoffen vom Herstellungs- zum Verwendungsort, mit Fäden, um sie zu führen. Der Kern enthält ein Gewirr von Filamenten, die die Chromosomen bilden. Ein kleinerer Körper, der Nukleolus, mit eigener Nukleinsäure hilft bei der Erzeugung von Ribosomen, die entsprechend den Instruktionen von seiten der DNS die Proteine aufbauen. Sich selbst reproduzierende Mitochondrien führen Stoffwechselprozesse durch. Andere Körper vervollständigen Proteine, die von den Ribosomen nur teilweise synthetisiert wurden, und verdauen die ins Zellinnere gesaugte Nahrung. Eine äußere Membran steuert den Durchfluß von Stoffen in beiden Richtungen.

Die aktiven Teile der Gene, die Exons, sind durch Dutzende von inaktiven Sequenzen, Introns genannt, voneinander getrennt, die entfernt werden müssen, wenn das Gen in Aktion tritt. Nur in seltenen Fällen ist ein eukaryontisches Gen ein einzelner DNS-Abschnitt, das typische Gen besteht aus verschiedenen, unter Umständen weit verstreuten Splittern. Andererseits können zwei oder mehr Gene dasselbe Protein codieren. Die DNS ist Transpositionen, Duplikationen und Deletionen ausgesetzt; die Nukleotide verändern sich ständig in ihren nicht exprimierten Abschnitten (Pollard 1988, 64ff.). Die meisten Gene haben mehrfache Wirkungen; die meisten Proteine werden nicht von einzelnen Genen, sondern von Multigen-Familien aufgebaut. Mehr oder weniger homologe Gene, die in tausend Kopien miteinander verbunden sind und sich vielleicht überschneiden, codieren Teile eines Proteins oder verwandte Proteine, und die Familie kann durch ein einzelnes Gen ein- oder ausgeschaltet werden. Ein Großteil der DNS beschränkt sich auf das Überleben im intrazellulären Wettkampf (Orgel und Crick 1980, 604ff.), trägt aber zum Änderungspotential bei.

Die Zelle kontrolliert die Gene, die die Zelle kontrollieren. Eine große Zahl von Proteinrepressoren und -aktivatoren schaltet die Gene nicht nur ein und aus, sondern verbindet sie auch miteinander (Ptashne 1989, 40ff.). Mindestens 20 genverarbeitende Enzyme führen zu etwa einem Dutzend Typen von Änderungen (J. Campbell 1985, 135). Neben Strukturgenen, die die Produktion von Proteinen lenken, gibt es noch Integratorgene und Sensorgene (deren Zwecke und Funktionen sich überschneiden), die mit verschiedenen RNS arbeiten und die alle Phasen im Herstellungs- und Anwendungsprozeß von Proteinen beeinflussen (Kauffman 1985, 173). Am wichtigsten sind die Regulatorgene, die mit Hilfe von Enzymen eines oder viele nahe oder entfernte Struktur- bzw. Regulatorgene kontrollieren, zum Beispiel jene, die die Muster auf Schmetterlingsflügeln verändern.

Mit der DNS verbundene Proteine, die den Beginn und das Ende einer Transkription regulieren, werden durch kleine, von spezifischen Enzymen gelenkten Nebengruppen blockiert oder gefördert. Eine Rolle spielen auch Restriktionsstellen, Promotoren, Operatoren, Operons und Enhancer. Die DNS erzeugt nicht nur die RNS, auch die RNS produziert – unterstützt von einem Enzym mit dem passenden Namen »reverse Transkriptase« – DNS.

Die meisten Gene sind inaktiv, einige wenige dagegen immer

aktiv. Der Mensch hat drei Milliarden Basenpaare, 600mal so viel wie ein typisches Bakterium, obwohl die Bakterien die meisten der bisher bekannten Enzyme produzieren. Der Unterschied basiert vor allem auf der Tatsache, daß Bakterien wenig inaktive oder kryptische DNS besitzen. Lediglich ein Prozent der menschlichen DNS lenkt tatsächlich die Herstellung von Proteinen, und einige Sequenzen werden hundertfach, ja sogar millionenfach wiederholt. Bei den Eukaryonten hat die Größe des Genoms wenig mit der Komplexität des Organismus zu tun. Einige Knochenfische haben 350mal soviel Nukleinsäure wie andere, Salamander können das Zehnfache von Säugetieren aufweisen (John und Miklos 1988, 319; Gilbert 1985, 350). Bestimmte Protozoen haben hundertmal so viele Basenpaare wie Menschen, bis zu einer Billiarde.

Die Mutation von proteinerzeugenden Genen ist noch nicht vollständig geklärt. Die Fehlerquote bei der DNS-Replikation ist dermaßen hoch, daß sich selbst die einfachsten Organismen nicht unbedenklich ohne Korrekturmechanismen vermehren könnten. Ein Satz Enzyme überwacht, daß die richtige Aminosäure eingesetzt wird; ein anderer kontrolliert, daß die sich neu bildende DNS ihrem Vorbild entspricht, mustert fehlerhafte Abschnitte aus und ersetzt sie; ein dritter Satz ist für die Endkontrolle des fertigen Produkts zuständig. Die Reparatur ist so wirksam, daß sich die Fehlerquote unter Umständen auf nur eine von zehn Milliarden Basen bei jeder Replikation beschränkt; ohne Korrektur läge sie um das Hundertmillionenfache höher. Jedes menschliche Gen hat eine Mutationswahrscheinlichkeit von etwa 1 : 100 000 pro Generation (das läuft auf eine einzige Mutation bei jedem neuen Individuum hinaus); diese Quote scheint ungefähr auch für Tiere zu gelten. Dennoch ist sie schwankend; ein Mutatorgen läßt die Quote bei *Drosophila* auf das Zehnfache ansteigen (Grant 1985, 48).

Unklar ist, warum sich einige Fehler einschleichen. Viele oder die meisten Mutationen werden durch Enzyme verursacht und sind folglich auf bestimmte Konformationen beschränkt, wenn sie die Gene duplizieren, schalten, exprimieren, reprimieren, entfernen oder anderweitig verändern (J. Campbell 1987, 287). Die Mutationsquoten bei Genen differieren um das Vielhundertfache. Die Mutation einiger Gene steigert die Mutationshäufigkeit von anderen; durch Mangelernährung oder andere Streßfaktoren, denen Lebewesen ausgesetzt sind, erhöht sich die Quote. Die Veränderung von Strukturgenen ist fast immer indifferent oder schädlich;

nur in einem von einer Million Fällen ist sie vorteilhaft (Loomis 1988, 103). Eine weitere mögliche Komplikation mit unvorhersehbaren Folgen ergibt sich, wenn ein Gen von einem Virus befallen wird. Dies vermutet man bei den im 9. Kapitel behandelten homöoboxtragenden Genen (De Robertis, Oliver und Wright 1990, 52).

Die meisten genetischen Variationen kommen nicht nur durch die Veränderung von ein oder zwei bestimmten Basen in den Strukturgenen zustande, sondern durch eine Verschiebung von Elementen und durch veränderte Wechselbeziehungen. Die aktiven Teile von Genen, die Exons, können umgruppiert werden. Gene können reprimiert oder inaktive Gene exprimiert werden. Die DNS wird durch die Nachbar-DNS transponiert, dupliziert oder verändert. Sequenzen sind in der Lage, ihre eigene Vermehrung und Verbreitung zu fördern, ein Vorgang, der »molecular drive« (innermolekulare Kraft) genannt wird. Es gibt verschiedene Mechanismen der Genversetzung; dazu gehören Transposition, Genkonversion und ungleiches Crossing over, wodurch sich mutierende Sequenzen in einer Population allmählich verbreiten. Die »molecular drive« ist auf solche inneren Mechanismen zurückzuführen, die den Gegenpol zu den äußeren Faktoren einer natürlichen Auslese und einer neutralen Drift bilden. Alle drei Prozesse können bei der Evolution eines bestimmten Merkmals zusammenwirken (Dover 1986, 160).

Man nimmt an, daß es inaktive Gene gibt, weil es – in Übereinstimmung mit der Theorie vom »egoistischen Gen« – die Aufgabe von Genen ist, Kopien von sich selbst herzustellen. Die Selbstvermehrung von Genen und die daraus folgende Redundanz behindert unter Umständen das Funktionieren bestimmter Abschnitte der DNS, aber die sogenannte Genamplifikation vermag auch die Produktion einer benötigten Substanz zu steigern. Überdies kann nach der Duplikation eines Gens die eine Kopie eine neue Aufgabe übernehmen, während die andere weiterhin die alte Funktion erfüllt. Funktionslose Gene dienen als Reserve für eine mögliche Innovation; nach Ablauf einer gewissen Zeit erweisen sie sich vielleicht als funktioneller als irgendein anderer Strang von Nukleotiden.

In einer Zelle tummeln sich Tausende von Enzymen und Strukturen, von denen keine von den anderen völlig unabhängig ist. Ihre Gesamtheit, die auf ein hohes Maß an Stabilität bei gleichzeitiger Möglichkeit zu Veränderungen ausgerichtet ist, repräsentiert einen

Determinismus gepaart mit Unvorhersagbarkeit. Im Genom mischen sich Fluß und Beständigkeit, Selbstorganisation und chaotisches Getümmel sowie verschiedene Stabilitätsebenen. Die untereinander verbundenen Elemente sind bildlich, vielleicht auch tatsächlich, in Bewegung, erneuern sich und interagieren dynamisch mit Rückkopplungsschleifen.

S. J. Gould drückte es folgendermaßen aus: »Das Genom ist fließend und beweglich, verändert ständig seine Qualität und Quantität und ist angefüllt mit hierarchischen Regulations- und Steuerungssystemen.« Selbst in »einfachen« Organismen kann es paradoxe Wege gehen. Eine Form von *Escherichia coli* war gezwungen, sich an eine Temperatur von 42 Grad Celsius anzupassen. Sie erwies sich bei 37 Grad Celsius als geeigneter als die Form, die schon immer bei dieser Temperatur gelebt hatte. Eine Hefe, *Saccharomyces cerevisiae*, wurde unter gleichbleibenden Bedingungen zu einer höheren Adaptation (A) veranlaßt, dann zu einer anderen (B), die geeigneter als A war, schließlich zu C, die geeigneter als B war. Aber es stellte sich heraus, daß C weniger geeignet war als die anfängliche Form. Algebraisch ausgedrückt: Die Eignung ist nicht transitiv.

Das Problem der Information

Ein Lebewesen repräsentiert eine ordnungerzeugende Ordnung, die fähig ist, sich zu vervielfältigen und möglicherweise zu verbessern. Das ist mit den herkömmlichen Vorstellungen des Verhaltens von Materie nicht nachzuvollziehen.

Höhere Lebewesen dürfte es eigentlich gar nicht geben, da rund 100 000 Gene viel zu wenig sind, um einen Körper, zum Beispiel den menschlichen, völlig zu erfassen. Es wäre kaum glaubhaft (wenn es nicht wahr wäre), daß ein bestimmtes Aufgebot von Proteinen imstande sein könnte, die komplizierten Strukturen der Niere, der Leber usw. zu konstruieren. Wir wissen nicht, welche riesige Anzahl von Worten notwendig wäre, nur um einem Biochemiker zu beschreiben, wie er 150 bis 200 verschiedene Zellformen erstellen und sie an ihrem jeweils richtigen Platz in einem Körper von etwa 75 Billionen Zellen einbauen sollte. Sogar so etwas Einfaches wie die menschliche Haut besteht aus mindestens 15 unterschiedlichen Organen, von verschiedenen Drüsen bis zu einem halben Dutzend Arten von Sensoren; und es bedarf einer Menge Gene, um nur ein Haarfollikel herzustellen. Besonders rätselhaft ist es, wie die Gene die Instruktionen für die Erzeugung des Gehirns zu erteilen vermögen – etwa 100 Milliarden kompliziert vernetzte Neurone der verschiedensten Art.

Die meisterhafte Exaktheit und Detailgenauigkeit, mit denen die Erbmasse operiert, zeigt sich bei der frappierenden Ähnlichkeit von Menschen mit denselben Genen, bei eineiigen Zwillingen. Auch wenn sie getrennt und ohne Kenntnis voneinander aufwachsen, haben sie nahezu den gleichen Pulsschlag, den gleichen Blutdruck und die gleichen Gehirnwellen. Darüber hinaus ist es erwiesen, daß sie dieselben Wissenszweige und Schulfächer bevorzugen und einen ähnlichen Geschmack haben.

Diese Exaktheit ist nur möglich, weil das Genom ein Satz von Instruktionen ist und Instruktionen viel kürzer sind als eine Beschreibung. Wenn man ein quadratisches Blatt Papier diagonal faltet, den Faltvorgang zweimal wiederholt, die Ecken abschneidet und das Ganze öffnet, erscheint eine Form, deren Herstellung ganz leicht ist, deren Beschreibung aber viele Worte erfordert. Ihre Komplexheit liegt daran, daß ein einziger Schnitt vielfache Wirkungen hat, so wie ein einzelnes Gen oder Protein ebenfalls vielfache Wirkungen hat, wenn es mit vielen anderen Proteinen reagiert. Ein noch besseres Beispiel ist die »Mandelbrotmenge«, die im Zusammenhang mit Fraktalen und dem Chaos eine Rolle spielt. Man gibt dem Computer ein einfaches Programm ein: Er soll überprüfen, ob eine wiederholte Funktion an allen Punkten in einem Raum in Richtung null oder unendlich geht. Das erfordert eine unendliche Anzahl von Rechnungen, und das Ergebnis ist ein Fraktalfiligran von einer Komplexität, die nur durch die Detailgenauigkeit des Bildschirms begrenzt wird. Dieses Beispiel ist aufgrund der vielen Fraktalstrukturen in einem höher entwickelten Lebewesen noch aussagekräftiger. Für das Genom ist es nicht notwendig, alle einzelnen Bereiche zu codieren; es genügen schon die codierten Instruktionen für Bereiche, die sich in fraktalähnliche anatomische Strukturen verzweigen: das Bronchial-, Gefäß-, Nerven- und Nierensystem.

Wenn man ein Rezept befolgen will, sollte man erst eine allgemeine Kenntnis von den Materialien und Vorgängen haben – in dem vorhergehenden Beispiel also von dem quadratischen Blatt Papier, vom Falten und vom Schneiden. Für das Gen muß dieses »Verständnis« aus Entwicklungskanälen bestehen, die auf der Grundlage bereits vorhandener Strukturen, d. h. unter Verwendung oder geringfügiger Modifizierung verfügbarer Substanzen, möglich sind. Es ist, als ob das Genom sich aus bestimmten Grundbestandteilen und Aktionsplänen zusammensetzt, die sich, einmal festgelegt, unmöglich oder nur unter Schwierigkeiten ändern lassen; andere sind weniger festgefügt, wieder andere teilweise miteinander verbunden; darüber hinaus gibt es noch eine Anzahl von Splittern, die bei Gebrauch nach genau definierten Regeln zusammengefügt werden können.

Der Organismus kann folglich weitaus detaillierter sein als die eigentlichen Spezifizierungen der Gene. Zwillinge sehen sich unter Umständen so ähnlich, daß selbst die Mutter sie nur mit Mühe auseinanderhalten kann, und doch sind eineiige Zwillinge nicht absolut identisch. Die Gene bestimmen die Ausarbeitung der Linien auf Fingern und Handflächen, nicht aber die genaue Lage und Ausrichtung von Bögen und Windungen. Das Gehirn hat sich weitgehend selbst zu organisieren; die Gene können nur Anleitungen für die Zusammensetzung von informationsverarbeitenden Modulen geben.

Eine begrenzte Anzahl von Genen oder Proteinen kann in einer sehr großen Zahl verschiedener Kombinationen angeordnet sein, die das Informationspotential beträchtlich anschwellen läßt. Die meisten davon dürften nicht lebensfähig sein, doch die Zahl der brauchbaren Kombinationen ist um ein Vielfaches größer als die Zahl der Gene. Die von einem oder mehreren Genen vorgegebene Sequenz von Aminosäuren bildet ein Protein, das sich in spiraligen Windungen zu einer komplizierten innermolekularen Struktur formt und das sich an andere anzuhängen oder sie zu beeinflussen vermag. Jedes Protein ist wie ein spezieller Baustein mit Windungen und Bereichen unterschiedlicher Reaktivität, so daß er sich mit bestimmten anderen auf besondere Weise zusammenschließen kann. Komplexe Zusammenschlüsse dürften einfach durch Anordnung von Regulatorgenen aufgebaut werden, die bestimmte Bausteine mit anderen in Verbindung bringen. Ziemlich einfache Strukturen ergeben im Verbund sehr verwickelte Gefüge, integrierte funktionale Gebilde mit Eigenschaften, die jene ihrer einzelnen Bestandteile übertreffen; so wie die Eigenschaften von chemischen Verbindungen diejenigen ihrer Einzelelemente bei weitem übersteigen.

Der Körper benötigt auch weniger detaillierte Instruktionen, als es aufgrund seiner Komplexität den Anschein hat; denn nicht alle Varianten sind möglich. Es gibt nur bestimmte Hauptrichtungen, die offen sind (nach der These von Whyte 1965). Jedes Merkmal ist das Werk eines Gens oder einer Genkombination, aber für jeden Genotyp oder für jede genetische Konfiguration gibt es nur einen begrenzten Bereich zulässiger Modifikationen; und jede Auswahl schließt viele weitere Wahlmöglichkeiten aus. Der Organismus ist eine integrierte Einheit, dessen Bestrebungen, seinen Bauplan zu erhalten oder seine Integrität wiederherzustellen, nur dürftig erkannt sind. Organe halten an diesem Bauplan fest; nur pathologische Krebszellen schlagen über die Stränge.

Die Attraktoren im Genom

Das Genom kann als ein Satz integrierter Informationskomplexe betrachtet werden, zu deren Beschreibung sich ein Begriff aus der Erforschung der dynamischen Systeme und der Chaostheorie anbietet: *Attraktoren*. Mathematisch gesehen befindet sich ein Attraktor in einem multidimensionalen Phasenraum; er ist ein Satz zulässiger Zustände eines Systems. Der Attraktor ist durch die Mutationsgrenzen definiert. Er stellt miteinander zusammenhängende Elemente dar; Abänderungen sind für gewöhnlich in einem bestimmten Stadium der Entwicklung des Individuums nicht mehr lebensfähig – je geringer die Wahrscheinlichkeit der Lebensfähigkeit ist, um so früher beeinflussen sie die Morphogenese. Abweichungen oder Neuordnungen sind nur innerhalb enger Grenzen erlaubt.

Man könnte auch sagen, daß die von den Genen übermittelte Information in Form von Mustern gebündelt wird – dabei entsteht nicht ein einzelner Gesamtplan, sondern ein Satz vieler einander überschneidender Detailpläne, vergleichbar mit dem Produktionsablauf eines Autos. Beim Aufbau des Organismus scheinen die sich vervielfältigenden Zellen über ihre jeweiligen Aufgaben instruiert zu werden, und sie werden fortwährend zur Bildung von Organen differenziert. Doch das Muster oder die Instruktionen für den Aufbau der Gesamtstruktur bleibt im verborgenen. Ist ein Teil beschädigt, werden einige Zellen wieder zu Embryonalzellen, d. h. bleiben undifferenziert, so daß sie ein neues spezialisiertes Gewebe erzeugen können. Entfernt man die Linse aus dem Auge eines Wassermolches, wird er eine neue ausbilden. Bricht man einer Garnele die große Schere ab, bildet sich die kleinere Schere zu einer Zange aus, und anstelle der ursprünglichen Zange wächst eine kleine Schere nach. Die Garnele repariert nicht einfach das eine Glied, sondern stellt die Gestalt wieder her. Bei einem Süßwasserstrudelwurm, der in zwei Teile quer zerschnitten wird, bilden alsbald die Zellen des hinteren Teils einen neuen Kopf mit Gehirn, Schlund und so weiter aus. Ein kleines Stück eines Wimpertierchens wie des *Stentors* kann sich zu einem vollständigen neuen Einzeller entwickeln. Zerlegt man eine Hydra in kleine Teile mit nur wenigen Zellen, vermag jedes einzelne Teil eine neue kleine Hydra auszubauen. Auch viel größere Tiere mit spezialisierteren Geweben, als sie der Wassermolch oder die Hydra haben, besitzen die Fähigkeit zur Regeneration. Bei einer Eidechse kann ein abgetrennter Schwanz – wenn auch unvollständig – nachwachsen, und auch die abgeschnittene Fingerspitze eines Kindes bildet sich neu.

Es gibt also eine selbstgelenkte Fähigkeit zur Wiederherstellung von Mustern, wenn auch die Reparaturfähigkeit mit wachsendem Alter und mit der Komplexität abnimmt. In einem sehr frühen Stadium werden aus einem Embryo – auch aus einem menschlichen – nach einer Teilung Zwillinge, und ein Kind vermag viel mehr zu regenerieren als ein Erwachsener. Eine Spinne läßt an der Stelle eines ausgerissenen Beins ein neues wachsen, ein Mensch kann seine Haut jedoch nur wieder nachwachsen lassen, wenn sie nicht vollkommen zerstört ist.

Am meisten beeindruckt, daß ein so komplexes Organ wie das menschliche Gehirn offenbar eine Art Abbild von sich selbst hat und als Kompensation von Verletzungen Funktionen bis zu einem gewissen Grad neu übertragen kann. Wenn die Versorgung mit Nerven zu einem Körperbereich unterbrochen ist, übernimmt der ruhiggestellte Sektor – nicht nur bei jungen Menschen – neue Aufgaben; ein funktionierender Bereich vergrößert sich aufgrund höherer Anforderungen (Gazzaniga 1988, 67). Es ist paradox, daß das Gehirn sich selbst bis zu einem gewissen Umfang neu programmieren kann; anscheinend gibt es nicht nur Struktur-, sondern auch Funktionsmuster.

Das Reparaturvermögen kann kaum durch Mutation und Selektion erworben werden. Man steht hier vor einer ähnlich schwierigen Frage wie vor dem Grundproblem der Morphogenese – wie verwandeln sich die Instruktionen in den Genen in Strukturen? Für eine solche Regeneration muß es ein eigenes Signal geben; der Wassermolch oder das Auge des Wassermolches »weiß« irgendwie, daß eine Linse fehlt, und die Zellen fangen an, sich an den richtigen Stellen und Sequenzen zu vervielfältigen und sie zu ersetzen. Auch wenn man annimmt, daß sich der Organismus irgend etwas von den Instruktionen bewahrt, die seinen ursprünglichen Bauplan und die Differenzierung ermöglichten, erklärt dies eigentlich nicht so sehr die Reparaturfähigkeit, sondern unterstreicht nur das Geheimnis der Morphogenese.

Das Muster steht sowohl über den Teilen als auch über der spezifischen Gliederung des genetischen Materials. Einerseits ist ein einzelnes neues Gen imstande, eine Art einen ganz anderen Weg einschlagen zu lassen; andererseits können viele unterschiedliche Genotypen oberflächlich identische Phänotypen hervorbringen (Mayr 1967). Die Chromosomenzahl und die DNS-Menge kann in ähnlichen Formen um das Hundertfache oder mehr differieren (John und Miklos 1988, 258). Die DNS-Bindung in Form von Chromosomen variiert in ähnlicher Größenordnung. Die Chromosomenzahl in einer einzigen Hirschgattung *(Muntiacus)* schwankt zwischen 6 und 46. Am erstaunlichsten dabei ist, daß Arten mit dieser unterschiedlichen Chromosomenzahl miteinander gekreuzt werden können – d. h., ihre Chromosomen können richtig aneinandergereiht werden –, allerdings ist der Hybride nicht fruchtbar (John und Miklos 1987, 265 ff.). Ameisen der Gattung *Myrmecia* haben zwischen 2 und 84 Chromosomen (Hölldobler und Wilson 1990, 195); das Muster muß wichtiger sein als die Aufteilung in Chromosomen.

Das Genom besitzt Elemente, die zusammenpassen und Informationseinheiten bilden. Komplexe wirksamer Gene stellen kohärente Gesamtheiten dar, die innerhalb von normalerweise stabilen Mustern variieren. Ernst Mayr stellte fest: »Die meisten Gene sind miteinander in ausbalancierten Komplexen verbunden, die sich gegen eine Veränderung wehren« (Mayr 1984, 71). Einzelne Gene können Proteine erzeugen (innerhalb von komplizierten Kontrollmechanismen), doch die Bildung von Strukturen – die Morphogenese – erfordert einen oder mehrere Sätze koadaptierter Struktur- und Regulatorgene, die in Interaktion stehen und auf verschiedenen Ebenen einer Selektion unterworfen sind.

Anders ausgedrückt: Das Genom ist ein System verbundener

Attraktoren auf allen Ebenen genetischer Stabilität, von der Grundlage der Zellphysiologie über den Körperbauplan des Phylons bis zu den Charakteristika der Arten. Es gibt schwächere Attraktoren innerhalb von stärkeren – einige mehr oder weniger autonome, andere, die sich in einer fraktalartig absteigenden Sequenz überschneiden. Jedes sich selbst verstärkende Muster oder ein sich selbst ordnender Teil innerhalb des sich selbst ordnenden Gesamtorganismus, wie zum Beispiel das Gehirn, eine Extremität oder die Leber, kann als ein Attraktor betrachtet werden. Jede taxonomische Gruppe, soweit sie einen Kreis von Organismen repräsentiert, die zusammengehören, stellt auf ihrer Ebene einen Attraktor dar.

Genome wie Attraktoren sind auf jeder Ebene organisiert. Soweit die Merkmale übereinstimmen und auf jeder Ebene einen Attraktor bilden, können sie als Selektionseinheit betrachtet werden. Wenn man das Streben nach Selbstvervielfältigung als Ziel des »egoistischen Gens« ansieht, so gilt das erst recht für Genkomplexe, die auf jeder beliebigen Ebene eine teamähnliche Existenz führen.

Der Attraktor ist das Wesentliche an der Selbstorganisation. Für die Genetiker und Mikrobiologen geht es nun darum, herauszufinden, was er darstellt und wie der Organismus von einem Attraktor zum anderen wandert. Ein schwieriges Problem, denn Regulationsfaktoren können nicht durch Proteinsynthese identifiziert werden, und die Konfigurationen sind das Ergebnis einer unbekannten Geschichte. Die Veränderung eines Attraktors kann man sich jedoch als Neuordnung, Umstellung oder als Zerfall führender Erbelemente vorstellen – im Gegensatz zur Substitution von DNS-Basen, die Mutationen von Strukturgenen darstellen. Mit Änderungen in den Wechselbeziehungen ist zu rechnen, denn Elemente der Zelle sind besonders bei der Mitose beweglich. Ein Attraktor dürfte in einer relativ stabilen Konfiguration bestehen oder möglicherweise in einer Konfiguration, die sich durch den Reproduktionserfolg selbst stärkt. Jede lebensfähige Neuordnung würde Regulatorgene in neue Beziehungen zu anderen Regulatorgenen oder -faktoren und zu Strukturgenen versetzen, was deren Wirkungen verstärkt oder verringert.

Die Interpretation des Genoms als ein Satz von Attraktoren ist zwar konkret schwer anzuwenden, dennoch realistisch. Das Genom ist nicht einfach als eine Ansammlung von Proteinen, Nukleinsäuren und verschiedenen Strukturen anzusehen, sondern als deren Ergebnis; es ist ein Plan (oder eine Kombination von vielen Plänen) zum Aufbau eines Organismus, ein Muster oder ein Programm.

Der Genom-Attraktor hat etwas mit dem bekannten Gleichnis von den adaptiven Gipfeln gemeinsam, die eine Art nur verlassen kann, indem sie in die Niederungen untergeordneter Adaptationen hinabsteigt. Gemeint ist damit, nach der von Sewall Wright vertretenen Auffassung, die Fähigkeit einer genetisch differenzierten Population, die mit anderen Populationen derselben Art in demselben Gebiet in Konkurrenz steht. Interessanter ist jedoch die Fähigkeit einer Population, sich eine neue Nische oder Lebensform auszusuchen und dabei mit anderen Arten in Konkurrenz zu geraten. In dieser Situation steht die neue Fitness oder die Höhe des neuen Gipfels in keinem Verhältnis zu dem alten Gipfel. Mit anderen Worten: Die Landschaft hat sich durch genetische Veränderung verändert. Das Erreichen einer neuen Stabilität kann als Hinwendung zu einem neuen Attraktor verstanden werden.

Weniger stabile Attraktoren, die Variationen wie die bei Schmetterlingsflügeln oder bei Eichenblattformen zulassen, können als Äquivalent zu Arten betrachtet werden, die ihre Variabilität innerhalb genetischer Homöostase zeigen. Höherrangige Taxa (d.h. künstlich abgegrenzte Gruppen von Lebewesen) wären dann Attraktoren mit einem höheren Grad an Stabilität, so als ob sie von verschieden hohen Mauern umgeben wären. Einige der Mauern, wie die um Klassen und Ordnungen, sind offenbar viele Millionen Jahre lang unmöglich zu überwinden – im Gegensatz zu den niedrigen und unklaren Abgrenzungen zwischen den Arten. Der Genotyp ist auf vielen Ebenen integriert, und er läßt sich nicht beliebig verformen wie Plastilin.

Stasis kennzeichnet die Stabilität von Attraktoren. Sie ist die Tendenz einer Art, sich trotz genetischer Unterschiede und andersartiger Umwelt auf eine bestimmte Weise zu entwickeln. Die Kraft des Attraktors macht deutlicher, warum Arten sich genetisch grundlegend unterscheiden und doch ähnliche Strukturen aufweisen können oder warum sie in ihrer Genetik wenig differieren, dafür aber sehr unterschiedliche Strukturen haben (wie Menschen und Schimpansen): Der höhere Attraktor dominiert. Dementsprechend kann eine Umstrukturierung als Loslösung von einem Attraktor angesehen werden (in der gängigen Metapher ist das ein adaptiver Gipfel), um zu einem anderen zu wechseln. Das entspricht der von den Anhängern der Punktuation vertretenen Ansicht, daß der evolutionäre Wandel nicht aus der stufenweisen Umbildung von Eigenschaften resultiert, sondern dem Auftauchen neuer Konfigurationen oder neuer Taxa zuzuschreiben ist (Gould 1980, 126).

Die Attraktoren im genomischen Komplex können auf so vielen verschiedenen Ebenen existieren, wie es verschiedene Ebenen in der Struktur und in der Funktionsweise des Organismus gibt, der durch eine Hierarchie von Regulatoren im Genom gesteuert wird. Die Häufigkeit oder Möglichkeit von Übergängen muß variieren – je nachdem, wie stark der Attraktor in das Genom eingebettet ist, und entsprechend der Möglichkeit eines abweichenden Satzes von Genen, die sich sozusagen auf eine Weise abspalten, daß eine neue, lebensfähige Integration entstehen kann. Je einschneidender die Veränderung ist, um so mehr Gene müssen sich gemeinsam bewegen und um so unwahrscheinlicher wird ein Übergang. Innovationen werden weniger und oberflächlicher, wenn die strukturellen Grundlagen durch neue Entwicklungen überdeckt werden. Die Entstehung einer neuen Art erfordert nicht nur neue Gene, sondern einen neuen genetischen Zusammenhalt (Mayr 1984, 79).

Die Sechsbeinigkeit der Insekten ist beispielsweise offensichtlich fest verankert, da sie für Millionen von Arten gilt. Doch dieser Attraktor gestattet eine unendliche Variation im Rahmen weniger umfassender Attraktoren, so bei der Charakterisierung von Käfern (hauptsächlich harte Deckflügel) oder Fliegen (zwei Flügel und eine vollständige Metamorphose). Die Vierbeinigkeit der Tetrapoden ist weniger festgefügt; sie ist nur beim Fötus durchgängig. Einige Amphibien (Schleichenmolche) sowie die Mitglieder von fünf verschiedenen Echsenfamilien und die Schlangen haben alle Gliedmaßen verloren. Bei den Säugetieren haben die Wale und Seekühe (nicht aber höhlenbewohnende Säuger) ihre Beine eingebüßt. Die grundlegende Architektur der Tetrapodengliedmaßen muß ebenfalls als etwas betrachtet werden, das in eine stabile Konfiguration, d. h. in einen Attraktor, eingebettet ist.

Taxonomische Klassen können, soweit sie reale Gruppen sind, mit Attraktoren gleichgesetzt werden. So sind die Vögel beispielsweise durch eine große Anzahl von Merkmalen charakterisiert; nicht allein durch ihr Flugvermögen und ihr Federkleid, sondern auch durch die Endothermik, den Oxydationsstoffwechsel, den Hornschnabel, die fehlenden Zähne, den extrem kurzen Schwanz, das vierkammerige Herz usw. Diese Charakteristika können sich nicht alle zur gleichen Zeit entwickelt haben; doch wenn sich Merkmale unabhängig voneinander – zufällig oder adaptiv – veränderten, würde das eine große Streubreite bedeuten. Umgekehrt vereinigten sich die wichtigsten Vogelmerkmale zum Vogelmuster oder zum Attraktor, der sich durchsetzte.

Kleine Mutationen, Umwandlungen durch einen zufallsabhängigen Prozeß, der die Aminosäuren in Proteinen verlagert, geschehen fortwährend »im Zeitlupentempo«; doch die Loslösung von einem Attraktor bestimmt die Richtung hin zu neuen Strukturen und Lebensweisen und führt zu irreversiblen Veränderungen. Das impliziert, daß der schärfste Konkurrenzkampf nicht, wie Darwin annahm, zwischen Individuen und ihrer direkten Verwandtschaft stattfindet, sondern zwischen neuen und alten Formen.

Die Abkehr von einem stabilen Attraktor ist allerdings höchst unwahrscheinlich. Sie bedingt eine kleine Population, denn die Veränderung ist zunächst von fragwürdiger Adaptationskraft. In der Mehrzahl der Fälle schlägt schon der erste »Seitensprung« fehl. Selbst wenn er zum Erfolg führt und auf lange Sicht eine neue und bessere Integration bewirkt, wird er nur eine schwache Wirkung im Gesamtgefüge hinterlassen. Solche Wandlungen setzen wegen der Unbeständigkeit der Übergangsform ein hohes Evolutionstempo voraus. Größere Innovationen können als Übergänge von einem verhältnismäßig integrierten und stabilen Muster oder Attraktor zu einem anderen verstanden werden. Das bedeutet, daß das Genom in der Übergangszeit wahrscheinlich nicht gut adaptiert ist. Mit anderen Worten: Der Wandel geschieht rasch, wenn gleichzeitig die Population klein ist; vielleicht beschränkt sich dieses Geschehen außerdem auf ein ungewöhnlich günstiges Umfeld. Je tiefgreifender die Loslösung ist, um so schneller läuft der angestrebte Wandel ab und um so kleiner sind die Anfangszahlen. In manchen Fällen dauert eine große Veränderung kürzer als eine bescheidene. Beim berühmten *Hyracotherium* nahm die Entwicklung von der Terrier- bis zur Pferdegröße über 50 Millionen Jahre in Anspruch; dabei bildeten sich zum Grasen geeignete Zähne aus, und die Zehen reduzierten sich zu einem einzelnen Huf – kein überwältigender Übergang. Ein Landtier brauchte für seinen Weg zur Walexistenz offensichtlich weniger als 10 Millionen Jahre, genauso lang war der Werdegang eines auf dem Boden lebenden Tieres zur flüggen Fledermaus.

Das neue eingeführte Schema ist jedoch nicht unbedingt voll ausgereift. Ein Wandel braucht nur eine Richtung anzugeben (Gould 1980, 127), die Erfüllung des Musters kann viele Millionen Jahre dauern. Der *Archaeopteryx* überbrückte zum Beispiel die Kluft zwischen Land- und Luftlebewesen, doch das vollständige Vogelmuster lag noch in ferner Zukunft. Vielleicht war der *Archaeopteryx* in Wirklichkeit ein Reptil mit Federn, und der Vogelattraktor nahm in einer Weise Gestalt an, von der wir nichts wissen.

Eine übereinstimmende oder parallele Evolution wird anhand von Attraktoren verständlich: Verschiedene Formen können gemeinsame Attraktoren haben und sind daher imstande, sich in gleichen Richtungen zu entwickeln.

Die Variation

Es ist wirklich verblüffend, auf welche Vielfalt, Komplexität und Durchschlagskraft das Leben gekommen ist. Es gibt nicht unbedingt eine adaptive Erklärung für die Zeichnung von Schmetterlingsflügeln, für die Formen von Kieselalgen, für das Federkleid der Singvögel oder für die unglaubliche Vielfalt von Insektengenitalien. Die bizarr gebördelten und auskragenden Formen vieler Fledermausnasen sowie ihre Gesichter und Ohren lassen sich nicht auf die verschiedenen Bedürfnisse der vielen Arten zurückführen, die in etwa dieselbe Lebensform aufweisen. Es gibt 20 verschiedene afrikanische Antilopen, die ebensoviele verschiedene Formen von Hörnern präsentieren. Die einzelligen Strahlentierchen (Radiolarien) haben Hunderte von phantastischen Formen mit allen möglichen Facetten und Verästelungen; sie fangen mikroskopisch kleine Beutetiere, die im Meer herumtreiben (O. Anderson 1983, 266). Man kann sich auch kaum irgendwelche adaptiven Funktionen für die vielgestaltigen Kämme der Hadrosaurier vorstellen, die eine lange Umleitung ihrer Atemwege zur Folge hatten. Die Hadrosaurier konnten dadurch auch nicht sehr behindert gewesen sein, denn sie stellten die bei weitem zahlreichste Familie unter den Dinosauriern, als sich die Herrschaft dieser Ordnung ihrem Ende zuneigte (Strickberger 1990, 353).

Viele Varianten innerhalb einer Art sind unabhängig von irgendwelchen Umweltdeterminanten. Besonders unter den Fischen, Amphibien, Schnecken und Insekten, weniger häufig unter Vö-

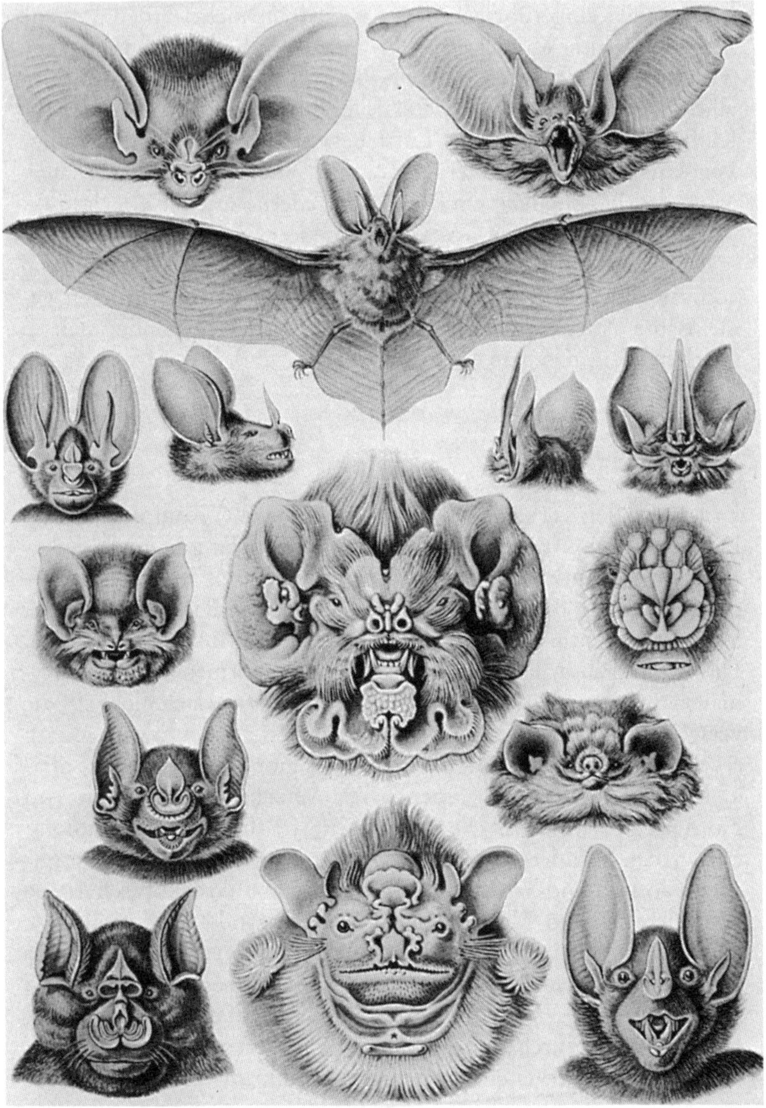

Fledermäuse sehen sich zumeist sehr ähnlich – bis auf ihre schönen Gesichter. (Abb. Ernst Haeckel, *Kunstformen in der Natur*, Verlag des Bibliographischen Instituts, Leipzig und Wien, 1904).

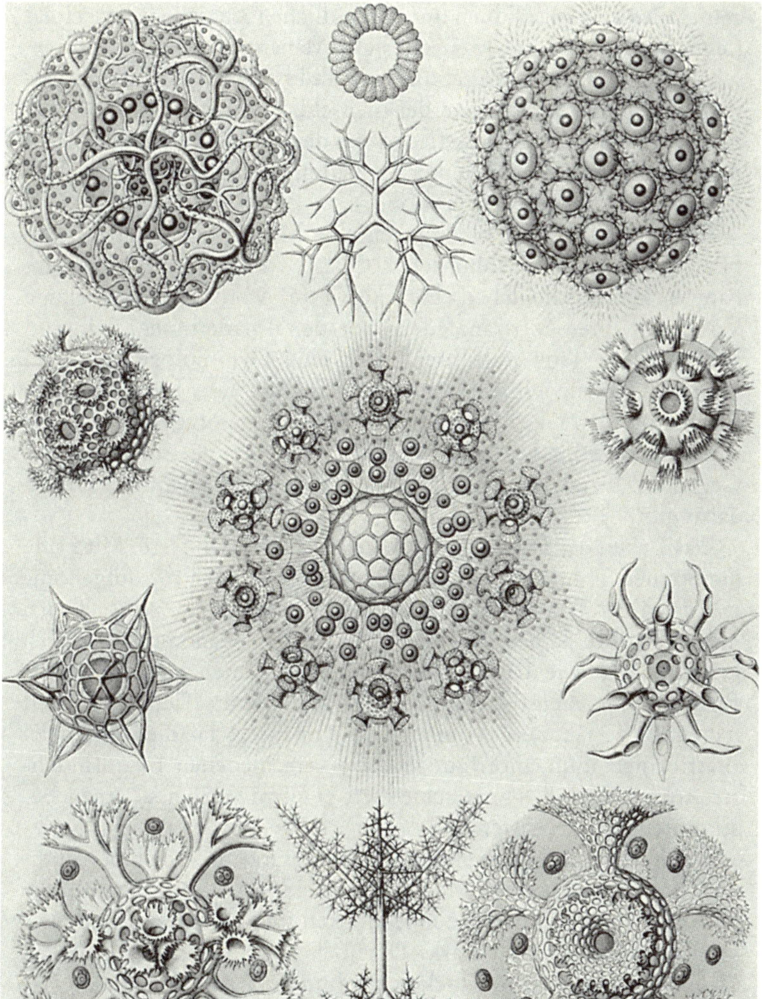

Das ist nur ein kleiner Ausschnitt aus der phantastischen Formenvielfalt der Strahlentierchen. (Abb. Ernst Haeckel, *Kunstformen in der Natur*, Verlag des Bibliographischen Instituts, Leipzig und Wien, 1904).

geln, teilen sich Individuen unterschiedlichen Aussehens denselben Lebensraum, und sie kreuzen sich. Manchmal sind die Unterschiede an eine Tarnung gebunden. Zahllose Details bei den Lebewesen, von den Windungen der menschlichen Fingerabdrücke bis zu den Zeichnungen des Gefieders bei den Erpeln und den sozialen Ameisenstrukturen, haben nicht unbedingt eine spezifische Bedeutung oder eine adaptive Funktion.

Warum haben Löwenmännchen eine Mähne, einige Vögel eine Haube, bestimmte Eichhörnchen Quasten an den Ohren, Jaguare Ringflecken, Rotkehlchen eine rote Weste? Warum prunken einige Vögel mit ihren Schwanzfedern vor den Partnerinnen, während andere einen Tanz aufführen? Der eine Ornithologe stellt bei gewissen Vögeln ein monogames Verhalten fest, weil sie mehr Insekten und weniger Früchte fressen als ihre polygynen Vettern; ein anderer stößt bei einer weiteren Vogelfamilie genau auf das Gegenteil. Es ist durchaus möglich, daß es einen adaptiven Grund dafür gibt.

Das Leben der Pflanzen ist einfacher als das der Tiere. Mit Hilfe der Sonnenstrahlung, des Wassers und der aus der Erde aufgenommenen Mineralien bauen sie ihr Gewebe auf; sie pflanzen sich fort, indem sie ihre Samen verstreuen. Doch ihre Genome haben sich genauso lange wie die der Tiere immer wieder neu geformt, bis die Pflanzen eine ebenso erstaunliche Vielfalt wie die Tiere entwickelt haben. Es besteht kein Grund für die Annahme, daß die vielfältigen Blattformen und -anordnungen, die verschiedenen Baumrindenstrukturen oder die unterschiedlich geformten Stengel einen bestimmten Nutzen hätten.

Dahinter verbirgt sich eine Art Naturgesetz: Innerhalb bestimmter Gemeinsamkeiten im Muster gibt es eine ungestüme Freiheit für alle möglichen Spielarten. Schneeflocken sind sechseckig, und viele von ihnen ähneln sich stark. Dennoch ist es nahezu unmöglich, zwei völlig identische Flocken zu finden. Auch die Wellen des Meeres gleichen sich und sind doch verschieden, oder die Tausende von Orchideenvarietäten, die das gleiche weiträumige Muster mit ihrem Gestaltenreichtum ausfüllen. Auch die Arten vervielfachen sich manchmal hemmungslos, was am besten die hawaiische *Drosophila* dokumentiert. Selbst innerhalb der Arten herrscht eine überquellende genetische Buntheit – den Erkenntnissen der Populationsgenetiker zum Hohn, wonach weniger vorteilhafte Gene eliminiert werden müßten (Trewavar 1988, 3).

Natürlich ist nicht alles veränderbar; offenbar sind Teile des Genoms dafür bereit, während andere stabil bleiben. Die Blüten der Orchideen offenbaren einen phantastischen Variationsreichtum, doch Blätter, Stengel und Samenkapseln sehen sich sehr ähnlich. Notwendig ist demnach nur, daß ein bestimmtes Merkmal hinlänglich funktioniert, um der Art das Überleben zu ermöglichen. Wenn es für gewisse Licht- und Feuchtigkeitsbedingungen eine optimale Blattform gibt oder optimale Spinnennetzformen zum Fliegenfangen, dann sind die meisten Arten jedenfalls weit davon entfernt. Sobald sich eine Möglichkeit als die beste durchsetzen würde, gäbe es viel weniger Arten. Die bestehende Anzahl – man schätzt zwischen 10 und 50 Millionen – ist viel höher, als es sich durch die einfachen Prinzipien der natürlichen Auslese begründen ließe. Obwohl die Evolution neue Nischen durch Koadaptation schafft, muß die Anzahl der Nischen, die unterschiedlich genug sind, um eine adaptive Spezialisierung zu verlangen, weitaus geringer sein als die Zahl der Pflanzen- und Tierarten (Parasiten ausgenommen). In einem einzigen Biotop des Meeres findet man Hunderte Arten von Lebewesen völlig verschiedener Typen – Würmer, Manteltiere, Armfüßer, zweischalige Muscheln, Schwämme, Korallen und andere – in unendlicher Vielfalt versammelt. Alle filtern ihre Nahrung aus dem Wasser heraus.

Man braucht die Evolutionstheorie nicht für die unermeßliche Zahl von Unterschieden verantwortlich zu machen. Aber es käme uns natürlich sehr gelegen, wenn wir für alles einen adaptiven Grund fänden. Aber leider gibt es vielleicht für eine Million von Einzelheiten in der lebenden Natur keine spezielle Erklärung, so wie die Details (innerhalb bestimmter Muster) von Schneeflocken, Meereswellen oder Gebirgsauffaltungen keine Bedeutung haben.

Wenn die Details oftmals oder sogar für gewöhnlich bedeutungslos, zufallsabhängig oder chaotisch sind, kann das auch für den Beginn größerer Unterschiede gelten. Nur ganz wenige Variationen bereiten den Boden für große Neuerungen und weisen zu neuen Ufern. Das Verhalten oder die Struktur, die einen Dinosaurier auf den Entwicklungspfad zum Vogel trieb, war vermutlich von äußerst nebensächlicher Natur – möglicherweise ein Detail im Werbespiel oder die Zurschaustellung einiger Schuppen. Innovationen beginnen zweifellos mit einer unwahrscheinlichen Kombination aus inneren Vorgaben und äußeren Umständen.

Es ist unmöglich, genau zu erforschen, wie eine Art oder eine künstlich abgegrenzte Gruppe von Lebewesen (Taxon) entstanden ist. Ebenso ist es unmöglich, die Entwicklungsgeschichte einer sich brechenden Welle aus der Kenntnis ihrer gegenwärtigen Form zu rekonstruieren. Man kann sich aber durchaus vorstellen, wie das Verhalten einer Mikrobe im Präkambrium im Laufe der Jahrmillionen ein immer stärkeres Gewicht bekam und zur Vielzelligkeit führte, sogar zum Stamm der Chordatiere und schließlich zum Menschen. Die Entstehung des Lebens und seine lange Evolution müssen von vielen höchst unwahrscheinlichen und unvorhersehbaren, großen und kleinen Ereignissen gesäumt gewesen sein, denn dynamische Systeme bringen Dinge hervor, die jenseits aller Vorstellungskraft liegen.

Die Rolle des Chaos

Chaos ist in den Nervenreaktionen ebenso zu beobachten wie in der Zellphysiologie und im Ionenaustausch (Goldberger und West 1987, 7). Gehirnwellen sind auf eine kontrollierte Weise chaotisch, und ihr Chaos kann für das Denken wesentlich sein. Das gesunde menschliche Herz ist chaotischen Schwankungen unterworfen; geht das Chaos verloren, droht eine Herzattacke. Die chaotische Dynamik spielte möglicherweise eine Rolle bei der Sequenzvielfalt in präbiologischen Polymeren und somit bei der Entstehung von Leben (Conrad 1987, 9, 11). Das Chaos läßt sich auch auf das Codieren von Sequenzen in der DNS anwenden. Das unberechenbare Flattern eines Schmetterlings, aufgrund dessen er so schwer zu fangen ist, kann auf einen chaotischen Nervenmechanismus zurückgehen (Conrad 1987, 10).

Das Herzstück des Chaos ist die Rückkoppelung. Die Wellen im Ozean werden chaotisch, weil der Wind beim Aufwühlen der Wasserfläche den Widerstand verstärkt. Die Umlaufbahn des Pluto ist chaotisch, weil eine Abweichung bei der Annäherung an einen anderen Planeten die nächste Abweichung vergrößert. Die Rückkoppelung ist überall in der lebenden Natur anzutreffen. Lebensgemeinschaften müssen höchst chaotisch sein, um so mehr, als Reproduktion gleichbedeutend mit Selbstvermischung ist (Barryman und Millstein 1989, 26). Bei lebenden Prozessen vervielfältigt eine positive Rückkoppelung die molekularen Instruktionen so lange, bis sie durch eine negative Rückkoppelung gebremst werden.

Innerhalb der Selbstregulierung von Organismen und Ökosystemen müssen dynamische Wechselwirkungen zur Veränderung von genetischen Strukturen und Populationsgrößen führen. Wenn selbstreproduzierende Organismen ihre eigenen Muster vermischen, muß sogar ein kleines Maß an Instabilität durch die Anhäufung und Vervielfältigung von Strukturen eine immer stärker anwachsende Komplexität hervorrufen, die bis an die Grenzen des Systems geht.

Ford stellte fest: »Evolution ist Chaos plus Rückkoppelung« (zitiert bei Gleick 1988). Als Langzeitergebnis von Veränderungen im Genom und von Populationsschwankungen, die weder zufällig noch vorhersehbar sind, muß Evolution einer chaotischen Entwicklung unterworfen sein. In den Wechselbeziehungen vieler Organismen mit veränderbarer genetischer Ausstattung und unter dem Druck von Konkurrenz und Umwelt können kleine, nicht einmal erkennbare Unterschiede sich endlos ausweitende Wirkungen zeitigen. Lebewesen hatten Milliarden von Jahren Zeit, um unendlich ausgefeilte, ineinander verzahnte Komplexe aufzubauen, in denen positive und negative Rückkoppelungen eine dominierende Rolle spielen. Kleine Verschiebungen können sich dabei zu großen Veränderungen aufschaukeln (S. Gould 1983, 196). Veränderungen sind nicht additiv: »auf A folgt B« ist nicht gleichwertig mit »auf B folgt A«. Im Genom erzeugt das Chaos eine eingeschränkte Zufälligkeit (Crutchfield, Farmer und Packard 1986, 53).

Folglich muß ein Großteil der unendlichen Komplexität des Lebens, d. h. die Anzahl und Differenzierung von Elementen des Systems und ihre Wechselwirkungen, innerlich und chaotisch erzeugt werden. Lange Zeit glaubte man, daß die genetische Drift durch zufällige, neutrale oder nahezu neutrale Veränderungen von Genhäufigkeiten (oder Allelen) in isolierten Populationen zu evolutionärem Wandel und zur Bildung neuer Arten beiträgt. Doch Chaos bedeutet nicht nur eine stochastische Mutation von Strukturgenen, sondern eine Neuordnung von Elementen des Genotyps.

Das Anwachsen der Komplexität stimmt mit dem Chaosprinzip überein: ein dynamisches System entfernt sich von seinem Ausgangszustand und wird schwieriger zu beschreiben. Die vom Wind getriebene Welle türmt sich auf und wird immer turbulenter, bis zu dem Punkt, an dem die durch Reibung verlorene Energie genauso groß ist wie die Windenergie. Im Wechselspiel zwischen Strukturen, Umwelt und Population entstehen immer neue Kombinationen und Strukturen, die ständig weitere Kombinationen ermöglichen.

Evolution ist die Erforschung eines riesigen, unerkennbaren Bereichs an Möglichkeiten, wobei lebende Formen sich in die eine oder andere Richtung vorwärtsbewegen wie die Scheinfüßchen einer Amöbe, dann plötzlich anhalten und zuweilen fruchtbare Flächen finden, auf denen sie sich vermehren können. Die Richtungen, die sie nimmt, sind unvorhersehbar, aber sie ergeben sich aus den vorangegangenen Zuständen. Evolution ist erfüllt von einem deterministischen Chaos, das zufallsbedingte molekulare Ereignisse zu evolutionärem Wandel umformt. Im Rahmen der natürlichen Auslese schließt das etwas mit ein, was man durchaus zutreffend als Fortschritt bezeichnen kann.

Verständlicher wird eine radikale Innovation durch die Eigenschaft des Chaos, nicht nur Unsicherheit zu erzeugen – wie das Auf und Ab an der Börse –, sondern auch ein unvermutetes Ereignis – wie einen Börsenkrach, eine Katastrophe im mathematischen und wirtschaftlichen Sinn. Die Klimabedingungen, die ein Gewitter auslösen, können auch Tornados entstehen lassen. Ein Stern kann aufgrund einer chaotischen Beschleunigung manchmal aus seinem Sternhaufen ausbrechen, in den er normalerweise eingebunden ist. Für die Neuordnung des Systems bedarf es keines äußeren Auslösers.

Rückkoppelung

Das Ökosystem

Organismen entwickeln sich als Teil einer Gemeinschaft, eines Ökosystems; in jüngster Zeit widmen die Evolutionsforscher dieser Gesamtheit, die sich notwendigerweise zusammenhängend entwikkelt, immer mehr Aufmerksamkeit. Man sollte daher nicht vom Ursprung der Arten, sondern besser von der Entwicklung der Ökosysteme sprechen. Es gibt konkurrierende und kooperierende Populationen, Arten und Lebensformen; Individuen und Gruppen wetteifern auf allen Ebenen um Raum, Wasser, Licht und Nahrung, und niemals kommt es in diesem unentwegten Trubel von Interaktionen zu einem stabilen Gleichgewicht. Es gibt aber eine Rückkoppelung zwischen Organismen und Umwelt; manche nennen die Einheit von Erde und Biosphäre »Gaia« und behandeln sie praktisch als einen Gesamtorganismus (Lovelock 1991).

Die Chaostheorie »könnte viel von dem begrifflichen Rahmenwerk der zeitgenössischen Ökologie unterminieren« (Schaffer und Kot 1986, 63). Am häufigsten wurde sie zu Populationsstudien herangezogen, von der Amöbenvermehrung bis zum zahlenmäßigen Anstieg und Rückgang von Luchsen und Hasen. Die einfachsten Gleichungen zum Populationswachstum, mit Geburts- und Sterberaten, die von wechselnden Bedingungen abhängig sind, führen zu chaotischen Zyklen (May 1976, 459ff.).

Es wäre jedoch künstlich, einzelne Aspekte herauszugreifen; das ganze System ist im Prinzip chaotisch. Adaptation hängt für gewöhnlich weniger von der Eignung für physische Zustände als von Interaktionen mit anderen Arten ab. Der Nutzen aus einer Interaktion kann einseitig sein. Von Räubern darf man im allgemeinen nicht erwarten, daß sie ihrer Beute helfen, oder von Parasiten, daß sie ihren Wirt unterstützen; doch letztendlich sind die meisten Beziehungen in einem stabilen Ökosystem entweder unschädlich oder von gegenseitigem Vorteil. Die Gemeinschaft floriert, weil es mehr Raum für Kooperation als für Konkurrenz gibt. Gegen jegliche intuitive Erwartung erhöht ein räuberisches Verhalten, das in einem gewissen Rahmen bleibt, normalerweise die Vielfalt der Beutearten; es reduziert den Konkurrenzkampf unter ihnen und hält die Arten in Schranken, die sich allzusehr zu vermehren drohen.

Interaktionen werden durch Koevolution noch komplizierter. So bilden zum Beispiel Pflanzen, die von Raupen gefressen werden, Toxine. Die Raupen entwickeln ihrerseits Gegengifte. Darauf reagieren die Pflanzen auf verschiedene Weise; unter anderem überziehen sie ihre Blätter mit einem Flaum. Die Passionsblume *(Passiflora)* bildet giftige Häkchen aus, mit denen sie die Scheinfüßchen der Raupe umklammert; das Insekt antwortet darauf mit einem gesponnenen Seidennetz, auf dem es sich bewegt, während es an den Blatträndern knabbert.

Die ökologischen Untersuchungen konzentrieren sich auf Populationszahlen und -dichte, deren Variabilität sich im Lauf der Zeit verstärkt. Bestimmte Tierarten weisen periodische Zyklen auf und demonstrieren ein deutliches Chaos.

Spezialisierung

Kooperation ist nahezu gleichbedeutend mit Spezialisierung, also mit der Struktur des Ökosystems. Den einzelnen Arten fallen dabei Aufgaben zu, die denen der Organe eines Körpers nicht ganz unähnlich sind. Spezialisierung hat viel mit der Evolutionsdynamik zu tun. Der Erfolg der meisten Organismen besteht darin, daß sie eine Rolle oder Nische finden und sich darauf besser einstellen als ihre Konkurrenten. Wo es wenig Arten gibt, können diese eine breite Palette von Ressourcen nutzen; sind sie viele, spezialisieren sie sich mehr – wie im Regenwald mit seinem Artenreichtum. Verwandte Arten versuchen, getrennte Nischen zu finden. Einige Grasmückenarten spezialisieren sich sogar auf einen bestimmten Bereich der Fichte, in der sie leben (Strickberger 1990, 496).

Spezialisierung hat viele Facetten. Einige Arten fühlen sich dort wohl, wo es nur wenige andere aushalten, in der Arktis etwa oder im Wüstenklima. Einige wählen spezielle Habitate, von den Zweigen in Bäumen bis zu Höhlen unter der Erde. Viele Stechfliegen haben sich darauf spezialisiert, ihr Blutsaugergeschäft nur zu bestimmten Stunden des Tages zu betreiben. Die meisten Spezialisierungen von Tieren sind indes ernährungsbedingt; sie gelten der Quelle, die am meisten umkämpft ist: der Energie oder dem Futter.

Spezialisierung ist Selbstverstärkung durch Rückkoppelung. Sie ist eine Falle; man gerät leicht hinein, und je erfolgreicher sie ist, um so schwieriger ist es, daraus wieder zu entkommen. Als beispielsweise der Panda sich zu seiner Existenzsicherung auf den Verzehr von Bambus umstellte, verlor er die Jagdeigenschaft der Bären, und seine vegetarische Gepflogenheit schließt es aus, daß seine Jägerqualitäten wieder aufleben. Der Koalabär ist auf seine Spezialität so fixiert, daß er nur noch ganz wenige der Hunderte von verschiedenen Eukalyptusarten akzeptiert und ohne sie nicht mehr leben kann (Lee und Martin 1990, 37). Je mehr Abwehrmöglichkeiten eine Art, die als Beute dient, erfindet, um so stärker ist der Druck für ihre Jäger, sich auf eine oder wenige verwandte Arten zu konzentrieren.

Eine Spezialisierung bringt entweder den Erwerb neuer Strukturen, die zu neuen Lebensarten passen, mit sich – z. B. den langen Schnabel der Kolibris –, oder nicht mehr benötigte Strukturen gehen verloren wie die Augen des Maulwurfs. Der Verlust gestaltet sich einfacher; neue Organe sind schwer zu schaffen, aber nicht mehr gebrauchte verkümmern mit unvorstellbarer Geschwindigkeit.

Erfolgreiche Tiere entwickeln nur selten neue Formen. Diejenigen, die eine Zeitlang dominieren, werden durch eine ganz andere Gruppe ersetzt. Die herrschenden Amphibien brachten nicht die Reptilien hervor; und die säugerähnlichen Reptilien legten nicht den Grundstein für die Dinosaurier, die ihnen als Beherrscher der Erde nachfolgten.

Die Evolution unserer Art war möglich, weil das Baumleben die Primaten in den Stand versetzte, eine Vielzahl von Nahrungsquellen anzuzapfen. Aber die Primaten verschafften sich zu einer ganz besonderen Spezialisierung Zugang, die zunächst sehr langsam vor sich ging; sie lief auf eine Generalisierung hinaus – überlegene kognitive Möglichkeiten und Verhaltensflexibilität. Die Hominiden trieben diese einzigartige Adaptation dank der Rückkoppelung mit großer Schnelligkeit und viel Erfolg voran. Ein verzögerter Reifeprozeß ermöglichte die kulturelle Entwicklung, was wiederum verzögerte Reife bewirkte und die Grundlage für das weitere kulturelle Wachstum schuf. Die Vergrößerung des Gehirns und die Kultur erzeugten eine komplexere Existenz, in der das Gehirn mehr gebraucht wurde und die Kultur das kulturelle Wachstum beschleunigte. Heute ist die Menschheit in eine besonders umfassende Spezialisierung chaotischer Art eingebunden. Es gibt zahllose Rückkoppelungen, die diese Art in einer noch nie dagewesenen Weise auf einem irreversiblen Kurs weitersteuern, einem unbekannten Schicksal entgegen.

Die Symbiose

Das Markenzeichen der lebenden Natur sind die »bluttriefenden Zähne und Klauen«. Sie wird beherrscht von einem gnadenlosen Kampf um Überleben und Vermehrung, in dem nur einige erfolgreich sind und viele scheitern. Doch ein anderes Markenzeichen der Natur sind die »grünenden Blätter und Triebe« – und das ist genauso gültig (Boucher 1986, 22).

Die kooperativste Form von Interaktion ist die Symbiose, die gegenseitige Abhängigkeit von zwei zumeist nicht verwandten Arten. Symbiose gibt es überall. Sie ist unter Umständen für die Fortentwicklung vom Bakterium zum Protisten zum Teil verantwortlich. Folgt man Lynn Margulis, so wurde die eukaryontische Zelle möglich, weil ein übergroßes Bakterium das genetische Material in einem zentralen Kern angehäuft hatte und dabei einen Modus vivendi mit kleineren Bakterien erreichte; entweder sie schluckte sie oder die Bakterien drangen in sie ein. Bakterien sind häufig Symbionten innerhalb eukaryontischer Zellen. Organellen, Mitochondrien, Plastidien oder Chloroplasten; möglicherweise sind auch andere Teile, wie Mikrotubuli und Flimmerhärchen, auf diese Weise entstanden. Sie haben eine Art Eigenleben, reproduzieren sich unabhängig und erzeugen ihre eigenen Proteine (Margulis und Sagan 1986).

Unzählige Tiere und Pflanzen unterschiedlicher Arten sind in vier Kategorien von Beziehungen miteinander verbunden: *Symbiose* nennt man eine enge Beziehung, die für beide Seiten von Vorteil ist; der *Mutualismus* ist weniger eng, aber wechselseitig von Nutzen; vom *Kommensalismus* profitiert eine Seite, während er für den Partner zumindest nicht schädlich ist; und der Nutzen des *Parasitismus* für den einen geht auf Kosten des anderen. Termiten sind von Protozoen in ihren Eingeweiden, die Protozoen von den Termiten abhängig. Die Treiberameisen leben von einer Pilzart, von der man annimmt, daß sie nicht in der Lage sei, unabhängig von ihnen zu existieren. Einige Würmer und Fische entwickeln eine körpereigene Leuchtkraft, indem sie sich in speziellen Organen lichtausstrahlende Bakterien einverleiben. Afrikanische Honigdachse lassen sich von bestimmten Vögeln, den sog. Honiganzeigern zu den Bienenstöcken führen, während die Honiganzeiger die Dachse (bzw. Menschen) brauchen, die ihnen die Stöcke öffnen.

Ein ebenso wichtiges wie wenig beachtetes Kooperationsgeschäft läuft zwischen Pilzen und Holzpflanzen, auf oder in deren Wurzeln sie wachsen. Die überwiegende Mehrzahl solcher Pflanzen stützt sich auf diese Partner, um ihre Aufnahmekapazität von Feuchtigkeit und Mineralien aus dem Boden zu erhöhen. Die häufigsten Symbiosen findet man in der Kombinationsform von Pilzen und Algen in Flechten. Ein halbes Dutzend verschiedener Pilzfamilien setzt auf dieses sinnvolle Arrangement, wobei sie sich dabei mit über 20 Algengattungen etlicher weit auseinanderliegender Klassen verbünden. In den meisten tropischen Wäldern sind die Bäume von Flechten bedeckt, am üppigsten gedeihen diese für gewöhnlich in einer sehr rauhen Umgebung, auf kahlen Felsen und in der arktischen Tundra zum Beispiel. Pilz und Alge bilden nur bei Nährstoffknappheit ein Paar (Smith und Douglas 1987, 142).

In einer Symbiose entwickeln sich die Arten gleichzeitig, sozusagen im Tandem. Die Akazie verschafft stechenden Ameisen Kost und Logis, die Ameisen vertreiben dafür andere Insekten und weidende Tiere und entfernen sogar konkurrierende Vegetation. Noch häufiger ist der »Ameisenlohn« für den Abtransport von Samen, die mit einem nahrhaften Fettlappen versehen sind. Die Ameisen nehmen den Samen mit nach Hause, verspeisen den eßbaren Teil und lassen den harten Kern zurück, der dann im Bau oder in dessen Nähe zu keimen anfängt, wo die Bedingungen für sein Wachstum normalerweise günstig sind. Nicht weniger als 3000 Pflanzenarten haben diese Angewohnheit, die sie oft unabhängig voneinander in mindestens sechzig Familien entwickelt haben. Das Verhältnis ist trotzdem locker: Keine Ameisenart ist von den Samen bestimmter Pflanzen abhängig, und es gibt keine Pflanzen, die sich auf eine bestimmte Ameisenart verlassen.

Während eine Spezialisierung auf die Samenverteilung nicht vorhanden ist, tritt eine enge und wechselseitige Abhängigkeit bei der Bestäubung häufig auf. Ein bekanntes Beispiel geben die Yucca *(Yucca)* und die Yuccamotte *(Tegeticula)*. Die Yucca ist für eine Befruchtung völlig von der Motte abhängig; diese bestäubt nicht nur, indem sie beim Nektarsammeln an den Staubgefäßen verschiedener Pflanzen entlangstreift, sondern zeigt eine verblüffende aktive Übertragung. Die Motte interessiert sich nur nebenbei für den Nektar; sie sammelt die Pollen von den Staubgefäßen, formt sie mit einem speziellen Rüssel zu einem Ball, fliegt zu einer anderen Pflanze (nicht zu einer anderen Blüte) und streift den Ball an deren Narbe ab. Nachdem sie ein paar Eier auf dem Fruchtknoten der Yucca abgelegt hat, rollt sie einen weiteren Pollenball, fliegt zu einer anderen Pflanze und wiederholt den Vorgang. Als Entgelt für den Bestäubungsservice verzehren die Mottenlarven nur einige von den vielen Samen, die sich entwickeln (Perry 1983, 80).

Gleichermaßen kompliziert ist die Kooperation zwischen kleinen Wespen und Feigen. Der Feigenbaum liefert einen Fruchtboden, aus dem die eßbare Frucht entsteht, mit männlichen und zwei Arten weiblicher Blüten. Eine Wespe von der Art, die diese bestimmte Feigensorte bedient, sammelt die Pollen in dafür vorgesehenen Säckchen und fliegt zu einem anderen Feigenbaum. Dort schüttelt sie die Pollen über den Narben der weiblichen Blütenart aus, in die sie keine Eier legen kann. Die Eier legt sie im Anschluß in die für sie zuständigen weiblichen Blüten. Es kann noch eine weitere Sorte weiblicher Blüten geben, die eine andere Wespenart anlocken. Außerdem hat jede Feigenart ihre eigene Parasitenwespe, und eine sog. Kuckuckswespe kann ihre Eier in der Feige ablegen, ohne sich an der Bestäubung zu beteiligen.

Viele Symbiosen müssen sich aus einer simplen »Ausbeutung« heraus entwickelt haben. Ein Pilz, der Baumwurzeln befällt, würde daraus Gewinn schlagen, wenn sie am Leben blieben. Stellt er Nährstoffe zur Verfügung, wird der Baum einen Vorteil darin finden, den Pilz zu fördern. Ein Organismus, der sich auf einen Parasiten einläßt, kann in Abhängigkeit geraten. Eine Amöbe *(Amoeba proteus)* könnte nach ein paar Jahren nicht mehr ohne ein Bakterium leben, durch das sie ursprünglich krank geworden ist (Smith und Douglas 1987, 210). Die zahlreichen Arten von Flechten, wobei viele Pilzarten ebenso vielen Algenarten Schutz gewähren, legen einen einfachen Ursprung der Symbiose nahe. Ein Pilz, der von einer Algenkolonie lebte, beschützte sie, statt sie vollends aufzufressen, und nahm sich nur einen Teil der Kohlenhydrate, die sie erzeugte.

Viele Symbiosen oder Mutualismen schließen dennoch unvermutete Instinkte und seltsame Strukturen mit ein. So lesen einige kleine Fische, insbesondere Lippfische *(Labroides dimidiatus)* Parasiten von größeren Fischen ab, sogar im Maul dieser Tiere. Viele Fischarten schwimmen zu eigens für diesen Zweck eingerichteten »Wartestuben« und stehen Schlange, bis sie gesäubert werden. Für den Lippfisch wäre es selbstmörderisch, sich einem großen Fisch zu nähern, wenn dieser nicht seinen Appetit zügeln würde; und der große Fisch würde nicht zögern, sich den Lippfisch zu schnappen, wüßte er nicht genau um dessen Reinigungsdienste. Kompliziert wird die Situation durch einen anderen kleinen Fisch, den Schleimfisch *(Aspidontus taeniatus)*, der den Lippfisch täuschend ähnlich nachmacht. Er nähert sich dem großen Fisch, der ihm keine bösen Absichten unterstellt. In Wirklichkeit mißbraucht er sein Vertrauen und beißt ihm ein Stück aus der Schwanzflosse. Der Schleimfisch bewegt sich mit dieser Lebensweise von vornherein auf einem schmalen Grat. Würde er sich stark vermehren, hätte die Toleranz für den Putzer ein Ende. Fest steht, daß die älteren Fische zwischen Putzern und Täuschern zu unterscheiden lernen.

Manchmal kooperieren Lebewesen bei der Beschaffung der nötigen Nahrung. Wenn ein Tier stirbt, beginnt ein Wettlauf um seinen Kadaver. Wer zuerst ankommt und seine Eier legt, hat einen gewaltigen Vorsprung. Aasfliegen machen häufig das Rennen, und ihre Larven schneiden oft besser ab als die des Totengräbers *(Necro-*

phorus). Doch der etwas zu spät kommende Käfer bringt ein paar Dutzend Milben mit. Diese steigen am Zielort ab, machen die Fliegeneier ausfindig und verspeisen sie, was dem Gedeihen der Käferlarven zugute kommt. Wenn der Käfer dann nach einem neuen Kadaver Ausschau hält, schwingen sich wieder ein paar Milben bei ihm in den Sattel. Die anderen bleiben an Ort und Stelle und leisten den Käferlarven bei ihrer weiteren Entwicklung Gesellschaft.

Wird ein Organismus von einem anderen abhängig, bilden beide Partner eine Selektionseinheit. Diese kann völlig integriert sein wie bei eukaryontischen Zellen oder nur zum Teil wie bei Staatsquallen; es können verwandte Individuen sein, wie die Angehörigen einer Ameisenkolonie, oder voneinander abhängige Arten, wie Motte und Yucca. Die Evolution der symbiotischen Einheit ist komplexer als die eines Individuums und ihre Eignung zu schwierigen Adaptationen deutlich differenzierter.

Die enge Kooperation von Organismen steht im Mittelpunkt der Fortschritte in der Geschichte des Lebens. Sie erlöste den Kern von eukaryontischen Zellen von seinen »Haushaltspflichten«, die von den Organellen übernommen wurden. Ein vielzelliger Organismus ist eine eindrucksvolle Symbiose von spezialisierten Zellen, von denen jede Art einen anderen Teil der genetischen Instruktionen des Gesamtwesens darstellt. Sozial lebende Insekten sind im Grunde immer Symbionten, da den verschiedenen Kasten Spezialaufgaben zugeteilt werden. Die durch die menschliche Kultur repräsentierte entwicklungsgeschichtliche Revolution muß bei der fortgeschrittenen Bereitschaft eines Affen, zum gegenseitigen Vorteil zu kooperieren, ihren Ausgang genommen haben.

Symbiotische oder kooperative Beziehungen haben also eine sehr große – von den Theoretikern vernachlässigte – Rolle in der Evolution gespielt. Spezialisierte Fähigkeiten gewinnen durch Koevolution und Kooperation an Wirkungskraft. Keiner weiß zu sagen, welchen Teil der Evolution der Konkurrenzkampf und welchen die Kooperation einnimmt; diese beiden Aspekte sind nicht voneinander zu trennen.

Philosophen stellten die Kooperationsbereitschaft in der Natur gerne als Vorbild für den Menschen hin. Peter Kropotkin behauptete in seinem bedeutendsten Werk, *Gegenseitige Hilfe in der Tier- und Menschenwelt*, daß der Schlüssel für die Evolution stärker in der Kooperation zu suchen sei als in der Auseinandersetzung, die das Überleben des Geeignetsten heraufbeschwört, und er versuchte, dieses Prinzip auf das menschliche Leben anzuwenden. Obwohl seine Bemühungen um eine Neufassung der Evolutionstheorie nicht von Erfolg gekrönt waren, eröffnet die Beachtung der Tatsache, daß Lebewesen voneinander abhängig sind, eine neue Perspektive, die von dem üblichen Konkurrenzkampf abweicht.

Der Parasitismus

Der Parasitismus verwandelt sich leicht in eine Symbiose, da es nicht im Interesse des Parasiten liegt, seinen Wirt zu schädigen; die nachteiligen Wirkungen halten sich bei einem Großteil der Parasiten in sehr engen Grenzen (Cheng 1970, 222). Bakterielle Infektionen tendieren beispielsweise dazu, an Virulenz zu verlieren. Sie können sogar hilfreich sein, wie etwa die Darmflora, die bei vielen Tieren, insbesondere bei Wiederkäuern, die Verwertung pflanzlicher Nahrungsstoffe unterstützt.

Der Parasitismus kann zwar in einer glücklichen Symbiose enden, doch letztlich ist er eine Einbahnstraße. Bereits durch eine leichte Abhängigkeit geht, wenn sie Erfolg bewirkt, die Fähigkeit verloren, eine eigenständige Existenz zu führen. Ein Extrembeispiel dafür ist die *Sacculina* (Sackkrebs), ein dem Rankenfußkrebs verwandtes Krustentier, das sich zu einem auf Krabben lebenden Parasiten entwickelte. Vermutlich war die Ursache für diese Verwandlung ein Rankenfußkrebs, der sich an eine Krabbe anheftete und feststellte, daß es einfacher war, seine Nahrung der Krabbe zu entziehen, als sie aus dem Wasser herauszufiltern. Einige Zellen der freischwimmenden *Sacculina*-Larve dringen in die Krabbe ein, setzen sich in ihrem Leib fest und entsenden wurzelähnliche Fortsätze. Der Sackkrebs ähnelt schließlich eher einem sich verzweigenden Tumor als einem Gliederfüßer. Dennoch ist er immer noch zu einem ziemlich komplexen Verhalten fähig. Wenn sich die Krabbe schält, dringt die *Sacculina* in ihre Fortpflanzungsorgane ein. Das gelingt ihr jedoch nur bei weiblichen Krabben. Ist der Wirt daher männlichen Geschlechts, zerstört die *Sacculina* seine Testikel und veranlaßt ihn auf diese Weise dazu, eine weibliche Gestalt anzunehmen.

Die Zahl der Pflanzen, die von anderen Pflanzen abhängig ist, ist weit größer, als man im allgemeinen annimmt, und reicht von zahlreichen Epiphyten, die Bäume als Unterlage benutzen, bis hin zu jenen, die dem Baum Säfte entziehen, aber eigenständig Chlorophyll produzieren (wie die Mistel) und vielen anderen, die als vollständige Parasiten an den Wurzeln der Nährpflanze siedeln. Die *Rafflesia* lebt wie die *Sacculina* fast ausschließlich im Innern des Wirts. Zum Ausgleich bringt sie die größte Blüte der Welt hervor, ein Gewächs von etwa einem Meter Durchmesser.

Der Parasitismus führt nicht nur zur sog. Degeneration, sondern auch zu bizarren Lebensformen wie zu jenen scheinbar unnötigen Wurmzyklen, die im 4. Kapitel gestreift wurden. Während die Leberegel verschiedene Wirte durchlaufen, absolvieren sie eine regelrecht metamorphische Gymnastik und ändern dabei ihre Form und Reproduktionsmittel. Ein rätselhafter Vorgang. Ein Eingeweidewurm, der in der Leber eines Säugetieres lebt, sollte seine Vermehrung eigentlich vernünftigerweise so einrichten, daß er seinen Nachwuchs direkt auf andere Tiere derselben Art überträgt (wie es viele Parasiten tun), und nicht einen Umweg über Schnecken- und Ameisenwirte einschlagen. Andererseits: Wenn der Wurm schon in Schnecken eindringen und sich dort vermehren kann, dann sollte er seinen Aufenthalt gleich dazu nutzen, sich auch auf andere Schnekken zu verbreiten. Der Trip durch mehrere Wirte widerspricht dem Prinzip der Spezialisierung auf einen einzigen. Es muß genetisch schwierig sein, mehrere Genome zu entwickeln, die nacheinander eingeschaltet werden und von denen jedes an ganz unterschiedliche Penetrations- und Existenzbedürfnisse in sehr verschiedenen Tieren adaptiert ist. Doch das Ganze funktioniert. Die Bilharziose, bei der Schnecken als Zwischenwirt fungieren, ist wahrscheinlich eine der am stärksten verbreiteten menschlichen Infektionskrankheiten.

Einen besonders interessanten und komplexen Parasitismus führen die sozial lebenden Hautflügler vor. Einige Faltenwespen (Hornissen und verwandte Arten) präsentieren alle Stadien von Parasitismus – von einer fakultativen Staatenbildung durch eine Königin, die in eine Kolonie ihrer eigenen oder einer verwandten Art eindringt, über einen obligatorisch temporären Parasitismus, bei dem der Parasit die Wirtskönigin tötet und ihre eigenen Arbeiterinnen zeugt, bis hin zum Vollparasitismus, bei dem die Wirtskönigin am Leben bleiben darf und der Parasit nur sexuelle Formen produziert (Matsuura und Yamane 1984, 196ff.). Einen ähnlichen Gesellschaftsparasitismus gibt es auch bei den Hummeln. Zumeist besteht er bloß in der Gewohnheit spät auftauchender Weibchen, bereits vorhandene Nester zu übernehmen. Einige Hummeln (von der

Gattung *Psithyrus*, der Schmarotzerhummel) haben ihre Fähigkeit, Kolonien zu gründen, völlig verloren. Sie haben stärkere Stacheln, Kiefer und Schutzpanzer entwickelt als ihre Wirte und die Arbeiterinnenkaste abgeschafft. Bei Ameisen muß sich ein solches Verhalten oft eingestellt haben. Man kennt inzwischen über hundert Arten sozial lebender, parasitärer Ameisen, und viele Gattungen führen ausschließlich ein Parasitendasein.

Zu dieser Abhängigkeit scheinen bei den Ameisen zwei Verhaltensweisen beigetragen zu haben. Die Kolonien überfallen andere ihrer eigenen Art. Die verschleppten Puppen werden nicht gefressen, sondern dürfen ausschlüpfen. Nach dem Hochzeitsflug kehren die befruchteten Weibchen manchmal zu ihrer eigenen Kolonie zurück oder dringen in eine andere Kolonie ihrer oder einer verwandten Art ein, wo sie die Stelle der Königin einnehmen. Die beiden Verhaltensweisen treten oft zusammen auf, eine davon kann durch Rückkoppelung ein Übergewicht bekommen. Ein leichter Vorteil bei den Überfällen (aufgrund der größeren Aggressivität) oder beim Aufbau von Kolonien durch temporären Parasitismus (bedingt durch das Auftreten kleinerer und attraktiverer Königinnen) wächst sich dann zu einer Spezialisierung aus.

Im Anfangsstadium geschieht die Plünderung der Nachbarn unregelmäßig, bzw. eine Art ist nur fakultativ parasitär und in der Lage, unabhängig mit dem Aufbau von Kolonien zu beginnen.

Später bahnt sich dann eine Parasitenkönigin mit Gewalt ihren Weg in eine Kolonie, und sie stellt die Gründung einer eigenen Kolonie ein. Viele Arten haben nur diese Ebene eines zeitweiligen Parasitismus erreicht.

In einem dritten Stadium überfällt die parasitäre Art Kolonien derselben Art, in der sie sich ursprünglich als Parasit eingenistet hat, und entführt die Brut, um sie dann als Sklavinnen großzuziehen. Das scheint eigentlich optimal zu sein; auf der einen Seite sind die Plünderer unter den Ameisen noch ganz gut in der Lage, mit ihren eigenen Angelegenheiten fertigzuwerden, auf der anderen erhöhen sie ihre Arbeitskapazitäten. Die evolutionäre Folge für die Plünderer ist jedoch, daß sie spezialisierter werden. Typisch ist die Ausbildung von mörderischen Kieferzangen (wie bei *Polyergus* und *Strongylognathus*). Die Sklaventreiber hören schließlich auf, sich um die eigene Nahrungssuche und Hausarbeit zu kümmern. Dabei können sie ihre Fähigkeit verlieren, sich selbst zu ernähren, obwohl einige Arten (zum Beispiel *Leptothorax duloticus*) gewisse praktische

Eignungen wiedererlangen, wenn sie ohne Sklavinnen auskommen müssen.

Im vierten Stadium stellen die Parasiten ihre Beutezüge nach Sklaven ein, vielleicht, weil sie spezialisierter darin geworden sind, sich in Wirtskolonien einzuschleichen. Statt dessen wird der Wirtskönigin das Leben geschenkt, und sie darf Sklavenarbeiterinnen produzieren. Allerdings wird sie daran gehindert, selbst eine geflügelte (reproduktionsfähige) Brut hervorzubringen. Die parasitäre Art reduziert ihre Arbeiter-(Kämpfer-)Kaste und vertraut ganz auf die Kraft ihrer reproduktionsfähigen Mitglieder, in Wirtskolonien eindringen zu können. Letztlich verschwindet die nutzlose unreproduktive Kaste völlig, es werden nur noch sexuelle Parasitenformen erzeugt. Eine parasitäre Art *(Teleutomyrmex)* lebt zum Beispiel auf Kosten der Wirtskönigin; die Ameisen sind darauf angewiesen, daß die Wirtsarbeiterinnen die Nahrung für sie erbrechen. Die Dekadenz führt direkt zur Degeneration. Die Männchen verlieren ihre Flügel und paaren sich nur noch mit den Schwestern im Bau (Hölldobler und Wilson 1990, 436ff.).

Die einzelnen Stadien bilden eine in sich logische Abfolge; es ist allerdings nicht ersichtlich, warum ureigene Fähigkeiten dabei verlorengehen. Die Sklavenfänger könnten ihre Brut füttern und pflegen, wenn sie sich nicht mit der Plünderei abgäben, und es würde sie ganz wenig Zeit kosten. Die Parasiten der Gattung *Kyidris* bemühen sich kaum, etwas Nützliches zu tun und sich beispielsweise um die Brutpflege zu kümmern. So geraten Sklavenhalter schließlich in eine totale Abhängigkeit.

Jede Adaptationsstufe zum sozialen Parasitismus ist weniger häufig, d. h. weniger erfolgreich als die vorangegangene. Arten, die ihre Kolonien auf parasitäre Weise gründen, sind nicht so zahlreich wie die unabhängigen Arten derselben Gattung. Fakultative Sklavenhalter kommen nicht so oft vor wie zeitweilige Parasiten, und obligatorische Sklavenhalter sind noch seltener; sie sind also auch weniger erfolgreich. Äußerst gering ist das Vorkommen nahezu aller Vollparasiten; viele von ihnen sind überhaupt nur einmal angetroffen worden (Hölldobler und Wilson 1990, 446).

Es kann kaum sein, daß jeder Schritt in der Evolution durch einen Reproduktionserfolg zustande gekommen ist; es muß anscheinend eine konteradaptive Tendenz gegeben haben. Der Verlauf ist möglicherweise mit der doppelten Rückkoppelung verwandt: Eine Spezialisierung ist der Anstoß für die nächste, und ein Gewinn für den Parasiten bedeutet einen Verlust für die Wirtsart und eine Einbuße für den Erfolg des Parasiten.

Es gibt viel mehr vollparasitäre Arten (wenn sie auch selten sind) als zeitweilige Parasiten oder Sklavenhalter. Hölldobler und Wilson führen 13 zeitweilige Parasiten auf (es gibt aber noch mehr), 12 Sklavenhalter und 68, die die Kaste der Arbeiterinnen nahezu oder ganz verloren haben (Hölldobler und Wilson 1990, 438ff.). Bei vielen Gattungen sind überhaupt nur Vollparasiten bekannt. Wenn eine Art diesen Kurs erst einmal eingeschlagen hat, gelangt sie ziemlich schnell zum Endstadium und lebt dann in kleiner Anzahl weiter, die die Wirtsspezies nicht ernstlich beeinträchtigt.

Parasitismus ist meist eine irreversible Spezialisierung, da eigenständige Fähigkeiten verlorengehen. Für einen durchschnittlichen Fleischfresser ist es nicht unmöglich, seine Abhängigkeit von den Jagdtieren aufzugeben. Vorwiegend fleischfressende Bären sind eigentlich Allesfresser. Aber Parasiten haben unwiderruflich auf ihre Fähigkeit, sich selbst zu versorgen, verzichtet.

Die sexuelle Auslese

Wie der Parasitismus ist auch die sexuelle Auslese, zu der auch die Selektion des Werbeverhaltens gehört, selbstverstärkend. Ihren Anfang nahm sie vermutlich, als ein bestimmtes Signal sexuelle Reflexe auslöste. Daraufhin dürfte es zum Konkurrenzkampf unter den Männchen gekommen sein, dieses Signal auszusenden; sie sind das Geschlecht, das den kleineren Anteil an der Reproduktion trägt. Das spezifische Erscheinungsbild der sexuellen Selektion war am Anfang wahrscheinlich chaotisch – warum sollte sich ein Fregattvogel-Weibchen durch ein Männchen angezogen gefühlt haben, das zufällig einen roten Fleck am Hals hatte? –, und sie entwickelte sich dann durch positive Rückkoppelung weiter. Mit der Adaptation im üblichen Sinn hat sie nichts zu tun, da sich der Organismus damit nicht auf die Anforderungen des Lebens einstellt, sondern auf den Wettbewerb um einen Partner. Die unvorstellbaren, ausgefallenen und ausgefeilten, oft auch schwierigen Praktiken des tierischen Werbe- und Paarungsverhaltens (siehe Beispiele bei Kevles 1986) scheinen ein Chaos im gewöhnlichen wie auch im technischen Sinn des Wortes darzustellen.

Bei vielen Gruppen, insbesondere bei Insekten und Arachniden, sind die Sexualorgane – Penis, Eileiter, Scherentaster, Samenträger – übertrieben unterschiedlich und oft von Art zu Art anders gestaltet. Beim Balzspiel lassen sie sich ebenfalls immer wieder andere Verrücktheiten einfallen. Solche Varianten können keine direkte adaptive Bedeutung haben, da das entsprechende Organ oder Verhalten bei verwandten Gruppen einfach und ziemlich einheitlich ist (Eberhard 1985, 185).

Die australischen Laubenvögel liefern ein Beispiel für eine nicht utilitaristische sexuelle Auslese. Bei mindestens 14 Arten bauen die Männchen manchmal sehr große Lauben aus Flechten, Samen, Insektenteilen sowie glänzenden oder bunten Gegenständen. Eine Laube besteht nicht selten aus 500 dekorativen Einzelelementen. Einige Vögel sammeln frische Blumen, die sie durch neue ersetzen, wenn sie welken; andere »streichen« die Laube mit gekauten Früchten an. Eine Art fertigt zu diesem Zweck einen Pinsel aus Fasermaterialien. Ein Großteil der Energien der Männchen fließt in den Laubenbau, und zwar nur zu Schauzwecken. Die Grundregel ist: Je unauffälliger das Gefieder des Vogels ist, um so prächtiger fällt die Konstruktion aus.

Wenn ein Weibchen vorbeikommt und das Werk bewundert, hält sich das Männchen bei den McGregor-Laubenvögeln zunächst eine Zeitlang verschämt im Hintergrund, bevor es hervorstürzt. In der Regel flieht das Weibchen; es kann aber auch wiederkommen, um sich zu paaren. Nach der Paarung wird die Partnerin hinausgeworfen. Das Männchen hofft dann, eine neue Gespielin anzulokken, während das Weibchen in einiger Entfernung nistet. Weder beim Nestbau noch beim Brüten oder bei der Aufzucht der Jungen helfen die Männchen den Weibchen. Sie sind vielmehr damit beschäftigt, sich gegenseitig die Lauben auszurauben.

Einige Angehörige dieser Gattung bauen keine Lauben, und die Geschlechtspartner kooperieren bei der Aufzucht. Die mehr praktisch veranlagten Arten, bei denen sich das Männchen ebenfalls um die Familie kümmert, ziehen eine größere Anzahl von Küken groß; die weniger praktisch orientierten Laubenvögel vermehren sich gleichfalls immer weiter.

Es wird oft behauptet, daß die Fähigkeit des Männchens, sich Belastungen auszusetzen, dem bewundernden Weibchen seine »Gesamtfitness« beweise; das Weibchen werde den überlegenen Genen des Männchens den Vorzug geben und somit die Art verbessern. Die Behauptung, daß ein Tier mehr Fitness erwirbt, indem es sich eines Teils seiner Fitness beraubt, klingt allerdings seltsam.

Wenn das Weibchen das Männchen mit den hinderlichsten Schwanzfedern auswählt, wird ihr Nachwuchs Gene haben, die die Belastung und den Stoffwechselaufwand für die überproportionierten Federn in die Wege leiten. Und solange das Männchen mit den längsten Federn als Favorit gilt, wird es nicht nur dem Männchen zum Vorteil gereichen, immer längere Federn hervorzubringen, sondern auch dem Weibchen, Junge mit längeren Federn in die Welt zu setzen. Logischer wäre es für das Weibchen, dem Männchen den Vorzug zu geben, das seine Brauchbarkeit dadurch beweist, daß es die anderen beiseite drängt. Doch bei Fischen, Amphibien, Säugern und Insekten haben die Weibchen häufig keine Vorbehalte gegen kleinere oder schwächere Männchen.

Der Aufwand für sexuelles Imponiergehabe ist beträchtlich. Die überdimensionalen Federn, die der afrikanische Ziegenmelker zur Schau stellt, müssen ihn beim Fliegen ernstlich behindern. Nach der Balzperiode rupft er sich die überlangen Prunkstücke denn auch aus. Ein Paradiesvogelmännchen *(Paradisea raggiana)* ist die Hälfte des Jahres auf Brautschau (Beehler 1989, 117). Die farbigen Scheren der männlichen Winkerkrabbe machen die Hälfte ihres Körpergewichts aus, doch zur Verteidigung sind sie nahezu ebenso nutzlos wie zur Nahrungsaufnahme. Die sexuelle Auslese kann auch zum Aussterben führen. Mit Sicherheit trug sie zum Verschwinden des irischen Elches bei, dessen Geweih einen Durchmesser von beinahe vier Metern erreichte.

Darwin widmete der sexuellen Auslese große Aufmerksamkeit, obwohl sie mit seiner Grundsatztheorie nicht ohne Einschränkung vereinbar war. Wallace konnte sich mit dem Gedanken nicht anfreunden. Für den Kräftevergleich zwischen Männchen liefert der Darwinismus einleuchtende Erklärungen, aber die durch extravagantes Outfit ausgetragenen Rivalitäten harmonieren nicht mit seinen allgemeinen Grundsätzen. Er reduziert die Eignung zur Konkurrenz mit anderen Arten auf den Einsatz ähnlicher Mittel.

Es ist schwer zu begreifen, wie die sexuelle Auslese durch Selbstdarstellung Bestand haben kann. Ein Kraftprotz stiehlt dem Geck leicht die Schau. Wenn Vogelmännchen sich gegenseitig ihre Reize vor Augen führen, dürfte es für einen mit kürzeren Federn, aber stärkerem Schnabel und robusterem Auftreten ein leichtes sein, die anderen aus dem Feld zu schlagen. Und das Weibchen täte gut daran, den starken Kämpfer zu wählen statt den Stutzer mit dem kecken Hütchen. Die Zweikämpfe innerhalb der sexuellen Auslese haben kaum gravierende Nachteile; die Eigenschaften, die zum Sieg über den Rivalen führen, sind für die Art allgemein von Nutzen.

Die Männchen vieler Arten versammeln sich in Gruppen an bestimmten Balzsammelplätzen und lassen wie auf Absprache in Form eines Wettbewerbs ihre Reize spielen. Dieses Verhalten tritt sehr häufig auch bei Amphibien und Wirbellosen zutage. So treffen sich beispielsweise die Ameisenmännchen verschiedener Arten (unter anderem von *Pogonomyrmex*) Jahr für Jahr in großer Anzahl an demselben Fleck – vielleicht von einem Ortsinstinkt geleitet – und warten dort auf jungfräuliche Weibchen (Hölldobler und Wilson 1990, 153).

Es gibt auch weniger ästhetische sexuelle Rückkoppelungen. Wenn die weibliche Gottesanbeterin Hunger hat und sich ein Männchen ihr nähert, umwirbt sie es möglicherweise. Während sein Abdomen noch regelrechte Kopulationsbewegungen ausführt, ist sein Kopf schon in ihrem Bauch verschwunden (Thornhill und Alcock 1983, 240). Bei den meisten Spinnenarten ist die Liebe für das Männchen (fast immer das schwächere Geschlecht) mit Lebensgefahr verbunden. Die größte Chance des Männchens liegt in einem raschen Abgang; die verschiedenen Spinnenarten haben hierfür eigene Strategien entwickelt: sie spinnen das Weibchen in ein Netz ein, machen ihr ein Geschenk, nähern sich erst, nachdem dieses ausgiebig gespeist hat, oder lassen sich Höcker wachsen, um seine Fänge fernzuhalten. Bei vielen Arten – darunter auch die Schwarze Witwe *(Latrodectus)* – gelingt den Männchen häufig die Flucht. Bei einigen aber bezahlen die Männchen ihre Liebe regelmäßig mit dem Leben. Das Weibchen der Kugelspinne *(Araneus pallidus)* packt zum Beispiel das Männchen mit den Kiefern, um es in Paarungsstellung zu halten, und frißt es dann während der Befruchtung auf (Foelix 1982, 197). Es gibt aber auch Spinnenarten, bei denen die Pärchen zusammenleben.

Zusammenfassung

Es liegt in der Natur des Lebens, immer neue Kombinationen auszuprobieren und Bausteine zusammenzufügen, um zu erforschen, was sich mit den vorhandenen Materialien – Organen und Enzymen – anstellen läßt. Die außerordentliche Kreativität des Lebens zeigt sich daher sehr häufig im Kleinen, manchmal auch im

Großen. Die Wege des Lebens sind nicht voraussagbar und nicht durch Adaptationen vorgegeben, obwohl sie den Umweltbeschränkungen unterworfen sind. Abweichungen werden durch die Selektion korrigiert; aber für zahllose kleinere und größere Variationen bei Pflanzen und Tieren findet man dafür keine plausiblen Gründe.

Das Denken in Begriffen von Chaos und Attraktoren erspart es der Biologie, eine Erklärung für unzählige rätselhafte Details finden zu müssen, und macht auch außergewöhnliche Adaptationen verständlicher. Nicht alle Stadien einer Entwicklung sind vorteilhaft, im Gegenteil: Die Evolution kann ohne Selektion voranschreiten, wenn zufällige Variationen aufgegriffen und erweitert werden (Collier 1986, 5). Das gilt nicht nur für Organe, sondern vielleicht sogar in einem höheren Maß für Instinkte. Wenn schon körperliche Strukturen einer chaotischen Veränderlichkeit unterworfen sind, dann dürfte das um so mehr für Verhaltensmuster gelten, die komplexer als organische Merkmale und dynamischen Wechselwirkungen mit Rückkoppelung stärker ausgesetzt sind.

Evolutionspfade verlaufen aufgrund vielfacher Rückkoppelungen sehr verschlungen. Organismen wirken unendlich vielfältig aufeinander ein. Die Umwelt besteht nicht nur aus der physikalischen Natur, sondern – in vielleicht noch entscheidenderer Weise – aus anderen Organismen derselben sowie auch anderer Arten. Die Evolution kann daher ihren Weg unabhängig von unmittelbaren Umwelterfordernissen gehen, und es findet ein Wechselspiel von Adaptationen statt, die von den Bedürfnissen des Organismus losgelöst sind. Spezialisierung, Symbiose, Mutualismus und Parasitismus sind alle mit komplexen und wahrscheinlich chaotischen Rückkoppelungen verbunden. Ein Teil der Komplexität des Parasitismus resultiert aus dem Antagonismus zwischen Abwehr- und Angriffsmethoden und aus dem offensichtlichen Widerspruch, der darin liegt, daß einerseits der Parasit auf Kosten seines Wirts lebt und darauf angewiesen ist, neue Wirte zu finden, daß sich andererseits die Vernichtung des Wirts für den Parasiten katastrophal auswirken würde. Die Interaktion zwischen Männchen und Weibchen ist von unglaublicher Vielfalt geprägt und führt oft zu wunderlichen Ergebnissen, nicht zuletzt zu dem verschwenderischen Aufwand, den die sexuelle Selektion mit sich bringt.

Die Evolution repräsentiert eine Freiheit innerhalb bestimmter Grenzen, eine Freiheit, die stark aus dem Chaos heraus erwächst. In der materiellen Substanz deutet nichts darauf hin, daß es in ihr so etwas wie Chaos gibt. Seine auffälligste Form, die Turbulenz, war lange Zeit ein großes Geheimnis der Physik. Das Chaos ist ein kosmisches Faktum wie die Relativität und die Quantenmechanik. Es ermöglicht eine neue Selbstorganisation innerhalb eines dissipativen Energiestroms, wobei das Anwachsen der Entropie örtlich überwunden und eine neue Ordnung geschaffen wird. Es erklärt nicht, warum eine solche Vielzahl von unglaublichen Adaptationen entstanden ist, aber es macht sie etwas weniger unglaublich. Ohne Chaos gäbe es keine Kreaturen, die fähig wären, über ihren Ursprung nachzudenken.

Wenn also die lebende Natur interaktiv und dynamisch ist – was sie unendlich oft unter Beweis stellt –, muß die Evolution ein nichtmechanistischer Vorgang sein.

9. Kapitel

Die Macht der Attraktoren

Die Kohärenz von Mustern

So wie die Zweige des Lebensbaums unabhängig voneinander wachsen, gehören die Organismen getrennten Gruppen an. Ein Jahrhundert vor Darwin hat Carl von Linné sie in einem hierarchischen System zusammengefaßt, das bis heute Gültigkeit hat. Die grundlegende Kategorie von Pflanzen oder Tieren, wenn man sie als einzelnes Wesen betrachtet, ist die Art oder Spezies. Zusammengehörige Arten bilden eine Gattung; Gattungen werden zu Familien zusammengefaßt und so weiter bis hin zu Ordnungen, Klassen, Stämmen und Tier- oder Pflanzenreich. Der Hund beispielsweise ist die Spezies *familiaris* der Gattung *Canis* aus der Familie der Caniden; er gehört zur Ordnung der Carnivoren (Fleischfresser), zur Klasse der Mammalia (Säugetiere), zum Stamm der Chordatiere (Subphylum Vertebraten) und zum Tierreich. Hinsichtlich dieses Systems gibt es Meinungsverschiedenheiten, und die Taxonomen versuchen, das Schema zu verbessern, indem sie Zwischenklassifizierungen wie Über- und Unterfamilien einführen. Doch lediglich ein paar abweichende Formen versperren sich der systematischen Erfassung; so widersprechen eierlegende Säugetiere (die australischen Kloakentiere) unserer Vorstellung, weil sie wie Reptilien Eier legen, aber sie weisen säugertypische Organe auf, dazu Haare, warmes Blut und Milch. Sie treiben nicht im Hauptstrom der Evolution, und Spezies, die sich offenbar zwischen den großen Gruppen ansiedeln, sind äußerst rar.

Auf allen Ebenen finden sich gleiche Muster, etwa was den chemischen Aufbau betrifft, der Bakterien, Palmen und Kolibris miteinander verbindet, aber es gibt auch bestimmte Merkmale von Arten und Varietäten innerhalb der Arten. Der tiefste Graben zwischen den Organismen tut sich zwischen Bakterien (die untereinander noch einmal in gänzlich verschiedene Reiche gespalten sind) und Lebewesen mit kernhaltigen (eukaryontischen) Zellen auf. Letztere haben viele Dinge gemeinsam; am bedeutendsten dabei ist der komplizierte Mechanismus der Zellteilung, die bei allen höheren Organismen – Pflanzen wie Tieren – grundsätzlich gleich abläuft. Überraschen kann jedoch, daß der Aufbau von Wimperhärchen – die peitschenähnlichen Fortsätze, mit denen die Zellen sich selbst oder Flüssigkeiten bewegen – bei den Protozoen fast genauso aussieht wie beim Menschen: Neun Doppelfibrillen umgeben ein Paar einzelner Fibrillen; das Ganze ist von einer Ausstülpung der Zellmembran umschlossen. Die Instruktionen für ihre Konstruktion sind irgendwie tief im Muster des Erbguts verankert, obwohl sich eine solche Äußerlichkeit, anders als die chemischen Prozesse, die dem Stoffwechsel zugrunde liegen, eigentlich unschwer ändern lassen müßte, ohne daß die übrige Zelle gleich in Unordnung geriete.

Die nächstgrößeren Gruppen, die augenscheinlich zusammengehören, sind die Stämme. Bis zu einem gewissen Grad lassen sich die Stämme, insbesondere auf der Grundlage der Embryologie, in Gruppen zusammenfassen, wobei allerdings die Ähnlichkeiten innerhalb des Stammes weniger bestimmend sind als die Unterschiede zu anderen Stämmen. Die Gemeinsamkeiten von Insekten und Säugetieren fallen nicht gerade ins Auge; ihr Körperaufbau ist denkbar unterschiedlich, doch hat eine Reihe von Entwicklungsgenen bei *Drosophila* (die sogenannte Homoeobox) eine 60-Aminosäuren-Domäne, die streng parallel zu einer gleichen Reihe bei Mäusen läuft. Dieses System, das die Fixierung von Abschnitten im Embryo steuert, hat sich fast seit der Entstehungszeit der Vielzeller erhalten; Gliederfüßer und Wirbeltiere stehen auf jeweils einer anderen Seite der grundlegenden embryologischen Einteilung von Tieren (Miklos und John 1987, 272; De Robertis, Oliver und Wright 1990).

Tierstämme sind präzise charakterisiert. So verfügen zum Beispiel die Nesseltiere (oder Hohltiere wie Quallen, Seeanemonen, Korallen und ähnliche) über mit spezialisierten Nesselzellen, sog. Nematozysten, bewehrte Tentakeln, aus denen »Giftpfeile« abgeschossen werden. Kein anderes Tier hat etwas Vergleichbares vorzuweisen – einen aufgerollten hohlen Faden, der blitzartig nach außen gestülpt werden kann und dann eine hypodermische Nadelspitze vorstreckt, aus der Gift in das Opfer spritzt. Die Erfindung dieser diffizilen Vorrichtung führte offenbar zur Entstehung eines großen und sehr erfolgreichen Stammes – die Cnidarier sind nicht nur vorherrschend bei den ältesten vielzelligen Fossilien, sondern auch heute noch in allen Meeren zu finden.

Der Stamm der Stachelhäuter, zu dem Seesterne und ihre Verwandten zählen, ist ebenfalls klar umrissen – die Charakteristika bestehen aus einem Kalkskelett von einzigartiger Struktur und schlauchartigen, mit Flüssigkeit gefüllten Füßen zur Fortbewegung und Nahrungsaufnahme. Noch einprägsamer ist die nahezu unveränderliche fünfstrahlige Symmetrie, wie sie bei an den Strand geschwemmten Seesternen meist deutlich zu sehen ist. Seltsamerweise kennzeichnet diese Symmetrie nur die erwachsenen Tiere und ist lediglich ein äußeres Merkmal, für das es keine adaptive Notwendigkeit gibt. Zudem ist dieses Merkmal ausschließlich bei Stachelhäutern anzutreffen.

Die Gliederfüßer (Krebse, Tausendfüßler, Spinnen, Insekten) sind, was die Anzahl der Spezies betrifft, der erfolgreichste Stamm, denn er umfaßt etwa neun Zehntel aller Arten und weist die größte Vielfalt auf. Und doch ist er genau festgelegt durch ein hornartiges Außenskelett, den Chitinpanzer, durch Gliederfüße, einen gegliederten, beidseitig symmetrischen Körper und einen Hohlraum für den körpereigenen Kreislauf.

Als ebenso kohärent erweisen sich auch die weniger umfangreichen Gruppen. Die Vertebraten, unser eigenes Subphylum, sind durch einen Körper bestimmt, der sich um eine Wirbelsäule herum aufbaut, in der sich die Hauptnervenkanäle befinden. Im Schädel sitzen das Gehirn und die wichtigsten Sinnesorgane; das Herz pumpt das Blut in Form eines Kreislaufs durch die Gefäße. Die Vertebraten haben – vom kieferlosen Schleimaal bis zu den Menschen – zumindest 90 Prozent ihrer Gene gemeinsam (Loomis 1988, 216).

Die Stabilität solcher Muster ist – so klar sie sich uns auch darbietet – nicht leicht zu erklären: Die Grundlagen sind ebenso sehr in der genetischen Struktur verankert, daß Veränderungen entweder ausgeschlossen oder höchst nachteilig sind. Die sekundären Merkmale halten sich gleichermaßen hartnäckig. Seit sich die Amphibien an Land wagten, haben sich ihre Abkömmlinge im Stamm der Vertebraten die äußere Form der Vierfüßergliedmaßen zumindest in embryonalen Stadien bewahrt – ein starker Knochen ist vorne oder hinten zu einem Gürtel verbunden; anschließend daran finden sich zwei parallele Knochen, an denen kleinere Knochen, Hand- und Fußwurzeln hängen; das Glied läuft in ursprünglich fünf oder mehr Zehen oder Fingern aus. Ein Kugelgelenk stellt die Verbindung zum Gürtel her; das Mittelgelenk des Gliedes ist ein Scharnier. Der erste Finger (der Daumen) weist aus unerfindlichen Gründen einen Knochen weniger auf als die anderen. Das Muster bleibt für die vorderen und hinteren Gliedmaßen gleich; und es hat sich erhalten. Die menschliche Hand läßt sich eindeutig mit dem Vorderfuß eines Krokodils vergleichen, obwohl der gemeinsame Urahn schon 300 Millionen Jahre tot ist. Das gilt trotz der häufigsten Mutationen, die zu zusätzlichen oder fehlenden Fingern geführt haben.

Bei den Vierbeinern ist nicht nur die grundlegende Konstruktion der vorderen und hinteren Gliedmaßen identisch, auch ihre Modifikationen sind genetisch miteinander verbunden. Die Vorder- und Hinterbeine der meisten Vierfüßer (Flug- und Schwimmtiere ausgenommen) gleichen sich viel mehr, als es die Adaptation erfordern würde, wie sich u. a. bei Hunden, Elefanten, Eichhörnchen, Pferden, Robben, Alligatoren und Schildkröten unschwer erkennen läßt. Es gibt kein Tier, das an den Vorderläufen Einzeher und an den Hinterläufer Paarzeher ist oder das hinten Hufe und vorne Pfoten hat. Die Evolution der Vorder- und Hinterläufe des Pferdes, die Entwicklung vom Mehr- zum Einzeher, verlief streng parallel. Der Panda verlängerte einen Handgelenkknochen, um eine Art Daumen auszubilden, mit dem er sich am Bambus festhalten kann. Am Fuß ist der entsprechende Knochen vergrößert, obwohl es keinen ersichtlichen Grund dafür gibt (S. Gould 1980b, 24).

Viele Gruppen zeigen ihre spezielle Ausformung in ihrer Morphologie und ihrer Lebensweise. Die Hock- und Hüpfhaltung von Froschlurchen (Frösche und Kröten) findet man nicht annähernd so ausgeprägt bei anderen Tieren. Die meisten von ihnen haben außerdem, im Gegensatz zu sonstigen Vertebraten, eine giftige Haut. Sie machen auch eine Metamorphose durch (von der Kaulquappe zum erwachsenen Tier), die es unter Vertebraten kein zweites Mal gibt. Die Besonderheit von Schlangen liegt darin begründet, daß sie keine Beine haben und nicht nur Fleischfresser sind, sondern ihre Opfer als Ganzes schlucken müssen. Sie verfügen über eine geruchsempfindliche Zunge; ihre Kiefer können sie aushängen, um Beutetiere zu verschlingen, die einen größeren Durchmesser haben als sie selber. Sie haben Fangzähne, breite Bauchschuppen und eine unregelmäßige Anzahl von Wirbeln; Außen- und Mittelohr fehlen, und ihr Innenohr nimmt Schwingungen von der Lunge (es gibt nur eine) auf – mit der Folge, daß ihr Gehör recht schwach ist. Ihre glasigen, lidlosen Augen sind – mit Ausnahme einiger Echsen – einzigartig bei Vierfüßern. Generell ist ihr Sehvermögen nur mittelmäßig bis schlecht. Zur Scharfeinstellung verändern sie nicht die Form der Linsen, sondern bewegen sie nach vorn und hinten; sie können nicht oder kaum stereoskop sehen, um die Entfernung einer Beute einzuschätzen.

Bemerkenswert an den charakteristischen Merkmalen von Schlangen ist, daß eine Reihe von ihnen schlecht angepaßt zu sein scheint. Ein scharfes Gehör, ein guter Gesichtssinn und Beine – nicht nur zum Laufen, sondern auch zum Ergreifen der Beute – sind für einen Landkarnivoren eindeutig von Nutzen. In der Konstitution der Schlangen muß es also besondere Ausgleichsmechanismen geben, doch ist nicht klar, worin diese bestehen. Man mag da an ihre Giftzähne denken. Zum Vergleich: Einige kleinere Säugetiere verfügen zwar über einen giftigen Speichel und entsprechende Einspritzvorrichtungen, doch ist die Wirksamkeit hier weitaus geringer. Die Gila-Krustenechse *(Heloderma)* im Südwesten Amerikas zählt zu diesen Tieren, doch braucht sie merkwürdigerweise das Gift kaum, weil sie sich von Vogeleiern, Küken und Kleinsäugern ernährt. Da sich auch die Mehrzahl der Schlangen ganz gut ohne Giftzahn durchschlägt, kann also das Gift allein nicht ausschlaggebend sein für den Erfolg der Schlangen. Vermutlich verloren die Schlangen ihre Beine, ihr Gehör und ihren guten Gesichtssinn beim Übergang auf ein Leben unter der Erde. Spezialisierungen, die umfangreiche Adaptationen verlangen, sind selten rückgängig zu machen; irgendeine außergewöhnliche Veränderung, vielleicht auch mehrere, ermöglichten es den Höhlenbewohnern, sich auch im freien Gelände zu behaupten.

Einige der Merkmale, durch die sich unsere Säugerklasse auszeichnet, sind eindeutig adaptiv, andere weniger. Haare sind nützlich, und sei es nur als Wärmeschutz, denn Säugetiere verbrauchen normalerweise den Großteil ihrer Energie, um sich warmzuhalten. Einige Säuger, die keine besondere Verwendung für Haare haben wie Wale, Elefanten und Gürteltiere, bewahrten sich wenigstens noch Rudimente davon; andere dagegen, die das Haarkleid eigentlich viel eher brauchen könnten wie Seelöwen und Menschen, haben es weitgehend verloren. Brustdrüsen, die dem hungrigen Nachwuchs beim Start ins Leben helfen, gehören zu einem umfassenderen Merkmal: der Ausstattung mit Hautdrüsen. Während

Reptilien und Vögel fast gänzlich darauf verzichten müssen, findet sich bei Säugern eine große Vielfalt dieser Drüsen, die neben Milch auch Schweiß, Fettsubstanzen sowie verschiedene Geruchs- und Schutzsekrete produzieren.

In bestimmten Punkten erweisen sich die Säuger als rechte Außenseiter: Da sind die drei Knöchelchen im Mittelohr, das Zwerchfell zwischen Brust- und Bauchraum und die das Gehirn einhüllende Hirnrinde; zudem haben sie, von wenigen Ausnahmen abgesehen, sieben Halswirbel. Ihre Kiefer unterscheiden sich von denen der Reptilien; sie bestehen aus einem, nicht aus mehreren Knochen, und sie haben außergewöhnliche Zähne mit Mehrfachwurzeln und -kronen. Schuppen im eigentlichen Sinn, die für Reptilien offenbar sehr brauchbar sind, fehlen bei Säugern. Gürtel-, Schuppentiere und dergleichen behelfen sich mit einer zähen Haut oder verschmolzenen Haaren. Vermutlich haben die Säuger als Tiere, die nachts aktiv waren, unter der Herrschaft der Dinosaurier ihre auffallende Färbung verloren und nicht mehr wiedererlangt. Viele Vertebraten, Fische, Amphibien, Reptilien und Vögel sind strahlend rot, gelb, grün oder blau gefärbt – ein Schmuck, der auch manchen Säugetieren gut zustatten käme; doch sieht man von seltenen Ausnahmen, wie beispielsweise Affen mit leuchtenden Gesichtern und violetten Sitzschwielen ab, so reicht es über ein mattes Rot oder Gelb nicht hinaus.

Vögel sind von ihrer Struktur her weniger unterschiedlich als die Säugetiere. Sie haben alle Hornschnäbel, obwohl das nichts mit dem Fliegen zu tun hat; Zähne oder bewegliche Lippen, die den Säugetieren gute Dienste leisten, fehlen bei ihnen. Ihr Gehirn ist völlig anders als das der Reptilien und Säugetiere. Anders als bei den Reptilien legen alle Vögel Eier, obwohl es besonders für am Boden nistende oder flugunfähige Arten von Vorteil wäre, voll ausgebildete Junge auf die Welt zu bringen. Die Eier weisen kalkhaltige Schalen und große Dotter auf. Eine höchstwirksame Spezialität bei Vögeln ist das System der Luftsäcke, das eine sog. Durchlaufatmung, d. h. einen Luftstrom durch die offenen Luftkapillaren ermöglicht – die Luftsäcke wirken daher wie Blasebälge, die die Luft beim Ein- und Ausatmen durch die Lungenpfeifen treiben. Die Federn scheinen sich zumindest seit der Zeit des *Archaeopteryx*, des Urvogels, vor 150 Millionen Jahren sehr wenig verändert zu haben; sie sind bei allen Vögeln ein ziemlich beständiges Merkmal geblieben.

Innerhalb der Klasse Aves sind die Familien homogen. Tausende von Singvogelarten sind praktisch vom gleichen Schlag. Alle Pinguine ähneln sich stark, und es gibt keine intermediären Formen zu anderen Familien. Alle Kolibris sind klein, ernähren sich hauptsächlich von Nektar, haben lange Schnäbel mit Röhrenzungen und präsentieren ein mehr oder weniger schillerndes Gefieder (Skutch 1973, 43 ff.).

Die Pflanzenfamilien weisen neben ihren umweltbedingten Eigenheiten ebenfalls gemeinsame Merkmale auf. Die Wedel der echten Farne (jedoch kaum die Blätter irgendwelcher anderer Pflanzen) entwickeln sich in all ihren vielfältigen Formen und Habitaten aus eingerollten, bischofstabähnlichen Trieben. Viele Farne (und alle Baumfarne) haben diese federartigen, gegliederten Wedel, die gemeinhin ihre Klasse kennzeichnen und nirgendwo sonst anzutreffen sind. Eine andere Gruppe, unter die so unterschiedliche Pflanzen wie Palmen, Gräser und Orchideen fallen, beginnen ihr Wachstum mit einem einzelnen Keimblatt; typisch sind ferner ihre dreiteiligen Blüten, das Fehlen einer Kambiumschicht und das parallel verlaufende Geäder in den Blättern. Die Blüten von rund 25 000 Orchideenarten bieten eine phantastische Vielfalt – sie sind indes alle mehrjährig und haben einfache, ziemlich ähnliche Blätter und Stengel; die meisten sind tropische Epiphyten.

Deutlichen Einschränkungen sind auch die Palmen unterworfen. Sie wachsen nur in mildem bis heißem Klima; ihre langen Blätter weisen stets eine fächerartige oder fiedrige Form auf, und bis auf eine primitive Ausnahme haben sie einen einzelnen Stamm ohne Äste, d. h. sie haben ihre Fähigkeit sich zu verzweigen, verloren. Da ihr Stamm mit dem Wachsen der Pflanze nicht stärker werden kann, ist er bereits in der Jugend unnötig dick. Wenn man ihre einzige Endknospe vernichtet, stirbt die Palme. Sie kann ihre Wurzeln nicht vergrößern, sondern nur immer mehr treiben, um der wachsenden Pflanze Halt zu geben. Obwohl die Evolution die Möglichkeiten der Palmen also auffallend eingeschränkt hat, sind sie unverändert ein markanter Bestandteil der tropischen Flora.

Die Aussage, daß Gruppen genau bestimmt sind, ist gleichbedeutend damit, daß Zwischenstufen fehlen. Es gibt einige Arten, die auf Mischformen hindeuten, wie die bereits erwähnten Kloakentiere. *Peripatus* sieht mit seinen gelenk- und krallenlosen Beinen und seinem weichen Panzer fast wie eine Kreuzung zwischen einem Ringelwurm und einem Gliederfüßer aus. Trotzdem nimmt man an, daß es sich um die separate Seitenlinie eines wurmähnlichen Tieres und nicht eines Vorgängers der Arthropoden handelt. Der Lungenfisch hat Herz und Lungen wie ein Amphibium, ist aber ein beinloser Fisch. Die Erde wird nicht von Mischformen aus Amphibien und Reptilien, aus Reptilien und Säugetieren und so weiter bevölkert – genau das müßte jedoch der Fall sein, wenn sich Merkmale aufgrund ihrer Nützlichkeit unabhängig entwickelt hätten.

Daraus folgt, daß jede Gruppe mit gemeinsamen, ererbten Merkmalen als Selektionseinheit betrachtet werden kann. Wenn vermutet werden darf, daß das egoistische Gen nach Selbstvervielfältigung strebt, weil das nun einmal in der Natur des Lebens liegt, so gilt das um nichts weniger für Genkomplexe, die eine teamähnliche Existenz führen. Individuen gleicher Spezies konkurrieren miteinander; nichts anderes tun bis zu einem bestimmten Grad die Spezies untereinander und, nicht ganz so direkt, im Lauf der Zeit auch die Gattungen, ja sogar die Klassen. Die Reptilien verdrängten zum Beispiel die Amphibien, und die Vögel traten an die Stelle der Flugsaurier. Die Dinosaurier hielten während ihrer Herrschaft die Säugetiere in Schach. In jüngerer Zeit haben die Raubtiere unter den Säugern die am Boden lebenden Vögel und die großen Echsen an den Rand des Aussterbens gebracht. Der Komodo-Waran (vielleicht das Vorbild für Sagenungeheuer) kann sich auf seiner Insel nur halten, weil es dort keine fleischfressenden Säugetiere gibt. Die natürliche Auslese wirkt sich nicht nur auf Gene und Individuen aus, sondern auf eine unendliche Reihe von Gruppen; nur fällt es bei einer umfangreichen Gruppe weniger auf.

Die Grenzen des Wandels

Der Wolf hat innerhalb von ein paar tausend Jahren, vor allem in den letzten Jahrhunderten, den Grundstein für Hunderte von Hunderassen, vom Whippet bis zum Pekinesen, gelegt, von denen sich viele äußerlich viel stärker unterscheiden als Wölfe und Schakale. Darwins Schlußfolgerung, daß nämlich solche Veränderungen grenzenlos weitergehen können und die Natur auf diese Art über Millionen von Jahren all die verschiedenen Gattungen, Familien, Klassen und so weiter hervorgebracht hat, drängt sich geradezu auf.

Die Tierzucht zeigt jedoch auch die Grenzen des Variation-

Selektionsprinzips, und Darwins Zeitgenossen fanden keine sonderlich überzeugende Erklärung für den Ursprung der Arten (Ruse 1982, 48). So unterschiedlich domestizierte Arten auch sein mögen, neue Arten bilden sie nicht. Hunde bleiben Hunde, auch wenn man sie kreuzt oder wenn man Wolfsbastarde züchtet. Die vielen Zuchtrassen von Katzen, Tauben und anderen mehr gehören ebenfalls zu den Spezies ihrer Vorfahren.

Die Züchter können nur mit dem Reservoir an Variationen, das in den Spezies vorliegt, arbeiten. Die Variabilität ist bei Hunden größer als bei Tauben, Schweinen oder Pferden, aber sie ist begrenzt. Die Verhaltensweisen, die man den Hunden anzüchten kann, sind Verhaltensweisen von Wölfen, nur verstärkt: der territoriale Besitzanspruch ergibt den Wachhund; der Kampfgeist den Pitbull; das Anpirschen den Vorstehhund; die Versorgung der Welpen mit Futter den Apportierhund; der Jagdtrieb den Schäferhund. Ein Hund gehorcht seinem Herrn, so wie ein Wolf sich dem Leittier des Rudels unterordnet. Wenn man die Zucht mit einem gewöhnlichen Hund beginnt, kann man bei den Veränderungen verschiedene Richtungen einschlagen. Fängt man mit einem spezialisierten Hund an, kommt man mit der weiteren Spezialisierung nur wenig voran. Katzen bringen nicht nur weniger Respekt auf, sie lassen sich auch bei weitem nicht so stark ändern wie Hunde. Trotz 5000 Jahren Domestizierung haben sie sich morphologisch vom Wildtyp kaum entfernt; am stärksten unterscheiden sie sich noch im Fell.

Die Züchter stoßen an ihre Grenzen. Wie gewaltig der Unterschied zwischen Schoßhündchen und Dänischen Doggen auch sein mag – es lassen sich keine Hunde in Mäuse- oder Pferdegröße heranziehen. Auch Hauer, Ringelschwänze oder Borsten wie bei den Schweinen sind ihnen nicht anzuzüchten. Das Lauftempo der Windhunde läßt sich nicht weiter steigern. Die hohen Rennquoten haben die Pferdezüchter zu Höchstleistungen angespornt, doch selbst nach 80 Jahren haben sich die Bahnzeiten ungeachtet ausgefeilter Methoden in Pflege und Training, des Fortschritts in der Veterinärmedizin und der genetischen Kenntnisse nicht nennenswert verbessert. Die Züchtung schnellerer Pferde würde wahrscheinlich Änderungen notwendig machen, die über schrittweise Verbesserungen nicht zu erreichen wären und die zunächst einmal die Geschwindigkeit herabsetzen dürften, ehe sie in Verbindung mit weiteren Korrekturen greifen würden.

Obwohl Pflanzen sich auf genetischem Weg leichter manipulieren lassen, gab es jahrzehntelang keine große Qualitätssteigerung bei Obst und Gemüse. Gezüchtete Pfirsiche sind süßer und größer als die Wildfrüchte, aber Sorten ohne Kerne oder in Melonengröße gelingen nicht. Weitere Fortschritte nach einigen Generationen Auslese lassen sich bestenfalls durch eine seltene, glückliche Mutation oder durch eine künstliche Änderung des Genoms mit Hilfe von Bestrahlung oder mutagenen chemischen Substanzen erzielen. Oder man entwickelt neue Kombinationen durch Hybridisierung, was bei Pflanzen besser funktioniert als bei Tieren. Die modernen Agronomen greifen auch auf das Spleißen von Genen zurück, und dennoch bleiben erwünschte Mutationen unter Umständen aus. Amerikanische Kastanienbäume haben keine Immunität gegen importierten Mehltau aufgebaut, der Milliarden von ihnen dann das Leben kostete. Die Wissenschaftler scheiterten mit Röntgenstrahlen ebenso wie mit Mutagenen; die benötigte Mutation stellte sich nicht ein – um so erstaunlicher, weil eng verwandte Arten resistent sind.

Als Faustregel gilt, daß die selektive Züchtung eines Merkmals bei Pflanzen und Tieren in 30 bis 50 Generationen einen Zustand der Stabilität erreicht, und erst nach vielen weiteren Generationen ist manchmal eine andere Stabilitätsebene erreicht (Endler 1986, 229). Der intensiv gezüchtete Organismus kann sich überdies als lebensunfähig herausstellen oder unerwünschte Nebenwirkungen aufweisen. Hunderassen, denen zu Vorführungszwecken eine optimale Schnauze angezüchtet wurde, leiden oft unter Hüftschäden oder schwachen Nieren.

Trotz der äußerlichen Vielfalt ist die genetische Vielfalt domestizierter Tiere im Gegensatz zu Wildtieren gering, und künstlich selektierte Merkmale sind nicht stabil. Haustierzüchtungen, denen man gestattet, sich ohne Selektion zu vermehren, kehren schon nach wenigen Generationen wieder mehr oder weniger zum Wildtyp zurück, wie Darwin feststellte. Wildlebende Hunde verlieren die hervorragenden Merkmale bestimmter Zuchtrassen und tendieren zu jener undefinierbaren braunen oder schwärzlichen Promenadenmischung, wie sie überall auf der Welt zu finden ist. Katzen passen sich viel schneller an eine freilebende Existenz an als Hunde und leben dann wie ihre Vorfahren. Hausschweine gewöhnen sich ebenfalls leicht an die Freiheit; sie bekommen mehr Borsten, die Hauer wachsen nach, und ihre Jungen weisen Streifen auf. Als man über 100 Goldfischvarietäten, mitunter groteske Formen mit Auswüchsen am Kopf und hervorquellenden Augen, in einem Teich aussetzte und sie unbehelligt ließ, nahmen sie bald wieder ihre ursprüngliche Gestalt an.

Fruchtfliegen mutieren zu Monstrositäten, doch sie bleiben weiterhin *Drosophila*. Die Laborauslese für eine hohe Anzahl Hinterleibsborsten erbrachte zunächst einen Anstieg, aber nach 20 Generationen pendelte sich die Zahl auf einen Stand ein, der um die Hälfte höher lag als bei Beginn der Selektion. Die Auslese für eine niedrige Borstenzahl ergab einen mäßigen Rückgang; die Rasse starb indes nach 35 Generationen aus (Mayr 1967). Einige Auslesegenerationen können *Drosophila* entweder sehr resistent oder überempfindlich gegen DDT machen. Ohne Selektion kehren sowohl die resistenten als auch die überempfindlichen Spielarten wieder zu ihrem Normalzustand zurück. Der Immunitätsverlust wird dem Aufwand zugeschrieben, den die Herstellung des notwendigen Enzyms erfordert, doch kann dies nicht den Selektionsdruck verursachen, der mit dem Tod nichtresistenter Organismen vergleichbar ist. Der rasche Verlust der Überempfindlichkeit ist noch schwieriger zu erklären.

Über 20 Generationen wurden *Drosophila*-Stämme nach ihrer Vorliebe für Hell oder Dunkel (negative oder positive Phototaxis) selektiert, wobei stark abweichende Rassen entstanden. Doch als diese nicht länger der Auslese unterworfen waren, nahmen sie ebenso schnell wieder ihren ursprünglichen Typ an (Dobzhansky 1970, 207). Es scheint so, als sei die Durchschlagskraft des alten Musters nicht weniger stark als der Eingriff des Experimentators. *Drosophila* mutiert manchmal zur Augenlosigkeit – man kann eine homozygote, augenlose Rasse (ohne rezessive Gene für die Augen) züchten. Wenn sie sich jedoch wieder ungestört vermehren, stellt sich nach acht bis zehn Generationen abermals ein annähernd normales Sehvermögen ein (J. Huxley 1942, 43f.). Die Schaffung einer neuen Spezies scheint die Abkehr von einem Attraktor zu erfordern.

Die parallele Evolution

Abstammungslinien weisen oft Konvergenz auf: Sie beginnen bei unterschiedlichen Ausgangspunkten und werden sich immer ähnlicher. So nimmt man an, daß Fledermäuse von Insektenfressern abstammen, die wie Fledermäuse aussehen, und daß diese wiederum vermutlich auf primatenähnliche Vorgänger zurückgehen. Ein etwas umfassenderes Phänomen ist der Parallelismus, bei dem trotz unterschiedlicher Ursprünge gleiche Pfade verfolgt werden. So entwickelte sich der Beutelwolf *(Thylacinus)* parallel zum normalen Wolf, der ausgereifte Junge zur Welt bringt.

Die Kohärenz von Mustern spiegelt eine Art von Parallelismus wider. Die Tatsache, daß Gruppen eindeutig definierbar sind, bedeutet, daß sich ihre Arten auf wichtigen Gebieten ähnlicher entwickelt haben, als es eine notwendige Adaptation allein bewirkt hätte. Bei Vögeln, Säugern, Spinnen, Schlangen usw. sind Grundmerkmale erhalten geblieben, als ob diese unveränderlich wären – und dies ungeachtet einer großen Vielfalt anderer Gewohnheiten und Bedürfnisse. Viele Merkmale von Vögeln sind für ihre Lebensart unerheblich – ob sie im Flug Insekten fangen oder Fische unter Wasser, ob sie vom Boden Samen auflesen oder aus der Luft herabstoßen und mit den Krallen kleine Tiere fangen. Das Muster ist erhalten, obgleich nicht alle Elemente für jede einzelne Spezies eine gute Adaptation bedeuten.

Eine andere Form von Parallelismus liegt darin, daß viele Angehörige einer Gruppe eine bestimmte Fähigkeit auf verschiedene Weise entwickeln. Die Giftigkeit von Schlangen wurde bereits erwähnt: Die Synthese der Gifte ist ebenso vielfältig wie die Einspritztechniken, doch ist das Wirkungsgefüge eine wesentliche Eigenheit dieser Ordnung. Alle Spinnen benutzen Fäden, aber auf unterschiedliche Weise: Die einen weben eine Eiertasche oder kleiden ein Nest damit aus, die anderen segeln mit dem Faden im Wind oder wickeln eine Beute mit ihm ein. Der Faden kann einmal besonders stark oder elastisch sein, dann wieder ist er besonders dünn oder klebrig. Spinnen, die große Radnetze herstellen, verfügen über mindestens sechs verschiedene Arten von Fäden. Einige weiterentwickelte Radnetzspinnen weben blumenähnliche Gebilde in ihre Netze, und zwar aus einer Spezialseide, die ultraviolettes Licht reflektiert, das die meisten Insekten wahrnehmen – sie landen dann statt auf einer Blume in einer Falle. Geometrische Spinnennetze sollen indes unabhängig voneinander, aus verschiedenen Fadensorten und in verschiedenen Familien, entstanden sein (Shear 1986, 369).

Unterschiedliche Formen, die sich mit gleichartigen Bedingungen auseinanderzusetzen haben, nähern sich manchmal auf eine Weise einander an, die nicht mit adaptiven Notwendigkeiten erklärt werden kann. Die Flughunde (Megachiroptera) und die insektenfressenden Kleinfledermäuse (Microchiroptera) wurden beispielsweise derselben Ordnung, den Chiropteren, zugeordnet; sie sehen ziemlich gleich aus, haben Flughäute zwischen den weit ausgespannten Fingern und hängen an ihren Hinterfüßen. Doch geht die Tatsache, daß die beiden Unterordnungen eine nahezu identische Flügelkonstruktion haben und an ihren Füßen hängen, anstatt sich wie Vögel auf einen Ast zu setzen, wahrscheinlich nicht auf gemeinsame Vorfahren, sondern auf eine Konvergenz zurück – von ihrer Abstammung sind sie offensichtlich nicht näher miteinander verwandt als Affen und Spitzmäuse.

Allerdings lassen sich auch einige deutliche Unterschiede feststellen: Flughunde überwintern nicht, wohl aber, oder zumeist wenigstens, die außerhalb der Tropen lebenden insektenfressenden Fledermäuse; die erstgenannten besitzen zwei Krallen, die anderen eine Kralle am Flügel, und wie der wissenschaftliche Name schon verrät, sind fast alle Flughunde größer als die Fledermäuse. Für die Mikrochiropteren ist die Echoortung eine primäre Adaptation. Die frühesten, 60 Millionen Jahre alten fossilen Fledermäuse, die eindeutig Mikrochiropteren sind, sollen bereits eine gutentwickelte Echoortung besessen haben. Bei den Megachiropteren, deren früheste bekannte Fossilien erst 35 Millionen Jahre alt sind, fehlt dieses System fast immer. Dabei können sie als Nachtflieger eine so nützliche Ausstattung schwerlich verloren haben, zumal selbst die wenigen Mikrochiropteren, die sich auf den Verzehr von Obst verlegten, sich diese bewahrt haben. Bei den wenigen Megachiropteren, die über die Fähigkeit zur Echolotung verfügen, ist das System überdies anders entwickelt als bei den Mikrochiropteren – es peilt mit einem geringeren Frequenzbereich und arbeitet nicht so genau.

Ein starkes Indiz für die separate Entstehung der beiden Fledermaus-Unterordnungen sind die völlig unterschiedlichen Gebisse, denn das Gebiß der Megachiropteren kann sich nicht aus Insektenfresserzähnen entwickelt haben. Weitere erhebliche Differenzen bestehen hinsichtlich des Gehirns und des Zentralnervensystems, des Kreislaufs und der Fortpflanzungsorgane – hierin gleichen die Megachiropteren eher Primaten. Auch Augen und Ohren weisen deutliche Unterschiede auf.

Die Konvergenz von Walen und Delphinen einerseits sowie Seekühen, Lamantins und Dugongs andererseits geht auf die Besetzung einer ökologischen Nische zurück, die durch das Aussterben mariner Reptilien und der Dinosaurier frei wurde. Die beiden obengenannten Gruppen entwickelten irgendwie das gleiche Konzept zur Adaptation ans Meer – ein Konzept, das sich deutlich von dem der Flossenfüßer, deren genaue Abstammung fraglich ist, unterscheidet.

Die beiden Ordnungen gingen unabhängig voneinander ins Wasser. Während die Wale von einem fleischfressenden Vorfahren abstammen, sind die Seekühe wahrscheinlich mit den Elefanten verwandt. Ihre Lebensweise weist kaum Gemeinsamkeiten auf; die Wale waren schon immer Fleischfresser, die Seekühe Pflanzenfresser; erstere leben im offenen Meer, die anderen in seichten, pflanzenreichen Gewässern. Doch beide haben eine ziemlich ähnliche Körperform angenommen und zudem die vielen Adaptationen für das Gebären und Säugen im Wasser durchgesetzt – eine nützliche Fähigkeit, die die Flossenfüßer (Robben und ihre Verwandten) viele Millionen Jahre lang versäumten, die jedoch für Seetiere ohne Bewegungsmöglichkeit an Land unerläßlich ist. Beide Ordnungen sind praktisch unbehaart, obwohl das für Meeressäuger nicht unbedingt von Vorteil ist. Seebären, Polarbären und Seeottern, die über ein Fell verfügen, brauchen eine dicke Fettschicht, um die Körperwärme im kalten Wasser aufrechtzuerhalten. Außerdem haben Wale und Seekühe eine meist senkrechte Schwanzbewegung angenommen, eine offensichtlich nutzlose Veränderung, die unter den vielen Vierfüßern, die sich ins Meer gewagt haben, einzigartig ist.

Höchst interessant ist ferner, daß sie auf Hinterbeine völlig verzichtet haben. Damit stehen sie im Gegensatz zu den vielen anderen ins Meer gewanderten Vierfüßerordnungen, die die naheliegende Adaptation vornahmen, alle vier Gliedmaßen in Paddel oder Flossen umzuwandeln. Bei den Walen lag in diesem Punkt offenbar eine genetische Sperre vor. Der früheste fossile Wal, *Basilosaurus isis*, der vor 40 bis 42 Millionen Jahren lebte und, den häufigen Skelettfunden nach zu urteilen, wohl recht zahlreich war, hatte rätselhafterweise unscheinbare und offensichtlich nutzlose

Hinterbeine, die viel zu klein waren, um für das enorm lange Tier eine Hilfe zu sein, und auch nicht zum Schwimmen taugten. Die Modifizierung der Hinterbeine zu Flossen muß mit dem Attraktor unvereinbar gewesen sein, der Wale, und in gleicher Weise Seekühe, für ein Leben im Wasser ausrüstete.

Die Parallelen zwischen Paarzehern wie Hirschen, Antilopen, Schafen, Rindern einerseits und unpaarzehigen Huftieren wie Pferden, Rhinozerossen, Tapiren andererseits sind weniger auffällig, aber entwicklungsgeschichtlich dennoch signifikant. Ihre Gliedmaßen sind strukturell ähnlich, und beide Gruppen haben Klauen in Hufe verwandelt (Thomson 1988, 137). Nach der Trennung von den Unpaarzehern hat sich bei den frühen Paarzehern offenbar ein Potential für zwei Hörner entwickelt. Hornpaare findet man ausschließlich bei Paarzehern, doch sie entstehen in verschiedener Form und haben sich immerhin siebenmal unabhängig voneinander gebildet. Das bedeutet, daß irgend etwas im Genom die Entstehung von Hornpaaren fördert, ohne ihre Gestaltung genau festzulegen. Was den Nutzen angeht, so hat dieser bei vielen Arten abgenommen, da die Hörner nach hinten gebogen sind.

Es gibt auch manche Entsprechung zwischen Hörnern und Hauern, die ebenfalls unterschiedlich gestaltet sind. Einige Paarzeher aus der Familie der Schweine weisen überdimensionale Zähne oder Hauer auf, die ähnliche Funktionen wie Hörner haben und ebenfalls häufig nach hinten gekrümmt sind. Sehr kleine Hirsche (besonders *Muntiacus* und *Moschus*) mit kleinen oder gar keinen Hörnern tragen Hauer. Unpaarzeher haben weder Hauer noch Hörner, mit Ausnahme des Rhinozerosses mit seinem Mittelhorn.

Bei allen diesen Beispielen handelte es sich stets um zwei Gruppen. In zahlreichen anderen Fällen sind die unwahrscheinlichsten Muster ein dutzendmal oder häufiger unabhängig voneinander aufgetaucht. Daß Wanzen das Sperma in die Körperhöhle injizieren, ist in dieser Familie offensichtlich viele Male entstanden. Mindestens neun Cichlidenfischarten haben es sich angewöhnt, Schuppen zu fressen, die sie von größeren Fischen schnappen – ein merkwürdiger Vorgang, denn es dürfte wahrscheinlich gefährlich sein, sich einem größeren Fisch zu nähern. Zudem sind Schuppen schwer zu verdauen und wenig nahrhaft, und will man sich von ihnen ernähren, so braucht man speziell adaptierte Zähne und Eingeweide. Trotz allem scheinen etliche schuppenfressende Arten diese Angewohnheit eigenständig entwickelt zu haben.

Auch eine außergewöhnliche Abwehrwaffe der Termiten soll mehrfach erfunden worden sein. Bei den meisten Termitensoldaten ist eine Kanone am Kopf montiert; eine Drüse, die einen Großteil des Körpers ausmachen kann, sondert eine giftige oder klebrige Substanz ab, welche die blinde Termite durch das Mündungsrohr über eine beträchtliche Entfernung hinweg mit ziemlicher Treffgenauigkeit abfeuern kann. Zwar gibt es die giftspeienden Kobras oder eine Reihe von Tieren – Ameisen, Käfer und Stinktiere zählen dazu –, die von ihrem Hinterleib aus chemische Kriegsführung betreiben, doch nichts ist mit dem Kopfgeschütz der Termiten zu vergleichen. Obwohl dies weitreichende körperliche Veränderungen erfordert, zu denen auch der Verlust funktionsfähiger Unterkiefer gehört, wurde diese Waffe, wie berichtet wird, mindestens neunmal von ebenso vielen Gattungen entwickelt (E. Wilson 1971, 188).

Zwischen verschiedenen australischen Beuteltieren und Plazentaliern bestehen auffallende Parallelen. Die plazentaren Maulwürfe, Flug- und Eichhörnchen, Spring- und gewöhnlichen Mäuse, Katzen und Wölfe haben alle ihre mit Beutel ausgestatteten Gegenstücke. Die Ähnlichkeit des (ausgestorbenen) Beutelwolfs mit seinem Pendant in der nördlichen Hemisphäre ist besonders frappierend: Sie reicht bis zur Form der Zähne, Klauen, Ohren und des Schädels. Da ihre Konvergenzen über die Adaptationserfordernisse für ihre jeweiligen Lebensumstände hinausgehen, liegt es nahe, daß sich bestimmte Muster sehr gut mit dem Säugetierkonzept, also mit dem grundlegenden Säugetierattraktor, vertragen. Um die Kombinationsmöglichkeiten von Genen muß es bei Marsupialiern und Plazentaliern ähnlich bestellt sein, obwohl ihre gemeinsame Abstammung mindestens 100 Millionen Jahre zurückliegt. In gewisser Weise scheint es zum Säugetiermuster zu gehören, daß sich primitive Säuger unter geeigneten Umweltbedingungen in ähnliche Richtungen verzweigen konnten und dabei unter anderem gleichartige höhlenbewohnende Insektenfresser und jagende Fleischfresser hervorbrachten. Es gibt natürlich auch Spezialentwicklungen bei den Beuteltieren wie die Känguruhs, die den Platz von Huftieren einnehmen. Soweit man weiß, hat kein anderes Tier, das größer ist als eine Maus, jemals die Fortbewegungsart von Känguruhs gewählt.

Zahlreiche Parallelismen sind aus dem Pflanzenreich bekannt, etliche davon kaum weniger beeindruckend als die angeführten

Die Verschiedenartigkeit von Antilopenhörnern ist nur ein kleiner Ausschnitt aus der Formenvielfalt von Paarzeherhörnern (Abb. von Ernst Haeckel, *Kunstformen in der Natur*, Verlag des Bibliographischen Instituts, Leipzig und Wien, 1904).

Tierbeispiele. So zeigen zum Beispiel viele Büsche, die fast ausschließlich in Neuseeland anzutreffen sind, eine merkwürdige Wachstumsart: Die Zweige mit ihren sehr kleinen Blättern wachsen nahezu im rechten Winkel und in ziemlich großen Abständen aus dem Stamm heraus, für die Pflanze ein äußerer Schutz aus ineinander verschlungenen Zweigen. Diese außergewöhnliche Wachstumsart, Divarikation genannt, kommt bei rund 50 Arten in 21 Familien vor, in jeder Gattung normalerweise nur bei ein oder zwei Arten. Sie scheint sich viele Male unabhängig als Schutz gegen einen heute ausgestorbenen Pflanzenfresser entwickelt zu haben (J. Diamond 1990b, 769). Es ist dennoch bemerkenswert, daß viele Pflanzenfamilien die Fähigkeit zu dieser Adaptation besaßen. Desgleichen findet man das längliche, bifaciale, glatte und ziemlich harte Blatt von der Art des Eukalyptus, das an beiden Enden spitz zuläuft, in vielen Familien und in sehr unterschiedlichen Gebieten, jedoch ausschließlich in Australien.

Dem Parallelismus von Strukturen steht der von Instinkten gegenüber. Die Grabwespen (*Pompilus* und andere) lähmen Spinnen mit ihrem Stich und schleppen sie anschließend als Nahrung für die Jungen in ihre Nester. In der Nähe ihrer Nistplätze treiben sich jedoch Wespen verwandter Gattungen (*Evagetes* und *Ceropales*) herum. Bringt nun eine *Pompilus* eine Spinne heran, schleicht sich *Evagetes* in den Bau und tauscht das *Pompilus*-Ei aus. *Ceropales* wartet, bis die *Pompilus* die Spinne zurückläßt und legt dann ein Ei, das schneller reift als das der rechtmäßigen Nesteigentümerin – die geschlüpfte Wespe frißt das Ei nebst der Spinne auf. Ein solcher Mundraub am Nahrungsvorrat eines anderen Tiers, Kleptoparasitismus genannt, ist bei Wespen und Bienen in vielen Variationen Dutzende von Malen entstanden.

Organisierte Tiergesellschaften haben sich oftmals entwickelt. Die Spezialisierung von Arbeiterinnen und Vollgeschlechtstieren entstand bei Wespen, Bienen und Ameisen mindestens ein dutzendmal, wahrscheinlich öfter (Michener 1974, 236). Sie tritt ebenfalls bei sehr entfernt verwandten Termiten mit ziemlich ähnlichen »Institutionen« auf. Weniger bekannt ist, daß sich auch in allen größeren Karnivorenordnungen, von den Mungos bis zu den Katzen, das Gruppenleben unabhängig herausgebildet hat. Der Brutparasitismus bei Vögeln entstand mindestens siebenmal.

Ebenso tauchte der soziale Parasitismus bei Ameisen viele Male auf. Eine genaue Zahl läßt sich dabei nicht nennen, da man unmöglich festlegen kann, auf welcher Stufe verwandte Arten getrennte evolutionäre Wege gingen. Die Parallelen zwischen Sklavenhaltern aus ganz verschiedenen Abteilungen der Ameisenfamilie sind dennoch augenscheinlich: Sie haben ein ähnliches Raubverhalten und mächtige Kiefer. Noch deutlichere Parallelen zeigen jene Vollparasiten, die die Kaste der Arbeiterinnen aufgegeben haben und sich ganz auf die erfolgreiche Invasion in eine Wirtskolonie verlassen. Sie tendieren zu einer stark verringerten Körpergröße und sind manchmal kleiner als die Wirtsarbeiterinnen. Die Männchen, die ihre Flügel ganz oder teilweise verlieren, kommen niemals richtig aus dem Puppenstadium heraus; die Paarung ist vermutlich auf den heimischen Bau beschränkt. Da die neuen Königinnen sich seltsamerweise nicht weit zerstreuen, bleibt die Zahl dieser Gruppen begrenzt. Die Antennen haben sich zurückgebildet, das Außenskelett wurde dünn und glatt (Hölldobler und Wilson 1990, 467ff.).

Die tropischen Treiberameisen in Amerika und Afrika, die sich grundsätzlich in Aussehen und Verhaltensweisen gleichen, haben an sich nützliche Merkmale zugunsten der Organisation geopfert, die sie zu einer der zahlenstärksten Tierarten werden ließ. Beide Gruppen bilden bisweilen riesige Staaten, denen in Afrika bis zu 20 Millionen Tiere angehören. Ihre Arbeiterinnen sind vielgestaltig, die Männchen tragen Flügel und werden hinsichtlich der Größe noch von den flügellosen Königinnen übertroffen. Von Zeit zu Zeit gehen sie auf Wanderschaft; sie schwärmen im Dschungel oder über der Savanne aus und fangen und töten alle Kleintiere, die sich nicht in Sicherheit bringen können. Aus verschiedenen, zumeist morphologischen Gründen nimmt man indes an, daß die Massenräuber unter den Ameisen Afrikas, Asiens und Amerikas eine getrennte und wahrscheinlich ziemlich junge Entwicklungsgeschichte haben.

Manche der Ähnlichkeiten entsprechen ihrem Leben als Großräuber. Aufgrund ihrer immensen Mitgliederzahlen können die Staaten nicht wie bei den meisten Ameisen von einzelnen Königinnen gegründet werden; ihre Organisation erfolgt vielmehr nach dem Vorbild der Honigbienen durch Teilung oder Ausschwärmen, weshalb die Königinnen flügellos sind. Dennoch ist nicht einzusehen, warum die Kolonien derart ausufern und Millionenstärke erreichen, so daß es Stunden dauern kann, bis eine mehrere Meter breite Kolonne vorbeigezogen ist. Hunderttausend von ihnen können eine beachtliches Gebiet verwüsten und jede in Frage kommende Beute überwältigen. Die extreme Größe der Kolonien führt dazu, daß die Beute in erreichbarer Nähe rasch aufgezehrt ist und sie daher zu einem kontinuierlichen Nomadentum gezwungen sind – eine Tatsache, die ihr Dasein erheblich kompliziert.

Obgleich die enorme Mitgliederzahl in den Kolonien der Treiberameisen eine entsprechend hohe Eierproduktion erfordert, haben sie nie mehr als eine Königin. Die Abhängigkeit von einer einzelnen Mutter ist jedoch gefährlich, weil die Kolonie am Ende ist, wenn sie die Königin außerhalb der kurzen Periode, in der junge Vollgeschlechtstiere aufgezogen werden, verliert. Als Verschwendung erscheint es auch, daß in diesen Kolonien große Männchen üblich sind. Bei den meisten Ameisen nämlich sind die Männchen verhältnismäßig klein, denn ihre einzige Funktion besteht schließlich in der Übertragung der Spermien. Ein noch größerer Nachteil für die Treiberameisen liegt in ihrer totalen oder zumindest relativen Blindheit sowie in ihren schwachen Stacheln – dabei verfügten ihre vermutlichen Vorfahren sowohl über einen guten Gesichtssinn als auch über starke Stacheln (Hölldobler und Wilson 1990, 574ff.). Gewiß wären die Treiberameisen weitaus furchteinflößender, wenn sie ihre Beute sehenden Auges jagen und mit einem Giftstachel außer Gefecht setzen könnten. Aber trotz ihrer Beeinträchtigungen gehören sie aufgrund ihrer Anzahl und ihrer ökologischen Wirkung zu den erfolgreichsten Kreaturen auf der Welt.

Der Verlust der Fähigkeit zu stechen kommt sehr häufig vor. Viele Bienen und Ameisen müssen damit fertigwerden, ohne daß der Verlust in einem erkennbaren Verhältnis zum Habitat oder zur Lebensweise stünde. Einige stachellose Bienen *(Trigona)* gleichen diesen Nachteil aus, indem sie beim Beißen ein säurehaltiges Sekret verspritzen oder klebrige, hartharzige Kügelchen auf einem Angreifer abladen (Mayr 1960, 375) – Abwehrmittel, die zweifellos weniger wirksam sind als die eingebüßten Stacheln. In wenigstens neun Fällen kaschieren stachellose Bienen ihre Unterlegenheit damit, daß sie Bienen oder Wespen nachahmen, die einen kräftigen Stachel besitzen (Michener 1974, 217).

Ameisen haben einen ähnlichen Weg eingeschlagen. Primitive Formen wie ihre Wespenvorläufer verfügen über Stacheln, die für einen Feind durchaus bedrohlich sein können. Die höherentwickelten Ameisen jedoch haben in der Mehrzahl ihren Stachel zurückgebildet oder verloren, was ersichtlich nichts mit ihrer Lebensweise zu tun hat. Denn während Beutejäger wie die Treiberameisen ohne Stachel auskommen müssen, haben ihn sich einige Samenfresser erhalten. Und viele stachellose Ameisen und Bienen ersetzten den Verlust durch ein Sprühgift. Alles in allem geschieht es häufig, daß bestimmte Attribute aus unerklärlichen Gründen mit breit angelegten Mustern einhergehen – eine Tatsache, die in der Evolution von großer, vielleicht von entscheidender Bedeutung gewesen sein muß.

Die Bedeutung des Parallelismus

Viele Merkmale können als mehr oder weniger konvergent oder parallel angesehen werden. So fressen Skorpione wie auch Spinnen, zwei ziemlich unterschiedliche Spinnengruppen, hin und wieder ihre Partner und Skorpione gelegentlich auch ihre Jungen, doch abgesehen davon, daß sich hierin räuberische Instinkte ausdrücken, besagt das recht wenig. Es mag ebenfalls mehr oder weniger zufällig sein, daß die Scheren von Skorpionen und Krabben einander gleichen. Und ist es signifikant, daß sich Magnolien- und Pinienzapfen ähnlich sehen?

Konvergenzen sind unter Umständen einfach ein Indiz dafür, daß es nur eine begrenzte Anzahl mechanischer oder physiologischer Möglichkeiten gibt, bestimmte Ziele zu erreichen. Der ähnlichen Körperform von Haien, ausgestorbenen Meeresreptilien und Delphinen mißt man keine tiefere Bedeutung bei, sondern bewundert lediglich die Fähigkeit der Tiere, eine so wundervolle Stromlinienform anzunehmen. Desgleichen läßt sich vermuten, daß das Auge des Tintenfischs dem der Vertebraten deshalb gleicht, weil nicht viele Möglichkeiten für den Aufbau eines kameraartigen Apparats existieren. Vögel und Säugetiere sowie Krokodile verfeinerten das Kreislaufsystem der Reptilien auf annähernd identische Weise, indem sie die Kammerung des Herzens vervollständigten und einen separaten Lungenkreislauf einrichteten. Dies stellt keine Überraschung dar; vielmehr wundert man sich, daß Echsen und Schildkröten es nicht genauso gemacht haben. Auch den Reptilien-Stoffwechsel verbesserten Vögel und Säuger auf gleiche Weise – denkbar, daß es überhaupt nur diese eine Verbesserungsmöglichkeit gab.

Eine Reihe von Fischen und Amphibien versorgt ihre Embryos über ein Organ, das sich mit der Plazenta der Säuger vergleichen läßt. Tauben, Männchen wie Weibchen, füttern ihre Jungen mit einer Art Milch. Die Sekretion der »Taubenmilch« wird durch dasselbe Hormon, Prolaktin, angeregt, das auch die Laktation bei Säugern regelt (Kevles 1986, 136). Die Anzahl der Enzyme ist beschränkt, und sie mögen ähnliche Zwecke erfüllen. Das Hormon, das Bruttaschen auf dem Rücken von Fröschen ausbildet, findet man ebenfalls in der Gebärmutter von Säugern wieder (Tyler 1983, 134).

Wenn dieselben Enzyme in ganz unterschiedlichen Organismen die gleiche Funktion haben, dann bedeutet das, daß die gleichen oder nahezu die gleichen Gene am Werk sein müssen. Also ist es durchaus möglich, daß einige der Gene, die den Aufbau des Molluskenauges bestimmen, unter Umständen die gleichen oder fast die gleichen sind wie diejenigen, die für ein Vertebratenauge zuständig sind. Die Proteinkombinationen, die Organismen für den Aufbau eines Auges zur Verfügung stehen, sind nicht unbegrenzt.

Das wiederum besagt, daß die Analogie nur schwer von der Homologie zu trennen ist. Die Analogie betrifft die unabhängige Entstehung von äußerlich ähnlichen Organen. Ein Insektenflügel steht in Analogie zum Flügel eines Vogels, stellt jedoch von seinem Ursprung her etwas ganz anderes dar. Die Homologie andererseits bezeichnet die Ähnlichkeit einer Struktur, die von einer gemeinsamen Herkunft zeugt. Der Vogelflügel ist die Homologie des menschlichen Arms, weil beide vom Grundmuster des amphibischen Vorderfußes ausgehen. Andere Beispiele sind freilich weniger eindeutig. Der Fledermausflügel ist zum Flügel des Vogels sowohl analog als auch homolog. Die Wärmerezeptoren über den Nasenlöchern der Grubenottern sind außerordentlich infrarotempfindliche Kameras. Doch die Boas und Pythons haben entlang ihrer Lippen analoge oder homologe wärmeempfindliche Organe.

Eine Gruppe verwandter Tiere scheint manchmal die gemeinsame Fähigkeit besessen zu haben, in ein und dieselbe Richtung zu gehen. Etliche Gruppen säugerähnlicher Reptilien entwickelten sich ungefähr parallel auf das Säugetiermuster zu, wobei verschiedene Gruppen von Säugern auf unterschiedliche Weise nahestanden. Möglicherweise verlief die Evolution bei einigen Säugetierabteilungen getrennt von den Reptilien, und tatsächlich sieht es ja so aus, als ob die heutigen eierlegenden Säuger (die Kloakentiere) eine Abstammungslinie repräsentierten, die sich losgelöst von einem reptilischen Vorläufer entwickelt hat (Colbert 1980, 246ff.).

Eine ganz andere Eigenschaft, die sich durchgesetzt hat, ist die

Produktion von Elektrizität durch umgewandelte Muskel bei Fischen. Diese merkwürdige Fähigkeit existiert bekanntlich nur bei Fischen, doch ist sie mindestens sechsmal unabhängig voneinander entstanden, die Fähigkeit zur Wahrnehmung elektrischer Schwingungen wenigstens dreimal. Im Genom der stammesgeschichtlich alten Fische muß es eine Prädisposition für den Einsatz von Elektrizität gegeben haben. Zumeist verläuft der Strom vom positiv geladenen Kopf zum negativ geladenen Schwanz, doch gibt es auch den umgekehrten Fall, sogar bei ein und derselben Gattung. *Stenarchus* erzeugt einen Wechselstrom, was keinen erkennbaren Vorteil mit sich bringt, aber die Konstruktion eines regelrechten Batteriegeräts ermöglicht. Die Fischlarven haben die elektrischen Organe oftmals an anderen Körperstellen als die erwachsenen Fische. In der Regel sitzen die stromerzeugenden Zellen in der Rumpfmuskulatur, in einem Fall jedoch, beim *Astroscopus*, in den Muskeln um die Augäpfel, in einem anderen, beim *Apteronotus*, im Nervengewebe (Bass 1986, 20ff.).

Alle Innovationen haben innerhalb des Rahmens zu erfolgen, den ein erfolgreiches Genom absteckt. Die Richtungen werden dabei durch die Potentiale aus der Vergangenheit wie auch den selektiven Druck der Gegenwart bestimmt. Unterschiede gehen, selbst innerhalb eng verwandter Gruppen, viel stärker auf die Herkunft als auf die Adaptation zurück (wie bei Echsen beobachtet, Schwenk 1988, 593). Laut John H. Campbell »werden nicht nur die mechanischen Vorgänge, sondern auch die Evolutionsziele von der genetischen Botschaft festgelegt« (J. Campbell 1987, 284). Die parallele Entwicklung zeigt, daß Organismen für Evolutionsrichtungen prädisponiert sein können, die sich besser durch Funktionen als durch Strukturen definieren lassen. Bestimmte Linien sind offen; auf ihrer Bahn können sich Arten in physiologisch und organisch unterschiedlicher Weise auf gleiche Ziele hin entwickeln.

Die Kraft des Parallelismus hat noch weitere Folgen für die Evolutionstheorie. Allgemein wird als gesichert angesehen, daß ein Merkmal, das zwei oder mehr Gruppen gemeinsam ist, schon bei deren gemeinsamem Vorgänger vorhanden gewesen sein muß. Logischerweise darf man jedoch nur davon ausgehen, daß ein gemeinsamer Urahn die Anlage für das Merkmal in sich trug. Wenn verschiedene Familien jenseits ihrer adaptiven Erfordernisse parallele Wege einschlagen, zeugt das von ihrer gemeinsamen Anlage. So haben zum Beispiel etliche nicht eng miteinander verwandte Vogelarten einen Nestparasitismus entwickelt, was allgemein bedeutet, daß die Parasitenküken die Brut des Gastgebers umbringen oder aus dem Nest werfen. Dieses Verhalten scheint der Angewohnheit von Vogeljungen vieler Arten zu entsprechen, ihre Nestkameraden zu mißhandeln. Desgleichen hat sich der Geschwistermord, bei dem das erstgeschlüpfte Küken die jüngeren tötet, mindestens achtmal unabhängig entwickelt, obwohl es sich um eine ungewöhnliche Eigenschaft handelt oder zumindest um ein Gebaren, das die Ordnung in der Familie auf den Kopf stellt. Der Hang zu Geschwistermord und Nestparasitismus ist offenkundig im Genom einer Reihe verschiedener Vögel verankert.

Tauchen Merkmale, die auf den ersten Blick so unwahrscheinlich sind wie die Sexualpraktiken der Wanzen, die Spritzpistole der Termiten, die Heterostylie bei Blüten (eine Art hat sogar Blüten mit unterschiedlich angeordneten Staubbeuteln und -blättern, um die Fremdbestäubung sicherzustellen) mehrmals oder gar häufig auf, dann können sie so unwahrscheinlich wiederum nicht sein. Sie sollten nicht als Ergebnisse seltener Zufälle abgetan, sondern als das mögliche – in gewissem Sinne sogar wahrscheinliche – Produkt eines uralten Genotyps angesehen werden.

Der Gedanke, daß die Richtung der Evolution in irgendeiner Weise vorherbestimmt ist, stößt nicht auf großen Zuspruch – das klingt allzusehr nach göttlicher Fügung. Doch Evolution ist Geschichte, und geschichtliche Ergebnisse sind zum Teil, wenn nicht zum Großteil durch ihre Vergangenheit bestimmt. Es wäre seltsam, wenn ein Genotyp nicht die Mutation in bestimmte Richtungen bevorzugen würde oder wenn bestimmte Mutationsfolgen innerhalb der Grenzen einer Klasse oder Familie nicht wahrscheinlicher wären als andere. Die Entwicklung bei verschiedenen Gruppen ähnlicher und ungewöhnlicher Organe und Instinkte bestätigt diese Kohärenz, besonders wenn die parallelen Merkmale von zweifelhaftem Nutzen sind.

Die evolutionäre Trägheit

In der Evolution gibt es klar umrissene Langzeittendenzen, wie sich an der Entwicklung des Menschen aus einem affenähnlichen Primaten ablesen läßt. Entwicklungstendenzen schließen eine Art Kraftmoment mit ein, das Merkmale unabhängig von Adaptations- und

Fitnessnotwendigkeiten verstärkt. Anscheinend ist es für Lebewesen leicht, auf einem einmal eingeschlagenen Weg zu bleiben, selbst wenn dieser zu einer Übersteigerung führt.

Die gewaltige Größe einiger Dinosaurier und Wale kann teilweise einer Art Entwicklungsträgheit zugeschrieben werden. Evolutionäres Größenwachstum tritt so häufig auf, daß es einen eigenen Namen bekommen hat: Copes Gesetz. Eine Reduzierung der Größe kommt selten vor. Es mag eine Rückkoppelung geben, die die Spezialisten irreversibel macht; und es ist wahrscheinlicher, daß sehr große Tiere aussterben als ihre kleinwüchsigen Vettern, die sich besser über Untergangsphasen hinwegretten. Gigantismus mag vorübergehend adaptiv sein, im Endeffekt jedoch ist er es nicht.

Es wäre falsch anzunehmen, daß die Evolution auf ein Ziel zusteuert; vielmehr führt sie in eine Richtung, die in der Vergangenheit adaptiv gewesen ist. Eigentlich müßten dem Tausendfüßler seine vielen Segmente zum Vorteil gereichen, doch scheinen die über 200 Beine mancher Arten übertrieben. Da Tausendfüßler in der Mehrzahl Erdbewohner sind, könnte eine Vielzahl von Beinen den Tieren beim Graben behilflich sein, doch scheinen sie für diesen Zweck gar nicht gut geeignet. Offenbar haben Tausendfüßler ganz einfach eine genetisch festgelegte Tendenz zur Vielbeinigkeit. Ein anderes Beispiel sind die Kolibris: Sie haben ihren Schnabel verlängert, um an den tief in den Blüten versteckten Nektar heranzukommen. Bei einer Form nun *(Ensifera)* hat der Schnabel sich zur doppelten Länge des Körpers entwickelt.

Viele Ameisen, unter ihnen sämtliche Angehörigen der Gattung *Camponotus*, versprühen zu ihrer Verteidigung eine ätzende Flüssigkeit. Die malaysische Art *C. saundersi* hat die Methode bis zur Selbstzerstörung weiterentwickelt. Sie trägt einen großen Giftsack mit sich, der sich über die ganze Länge ihres Körpers erstreckt; wird sie angegriffen, explodiert die Ameise förmlich (Hölldobler und Wilson 1990, 179f.).

Die hohe Gestalt der Giraffe ist zwar offensichtlich von Nutzen, doch scheint sie nicht einfach eine Adaptation darzustellen, sondern die Verwirklichung eines Potentials. Auf dem Entwicklungsweg der Giraffe finden sich keine Nebenlinien mittlerer Größe – kein lebendes Tier oder Fossil, das eine Zwischenstufe zwischen dem Okapi mit seiner bescheidenen Halslänge und dem kranartigen Halsausleger der Giraffe bilden würde. Die verschiedenen Giraffenvarietäten erreichen alle mehr oder weniger dieselbe Höhe. Man hat eine Reihe von giraffenähnlichen Fossilien gefunden, die in etwa die Form eines Okapi aufweisen; offenbar schlug eines dieser Exemplare ziemlich plötzlich einen Sonderweg ein und schwang sich Hals über Kopf in luftige Giraffenhöhen.

Viele Fossilienreihen weisen auf eine Art Orthogenese hin. Häufig zitiert wird in diesem Zusammenhang das Beispiel der Ammoniten. Seit Entstehung der Gruppe vor rund 400 Millionen Jahren wurden die Trennwände im Innern der spiraligen Schale zunehmend unregelmäßiger und nahmen im Verlauf von 150 Millionen Jahren komplizierte und ziselierte Muster an, ähnlich den Eisblumen auf einer Fensterscheibe. Die kunstvolleren Typen starben aus, aber die Überlebenden entwickelten zunächst noch falten- und musterreichere Trennwände, bevor sie schließlich zu einfacheren Typen zurückkehrten und mit den Dinosauriern endgültig verschwanden. Das ist um so bemerkenswerter, als die Trennwände innerhalb der Schale kaum adaptive Bedeutung haben konnten. Flache Wände ergäben eine maximale Festigkeit bei minimalem Materialaufwand.

Der Weg vom reichlich unscheinbaren, kleinen *Hyracotherium* zum Pferd mag ebenfalls von einer inneren Richtung gekennzeichnet sein. Die natürliche Auslese gestattete diesen Verlauf, aber wir wissen nicht, wieviel davon auf das Konto der natürlichen Auslese geht. Der einzelne Huf scheint für das Leben auf Grasflächen geeignet, doch hielten Rhinozerosse, Elefanten, Strauße, Wildhunde und andere mehr eine solche Entwicklung für entbehrlich. Andererseits existierte in Südamerika – ein bemerkenswertes Zeugnis paralleler Evolution – ein mittlerweile ausgestorbenes Huftier, das litopterne *Thoatherium*, das hinsichtlich Kopf, Körper und Beinen äußerlich jenem Pferd glich, das 10 Millionen Jahre später in Nordamerika auftauchte. Der Aufbau des Fußes war praktisch der gleiche, die seitlichen Zehen waren sogar noch stärker zurückgebildet. Paradoxerweise hatte das *Thoatherium* Zähne, die sich zum Abzupfen von Blättern eigneten, obwohl die Evolution von Pferden für gewöhnlich mit einem Wechsel vom Laub- zum Grasfresser in Verbindung gebracht wird. Die Einzehigkeit muß den Unpaarzehern leichtgefallen sein.

Diese innewohnende evolutionäre Tendenz dürfte vermutlich auch dem *Homo sapiens* zu seiner Form verholfen haben. Das Wachstum des Gehirns scheint für die Säuger kein Problem gewesen zu sein, denn von Anbeginn an, sehr früh im Zeitalter der Reptilien, hatten sie bereits ungleich größere Gehirne als jene. Nach dem Verschwinden der Dinosaurier nahm die Gehirngröße der Säugetiere rasch zu. Die Primaten entwickelten außergewöhnlich große Gehirne, was sich allerdings nicht eindeutig mit ihrer Lebensweise erklären läßt. Dieser Trend hielt jedenfalls an und erreichte bei der menschlichen Linie einen Höhepunkt, wobei die Rolle der natürlichen Auslese jedoch wiederum unklar ist.

Es ist gemeinhin verständlich, daß ein erfolgreiches Genom Merkmale mit sich bringt, die über die Gebote der natürlichen Auslese hinausgehen. Die Selektion für bestimmte Mutationen ist gleichzeitig eine Selektion für die entsprechende Mutabilität, für die Kombination von Enzymen und Proteinen, für Transposons, Repressoren und andere, die nützliche Mutationen möglich machen. Muster und Trends verstärken sich selbsttätig, wenn Arten eine gewisse Entwicklungsrichtung einschlagen (Campbell 1985, 145 f.). Die genetischen Bedingungen, die eine erhöhte Anzahl von Beinen oder eine Vergrößerung des Gehirns stimulieren, könnten in dieser Richtung fortfahren, auch wenn die zusätzlichen Beine oder das größere Gehirn keinen besonderen Vorteil erbrächten. Die Abhängigkeit von Elementen des Genoms kann innerhalb der Grenzen der Lebensfähigkeit ein Entwicklungsmoment zur Folge haben.

Manche Richtungen sind leicht, andere schwierig oder unmöglich zu bewältigen. Darin steckt so etwas wie Orthogenese – kein mystischer Impuls, sondern das Ergebnis der Eigenheiten des Genoms. Außerdem gebietet es die Logik – was auch auf genetischem Weg zu erklären ist (J. Campbell, 1985) –, daß die Favorisierung eines Merkmals durch die Selektion zugleich die Favorisierung der Konfiguration bedeuten kann, die die Mutation für dieses Merkmal ermöglicht. Ein Wandel würde immer den eingeschlagenen Pfad fortsetzen.

Dieser Gedanke ließe sich spekulativ weiterführen: Die Auslese irgendeines Merkmals kann sichtbar oder unsichtbar entsprechende Veränderungen im Genom mit sich bringen. Es scheint tatsächlich so, daß Merkmale, die mehr oder weniger unabhängig erworben werden können – wahrscheinlich gibt es keine Merkmale ohne Nebenwirkungen –, evolutionär unbedeutend sind wie etwa die Details des Hundefells. Wenn die Veränderungen keinen Bezug hätten, könnte die Evolution wahrscheinlich zu keinem Ziel führen.

10. Kapitel

Der evolutionäre Wandel

Die Speziation – Bildung neuer Arten

Darwins Problem, auch wenn er es nicht direkt in Angriff nahm, war die Entstehung der Arten. Es ist immer noch ungelöst. Das Artenkonzept gehört zur Allgemeinbildung; eine Klassifikation als systematische Einteilung der Arten leuchtet unmittelbar ein, ist aber ungenau. Wir wissen über Katzen Bescheid, kaum aber über Feliden, Fleischfresser, Säugetiere und so weiter. Vorrangige Aufgabe der Evolutionstheorie war es deshalb, sich mit dem Vertrauten zu beschäftigen, mit den Arten, die seit jeher als jede für sich erschaffen und als unveränderlich angesehen wurden. Außerdem gab es den zwar naheliegenden, jedoch fragwürdigen Standpunkt, daß man die Evolution verstehen würde, wenn man nur die Entwicklung der Arten verstände.

Das Klassifizieren von Arten entspringt einem natürlichen Impuls – so haben die Eingeborenen Neuguineas 137 ihrer 138 von den Ornithologen bestimmten Vogelarten Namen gegeben (Strickberger 1990, 485). Was jedoch fehlt, ist eine zufriedenstellende Definition. Dackel und Windhunde können sich vermischen, wenn sie es auch in der Praxis kaum tun; man betrachtet sie als Angehörige derselben Art – wie Eskimos und Sudanesen. Die Taxonomen halten sich lieber an eine morphologische Definition; sie verstehen unter Arten Populationen von Tieren oder Pflanzen, die einander ähnlich sind und sich sichtlich von anderen Populationen unterscheiden. Aber es gibt kein Einvernehmen darüber, wie groß die Ähnlichkeit sein muß und wann aus einer Varietät eine Art wird. Für die Biologen ist es wissenschaftlich befriedigender, Gruppen von Organismen anzunehmen, die eine Fortpflanzungsgemeinschaft bilden und von anderen solchen Gemeinschaften isoliert sind. Diese Definition wird vor allem von Ernst Mayr vertreten.

Die Arten haben vielfältige Barrieren gegen eine Vermischung aufgebaut, wie schon das voneinander abweichende Werbeverhalten und die unterschiedlichen Fortpflanzungszeiten belegen. Stellt sich bei Mischpaarungen oder bei deren Nachwuchs Unfruchtbarkeit heraus, so nimmt man an, daß die Eltern verschiedenen Arten angehören. Allerdings ist diese Annahme eher theoretisch als praktisch gestützt. Bisher wurde die Fortpflanzungsisolation nämlich erst bei einem verschwindend geringen Teil der Millionen von Arten untersucht, und in der Praxis werden die Arten fast immer mittels ihrer Morphologie, zuweilen aufgrund ihres Verhaltens definiert.

Die Definition als Fortpflanzungseinheit ist oft nur schwer anzuwenden. Wenn Populationen geographisch isoliert sind – auf Inseln oder im Hochgebirge zum Beispiel –, ist es unter Umständen schwer zu entscheiden, ob sie eine eigene Art bilden. Durchläuft eine Population in großem Ausmaß beständige Veränderungen, so wird diese Variation, falls sie stabil bleibt, als eigene Spezies angesehen. Aber die extremen Resultate sind möglicherweise unfähig, sich zu kreuzen – ein Beispiel dafür sind die Leopardenfrösche in den Vereinigten Staaten (Mayr 1967, 31). Auf der anderen Seite werden manche Populationen wie Hunde und Wölfe, die sich ungehindert kreuzen, sofern man ihnen die Gelegenheit gibt, als verschiedene Arten eingestuft.

Benachbarte, voneinander verschiedene Populationen werden trotz Vermischung als unterschiedliche Spezies behandelt, wenn die große Mehrheit der Populationen eindeutig der einen oder anderen Art zuzuordnen ist. Viele ganz und gar ungleiche Eichenarten bringen kräftige und fruchtbare Hybriden hervor – in Kalifornien kennt man nicht weniger als zwanzig davon (Tucker 1990, 13 ff.). Aber dort, wo sich die Lebensräume zweier Arten berühren, ist die Hybridisierungszone für gewöhnlich schmal. Die Natur scheint die Vermischung von getrennt erfolgreichen Typen keineswegs zu fördern. Populationen, die eine Kreuzungsbarriere trennt, zeigen sich vitaler als Arten, die sich häufig miteinander kreuzen (Mayr 1984, 73).

Viele einander ähnliche Arten unterscheiden sich vor allem durch bestimmte Gewohnheiten – durch ihre Nahrung, ihren Brutort, die Zeiten, in denen sie aktiv sind, und anderes mehr –, doch lassen sich bei einer gründlichen Erforschung häufig feine strukturelle Differenzen feststellen. Detaillierte Untersuchungen decken manchmal auf, daß eine vermeintliche Spezies in Wirklichkeit aus mehreren Arten besteht. Die Bekämpfung der europäischen Malariamücke

(Anopheles) stellte sich beispielsweise deshalb als schwierig heraus, weil es sich in Wahrheit um fünf Arten handelte (Mayr 1967, 39). Einen extremen Fall stellt das Protozoon *Paramecium aurelia* dar, das 28 bekannte Paarungstypen in 14 Klassen aufweist. Obwohl sie morphologisch nicht zu unterscheiden sind, könnte man von verschiedenen Arten sprechen, weil sie sich nicht kreuzen.

Ähnliche Populationen, die sich nicht miteinander kreuzen, werden »Sibling species«, Geschwisterarten, genannt, doch fehlt eine klare Abgrenzung zwischen eindeutig unterschiedlichen Spezies und Geschwisterarten oder zwischen Arten und Unterarten, Varietäten sowie ökologischen und geographischen Rassen – die Einschätzung der Taxonomen geht hier oftmals auseinander. Pflanzen sind variabler als Tiere, und viele Botaniker stehen dem Artbegriff skeptisch gegenüber.

Morphen oder Varianten, wie zum Beispiel unterschiedliche Färbungen bei Vögeln oder Fischen, kommen innerhalb sich kreuzender Populationen häufig vor. Innerhalb einer einzelnen Art kann es viele verschiedene Erscheinungsformen geben. Ein kleiner puertorikanischer Frosch *(Elentherodactylus coqui)* tritt hinsichtlich seiner Musterung in mehr als zwanzig Variationen auf (Pough, Heiser und McFarland 1989, 21). Zu der Pflanzenart *Brassica oleracea* gehören etliche in Form und Farbe unterschiedliche Kohlsorten, vom Grünkohl über Rosenkohl und Brokkoli bis hin zum Blumenkohl. Mit den Grundsätzen der natürlichen Auslese lassen sich die Morphen nicht ohne weiteres erklären; oft nehmen sie aus unerfindlichen Gründen zu oder ab (Mayr 1967). Denkbar wäre, daß sie Anfangsarten darstellen.

Intellektuell ist es höchst reizvoll, eine Art als eine genetisch homöostatische Gruppe zu definieren, die die Neigung aufweist, trotz sekundärer Unterschiede zu ihrem Typ zurückzukehren. Der Hund ist ein gutes Beispiel dafür. Die genetische Homöostase läßt sich schwer nachprüfen, aber die Definition ist realistisch. Sie unterstreicht die Tatsache, daß die Arten offenbar generell als statische Formen Bestand haben. Wie Fossilienfunde belegen, haben sie sich in der Regel über lange Perioden hinweg wenig verändert. Doch der Paläontologe, der nur ein Skelett sieht, hat eine Spezies anders zu beurteilen als ein Feldbiologe, für den Unterschiede zumeist an solchen Teilen sichtbar werden, die beim Fossil nicht mehr zu erkennen sind.

Die nach Hunderten zählenden afrikanischen Cichlidenarten

würden auf ein paar Dutzend zusammenschrumpfen, könnte man sich nur an ihren Knochen orientieren.

Während ihrer geologischen Lebensperioden variieren Arten gemeinhin nur in ziemlich engen Grenzen ohne jegliche Richtung und ohne einen Trend, der auf eine Nachfolgespezies hinweisen würde (Katz 1987, 287). Hätten sie sich lediglich sehr gut an ihre Umwelt adaptiert, dann würden sie beständig bei jeder kleinsten Veränderung der Umweltbedingungen variieren. Eine Spezies repräsentiert im Gegenteil eine nachhaltig integrierte genetische Kombination, sprich Attraktor, der wahrscheinlich ohne unmittelbare Reaktion auf eine Umweltveränderung bestehen bleibt.

Eine etablierte Art hat entweder die Prüfung einer Mutation bestanden und sich mit ihr adaptiert, oder sie hat diese Mutationen, die gewöhnlich in ihr ablaufen, verweigert. Um einen höherwertigen Satz von Merkmalen zu erlangen, müßte sie wohl zunächst einen Zustand niederer Adaptation durchlaufen, ehe sie erneut eine solche auf höherer Ebene stabilisieren könnte. Man hat diskutiert, inwieweit das eine geographische Isolierung erfordert – die Abgeschiedenheit einer Insel zum Beispiel, auf der eine kleine Population sich verändern, treiben lassen oder beliebig experimentieren könnte und sich dabei möglicherweise weniger gut adaptieren würde. Mayr würde die Möglichkeit, daß eine neue Spezies ohne physische Separierung auftaucht, praktisch ausschließen. Sie wäre vermutlich zahlenmäßig gering, vielleicht stünde eine kleine Gründungspopulation an ihrem Anfang (nach Mayr).

Je weniger Individuen betroffen sind, um so größer ist die Wahrscheinlichkeit, daß Veränderungen aus purem Zufall überleben oder Mutationen sich durchsetzen. Unter Umständen könnte ein einziges Paar den Speziationsprozeß in Gang setzen. Wahrscheinlich müßte aber eine Reihe von Mutationen zusammentreffen, und zwar in einer Ereignisfolge, wie sie nur in einer kleinen Population möglich ist (Bates 1989, 229). »Selektion« läuft letzten Endes meist auf den Zufall hinaus – ein Samenkorn wird gefressen, ein anderes fällt in fruchtbare Erde; das eine Fischjunge wird verschlungen, das andere übersehen, ungeachtet der im jeweiligen Individuum angelegten Qualitäten. Die Artbildung wird möglicherweise verursacht durch ein zufälliges Zusammenwirken von schwach wirkenden Faktoren. In einer kleinen Population werden proportional weniger Mutationen auftreten; die Speziation kann nur dann begünstigt werden, wenn viele kleine Populationen existieren.

Archipele mit zahlreichen, zum Teil isolierten Territorien belegen die wichtige Rolle der geographischen Isolation. Auf den Hawaiischen Inseln, von denen die älteste nur etwa sechs Millionen Jahre (ältere Inseln sind verschwunden), die jüngste nicht einmal eine Million Jahre alt ist, gibt es über 800 Fruchtfliegenarten, die sich wahrscheinlich alle von einer einzigen, zehn Millionen Jahre zurückliegenden Besiedlung herleiten (Carson und Kaneshiro 1976). Sie stellen mehr als ein Drittel aller Angehörigen der Gattung *Drosophila* und weisen eine größere Variationsbreite auf als alle anderen zusammen. Viele haben in ihrer Lebensweise verschiedene Wege der Adaptation entdeckt; die einen sind Pflanzenfresser, andere ernähren sich von Nektar und Aas oder betätigen sich als Parasiten oder Beutejäger. Wieder andere Arten suchten Nischen, die in anderen Teilen der Welt weder von *Drosophila* noch von Fliegen überhaupt besetzt werden. Auf der anderen Seite weisen manche Arten trotz gleicher Gewohnheiten unterschiedliche Strukturen auf.

Fast alle Arten kommen jeweils nur auf einer einzelnen Insel vor. Die große Zahl von Inseln und der Umstand, daß viele Vegetationsflächen durch Lavaströme isoliert wurden, muß, obwohl das als Erklärung nicht ganz ausreicht, diese außerordentlich reiche Speziation ermöglicht haben. Auch viele andere Artenschwärme von Tieren (zum Beispiel Schnecken) und Pflanzen (besonders das Silberkraut, ein Korbblüter), die vermutlich auf eine einzige Besiedlung zurückgehen, finden sich auf den Inseln, und die Artenvielfalt der hawaiischen Zuckervögel übertrifft noch bei weitem die der durch Darwin bekannt gewordenen Finken.

Auf den Galapagos, die sich aus 13 großen und vielen kleinen Inseln zusammensetzen, entwickelten sich im Verlauf einiger Millionen Jahre 15 Schildkrötenvarietäten mit identischen Nahrungsquellen, jedoch leicht unterschiedlichen Panzern, 14 Darwin-Finken, 66 Schneckenarten und so weiter. Die meisten kommen nur auf einer oder einigen wenigen Inseln vor, alle aber leben sie praktisch in derselben trockenen Umgebung, die nicht eben ein üppiges Leben begünstigt (Lack 1947, 154). Die Finken sind schon deshalb am besten erforscht, weil Darwin sich eingehend mit ihnen beschäftigt hat. Und doch bleibt unklar, inwieweit ihre Unterschiede, besonders die an den Schnäbeln, das Ergebnis einer Ernährungsspezialisierung sind oder auf eine eigenständige Drift auf den abgeschiedenen Inseln zurückgehen, von denen die meisten nur je eine einzige Spezies beherbergen. Die Finken auf den kleineren

Inseln sind zumeist ihren eigenen Weg gegangen. Eine solche Vielfalt ist um so bedeutender, als vergleichbare Arten auf dem Festland einen weiten Bereich verschiedenartiger Standorte abdekken. Ironischerweise bestätigt die Fauna auf den Galapagosinseln die Tatsache der Evolution, nicht aber ihre von Darwin vermuteten Mittel.

Eine Kombination von Adaptation und zufälliger Drift, wie sie zu der Fruchtfliegenvielfalt auf den Hawaiischen Inseln führte, würde zwar einen evolutionären Wandel darstellen, könnte aber nicht die Artenbildung in ihrer Gesamtheit erklären, vielleicht nicht einmal den wesentlichen Teil von ihr. Eine geographische Isolierung, die später wieder aufgehoben wird, kommt selten vor, und die meisten Spezies müssen in Territorien mit älteren Arten entstanden sein. So hat es sich zum Beispiel bei jeder der aufeinander folgenden *Homo*-Spezies verhalten (Groves 1989, 320). Die Trennung muß nicht geographisch erfolgen, ausschlaggebend ist die Isolation. Ein bedeutender Faktor kann dabei die Besiedlung eines neuen Biotops sein.

Es gibt keinen Grund für die Annahme, daß verschiedene Morphen ohne eine klar abgegrenzte räumliche Isolation keine neuen Arten bilden könnten. Voraussetzung wäre lediglich, daß sich in einer variablen Population die Gleichartigen zusammenschlössen, wobei die selektive Gattenwahl unter günstigen Umständen zur Fortpflanzungsisolation führen würde. Viele Vogel-, Fisch-, Schnecken-, Schmetterlings- und Käferarten zeigen eine bisweilen so völlig unterschiedliche Färbung, daß man sie als jeweils gesonderte Spezies klassifiziert hat. Die Morphenhäufigkeit schwankt je nach Territorium, wobei die von weniger beweglichen Tieren besiedelten Gebiete nur etwa einen Kilometer auseinanderliegen. Die Morphen, die den Forschern auffallen, weichen fast ausschließlich in ihrem Äußeren voneinander ab; dabei kann man sicherlich davon ausgehen, daß auch weniger einprägsame Merkmale in ähnlicher Weise variieren. Wenn also eine Morphe, der eine bestimmte sexuelle Vorliebe zugeordnet ist, mit irgendeiner Abweichung im Verhalten oder Biotop in Verbindung gebracht werden kann, wäre eine neue Spezies am Entstehen. Diese Artenbildung könnte am schnellsten dann erfolgen, wenn Erwachsene und Junge beisammenbleiben, sich an bestimmten Stellen konzentrieren und territorial gebunden sind.

Die soziale Dynamik kann also, zumindest bei höheren Lebewesen, ein bestimmender Faktor im evolutionären Wandel sein. Die Entstehung neuer Arten hängt von vielen Dingen ab, und oft, vielleicht sogar in den meisten Fällen, scheint sie sich vom mikroevolutionären Wandel qualitativ zu unterscheiden – vermutlich deshalb, weil die Artenbildung nicht einzelne Gene, sondern Genkombinationen betrifft.

Molekularer Wandel: die Mikroevolution

Innerhalb einer Spezies, dem Menschen zum Beispiel, unterscheiden sich die Individuen (mit Ausnahme von eineiigen Zwillingen) auf vielfältige Weise; jeder ist unschwer anhand seiner Physiognomie zu identifizieren. Auch die Biologen können einzelne Giraffen oder Wale aufgrund charakteristischer Merkmale auseinanderhalten. Bei Tieren pflegen 10 bis 30 Prozent der Gene unterschiedliche Allele zu haben. Die Proteine differieren immer etwas. Zum Bedauern von Organtransplantationspatienten stößt der Körper fremde Gewebe ab, wobei die Heftigkeit der Abstoßung vom Verschiedenheitsgrad der Proteine abhängt. Das menschliche Hämoglobinmolekül weist Hunderte von Varianten auf, die meisten sind ohne biologische Bedeutung.

Es liegt im Wesen der Proteine, daß sie sich allmählich verändern oder weiterentwickeln. Beobachtet man Variationen in der Aminosäuresequenz von Alkaliproteinen bei verschiedenen Arten, so steht die Anzahl dieser Variationen in ziemlich engem Wechselspiel mit dem morphologisch erkennbaren Unterscheidungsgrad. Das menschliche Hämoglobinmolekül unterscheidet sich zum Beispiel nur unwesentlich von dem des den Menschen nächstverwandten Affen; zwischen Menschen und Hunden ist die Differenz schon weitaus größer, und sie wächst weiter, nimmt man Eidechsen oder Fische zum Vergleich. Beträgt der Unterschied zwischen Mensch und Schimpanse lediglich ein Prozent, so macht der zwischen Mensch und Karpfen 50 Prozent aus.

Trotz einiger Unregelmäßigkeiten entspricht der Verschiedenheitsgrad der Proteine ziemlich genau dem zeitlichen Abstand von den gemeinsamen Vorfahren, wie durch Fossilien belegt ist. Doch die Divergenz von solchen Proteinen wie Zytochrom (wesentlich für den Stoffwechsel) hat wenig mit dem anatomischen Unterschied zu tun. Es gibt keine Entwicklungsfolge von den kieferlosen Fischen zu den Knochenfischen und weiter zu den Amphibien, Reptilien und Säugetieren. Eierlegende Säugetiere sind in bezug auf ihre Proteine genauso weit von den Reptilien entfernt wie wir. Der biochemische Unterschied zwischen einem Knochenfisch wie dem Karpfen und einem kieferlosen Fisch wie dem Neunauge ist genauso groß wie der zwischen Mensch und Neunauge (Maynard Smith 1986, 51). Alle Angehörigen irgendeiner Gruppe unterscheiden sich auf diesem Gebiet etwa im selben Maß von allen Angehörigen einer anderen Gruppe.

Solche Veränderungen sind nicht das Rohmaterial der Evolution. Die Veränderungen der Proteine und die morphologische Evolution haben in der Tat ihr eigenes Tempo (Raff u. a. 1987, 117). »Die strukturellen (proteinerzeugenden) Gene, wie sie bei Veränderungen in Proteinsequenzen auftreten, spielen offenbar in der Evolution keine gewichtige Rolle« (Langridge 1987, 253). Für die Veränderung eines Lebewesens bedarf es wahrscheinlich überhaupt keiner Veränderung von Proteinen oder »strukturellen« Genen. Die hawaiischen *Drosophila*-Arten unterscheiden sich morphologisch enorm, in ihren Proteinen jedoch kaum. Zahlreiche Arten von afrikanischen Cichliden haben fast identische Proteine (Pough, Heiser und McFarland 1989, 30).

Dieser Unterschied wird bei einem Vergleich zwischen Froschlurchen (Fröschen und Kröten) und Säugern deutlich. Die Entstehung der Froschlurche liegt dreimal so lange zurück wie die der postdinosaurischen Säugetiere; während sie sich in ihren Proteinen viel mehr als jene unterscheiden, gilt für die Anatomie das Gegenteil. Frösche werden als Einzelordnung klassifiziert, Säugetiere dagegen spalten sich in 16 verschiedene Ordnungen auf. Die Froschgattung *Xenopus* existiert seit 90 Millionen Jahren nahezu unverändert. Sie blieb zwar von der Mutation nicht verschont, variierte aber in den Regulatorgenen viel weniger als die Säugetiere. Folglich kommt es bei den Froscharten weit häufiger zu Hybriden als bei Säugern (A. Wilson 1975, 122 ff.). Warum Frösche jedoch an ihrem morphologischen Bauplan so starr festhalten, harrt noch einer Erklärung, denn eigentlich würde ihre Ernährungsweise – sie leben von kleinen Tieren – eine große Vielfalt an Adaptationen gestatten, kaum von Bedeutung scheint ihre eigenartige Hockhaltung zu sein. Während einige Frösche ihr Sprungvermögen sehr gut nutzen können, müssen andere schwimmen oder klettern; gute Läufer sind sie alle nicht. Bei der Pflege der Jungen legen sie viel

Die Froschlurche haben im Grunde genommen alle das gleiche Muster, weisen aber im Detail unzählige Variationen auf (Abb. Ernst Haeckel, *Kunstformen in der Natur*, Verlag des Bibliographischen Instituts, Leipzig und Wien, 1904).

mehr Erfindungsreichtum an den Tag als Säugetiere oder Vögel.

Vergleicht man die Proteine von Menschen und Schimpansen, so ergibt sich ein hoher Grad an Übereinstimmung (99 Prozent bei 44 untersuchten Proteinen) – und dies trotz deutlicher Unterschiede. Beide Arten besitzen zwar denselben Zelltyp, doch liegen die Unterschiede im relativen Wachstum von Körperteilen. Das heißt, sie müssen hauptsächlich oder fast zur Gänze den Regulatorgenen und den Abweichungen oder Beziehungen von Gengruppen zugeschrieben werden. Darauf weist schon die Tatsache hin, daß Chromosomen der beiden Spezies durch mindestens zehn Fusionen, Inversionen und Translokationen getrennt sind (John und Miklos 1988, 293).

Struktureller Wandel: die Neotenie

Kleine Druckfehler, die zufällig einen Sinn ergeben, können einer Geschichte eine neue Pointe hinzufügen, ohne daß dadurch eine neue Geschichte entstünde. Man kann eine Mauer vergrößern, indem man immer wieder einen Stein hinzufügt, oder man bringt irgendwelche Schnörkel an, doch mit solcher Lego-Technik wird kein Gewölbe und keine Kuppel entstehen. Die Natur indes ist voll von eleganten Kuppeln und Gewölben. Offensichtlich gibt es verschiedene Arten von Evolution, wobei allerdings unklar ist, ob sie scharf voneinander abgegrenzt sind oder ob sie, was wahrscheinlicher ist, die Extreme eines kontinuierlichen Prozesses darstellen.

Es bleibt undurchschaubar, wie sich neue Organe und Gewebetypen entwickeln. Doch ein Großteil der Differenzierung – selbst wenn sie so einschneidend ist wie jene, die einen Affen zum Menschen werden ließ – kann schlicht als Wandel in den Wachstumsraten und -zeiten interpretiert werden. Auf einen einfachen Nenner gebracht bedeutet dies »allometrisches Wachstum« oder die Veränderung der relativen Größe von Teilen. Die Entwicklung vom Embryo zum Erwachsenen verläuft weitgehend automatisch. Die Beine eines Neugeborenen sind so programmiert, daß sie fünfmal so stark wachsen wie die Augen. Der menschliche Schädel vergrößert sich nach der Geburt weitaus stärker als der des Schimpansen; umgekehrt bilden sich dessen Kiefer erheblich stärker aus.

Man nimmt an, daß der Unterschied zwischen dem Riesenpanda und seinem Urahn in der Bärenhöhle größtenteils auf die bessere

Entwicklung der vorderen Körperpartie, insbesondere des Kau-Apparats zurückzuführen ist, wobei der hintere Teil gleichzeitig schwächer wurde (Stanley 1983). Noch klarer liegt der Fall beim Hirschgeweih, das in Relation zum Körper ein überproportionales Wachstum aufweist – bei einem großen Hirschen ist das Geweih nicht nur absolut, sondern auch relativ größer (Grant 1985, 365). Das beste Beispiel für dieses überdimensionale Größenwachstum bietet der irische Elch. Auf der anderen Seite haben sehr kleine Hirsche einiger asiatischer Gattungen mit einer Risthöhe unter einem halben Meter sehr kurze Geweihe oder überhaupt keine, verfügen aber zum Ausgleich über Hauer (Gross 1983, 6–27). Die Ausstattung mit Hauern, die zum Kämpfen dienen, ist der ursprüngliche Zustand. Als die Hirsche größer wurden, vergrößerten sich ihre Geweihe unproportional, und die Hauer verschwanden.

Das allometrische Wachstum stellt sich naturgemäß ein, weil die einzelnen Teile in der Morphogenese in unterschiedlichen Raten wachsen. Wenn das Tier evolutionär größer wird, das heißt sein Wachstum länger betreibt, haben die verschiedenen Raten eine längere Wirkung. Andrerseits können sich bestimmte Teile oder Aspekte des Organismus ihre mehr oder weniger juvenile Form bewahren, obwohl sie an Größe zunehmen. Der gängige Begriff dafür ist Juvenilisierung oder Neotenie. Sie muß auf Mutationen von Regulatorgenen beruhen, von denen vielleicht nur ein paar nötig sind, um das Muster zu verändern.

Die Neotenie ist innovationsfördernd. Sie gestattet einen Neubeginn und einen relativ raschen Wandel, wenn der Organismus eine evolutionäre Wendung vollzieht, um eine bessere Ausgangsbasis zu haben. Spezialisierungen des erwachsenen Individuums bleiben zurück, und die Arten können sich in neue Richtungen weiterentwickeln. In diesen Zusammenhang gehört auch die Tatsache, daß kleinere Lebewesen, die normalerweise weniger entwickelte Strukturen aufweisen, mit einer größeren Wahrscheinlichkeit neue Formen hervorbringen.

Einige Merkmale sind dem neotenischen Wandel mehr ausgesetzt als andere. Während das Fortpflanzungssystem sich selbstverständlich voll zu entwickeln hat, werden andere Organe gebremst. Von unserem Standpunkt aus ist der interessanteste Aspekt der Neotenie das relative Wachstum des Kopfes. Bei den Vertebraten, von den Fischen aufwärts, ist der Kopf schon im

Embryostadium in hohem Maße entwickelt und bei der Geburt ziemlich groß, wie man u. a. bei Katzen-, Schweine- und Menschenbabys beobachten kann.

Die Neotenie kann sowohl für die Entstehung der Insekten, die mit sechs Beinen auf die Welt kommen und sich doch von Tausendfüßlern herleiten, verantwortlich sein als auch für die Entstehung unseres Chordatenstammes. Die Larven der Manteltiere besitzen die grundsätzlichen Merkmale, die zu unserer Stammeslinie führen. Einige Gruppen von Salamandern behalten in neotenischer Weise ihre Larvenkiemen selbst im ausgewachsenen Zustand, außer man verabreicht ihnen ein Schilddrüsenhormon, das die volle Ausreifung bewirkt (Young 1981, 271). Die gewöhnlichen Neunaugen leben als Larven in Bächen, machen eine Metamorphose durch und schwimmen dann flußabwärts ins Meer (oder in einen See), wo sie sich an anderen Fischen festsaugen und jahrelang weiterwachsen. Aber in verschiedenen Teilen der Welt gibt es Geschwisterarten, die sich unabhängig entwickelten – sie erlangen die Geschlechtsreife, laichen und sterben unmittelbar nach der Metamorphose. Bei Inselvögeln bewirkt die Neotenie Flugunfähigkeit; die erwachsenen Vögel sind wie übergroße Junge und behalten die Kennzeichen von Küken.

Schoßhunde sind neotenisch. Die Pekinesen sehen wie Welpen aus – sie haben eine runde Hirnschale, einen verhältnismäßig großen Schädel, ein kurzes Gesicht, große Augen, kurze Beine, einen gelockten Schwanz und ein weiches Fell. Auch andere Rassen mit großen Babyköpfen und unterentwickelten Beinen, darunter Boxer und Bulldoggen, sind neotenisch. Viele Haustiere zeigen eine ähnliche Tendenz: Schweine, Rinder, Schafe, Ziegen – und bis zu einem gewissen Grad auch Katzen – haben kürzere Schädel als ihre wildlebenden Ahnen. Das mag daran liegen, daß sie selektiv im Hinblick auf eine frühe Vermehrung gezüchtet werden. Das auffallendste Beispiel sind die Menschen; man glaubte lange Zeit, daß sich die menschlichen Besonderheiten zum Teil, wenn nicht gar zur Gänze mit Hilfe der Neotenie erklären ließen.

Die Neotenie impliziert, daß viele Gene reprimiert, wenn nicht gar eliminiert werden, um den Weg für neue oder zuvor unterdrückte Gene freizumachen. Mutationen sind nur dann von Nutzen, wenn sie nicht tiefgreifend sind und die bestehende Physiologie sowie die Strukturen unangetastet lassen. Die Neotenie ist für einen Großteil des evolutionären Wandels wichtig oder unentbehrlich, weil sie die adulten Strukturen ausklammert. Große Innovationen bringen bei den Vielzellern vermutlich Veränderungen im frühembryonalen Stadium mit sich (Thomson 198, 122, 132). Wesentlich ist auch die Tatsache, daß das Genom ein Satz von Instruktionen und kein Bauplan ist. Die Neotenie vereinfacht die Instruktionen und erleichtert es, durch einen geringfügigen Wandel die Entwicklungslinie zu verändern.

Darüber hinaus muß nicht unbedingt sofort eine große Veränderung ausgeführt werden, wenn es darum geht, eine neue Richtung einzuschlagen. Der *Archaeopteryx* hatte die meisten Stadien seiner Entwicklung hin zum Vogel noch vor sich – nicht nur die Adaptation des Skeletts, sondern auch die Merkmale, die für das Fliegen unerheblich sind, wie den Stummelschwanz, die Zahnlosigkeit und wahrscheinlich die kalkhaltige Eierschale. Die Innovation nur als Richtungsänderung zu begreifen, würde auch das Problem verringern, wie der Mutant – das berühmte »hoffnungsvolle Monster« – einen Partner findet, und seine Innovation würde genauso gute Durchsetzungschancen haben wie eine gewöhnliche Mutation.

Es kann nicht überraschen, daß große evolutionäre Innovationen nicht leicht zu verstehen sind. Bisher wurde nicht eine einzige beobachtet, und wir haben nicht einmal eine Ahnung, ob gerade vielleicht eine im Gange ist. Zudem fehlt jegliche gute Fossilienüberlieferung. Und weil Innovationen sehr schwierig sind, beanspruchte die Evolution Milliarden, nicht bloß Hunderttausende von Jahren.

Die Beständigkeit

Arten mit geringer Fruchtbarkeit, die unter einem leichten Selektionsdruck stehen, setzen ihre komplexen Organsysteme praktisch »ad infinitum« durch. Diese Tatsache mag mit der Fähigkeit vieler Pflanzen und Tiere zusammenhängen, über lange Zeitabschnitte fortzubestehen, als ob sich nichts verändert hätte.

Daß für jede Art üblicherweise ein Stillstand eintritt, ist ein oftmals beobachtetes Phänomen. Eine Studie über Foraminiferen (planktonische Protozoen) aus den letzten zehn Millionen Jahren kam zu keinen eindeutigen Aussagen. Die meisten ihrer Arten scheinen statisch zu sein und sich dann relativ rasch, wenn auch nicht explosiv, zu verändern. Aber es ist außergewöhnlich, daß die

Stammesgeschichte einen beachtlichen Wandel in einer Entwicklungslinie aufzeigt. So erbrachte eine eingehende Erforschung von Schnecken und zweischaligen Muscheln aus dem Känozoikum keinen graduellen Wandel bei irgendeiner Linie, sondern man stellte fest, daß eine Art plötzlich durch eine andere ersetzt worden war, was normalerweise dem Streß eines Klimawechsels zuzuschreiben ist. In Großbritannien haben sich die Käfer seit einer Million Jahre kaum und seit mindestens 5,7 Millionen Jahren nur unwesentlich verändert, während sich die Säugetiere schnell weiterentwickelten. Es gab keine bedeutenden Innovationen, und es starben auch wenig Arten aus, obwohl sich die Lebensräume durch das Vordringen bzw. Zurückweichen der Eisdecken verschoben – und das trotz der Tatsache, daß Käfer (Coleoptera) über ein besonderes Innovationsvermögen verfügt haben müssen. Obgleich sie nur eine von 25 Insektenordnungen sind, umfassen sie mehr Arten als alle Nichtinsekten zusammen (mit Ausnahme der Milben).

Über einen längeren Zeitraum hinweg sehen in 25 Millionen Jahre altem Bernstein eingeschlossene Ameisen ihren heutigen Artgenossen sehr ähnlich; manche sind von ihren modernen Nachkommen kaum zu unterscheiden (Hölldobler und Wilson 1990, 24). Es gibt noch weitaus ältere Beispiele von Beharrungsvermögen; die »fossilen Arten«. Lungenfische existierten schon vor 350 Millionen Jahren, und Königskrabben *(Limulus)* haben sich zumindest in ihrem Skelett in derselben Zeitspanne oder noch seit längerem kaum verändert. Manche Armfüßer *(Lingula)* sehen – zumindest was ihre Schalen anbelangt – offensichtlich noch genauso aus wie vor 450 Millionen Jahren. Zu den Standhaften aus grauer Vorzeit gehören auch die Krokodile, einige Schildkröten und eine Vielzahl von Knochenfischen und Haien. Eine Reihe von Pflanzen – Gingkos, Zykadeen, Schachtelhalme und Bärlappe – sind wenigstens 100 Millionen Jahre alt. *Psilotum*, eine blattlose Pflanze ohne richtige Wurzeln, scheint weitgehend mit den ersten Gefäßpflanzen, die vor 400 Millionen Jahren an Land auftauchten, übereinzustimmen. Libellen und Schaben, die ihren heutigen Artgenossen nicht unähnlich sehen, schwirrten schon vor 300 Millionen Jahren herum. Ein Quastenflosser aus der Familie der Coelancanthidae, der lange als ausgestorben galt, bis er 1938 wiederentdeckt wurde, hat sich etwa 450 Millionen Jahre lang als mehr oder weniger statisch erwiesen. Der erste Preis aber dürfte an Peripatus gehen, ein Tierchen mit weichem Körper und Beinen, das zwischen einem Ringelwurm und einem Gliederfüßer anzusiedeln ist. Ein 570 Millionen Jahre alter Doppelgänger, der ihm zumindest äußerlich sehr ähnlich sieht, wurde im Burgess-Schiefer entdeckt (S. Gould 1989, 168).

Solche standhaften Lebewesen müssen innerhalb ihrer Änderungsmöglichkeiten ein Optimum erreicht haben. Einige von ihnen, wie Oppossums, Limulus, Libellen und Schaben, gibt es heute noch in Mengen. Typisch für die antiken Formen ist jedoch die geringe Vielfalt: Nur eine Art ist es beim Gingko und (soweit bekannt) beim Quastenflosser, und auch von den anderen lebenden »Antiquitäten« wie Schachtelhalmen, Zykadeen, Bärlappen, Lungenfischen und Limulus existieren nicht viele Arten. Die zahlreichen Libellenvarietäten sind alle sehr ähnlich.

Die nahezu zeitlosen Arten sind indes nicht von den Proteinveränderungen ausgenommen, die in allen Lebewesen vor sich gehen. So könnten sie gewiß vielschichtig variieren, ohne ihre Adaptationsfähigkeit zu verlieren, doch wurden ihre Muster irgendwie eingefroren. Die Tatsache, daß man die modernen Gingkoblätter nicht von jenen aus den Dinosauriertagen unterscheiden kann, bedeutet nicht, daß sie besonders gut adaptiert, sondern daß sie im Gingkomuster fixiert sind. Die fächerförmigen, bifacialen, normalerweise zweilappigen Blätter mit ihren parallel verlaufenden Blattnerven gibt es kein zweites Mal; sie unterscheiden sich von all den Myriaden von Formen, die anderen Pflanzen als vorteilhaft erschienen. Und doch sind die Blätter der heutigen Gingkos eine Spur anders. Sie müssen in 100 Millionen Jahren eine unscheinbare Änderungsmöglichkeit gefunden haben, ohne dabei gleich ihre Form aufzugeben.

Aus dem Blickwinkel der konventionellen Evolutionstheorie ist eine Stabilität auf so lange Zeit schwer zu erklären. Eine rasche Evolution läßt sich begreifen, da die Arten sich an neue Bedingungen und Gegebenheiten anpassen. Es leuchtet aber nicht ein, daß Arten gleichbleiben, während sich die Bedingungen im Lauf von Millionen Jahren verändern (Sheldon 1990, 114). Selbst ohne adaptiven Druck wäre eigentlich eine Drift zu anderen Erscheinungsformen zu erwarten. Und doch liegt eine Logik in der Beständigkeit. Geringfügigere Veränderungen (wie das gewandelte Paarungsverhalten der Libellen) mögen akzeptabel sein, doch größere bergen vermutlich ein Risiko. Erweist eine Veränderung sich als nicht unbedingt erforderlich, ist Stillhalten die sicherste Handlungsweise. Die Überlieferung dokumentiert oft, daß ein rascher Wandel sich erst verlangsamt und dann aufhört. Mit anderen Worten: Der Zusammenhalt des Genotyps scheint stärker zu werden, wenn er über eine lange Zeit hinweg beständig geblieben ist (Mayr 1984, 77). Oder: Die Attraktoren im Genom werden stabiler, wenn die Varianten ausgesondert sind und die unvermeidbaren Mutationen keinen Kumulationseffekt haben. Weil die Stabilität – generell oder in bestimmten Bereichen– einen Überlebensfaktor darstellt, muß es eine Auslese für Konfigurationen geben, die die Stabilität maximieren. Schließlich lernen einige Arten, wie sie sich zu entwickeln haben, andere wiederum, wie sie eine bestimmte Entwicklung vermeiden können.

Das paßt gut zu der Tatsache, daß die große Aufspaltung im Leben der Vielzeller sehr früh vonstatten ging: Die Stämme – und sehr viele Klassen – tauchten in einer überraschenden Vielfalt vor 570 Millionen Jahren auf. Es gab eine relativ große Zahl von Stämmen, viel mehr als heute, aber in jedem Stamm noch wenige Arten. Es scheint unmöglich also, daß die Stämme sich aus einer Artenvielfalt herauskristallierten, denn dazu wären erheblich mehr Arten erforderlich gewesen, als es tatsächlich gab; auch hätte ein solcher Veränderungsprozeß, der eine lange Zeitspanne umfaßt haben müßte, sicherlich eine Menge Spuren hinterlassen. Man vermutet, daß die Vielzeller diese unglaubliche Radiation, die sich im Burgess-Schiefer erhalten hat, durchmachten, weil sie Neuankömmlinge in einer unbesetzten Landschaft waren. Dem widerspricht jedoch die Tatsache, daß die Radiation nicht die Arten, sondern die Phyla und Klassen betraf. Zudem war die Umwelt vor dem Auftauchen von Vielzellern verhältnismäßig gleichförmig, und es gab wenig Nischen – die meisten Nischen sind letztlich von Lebewesen geschaffen worden.

Die Stämme wurden alt. Und die Fundamente, überlagert von einer Vielzahl an nachfolgenden Modifikationen, wurden vor langer Zeit schon stabil. Als Lebewesen an Land auftauchten, entstanden in der völlig veränderten Umgebung keine neuen Stämme – die alten Grundmuster reichten aus. Die Klassen konsolidierten sich ebenfalls. So tauchten zum Beispiel im frühen Kambrium plötzlich die Trilobiten auf und blieben etwa 200 Millionen Jahre lang die beherrschenden Lebewesen. Doch nach ihrer Aufspaltung veränderten sich die Formen 300 Millionen Jahre lang nicht nennenswert. In den letzten 200 Millionen Jahren ihrer Geschichte, tauchte keine bedeutende neue Gruppe auf. Zu gegebener Zeit tendierten Unterstämme, Klassen, Ordnungen, Familien und Gattungen dazu, sich zu etablieren. Allein die Säugetiere fuhren in ihrer raschen Evolution bestimmter Ordnungen – Fleischfresser, Huftiere und Primaten – bis in die jüngste Zeit fort.

Die Verbreitung

Von Zeit zu Zeit macht die Stabilität lebender Formen einer Variabilität Platz, die dann diese fast unvorstellbare Vielfalt ermöglicht. Sobald ein Muster seine Struktur lockert, ist der Weg bereit für eine Vielzahl verschiedener Veränderungen, die von unbedeutenden Äußerlichkeiten bis zu tiefergehenden Neubildungen reichen, und mündet unter Umständen schließlich in die sogenannte evolutionäre Radiation ein.

Der Mensch beispielsweise ist ein ziemlich junges Lebewesen, das sich in einschneidender Weise von den großen Affen abgesetzt hat. Die Flexibilität dieses Stammes kann daher nicht überraschen. Seine fossilen Arten weisen, was zu einer beträchtlichen Verwirrung unter den Paläanthropologen geführt hat, deutliche Unterschiede auf (Groves 1989, 317). Und es stellt sich die Frage, ob sie in ihren Merkmalen, die nicht als Versteinerung erhalten sind, nicht noch stärker variierten, als es die einzige überlebende Spezies tut. Würde man beim Menschen dieselben Maßstäbe anlegen, wie die Forscher das bei den Tieren tun, könnte man ein Dutzend Menschen ohne weiteres einem Dutzend verschiedener Arten zuordnen. Die Unterscheidungskriterien lägen dabei in der Statur (von den Pygmäen bis zu den hochgewachsenen Hirten am Nil und den untersetzten Eskimos), in der Anordnung der Fettpolster (Gesäß, Bauch, Brüste), in der Farbe der Haare (von schwarz über rot zu hellblond) und in ihrer Beschaffenheit (vom krausen bis zum glatten Haar), in den verschiedenen Körperbehaarungen, Haut- und Augenfarben, Lippen, Nasen und so weiter. Zumeist handelt es sich bei diesen Kriterien um Merkmale, die keine erkennbare adaptive Bedeutung haben.

Die Variabilität kann sich auf einen einzelnen Bereich konzentrieren. Fledermäuse sind sich zwar hinsichtlich ihres allgemeinen Aussehens, ihrer Gewohnheiten und ihres Flugverhaltens auffallend ähnlich, unterscheiden sich jedoch ganz eklatant in ihren Gesichtszügen. Eine Fledermaus beispielsweise kann von unten übers Kinn und das ganze Gesicht eine Kapuze ziehen – mit transparenten Partien für die Augen, die quasi als Sehschlitze fungieren. Andere Fledermäuse haben merkwürdig geformte Ohren, die bei der Echoortung eine wichtige Funktion als Schalltrichter übernehmen, oder einen riesigen Kehlkopf.

Eine extreme Artenbildung führen die Orchideen vor. Die noch relativ junge Familie ist mit 25 000 Spezies die artenreichste Pflanzenfamilie überhaupt. Ihre Blätter, Stengel und Samenkapseln bieten kaum Spielraum für Variationen, und die meisten leben als tropische Epiphyten. Doch die Blüten sind ein Wunder an Einfallsreichtum, ein Feuerwerk an Farben und Formen. Viele von ihnen haben sich hinsichtlich der Bestäubung auf bestimmte Insekten spezialisiert, doch liegt die Adaptation gänzlich auf seiten der Orchideen – die Insekten haben nicht koevoluiert. Die beste Erklärung dafür besteht vielleicht darin, daß der Attraktor, der in der Orchideenfamilie die Blütenform bestimmt, unstabil ist. Und da sich die mannigfachen Blüten für bestimmte Bestäuber als attraktiv herausstellten, gab es eine Rückkopplung, die jene speziell Wespen, Fliegen oder Käfer anlockenden Merkmale belohnte und stärkte. Diese Hypothese wird allerdings durch die Tatsache widerlegt, daß viele Orchideen die Bestäuber täuschen, indem sie ihnen den Nektar als Belohnung vorenthalten.

Die Variabilität kann recht oberflächlich sein. Die Kuckucke können zum Beispiel ihre Eier denen der Wirtsvögel anpassen, weil sie die Fähigkeit besitzen, das Muster der Eischale zu variieren; die Eier ihrer nichtparasitären Verwandten sehen ebenfalls ganz unterschiedlich aus (Skutch 1987, 31). Paradiesvögel, die sich in Lebensweise und Körperbau im allgemeinen gleichen, erweisen sich bei ihrem Federkleid als sehr einfallsreich. Von 42 Arten sind 33 bunt oder ausgesprochen farbenprächtig, sie stellen eindrucksvolle Hauben oder Gefieder zur Schau. Die Federn selbst sind lang oder kurz, dick oder dünn, manchmal sehen sie aus wie Fäden mit leuchtenden Spitzen, die vom Kopf, vom Schwanz oder von den Flügeln wegstehen. Verschiedene Gene müssen schmale grüne Federn als Kopfschmuck und lange blaue für den Schwanz vorschreiben; darüber hinaus muß es noch einen variablen Satz Gene geben. Mit anderen Worten: Es muß eine Selektion stattfinden, die die Fähigkeit zur Herstellung von Federschmuck herausbildet.

Die Variabilität läßt sich ziemlich leicht erweitern. So kann die Selektion die Mutationsrate bei Bakterien erhöhen (J. Campbell

1985, 137, 146). Die Mannigfaltigkeit bei Wildhunden ist nicht größer als die bei Wildkatzen, doch wurden Hunde schon von altersher viel stärker zu bestimmten Zwecken gezüchtet, während man die Katze ihres eleganten Aussehens wegen eher als schmükkendes Beiwerk betrachtete. Vielleicht boten Hunde – von ihrer größeren Struktur abgesehen – als sozial lebende Tiere den Vorteil, sich besser auf ihren Herrn ausrichten zu lassen. Demzufolge waren sie zwangsläufig einer breitgefächerten Radiation ausgesetzt, während Katzen sich nicht weit von ihrem Wildtypus entfernten.

Hat eine Spezies das Glück, eine freie Nische zu besetzen, gereicht ihr die Variabilität sehr zum Vorteil, denn bei der Besiedlung eines neuen Gebietes wird jede Veränderung belohnt (Mayr 1984, 78). Die Artenexplosion, wie sie u. a. bei den Fruchtfliegen auf den Hawaiischen Inseln zu beobachten ist, verdeutlicht eine solche Tendenz zur Variations- und Experimentierhäufigkeit – eine Tendenz, die offenbar ihr eigenes Beharrungsvermögen besitzt und über die umweltbedingten Erfordernisse hinausgeht. Als die Fruchtfliegen die vorhandenen Nischen ausgefüllt hatten, setzten sie die Aufspaltung soweit fort, daß sich heute zahlreiche Arten überschneiden und ein Territorium teilen, in dem anderswo nur eine einzige Spezies leben würde.

Miteinander verbundene Seen lassen sich mit Inseln vergleichen. In sieben ostafrikanischen Seen entstanden weit über 500 Cichlidenarten, und das in nicht einmal einer Million Jahren, viele von ihnen in weniger als 10000 Jahren. Von den 126 Arten im Tanganjikasee ist bisher keine an einem anderen Ort entdeckt worden. Sie führen jede mögliche Form von Familienleben vor – Monogamie, Polygamie, die Aufzucht der Jungen durch die Mutter, den Vater oder beide Elternteile, einschließlich dem Maulbrüten. Unglaubliche Spezialisierungen bildeten sich bei ihren Ernährungsgewohnheiten heraus. Obwohl viele Arten Allesfresser sind, haben sich andere morphologisch zumindest an die folgenden Formen adaptiert: 1. Sie fangen im Wasser schwebende Algen mit Hilfe von Schleim in ihrem Maul. 2. Sie sammeln pflanzliches Material vom Boden auf. 3. Sie kratzen Algen von den Felsen. 4. Sie fressen Algen, die auf größeren Pflanzen wachsen. 5. Sie weiden Pflanzen ab. 6. Sie fressen Schnecken und Muscheln, indem sie sie aufbrechen und die Weichtiere verschlingen oder indem sie sie aus ihren Schalen herausziehen. 7. Sie fangen Wasserinsekten und Krustentiere mit Hilfe verschiedener Sonderausstattungen. 8. Sie graben im Sand des Bodens und filtern den Inhalt durch ihre Kiemen oder holen Eßbares mit dem Maul heraus. 9. Sie nehmen Zooplankton im freien Wasser auf. 10. Sie zupfen Schuppen aus anderen Fischen. 11. Sie schnappen sich Stücke aus den Flossen oder beißen anderen Fischen die Augen aus. 12. Sie fangen andere Fische. 13. Sie fressen die Eier und/oder Larven anderer Fische, hauptsächlich der Cichliden. Dann gibt es eine Art, die Maulbrüter am Kiefer zu packen pflegt und sie zwingt, die Jungen freizugeben, um diese dann zu schnappen.

Ebenso wie bei den hawaiischen *Drosophila* gibt es bei den afrikanischen Cichliden nicht nur zahlreiche Arten, die an einem einzigen Standort miteinander konkurrieren, ohne sich zu vermischen – sie sind ebenfalls in viele Nischen eingedrungen, die die Familie anderswo nicht besetzt. Nicht überraschen kann dabei, daß die afrikanischen Cichliden zwar sehr unterschiedliche Ernährungsgewohnheiten wie auch unterschiedliche Kiefer und Zähne haben, sich ansonsten jedoch hinsichtlich ihrer Körperform und ihrer Proteine weitgehend gleichen. Was ihre Fortpflanzungsstrategien angeht, so zeichnen sie sich auf diesem Gebiet durch großen Einfallsreichtum aus.

Wie fließend das Cichlidenmuster sein kann, zeigt sich bei den mexikanischen Cichliden – *Cichlasoma* –, auf deren Speisekarte sich ein reichhaltiges Angebot von Schnecken, Algen, Fischen und Arthropoden findet und die dementsprechend innerhalb einer einzigen Art Individuen mit unterschiedlichen Zähnen und andersartigem Verdauungsapparat hervorbringen, selbst wenn sie im Labor alle mit weicher Nahrung aufgezogen werden. Man sollte jedoch nicht glauben, daß die Cichlidenfamilie eine Ausnahme darstellt – es gibt eine Reihe von anderen, wenn auch nicht so spektakulären Artenschwärmen bei Fischen auf den Philippinen, in Mexiko und im Baikalsee.

Ein Mikrokosmos der Mikroevolution ergab sich, als man 1850 die Hausspatzen in die Vereinigten Staaten einführte. Sie verbreiteten sich in einem ziemlich offenen, von Menschenhand gestalteten Umfeld und spalteten sich in zahlreiche Rassen von unterschiedlicher Größe und andersartigem Gefieder auf. Ein noch augenfälligeres Beispiel lieferte die Fischart *Bairdiella*, die Anfang dieses Jahrhunderts in die neu entstandene Salton Sea im Süden Kaliforniens eingesetzt wurde. In dem unbesetzten Habitat entwickelte ein

Viertel der Fische markante Abweichungen, die zum Teil schon als grobe Mißbildungen anzusehen waren. Sie hatten jedoch nicht genügend Zeit und Raum, neue Arten zu erzeugen, so daß die Abweichler verschwanden, sobald die Population eine tragfähige Dichte erreicht hatte. Manchmal scheint der evolutionäre Überschwang auszuufern. So gibt es zum Beispiel in dem kühlen Baikalsee 290 Arten von Flohkrebsen, kleinen Garnelen, die die verschiedensten Ernährungsgewohnheiten aufweisen.

Neue Arten können innerhalb von ein paar Jahrhunderten auftauchen. Vor vermutlich nicht mehr als 1000 Jahren brachten Polynesier Bananen nach Hawaii; heute gibt es dort keine einheimischen Bananen mehr. Doch mindestens fünf engverwandte Mottenarten (von der Gattung *Hedylepta*), die alle in verschiedenen Gegenden leben, ernähren sich ausschließlich von Bananensorten, die nunmehr wild auf den Inseln wachsen (Zimmermann 1960, 137f.).

Auch wenn evolutionäre Extravaganzen intuitiv verständlich sein mögen, bleiben Fragen offen. In den neu entstandenen afrikanischen Seen siedelten sich Fische verschiedener Gattungen an, doch nur die Cichliden vermehrten sich explosionsartig und nahmen somit einen vorherrschenden Rang ein. Andererseits verlief die Radiation dieser Spezies in ihren anderen Lebensräumen zwischen Indien und Südamerika nicht außergewöhnlich (Greenwood 1984, 141). Man vermutet, daß eine unterschiedliche sexuelle Selektion mit ausgeprägtem Balzverhalten ein bedeutender Faktor bei der Verzweigung von Artenschwärmen gewesen ist (Dominey 1984, 235f.). Manche Forscher indes nehmen »ein Bedürfnis nach einer neuen Antriebskraft für diese Art von Evolution« an (Sage, Loiselle und Wilson 1984, 189).

Ein Wandel, der weiteren Wandel ermöglicht, bedeutet nicht nur neue äußere Formen, sondern auch eine innere Umgestaltung. Die großen »Konstruktionsänderungen« – von den Fischen über die Amphibien zu den Reptilien, von den Reptilien zu den Vögeln und so weiter – beinhalten also sowohl einen Formenwandel, der direkt mit dem neuen Lebensstil in Verbindung steht, als auch viele Transformationen von Organen. Vögel, Säugetiere und Reptilien unterscheiden sich genauso sehr in ihren weichen wie in ihren harten Körperteilen. Reptilien und Amphibien trennen von den Krallen bis zu den Schuppen Dutzende von anatomischen Unterschieden – die signifikanteste Abweichung liegt vielleicht in der »Erfindung« eines erheblich verbesserten Reptilieneies, das im Gegensatz zu den früheren und heutigen Amphibieneiern mit Membranen zum Schutz des Embryos, mit Atmungsmöglichkeiten und einer Schale ausgestattet ist. Wahrscheinlich dank solch vielfältiger Verbesserungen gelang den Reptilien eine großartige Radiation in viele Ordnungen, die sich mit jener der Säugetiere 160 Millionen Jahre später messen konnte.

Die Federn stellten offenbar den entscheidenden Schritt in der Entwicklung der Vögel dar. Doch das Federkleid, wie bemerkenswert es auch sein mochte, verhieß noch keinen schnellen Erfolg. Vögel waren lange Zeit sehr spärlich vertreten, was sich an der geringen Anzahl der Fossilien von Vögeln oder vogelartigen Lebewesen in den 120 Millionen Jahren nach dem Protoavis ablesen läßt. Alle bekannten Exemplare des *Archaeopteryx* stammen von einer einzigen Fundstätte. Eher unvermittelt und in einer gewissen Fülle traten dagegen in der frühen Kreidezeit die Wasservögel (besonders *Hesperornis*) auf den Plan, die schon weitgehend dem modernen Typus entsprachen. Ihr Erfolg war nicht auf Federkleid und Flugkraft zurückzuführen – beides gab es schon seit vielen Millionen Jahren –, entscheidend waren eher andere Fortschritte wie die hohe Stoffwechselrate, das vierkammerige Herz und das System aus Luftsäcken und Leitungen, über das fortwährend Luft durch Röhren in die Lungen gepumpt wurde (was weitaus tauglicher war als das Atmungssystem von Reptilien und Säugetieren). Der Vogelbauplan ist derart effektiv, daß viele große Arten – der Strauß ist ein lebendes Beispiel dafür – trotz der fehlenden Vorderbeine imstande waren, mit den Säugetieren zu konkurrieren. In der Tat gab es bereits kurz nach dem erstmaligen Erscheinen richtiger Vögel auch flugunfähige Exemplare.

Eine Verbreitung von Varianten wird durch die Dämpfung der natürlichen Auslese, die einer neuen Freiheit gleichkommt, möglich. Das kann auf verschiedene Weise vor sich gehen. Eine Möglichkeit besteht darin, daß eine »Erfindung« den Anstoß für die Verbreitung neuer Formen gibt – so zog die Zelldifferenzierung die Entstehung von multizellulären Organismen, Kiefern, Gliedmaßen oder des Reptilieneies nach sich (das die Fortpflanzung vom Wasser unabhängig machte). Die Radiation der Blütenpflanzen in der Kreidezeit läßt sich wahrscheinlich auf die Entwicklung der Insektenbestäubung zurückführen (Stanley 1983). Vielleicht ergab sich auch die günstige Gelegenheit, einen neuen Lebensbereich zu betreten, wie es durch den Schritt an Land oder den Sprung in die Luft geschehen ist. Oder die Überlebenden profitieren vom massenhaften Aussterben der Konkurrenten.

Das beste Beispiel für die Eroberung eines freigewordenen Terrains bietet der Übergang von den Dinosauriern zu den Säugetieren. Die Geschichte der Säugetiere mutet seltsam an. Die säugetierähnlichen Reptilien, die vor 250 Millionen Jahren lebten, waren lange vor dem Auftreten der Dinosaurier die dominante Ordnung. Sie verschwanden jedoch, und die Dinosaurier schwangen sich zu den Beherrschern des Landes auf, wie das kein anderer Stamm vor oder nach ihnen getan hat. Während ihrer Regentschaft gab es keinen Nichtdinosaurier, der größer als ein Pudel gewesen wäre. Unsere Vorgänger waren weit davon entfernt, ihre Überlegenheit, die wir ihnen natürlicherweise attestieren, in die Waagschale zu werfen; vielmehr schrumpften sie vor 180 Millionen Jahren in Zahl und Größe. Man darf wohl zu Recht annehmen, daß die Säugetiere über 100 Millionen Jahre lang keine Verheißung für die Zukunft, sondern ein Relikt aus der Vergangenheit waren. Das erinnert an die vogelähnlichen Reptilien, die in nahezu 80 Millionen Jahren nicht mehr als zwei kleine Fossilien hinterlassen haben.

Mit dem Abgang der dominanten Reptilien war das Feld für die Säugetiere bereitet; mehr als 30 Ordnungen tauchten in ziemlich kurzer Zeit auf. Diese Differenzierung und Ausbreitung muß viele Veränderungen der inneren Anatomie und Physiologie sowie des Skeletts mit sich gebracht haben. Nur eine außergewöhnliche genetische Freiheit konnte es ermöglichen, daß im Verlauf von vielleicht nicht einmal zehn Millionen Jahren nach dem Abtreten der Dinosaurier die Transformation von Vierfüßern in Wale und Fledermäuse erreicht war. Etwa 16 Huftierfamilien spalteten sich innerhalb von zwei bis drei Millionen Jahren von den Urhuftieren ab.

Die modernen Vogelordnungen tauchten kurz nach dem Abgang der Dinosaurier auf. Obgleich die Vögel im Mesozoikum größere Fortschritte erzielt hatten als die Säugetiere, überlebte möglicherweise nur eine Spezies die Katastrophe, die über die Dinosaurier und viele andere Land- und Meerestiere hereinbrach. Jedenfalls erlebten die Vögel eine Radiation im Übermaß, die parallel zu jener der Säugetiere stattfand. Dazu zählen auch flugunfähige Riesenvögel, die sich in Gebieten ohne räuberische Säugetiere wie Madagaskar und Neuseeland entwickelten. Noch überraschender war die Tatsache, daß Reptilien, die die Katastrophe überlebt hatten, zu einer Größe heranwuchsen, die sie den neuen großen Säugetieren gegenüber konkurrenzfähig machte. Eine Schildkröte beispielsweise *(Colossochelys)* war mehrere Meter lang und muß das Gewicht eines Elefanten gehabt haben. Ein an Land gehendes Krokodil *(Rhamphosuchus)* erreichte eine Länge von 15 Metern. Und noch in jüngerer Zeit versetzte eine australische Eidechse *(Megalania)* aus der Familie der Komodowarane und nur fünfzehnmal größer als diese die Känguruhs in Angst und Schrecken (Colbert 1980, 233; Grzimek 1979). Der Triumph der Säugetiere stand also gewiß nicht von vornherein fest.

Das Aussterben

Das große Sterben am Ende der Kreidezeit, das die Bühne für den Auftritt der modernen Tierordnungen bereitete, war nur eine von vielen Katastrophen, von denen Tierfamilien und -gattungen (nicht die Pflanzen) heimgesucht worden sind. Die Folge von acht großen und zahllosen kleinen Perioden des Aussterbens reicht bis in jene Zeit zurück, aus der erste Fossilien überliefert sind (Donovan 1989, XII). Die erste Tragödie von der wir wissen, ereignete sich wahrscheinlich vor 650 Millionen Jahren; sie raffte die Ediakarum-Vendium-Weichtierfauna hinweg und machte Platz für die Burgess-Schiefer-Fauna mit ihren fossilisierbaren, harten Teilen (McMenamin 1990, 180). Das größte Massensterben fand vor 250 Millionen Jahren am Ende des Perms statt, als möglicherweise 95 Prozent aller Arten verschwanden. Zum Vergleich: Gemeinsam mit den Dinosauriern gingen bis zu 75 Prozent der Tierarten unter (Clarkson 1986, 58f.). Das Perm markierte ebenfalls das Ende der Trilobiten, deren Schwärme 300 Millionen Jahre die Meere bevölkert hatten. Die planktonischen Foraminiferen (Protozoen) waren des öfteren durch Schicksalsschläge dezimiert worden und verbreiteten sich dann erneut, wie das neben anderen Tieren auch die Stachelhäuter getan haben.

Die Vermutungen, die über die Ursachen für das Aussterben einer Vielzahl von Familien und Ordnungen angestellt wurden, reichen von Veränderungen der Meereshöhe oder des Klimas bis zu Vulkanausbrüchen, Krankheiten und Einschlägen von Kometen oder Asteroiden. Doch keine dieser Theorien vermag hinlänglich zu klären, warum bei bestimmten Klassen sämtliche Angehörigen betroffen waren – alle Dinosaurier, alle Pterosaurier und so weiter –, während andere Klassen überlebten, manche offensichtlich sogar ohne Dezimierung.

Am eingehendsten wurde das Aussterben vor 65 Millionen Jahren erforscht, mit der das Zeitalter der Reptilien zu Ende ging. Die Dinosaurier hatten frühere, weniger gravierende Katastrophen am Ende des Jura vor 144 Millionen Jahren und am Ende des Trias vor 208 Millionen Jahren überstanden und ihre Herrschaft erneut aufgerichtet, bis sie dann am Ende der Kreidezeit endgültig ausgelöscht wurden. Andere Tiere teilten ihr Schicksal; nicht nur die Land-, sondern auch die Seetiere und unter diesen nicht nur die Meeresreptilien, zählen zu den Opfern. Foraminiferen, Mollusken und andere Meeresbewohner waren einer starken Dezimierung ausgesetzt. Die Säugetiere und die Vögel überlebten freilich, doch ein Großteil der Beuteltiere ging zugrunde (Carroll 1988, 328). Krokodile, Eidechsen und Schildkröten entgingen dem Desaster.

Das Gesetz der natürlichen Auslese besagt, daß eine Gruppe von Tieren schrittweise durch eine andere ersetzt werden müsse, sobald die neue Klasse überlegene Adaptationen entwickelt habe und die dominante Form aus dem Felde schlagen könne. Aller Wahrscheinlichkeit nach würde es einigen der lebenstüchtigsten, beziehungsweise bestangepaßten oder isolierten Spezies aus der unterlegenen Gruppe gelingen, in ihren Nischen und Verbreitungsgebieten zu überleben, wie das zum Beispiel bei den australischen Beuteltieren der Fall war. Doch die Dinosaurier verschwanden, als ob sie ein Fluch getroffen hätte – eigentlich ein unmöglicher Vorgang, solange die Erde mehr oder weniger bewohnbar ist. Die Dinosaurier waren groß an Zahl und Vielfalt; als die einzigen repräsentablen Landbewohner hielten sie alle Arten von Nischen besetzt. Wenn lediglich einige von ihnen ausgerottet worden wären, hätten die anderen eine günstige Gelegenheit gehabt, an ihre Stelle zu treten.

In diesem Licht erscheint die Alvarez-Hypothese (Alvarez 1983) recht glaubwürdig. Ihr zufolge war ein Asteroid oder Komet auf die Erde geprallt und hatte eine globale Staubwolke aufgewirbelt. Die Folge: Das Land kühlte ab, das Pflanzenwachstum kam zum Stillstand. Ein überzeugender Beweis für diese Theorie ist die iridiumangereicherte Schicht an der Grenzlinie zwischen Kreidezeit und Tertiär, die mesozoische und känozoische Schicht, die sich nur mit dem Aufschlag und Zerfall eines außerirdischen Körpers erklären läßt, denn Meteoriten enthalten normalerweise viel mehr Iridium als Erdgestein. An vielen Orten wurden zudem durch

Schockwellen veränderte Quarzteilchen aus jener Zeit gefunden (Dixon 1988, 6ff.). Die Wurzelstöcke und Samen der meisten Pflanzen könnten Monate der Dunkelheit überstehen. Große Tiere allerdings, die auf Futter angewiesen sind, müßten ebenso wie ihre Feinde sterben. Überleben würden nur die kleinen Tiere, die überwintern oder sich aus dem Katastrophenmüll versorgen könnten. Schwer betroffen wären hingegen die Insekten, die sich zumeist von Pflanzen oder Pflanzenfressern ernähren. Obwohl die Fossilienüberlieferung von Insekten recht gut ist, bietet sie keinen Beweis für eine abrupte Veränderung an der Grenzlinie zwischen den Gesteinsformationen.

Es kreuzen so viele Asteroiden die Umlaufbahn der Erde, daß ein Zusammenprall mit globalen Auswirkungen alle paar Millionen Jahre durchaus wahrscheinlich ist, und ganz offenkundig haben solche Einschläge stattgefunden (Jablonski 1990, 165, 170). Dennoch zweifeln die meisten Paläontologen daran, daß eine solche Katastrophe die Hauptursache für das Aussterben einer überwiegenden Zahl der Tierspezies gewesen sein könnte. Mit den Dinosauriern war es einige Millionen Jahre lang bergab gegangen; es gelang ihnen nicht mehr, die aussterbenden Gattungen wie in besseren Zeiten zu ersetzen. Neun Ordnungen von Dinosauriern sowie die Pterosaurier endeten an der Grenzlinie zwischen den genannten Perioden, doch 16 weitere Ordnungen und die letzten Meeresreptilien (Plesiosaurier) verschwanden erst im Laufe der folgenden zehn Millionen Jahre (Carroll 1988, 287). Indes stehen alternative Erklärungen für das Aussterben der Dinosaurier auf schwachen Beinen.

Obwohl die Welt des Meeres stabiler ist als das terrestrische Umfeld, erlebte das Leben dort in den letzten 250 Millionen Jahren seit dem späten Perm in Abständen von 5 bis 34 Millionen Jahren zwölf schwere Einschnitte (Carroll 1988, 589). Bei den meisten Massensterben fand man keinerlei Hinweise auf ein extraterrestrisch ausgelöstes Schockerlebnis, wohingegen es iridiumangereicherte Schichten gibt, die nicht mit einer Sterbewelle in Zusammenhang stehen. Der Kahlschlag unter den Tierarten am Ende des Perms läßt sich wohl größtenteils nicht auf die Einwirkung eines Asteroiden zurückführen. Besonders geheimnisvoll ist der Umstand, daß die Vertebraten weder an Land noch im Meer stark in Mitleidenschaft gezogen wurden, während die große Masse der wirbellosen Meerestiere zugrunde ging. Insgesamt lagen hier andere Umstände vor als bei jenem Aussterben, das vor 65 Millionen Jahren zwischen der Kreidezeit und dem Tertiär stattfand.

Aufgrund der Größe und Vielfalt der Umwelt und ihrer Fähigkeit, Störungen auszugleichen, ist es nur schwer vorstellbar, wie eine solche Veränderung weitverbreitete und lebenstüchtige Formen vollständig auslöschen konnte. Bei einem Klimawechsel kommt es normalerweise zu einer Verschiebung der Wärme- und Feuchtigkeitszonen nach Norden oder Süden, wobei die Tiere mitwandern. Wird das Klima in einigen Gebieten unwirtlich, gestaltet es sich in anderen vermutlich günstiger; schrumpft die Mitgliederzahl in einer großen Tiergruppe erheblich, werden in Rückzugsgebieten wahrscheinlich viele überleben. Und sobald sich die ungünstigen Bedingungen im Laufe von ein paar Hunderttausend oder Millionen Jahren wieder zum Besseren wandeln, werden sich die Überlebenden erholen und in ihre alten Lebensräume zurückkehren.

Die großen Eiszeiten in jüngerer Vergangenheit haben kein Aussterben von Tieren verursacht; Löwen, Pferde und Mammuts legten sich lediglich ein dickeres Fell zu. Die Ausrottung zahlreicher großer Säugetiere in Nordamerika und Eurasien vor etwa 12 000 Jahren geht zumeist auf menschliche Nachstellung zurück. Das marine Leben mag unter einem Rückgang der flachen Meere leiden, doch es muß immer Kontinentalschelfe gegeben haben. Vulkane sind je nach Zeitspanne mal weniger, mal stärker aktiv gewesen, aber selbst wenn sie zehnmal so häufig ausbrächen, wie sie das derzeit tun, würde dadurch nicht die ernsthafte Gefahr eines Massensterbens entstehen. Ein übermäßiger Anstieg der Eruptionen ist zudem schon deshalb nicht zu erwarten, weil ihre eigentliche Quelle, die sich aus der Radioaktivität im Erdinnern herleitende Wärme, äußerst stabil ist.

Ein Aussterben mag zufällig geschehen sein, jedenfalls unabhängig von irgendeiner Ursache, die in der Dynamik des Lebens liegt. Es kann passiert sein wie der Tod durch Blitzschlag oder durch Erfrieren nach einem Temperatursturz – Ereignisse, unter denen unsere Vorläufer in hohem Maße gelitten haben. Man mag den Eindruck gewinnen, daß die Dinosaurier, die Trilobiten und all die anderen Gruppen irgendwann »lebensmüde« geworden sind. Auch mag es vielleicht eine Rolle spielen, daß dominante Formen selten den Anstoß für das Heranwachsen neuer dominanter Klassen geben. Ob die Massensterben nun auf Zufall beruhten oder nicht, sie haben jedenfalls der Geschichte des Lebens auf Erden eine andere Wendung gegeben und das traditionelle Bild korrigiert, das von einem sich im Laufe der Jahrtausende langsam vollziehenden graduellen Wandel ausging.

Unabhängig von ihren wirklichen Ursachen haben sich diese Katastrophen möglicherweise als entscheidend für die Evolution erwiesen, indem sie den Weg für komplexere und leistungsstärkere Organismen ebneten. Hätte es sie nicht gegeben, würden die lebenden Formen wahrscheinlich immer noch nach dem Vorbild der Dinosaurier variieren, ohne aus den vorgegebenen Mustern auszubrechen. Das Aussterben der meisten Spezies, erfolgreicher wie weniger erfolgreicher, eröffnete neue Startmöglichkeiten; mit dem Verschwinden großer Arten war die Chance für kleinere, erfindungsreichere Spezies gekommen, die Experimente und Innovationen erlaubten – neue Muster, die sich in Konkurrenz mit den vormaligen Beherrschern der Erde nicht hätten durchsetzen können.

Die neugewonnene Freiheit erlaubt dem Genom, neue, vielleicht außergewöhnliche Formen zu erfinden. Es kommt zu einer vielgestaltigen Verschiebung von Lebensweisen und -formen. Ein heftiger, unter Umständen chaotischer Konkurrenzkampf entbrennt unter den Stammeslinien und Arten. Mit der Zeit kommen die Formen zur Ruhe, und der Wandel erscheint als weniger erstrebenswert; die natürliche Auslese übernimmt ihre bewahrende Funktion, dient dazu, Abweichungen zu eliminieren. Die meisten Arten bleiben mehr oder weniger statisch, bis sich die Tore für eine neue Radiation öffnen.

Daß eine vernichtende Katastrophe von Zeit zu Zeit den Raum für neues Leben freimachen sollte, diese Überlegung findet nur schwer Eingang in die Evolutionstheorie. Aber solche Einbrüche reihen sich würdig in die Geheimnisse der Evolution ein und zeigen auf, wie weit wir noch von einem wirklichen Verständnis entfernt sind.

Zusammenfassung

Darwins Schlagwort von der »Abstammung mit Modifikation« will besagen, daß die Gestalt der Tiere sich nach und nach entwickelte – einem Wurm aus Modellierton vergleichbar, den man hier ein bißchen zusammendrückt und dort etwas vergrößert, bis ein Fisch daraus wird, dann ein Salamander, ein etwas stärker aufgerichtetes, säugerähnliches Reptil, schließlich ein Affe und ganz am Ende ein Biologe. Die Mittel der Veränderung waren, wie Lamarck formulierte, in der Hauptsache Gebrauch und Nichtgebrauch. Besser war schon Darwins Idee von der Akkumulation jener kleinen Abweichungen, die die Produktion von mehr Nachkommen begünstigten. Doch viele Tatsachen deuten darauf hin, daß die Geschichte erheblich komplizierter ist, und sie erhärten die Bedeutung der integrierten Organisation, die ein solch komplexes Wesen wie ein Tier überhaupt erst ermöglicht.

Am meisten erörtert wurde unter diesem Aspekt die Diskontinuität der Fossilienüberlieferung. Die Formen verwandeln sich nur zu einem geringen Teil schrittweise in ihre Nachfolgespezies; es gibt kleinere Sprünge, so zwischen Arten oder Gattungen, und größere wie jene, die zu neuen Klassen führen. Das entspricht der Tatsache, daß die existenten Stämme ein hohes Maß an Integrität besitzen. Nur ein paar außergewöhnliche Formen, wie das Schnabeltier zum Beispiel, weisen auf einen möglichen Übergang hin.

Die Kraft der Organisationsprinzipien im Genom läßt sich auch aus jener hinlänglich bekannten genomischen Fähigkeit ersehen, eine einzelne Zelle zum Aufbau eines Körpers mit Billionen von Zellen zu bewegen, die sich in Tausenden von Organen konstituieren. Am bemerkenswertesten dabei ist die Flexibilität des Genoms: Es stellt keinen starren Platz dar, sondern ist auf Rückkoppelung ausgerichtet. Teilt man einen frühen Embryo oder einen jungen Plattwurm, so werden die Zellen zwei vollkommene Individuen aufbauen. Desgleichen hat sich der Körper bei höheren und weniger flexiblen Tieren seine Fähigkeiten zur Regeneration bewahrt. Bei den Krabben oder Wassermolchen wachsen Glieder nach, bei den Säugetieren heilen Knochen, und viele Organe können sich nach einer partiellen Zerstörung neu bilden.

Weniger geläufig ist die fundamentale Erkenntnis: »Das Ganze ist mehr als die Summe seiner Teile.« Der Plan des Gebäudes gilt weit mehr als seine einzelnen Bausteine – leicht zu erkennen bei

Geschwisterarten, die zwar unterschiedliche genetische Komponenten, jedoch sehr ähnliche Körper haben. Bei einem Geschwisterartenschwarm ciliater Protozoen *(Tetrahymena)* werden für die wichtigen Strukturen und Membranen unterschiedliche Proteine verwendet, und doch ähneln sich die Lebewesen stark.

Das bedeutet, daß es verschiedene Arten von Evolution gibt, nämlich die der Proteine und die der Strukturen. Die Änderungen in der Molekularstruktur gehen langsam, aber beständig weiter; ein Vergleich von Alkaliproteinen bei verschiedenen Formen liefert eine ziemlich genaue Vorstellung von der Zeit, die seit ihrer gemeinsamen Abstammung verflossen ist. So sind sich zum Beispiel die amerikanischen *Drosophila*-Arten in Aussehen und Gewohnheiten sehr ähnlich, obwohl sie genetisch trotz der Abermillionen Jahre, die sie existieren, ziemlich verschieden sind. Die sichtbare Evolution kann indessen schnell vonstatten gehen. Die hawaiischen *Drosophila*-Arten sind äußerlich sehr unterschiedlich, stehen sich aber genetisch nahe (Stebbins und Ayala 1985, 79). Die Frösche leben weitaus länger hier auf dieser Welt als die modernen Säugetiere, und sie unterscheiden sich erheblich stärker als jene in ihren Proteinen, nicht aber in ihrer Morphologie. Menschen und Schimpansen sind, was ihre Proteine anbelangt, praktisch Geschwisterarten, differieren in ihrem allgemeinen Äußeren jedoch stärker als Wölfe und Geparde, die getrennten Familien angehören. Fast jeder Knochen ist anders, und bei der Beckenstruktur liegen sie weiter auseinander als beim Aufbau ihrer Gehirne. Der Schimpanse hat sich organisch kaum von seinem affenähnlichen Vorläufer entfernt, der Mensch dagegen ganz erheblich (King und Wilson 1985).

Auf der einen Seite ist das Genom in seiner Funktion eingeschränkt, auf der anderen verfügt es über latente Entwicklungsmöglichkeiten. Haustiere, die durch künstliche Auslese in hohem Maß modifiziert sind, tendieren dazu, zu einer Norm ihrer Spezies zurückzukehren. Verdeckte Merkmale können wieder an die Oberfläche kommen: So zeigen Pferde manchmal einen Ansatz von Zehen, wie sie ihre Vorfahren besessen haben. Es ist kaum zu glauben, daß die Krallen des Hoazin ursprünglich als spezielle Kletterhilfe gedacht waren. Dabei müssen sie Teil seines morphogenetischen Entwicklungsablaufs sein, denn sie bilden sich nach ein paar Tagen zurück.

Die parallele Evolution deckt etwas von der Kapazität des Genoms auf, gewisse Möglichkeiten in die Praxis umzusetzen. Ein

Beispiel liefern die Unterordnungen von Fledermäusen, die offensichtlich von ganz verschiedenen Vorfahren abstammen. Die Flughaut der Fledermäuse zwischen den gewaltig verlängerten Fingern zeigt einen Weg auf, wie ein Säugetier eine brauchbare Tragfläche entwickeln kann. Vielleicht ist diese Potenz generell ein Charakteristikum der Vertebraten. Dabei schiene es einfacher, den ganzen Unterarm auszubreiten und nicht die Finger, doch schon die Pterosaurier griffen wie die Fledermäuse auf die umständliche Flugfingertechnik zurück.

Die Selbstorganisation des Genotyps zeigt sich sowohl in der Beständig- wie in der Formbarkeit. Lebende Fossilien sind wie alle anderen Spezies zufälligen Mutationen ausgesetzt, bleiben aber im Wechsel der Zeiten und Umgebungen an grundsätzlich unveränderliche Muster des Bauplanes und der Lebensweise gebunden. Sie leben genauso zeitabhängig wie jene Arten, die in fünf Kontinenten heimisch geworden sind. Die Bedeutung des Musters zeigt sich gleichermaßen, wenn es nicht unter Druck steht und einem Artenschwarm erlaubt, sich in einer Vielzahl von Lebensräumen und -formen aufzufächern. Dabei bilden sich dann nicht nur Arten, deren Zweck die Besetzung irgendwelcher Nischen ist, sondern auch eine Menge von Spezies, die nicht mehr nur von Umwelterfordernissen geprägt sind.

Diese Dominanz von Mustern ist eigentlich nichts Überraschendes. Der Aufbau von Organen stellt ein ganz anderes Problem dar als die Herstellung von Proteinen – und er ist viel schwieriger zu beherrschen. Darin liegt zweifellos auch begründet, daß Vierfünftel der Geschichte des Lebens von einzelligen Organismen bestritten wurden. Die Evolution war ein Prozeß, Möglichkeiten zu finden, die Organismen miteinander verbinden konnten. Und es ist nur natürlich, daß das Genom eine komplex integrierte Gesamtheit bildet – wie das Lebewesen, das es zu organisieren vermag. Keineswegs ist es eine Kiste voller Merkmale, sondern ein einheitliches, sich selbstregulierendes und selbstorganisierendes System. Damit sich der Organismus durchsetzen und erhalten kann, muß er über eine schier unglaubliche innere Stabilität verfügen.

11. Kapitel

Positive Adaptation

Der Fortbestand des Lamarckismus

Die Evolutionstheorie hat sich von Anbeginn mit der Frage auseinandergesetzt, wie sich die Lebewesen durch ihre Lebensweise an ihre Umwelt anpassen. Jean-Baptiste Lamarck hat ein halbes Jahrhundert vor Darwin die Lösung im Wettkampf der Lebewesen gesehen, insbesondere beim Gebrauch und Nichtgebrauch von Organen. Für die wissenschaftlich Kundigen war diese Erklärung unbefriedigend, weil sie die Frage aussparte, wie die Erfolge dieser Anstrengungen – daß die Giraffe beispielsweise nun höhergelegene Zweige erreichte – vererbbar werden konnten. Darwin lieferte eine einfachere Antwort: Durch die Zufälligkeiten der Vererbung wurden einige Prototypen von Giraffen mit längeren Hälsen und Vorderbeinen geboren. Sie waren besser genährt, weil sie im Gegensatz zu anderen Tieren das Laub auch in den oberen Bereichen der Bäume abzupfen konnten; folglich brachten sie mehr Nachkommen hervor, bis die Spezies mit der heutigen Giraffe eine optimale Anpassung erreichte.

Diese Theorie schließt jegliche Zweckgerichtetheit aus; Fortschritt entsteht nur durch Eliminierung des weniger Geeigneten in einer willkürlich variierenden Population. Die Zufälligkeit der Variation ist der Kernpunkt, und die zentrale Aussage der neodarwinistischen Synthese lautet, daß es keinen direkten Einfluß der Umwelt auf die Gene gibt.

Dennoch räumte Darwin selbst die Möglichkeit oder Wahrscheinlichkeit einer Vererbung von Merkmalen ein, die der Organismus in Auseinandersetzung mit seiner Umwelt erworben hat – exakt die Art von Vererbung, die zuvor Lamarck zur Grundlage seiner Theorie gemacht hatte. Darwin schrieb: »Wir wissen zwar nicht wieviel, aber irgend etwas läßt sich der definitiven Einwirkung der Lebensbedingungen zuschreiben. Der verstärkte Gebrauch oder Nichtgebrauch von Körperteilen kann eine gewisse, vielleicht sogar eine große Wirkung haben«, obgleich die Auslese »offenbar die vorherrschende Kraft gewesen ist« (Darwin 1964, 108). Er nannte eine Menge Beispiele für die mutmaßliche Vererbung erworbener Merkmale: festeres Zahnfleisch durch ausgiebiges Kauen, Kurzsichtigkeit durch die Augen anstrengende Arbeiten und größere Lungen durch das Atmen von dünner Luft, wie bei den Indios in den Anden festzustellen (Darwin 1871, 118ff.).

Mendels Entdeckung von genau abgegrenzten Erbeinheiten – Gene genannt – machte diesen Kompromiß offenbar unnötig. Die gültige, Anfang dieses Jahrhunderts aufgestellte Lehrmeinung bevorzugte die mechanistische Sichtweise: Nicht vererbbare Variationen treten unabhängig von den Funktionen oder Bedürfnissen des Organismus auf. Das Keimplasma, das Weismann früher in die Diskussion einbezogen hatte, wurde von Wirkungen der Außenwelt scharf abgegrenzt. Evolutionärer Wandel hin zu größerer Fitness – gleichbedeutend mit größerer Fortpflanzungsfähigkeit – war das Ergebnis zufälliger Fehler, die sich im Konkurrenzkampf des Lebens dann eben erfolgreich behaupteten.

Diese Einstellung wurde durch die Molekularbiologie bestärkt, und als in den 50er Jahren die Funktion der Nukleinsäure entdeckt wurde, erhielt die Mendelsche Vererbungslehre eine solide materielle Basis. Die Molekularbiologen spürten eine Möglichkeit der Informationsübertragung von den Genen zu den Proteinen auf, doch bis vor kurzem fehlte jeder Hinweis auf einen Transfer in die umgekehrte Richtung. Die Folgerung, daß es eine solche Übermittlung nicht geben könne, wurde zum zentralen Dogma der Molekularbiologie: Eine »Information«, heißt es bei Francis Crick, die einmal in die Proteine gelangt sei, könne nicht mehr aus ihnen heraus (Crick 1983, 1988, 1990). Angesichts der vielfältigen Aktivitäten der Proteine schien diese These auf den ersten Blick unwahrscheinlich zu sein, verdichtete aber den Glauben daran, daß die Informationen nur von den Genen zum Körper laufen.

Merkmale oder Fähigkeiten, die aufgrund von Umweltbedingungen oder durch subjektive Erfahrung erworben wurden, konnten keine Wirkung auf die Gene haben. Wie konnte also der Bedarf eines Vogels, der zum Herauspicken von Insekten aus Baumstämmen einen längeren Schnabel brauchte, die schnabelbildenden Gene verändern? Wie konnte der Gebrauch oder Nichtgebrauch von Fähigkeiten die nächste Generation stärken oder schwächen? Die Söhne eines Berufsringers werden nicht stärker, bloß weil der Vater täglich trainiert, und die eines an Muskeldystrophie erkrankten Rollstuhlfahrers haben eine ganz normale Chance, durch Gewichtheben die Statur eines Bodybuilders zu erreichen. Man vermutet, daß Höhlentiere nicht deshalb ihre Augen verlieren, weil sie sie nicht gebrauchen, sondern weil die Tiere durch Wegfall der für sie unnützen Augen Stoffwechsel einsparen und sich dafür häufiger fortpflanzen können. Aus den gleichen Gründen verloren die Wale einst ihre Beine; sie kamen ohne Becken vermutlich besser zurecht. Warum bei Höhlentieren trotzdem Ansätze von Augen und bei Walen rudimentäre Becken sowie bisweilen Hinterbeine erhalten sind, steht auf einem anderen Blatt.

Ein klassisches Experiment von August Weismann wurde vor einem Jahrhundert als Beweis für die Nichtvererbbarkeit von erworbenen Merkmalen gewertet. Er hatte 22 Generationen von Mäusen die Schwänze abgeschnitten, doch auch die 23. Generation kam wieder mit normalen Schwänzen auf die Welt. Dabei war es von vornherein unwahrscheinlich, daß schwanzlose Mäuse geboren würden, schon allein deshalb, weil der Schwanz als Fortsetzung der Wirbelsäule vermutlich gegen eine genetische Veränderung resistent ist. Lamarcks Theorie ließ sich auf diesen Fall überhaupt nicht anwenden, da die Mäuse nicht die geringsten Anstrengungen unternommen hatten, ihre Schwänze zu verlieren. Das in die Hunderte gehende Opfer von Mäuseschwänzen bewies lediglich, daß diese Form der Verstümmelung bei Mäusen nicht vererbt wurde.

Weitaus aufschlußreicher wäre es gewesen, drei Rassen zu züchten: eine, die man unter dem Kriterium eines kurzen Schwanzes aussucht; eine mit kleinen Schwänzen, die man amputiert; und eine dritte, unselektierte, der man ebenfalls die Schwänze abschneidet. Doch aus der allgemeinen Überzeugung heraus, daß der Lamarckismus ohnehin unhaltbar sei, wurde das Weismannsche Experiment ungebrochen zitiert, sogar noch ein Jahrhundert später.

Dennoch finden viele Evolutionsforscher immer wieder die Idee nicht recht befriedigend, daß der Fortschritt einfach aus der Selektion der »besten« Fehler entspringt. Selektion eliminiert zwar die Ungeeigneten und stabilisiert die Art, doch viele Adaptationen lassen sich so einfach nicht erklären.

Wenn die Umwelt das Erbgut allein dadurch steuert, daß sie das Privileg der Nachkommenschaft einräumt oder verweigert, ist sie mit einem Markt vergleichbar, auf dem die Verkäufer keinen Kontakt zu den Käufern haben. Sie wissen lediglich, daß bestimmte

Artikel gekauft und andere abgelehnt werden – eine Beschränkung, die nicht gerade kunstsinnige und phantasievolle Kreationen begünstigt. Doch auf dem Marktplatz der Natur gibt es viele innovative Produkte mit gut durchdachtem Design, und die Vorstellung, daß die Umwelt das Erbgut auf direktere Weise beeinflußt als durch einfache Aussonderung des weniger Geeigneten, hält sich hartnäkkig (Saunders 1985). In Frankreich und in einigen anderen Ländern ist sie schon seit jeher stärker gewesen als in den Vereinigten Staaten; besonderen Anklang fand sie bei den Theoretikern unter den Biologen.

Unter einem philosophischen Aspekt betrachtet, ist der holistische Ansatz – der Gedanke, daß sich der Organismus an seine Umgebung anpaßt – von großer Attraktivität, denn er entspringt unserem natürlichen Empfinden. Wir wissen genau, daß der Körper beachtliche und kaum begreifbare Fähigkeiten besitzt, sich auf einen bestimmten Gebrauch einzustellen, und daß er bei Nichtgebrauch Schaden nimmt. Die Muskeln eines aktiven Sportlers werden stärker, während sie beim Kartoffelchips kauenden Sofaathleten verkümmern; das Gehirn arbeitet besser, wenn es in Übung bleibt; die Füße eines Wanderers bekommen eine Hornhaut; Knochen und Sehnen verstärken sich unter Belastung innerhalb bestimmter Grenzen. Geschädigte Organe vermögen sich in den meisten Fällen selbst zu regenerieren; Leber und Blase wachsen nach, selbst wenn der Großteil ihres Gewebes zerstört ist, und erreichen beinahe wieder ihre ursprüngliche Form. Entfernt man eine Niere, vergrößert sich die andere. Bei einem jungen Menschen nimmt die Zahl der Blutkörperchen in großen Höhen zu. Nach einem Blutverlust produziert das Rückenmark beträchtlich mehr neue Zellen als unter normalen Umständen. Die Haut wird an dünn gewordenen Stellen wieder dicker; kleinere Blutgefäße erweitern sich, wenn eine Vene oder Arterie verstopft ist, und nach einem Schlaganfall werden die Funktionen des geschädigten Bereichs von anderen Teilen des Gehirns übernommen. Solche Reaktionen können programmiert sein, wobei sich die Expansion der Gene in den betroffenen Zellen ändert. Das läßt die Schlußfolgerung zu, daß Organismen darauf eingestellt sind, auf äußere Signale genetisch zu reagieren – der Fachmann spricht von einer erblich festgelegten »Reaktionsnorm«.

Daß der Darwinismus Generationen überdauert hat, ist ein Zeugnis dafür, daß er wissenschaftlich anerkannt ist und Gültigkeit besitzt. Genauso ist der Fortbestand des Lamarckismus trotz des starken Unbehagens, das die meisten Biologen seinetwegen befällt, ein Indiz dafür, daß ihm eine gewisse Aussagekraft kaum abzusprechen ist. Lamarck, Jahrzehnte vor Darwin ein Pionier der evolutionären Lehre, dessen Ideen nicht abwegiger waren als die heutzutage kursierenden, wurde wie kein anderer als Feind betrachtet – ein Umstand, der darauf hindeutet, daß man um seine Gedankengänge nicht so leicht herumkommt.

Lamarcks Ansatz wirft eine Reihe schwieriger Fragen auf, und man sollte sich daher ernsthaft mit ihm auseinandersetzen. Dabei geht es weniger um seine spezifische Theorie, sondern um den Gedanken, daß die Interaktion zwischen Organismus und Umwelt sich nicht auf die Ausmusterung der weniger Geeigneten beschränken kann. Die Theorie vom Gebrauch oder Nichtgebrauch leuchtet in diesem Kontext besonders ein. Ist die natürliche Auslese unter dem Gesichtspunkt der Stoffwechselökonomie eine adäquate Erklärung für die Rückbildung ungenutzter Organe? Ist es denkbar, daß die Inaktivierung von Genen durch Nichtgebrauch erleichtert wird? Wenn eine lange Periode der Untätigkeit nicht zur Schwächung führt, warum verfügen die Menschen dann nur lediglich über ein Drittel der Körperkraft eines etwa gleich schweren Schimpansen? Kann es unter den prämodernen Menschen eine Auslese gegeben haben, die auf eine schwache Muskulatur abzielte? In jüngerer Zeit wurden Überlegungen angestellt, die einen Kompromiß zwischen natürlicher Auslese und Vererbbarkeit von erworbenen Merkmalen herzustellen suchten. Allan C. Wilson vermutet zum Beispiel, daß bei Vögeln und Säugetieren die »kulturelle Evolution« dominant ist: Die Merkmale konsolidieren sich nicht nur durch die Vervielfachung ihrer genetischen Besitzer, sondern auch durch Imitation; der »kulturelle« Wandel führt zu genetischer Fixierung; daher ist die Änderungsrate bei diesen intelligenten Klassen hoch und steigt mit der Kapazität des Gehirns (A. Wilson 1983, 172).

Bei dieser Interpretation hätte, um das Beispiel der Giraffen wieder aufzugreifen, ein bedeutender Teil der Adaptation darin gelegen, daß Protogiraffen einander nachahmten, sich nach höhergelegenen Blättern zu strecken; das wäre für den Ausleseprozeß zugunsten jener Mutanten mit längerem Hals förderlich. Für die natürliche Auslese bleibt in diesem Fall noch eine Menge zu erklären übrig. Die Protogiraffe mußte nicht allein die Halswirbel (ihre

Anzahl ist bei Säugern auf sieben festgelegt) verlängern, sondern daneben noch eine Reihe anderer Modifikationen vornehmen – der Kopf, nunmehr schwer zu halten, am Ende des langen Halses, wurde im Verhältnis kleiner; das Kreislaufsystem mußte einen Druck aufbauen, um das Blut hochzupumpen; Klappen wurden notwendig, um einen Überdruck zu vermeiden, wenn das Tier beim Trinken den Kopf senkte; große Lungen hatten die Atmung durch eine über drei Meter lange Röhre auszugleichen; viele Muskeln, Sehnen und Knochen mußten dazu passend modifiziert werden; die Vorderbeine verlängerten sich, was eine neue Struktur des Körperbaus bedingte; außerdem mußten viele Reflexe neu ausgebildet werden. All diese Veränderungen waren schrittweise zu bewerkstelligen, doch muß dieser Prozeß schnell abgelaufen sein, da von den meisten Übergangsformen keine Fossilien überliefert sind. Daß all dies durch synchronisierte, zufällige Mutationen entstanden sein soll, das strapaziert den Begriff »zufällig« über die Maßen. Die entscheidende Frage aber ist: Was gab den eigentlichen Anstoß nicht nur bei den Giraffen, sondern auch für eine Million weiterer Adaptationen, und wie konnten genügend Vorteile angehäuft werden, um einen selektiven Wert zu erreichen (John und Miklos 1985, 236)?

Viele mehr oder weniger vorteilhafte Organe und Instinkte sind mit den Begriffen der Darwinschen Auslese noch viel schwerer zu erklären als der Giraffenhals. Den Forschern mußte sich häufig die Vermutung aufgedrängt haben, daß die Organismen auf ihre Bedingungen und Bedürfnisse zweckgerichteter reagieren, als nach der strikten Darwinschen Theorie zulässig. Ein höheres Maß an vielleicht ganz subtiler Interaktion zwischen der Umwelt eines Organismus, seiner Aktivität und seines Genoms anzunehmen, bedeutet eine Aushöhlung der Evolutionstheorie und beschwört schwere Komplikationen herauf. Aber unter Umständen haben solche Komplikationen die Evolution erst ermöglicht.

Das reagierende Genom

Einige Biologen haben untersucht, auf welche Weise sich ein Organismus an äußerliche Bedingungen zu adaptieren vermag. In den siebziger Jahren stellte C. H. Waddington die Theorie auf (Waddington 1975), daß seitens der Umwelt stimulierte Veränderungen durch Vererbung fixiert oder »assimiliert« werden könnten. Sein Versuch, diese Theorie mit dem Darwinismus in Einklang zu bringen, konnte indes nicht ganz überzeugen. In neuerer Zeit haben Mae-Wan Ho, Peter T. Saunders, Sidney W. Fox und andere die Frage aufgeworfen, ob es überhaupt noch angemessen sei, die Möglichkeit eines Umwelteinflusses auf das Erbgut auszuschließen. Auch die Molekularbiologen mußten ihre Haltung revidieren; mit der besseren Erforschung der Komplexitäten des Replikationsapparates kamen Zweifel daran auf, daß die Information nur in einer Richtung fließen kann.

Niemals wurde bewiesen, daß Umwelteinflüsse auf das Genom unmöglich sind; und betrachtet man den Einfallsreichtum des Lebens, so käme es überraschend, wenn ein Naturgesetz dies absolut ausschließen würde. Vom Anbeginn des Lebens muß nicht nur eine Auslese nach besonderen Eigenschaften, sondern auch nach der Befähigung zu sinnvollen Mutationen stattgefunden haben. Eine wesentliche Triebfeder in der Evolution von Vielzellern liegt darin, daß die Fähigkeit von Zellen zur Veränderung ihrer Erbanlagen verbessert wird, um die Spezialisierung von Geweben und immer komplexeren multizellulären Organismen zu ermöglichen.

Wenn die Wechselwirkung in mehreren Milliarden von Jahren zur Folge hatte, daß sich die Organismen – nicht nur das Individuum, sondern auch seine Nachkommenschaft – mehr und mehr an die jeweiligen Umweltbedingungen angepaßt haben, dann würde das auf eine Verlagerung einer stets wirksamen Rückkoppelung auf die genetischen Programme hinauslaufen. Innerhalb der Zelle werden ständig Gene an- und abgeschaltet, wenn bestimmte Proteine benötigt oder nicht mehr benötigt werden. Bei Vielzellern werden die genetischen Programme der Zellen durch Signale von anderen Teilen des Organismus gesteuert. Wenn man eine Hydra in einzelne Zellen zerteilt und diesen dann eine erneute Verbindung ermöglicht, spezialisieren sie sich als Nesselzellen (Nematozysten), Muskel-, Verdauungs- oder Fortpflanzungsorgane; auf irgendeine Weise gelingt es ihnen, sich gegenseitig darüber zu verständigen, wie viele sich am entsprechenden Platz in den jeweiligen Zelltyp zu verwandeln haben. Zellen des Schleimpilzes *(Dictyostelium)* wandern wie Amöben einzeln herum, solange genügend Futter vorhanden ist. Entsteht durch Nahrungsknappheit die Notwendigkeit, einen neuen Platz zu besiedeln, senden sie Signale aus, die die Zellen veranlassen, sich zusammenzuballen, einen Stiel auszubilden und Sporen zu erzeugen, um dann davonzuschweben und einen neuen Klon von Amöben zu entwickeln (Bonner 1982, 3 ff.). Sogar Bakterien besitzen eine solche Reaktionsfähigkeit; Zellen spezialisieren sich in einer Kette für bestimmte Aufgaben, insbesondere für die Reproduktion (Shapiro 1988).

Bei der Morphogenese höherer Lebewesen werden die Zellen durch irgendeine Art von Signal – wahrscheinlich durch die Diffusion von Induktionssubstanzen – informiert, welche Gene aktiviert werden müssen, um die bis zu 150 oder 200 verschiedenen Typen in einer großen Anzahl von Organen aufzubauen. Typ und Sitz der Zellen müssen durch die Art der Signale festgelegt sein. So übt ein Schilddrüsenhormon (Thyroxin), das die Metamorphose von Kaulquappen bestimmt, ganz unterschiedliche Wirkungen auf verschiedene Körperteile aus – im Schwanz löst es eine Verkümmerung, in den Beinen ein Wachstum der Muskeln aus (Pough, Heiser und McFarland 1989, 405). Differenzierung ist vererbbar; Embryozellen verlieren schon bald ihre Fähigkeit, ein gänzlich neues Individuum zu bilden und werden irreversibel zu Leber- und Hautzellen. In einer Laborkultur vermehren sie sich weiter als Leber- oder Hautzellen.

Allein die Tatsache, daß Einzeller mindestens 500 Millionen Jahre gebraucht haben, um eine vielzellige Differenzierung zu erreichen, zeigt schon auf, daß es sich hierbei um ein schwieriges Unterfangen gehandelt haben muß. Zellen müssen mit großer Genauigkeit und Sensibilität auf Instruktionen reagieren, um exakt so zu werden, wie es zu einer bestimmten Zeit im korrekten Verhältnis zu anderen sich spezialisierenden Zellen benötigt wird. Beim Aufbau eines Gliedes zum Beispiel muß der jeweilige Abstand der Knochen, Muskeln, Sehnen und so weiter von einem »Organisationszentrum« präzis und komplex vorgegeben werden.

Die Mechanismen der Spezialisierung dürften anfangs nicht vollkommen gewesen sein. Bei den Vielzellern des Präkambriums handelte es sich um einfache, zumeist flache Wesen, deren Gewebe wenig strukturelle Vielfalt aufwies. Die etwas jüngere Burgess-Schiefer-Fauna verfügte schon über eine viel höhere Komplexität und Differenzierung; sie hatte nicht nur vervollkommnete Formen, sondern auch Sinnesorgane und Muskeln. In der Folge beruhte die Evolution zweifellos auf der immer weiter fortschreitenden Fähigkeit der Lebewesen, die Bildung von verschiedenen Geweben anzuregen, die immer andersartigere und kompliziertere Organe hervorbrachten.

Die Zellen empfangen nicht nur einen Satz von Instruktionen mit den Anweisungen, wie sie den neuen Organismus aufzubauen haben, sondern im Laufe eines Lebens verändern sich die Instruktionen selbst. So tritt bei der Umgestaltung einer Raupe zum Schmetterling ein neuer Satz Gene mit einschneidender Wirkung auf den Plan. Würmer, die bei ihrer Wanderung durch mehrere Wirte eine neue Gestalt annehmen, müssen demgemäß viele Sätze von Genen haben, die in einen Generalplan eingebaut sind.

Für Zellen ist es kein großer Sprung, auf Signale der Umwelt genetisch zu reagieren. Ruhrauslösende Amöben wechseln teilweise aufgrund der Ernährung vom Gutartigen zum Bösartigen (Hart 1989, 216f.). Im Immunsystem finden wir ein vielfältiges Zusammenwirken genetischer Informationen, wobei die Lymphozyten in Reaktion auf eine geradezu unbegrenzte Varietät von Antigenen diese genetische Information benutzen, um geeignete Immunoglobuline zu produzieren. Ein durch Gene aktiviertes Enzym bewirkt die Rekombination vieler Gene, die auf irgendeine Weise nach ihrer Nützlichkeit ausgewählt werden. Auf ähnlichem Weg ändern die Trypanosomen, die Erreger der afrikanischen Schlafkrankheit, ihre Proteinhülle genauso schnell, wie ihr Wirt Antikörper erzeugt; dabei durchlaufen sie nicht weniger als 20 Serotypen. Auf ihrem Weg zu einem neuen Wirt kehren sie dann zu ihrem ursprünglichen Typus zurück. Krebszellen bauen ihre Widerstandskraft gegenüber der Chemotherapie unglücklicherweise durch Gen-Amplifikation auf; sie erhöhen die Produktion von geeigneten Enzymen, indem sie die entsprechenden Gene vervielfachen (Schimke 1982, 3).

Auch in ihrer Gesamtheit werden Lebewesen von Signalen gelenkt, die jenen entsprechen, die die Bildung von Organen einleiten. Die Siphonophoren, kolonienbildende Quallen wie die Portugiesische Galeere *(Physalia)*, sehen aus wie Organismen mit komplexen Teilen, doch sie setzen sich aus Kolonien einzelner spezialisierter Organismen zusammen. Die sieben oder acht verschiedenen Individuen dienen der Verdauung, der Verteidigung, der Fortpflanzung, dem Schweben, der Vorwärtsbewegung und dem Erfassen von Beute (Lutz 1986, 130). Sie sind völlig von der Kolonie abhängig, verfügen aber über keine nervliche Koordination. Bei jedem ist das Genom anders exprimiert, je nach den Instruktionen, die die Kolonie auf irgendeine Art gibt.

Die Angehörigen von sozial lebenden Insektenstaaten sind weniger umfassend spezialisiert als die Organismen der Siphonophoren. Bei ihnen handelt es sich eindeutig um Individuen, doch die genetisch bestimmten Unterschiede zwischen den Kasten bei Wespen, Bienen und Ameisen sind durch Ernährung, Pheromone, Temperatur und/oder Verhalten bedingt, und zwar auf Wegen, die für uns meist nur schwer zu durchschauen sind (Hölldobler und Wilson 1990, 348 ff.). Die Spezialisierung kann, wie bei den meisten Wespen, geringfügig sein; Ameisenköniginnen jedoch sind mitunter viertausendmal größer als die kleinste Arbeiterin, und die Größe der Arbeiterinnen untereinander kann immerhin noch um das Hundertfache oder mehr differieren. Darüber hinaus können sie auch eine andere morphologische Form aufweisen, was sich insbesondere bei den großen Köpfen oder Kiefern von Soldaten zeigt (Hölldobler und Wilson 1990, 566; Brian 1981, 157 ff.). Bei den Termiten sind die Königinnen Hunderte oder Tausende Male größer als die Arbeiterinnen, mit denen die Soldaten wiederum äußerlich kaum mehr etwas gemein haben.

Es gibt auch umweltbedingte Modifikationen. Bei Blattläusen ist dies außerordentlich plastisch zu erkennen. Abhängig von der Jahreszeit, der Nahrungsmenge, der Pflanzenart, auf der sie leben, und sogar abhängig von den Zuwendungen von Ameisen vermehren sie sich sexuell oder asexuell, legen Eier oder bringen große, bewegliche Junge zur Welt, haben Flügel oder nicht und variieren in Form und Größe. Eine einzelne Art kann bis zu 20 verschiedene Formen haben. Rankenfußkrebse, Bryozoen (Moostierchen), *Daphnia* (Wasserflöhe), Protozoen und Rädertierchen entwickeln in der Umgebung von Räubern Stacheln, Schutzpanzer und andere Abwehrmöglichkeiten.

Pflanzen vermögen außerordentlich flexibel auf äußere Reize zu reagieren. Zwar beginnt der Embryo im Samen seine Differenzierung eigenständig, etwa auf dieselbe Art wie die Tiere, doch werden äußere Einflüsse mit der Zeit immer bestimmender. Man weiß sehr wenig darüber, wie Pflanzen die Umweltbedingungen registrieren und ihre Zellen dazu bringen, die notwendigen Gene zu aktivieren. Aber Zellen spezialisieren sich und erzeugen ständig neue Organe – in Entsprechung zu den Lichtverhältnissen, der Tageslänge, der Temperatur, der Feuchtigkeit und dem Wind, und so entstehen Stengel, Wurzeln, Blüten und andere Teile. Ein Ableger, den man ins Wasser stellt, treibt Wurzeln; Blütenknospen reagieren auf die

Jahreszeit. Die Blätter des Wasserhahnenfußes, unter Wasser fadenförmig, verbreitern sich an der Luft. Bäume bleiben an windigen Standplätzen niedrig, und viele Pflanzen wachsen buschiger und kürzer, wenn sie oft durch Wind und Schnee niedergedrückt werden; die Regulierung mancher Gene erfolgt als Antwort auf Regen, Berührung und Verletzung. Veränderungen in den Instruktionen können erblich sein: So treiben zum Beispiel manche Pflanzen wie der Efeu andersartig geformte Blätter, wenn sie zu blühen beginnen; schneidet man einen reifen Trieb ab und zieht ihn hoch, bildet er weiterhin Blätter in der modifizierten Form aus (A. Huxley 1981).

Der Fortschritt der Pflanzen liegt zum Teil an ihrer gesteigerten Fähigkeit, verschiedene Arten von Gewebe zu erzeugen oder ihre Entwicklung zu modifizieren. Alle Typen wie Schachtelhalme *(Equisetum)* und Bärlappe *(Lycopodium)* sind nicht sehr differenziert und weisen in ihren Formen eine geringe Variationsbreite auf; Triebe und Wurzeln vermögen sie nur aus ihrem Rhizom zu erzeugen. Koniferen (Nadelhölzer) zeigen eine größere Plastizität, es ist jedoch auch typisch für sie, daß ihr Strunk zu neuem Wachstum unfähig ist; sie lassen sich kaum pfropfen, und ihre Ableger treiben nur schwer Wurzeln. Sie alle sind perennierende Holzpflanzen, und keine von ihnen ist krautig. Eine größere genetische Flexibilität soll für das Entstehen der vorherrschenden modernen Pflanzen, der Blütenpflanzen oder Angiospermen, verantwortlich gewesen sein; die neuen Fortpflanzungsstrukturen waren von einigen neuen Gewebearten begleitet. Die Dikotylen (die meisten normalen Pflanzen) haben mehr Plastizität als die Monokotylen (Palmen, Gräser). Die erstgenannten betreiben ihre Spezialisierung oft über Blätter – Blumenblätter, Ranken, Dornen, auch Wasserkannen; die anderen weisen generell nur eine Art von Blättern auf.

Das am meisten erforschte Beispiel dafür, wie Zellen auf irgendwelche Erfordernisse reagieren können, ist das *lac*-Operon von *Escherichia coli*, ein Bakterium, das wir in großer Zahl in unserem Körper haben. Das *lac*-Operon bewirkt, daß die Bakterien Gene anschalten, um ihm die Verarbeitung von Milchzucker und seine Transmission durch die Zellwand zu ermöglichen, sobald Laktose vorhanden ist. Ein Repressor verbindet sich mit der Laktose und wird daher durch sie immobilisiert; in Abwesenheit von Laktose bindet der Repressor an die DNS. Der Vorgang ist im Prinzip ganz einfach und doch komplex genug, daß man vor über 20 Jahren ein

400 Seiten-Buch darüber geschrieben hat (Bechants und Zipses 1970). Es gibt viele andere Operons oder Operatorsysteme, die Bakterien befähigen, verschiedene Nährstoffe in ihrem Medium zu nutzen.

Solche Modifikationen sind natürlich in all ihrer Komplexität genetisch programmiert. Doch wenn Zellen genetisch reagieren können, um so unterschiedliche Dinge wie fadenförmige Neurone, harten Zahnschmelz, Phagozyten und Drüsen entstehen zu lassen, und wenn das Genom auf äußere Signale reagieren kann, um so unterschiedliche Strukturen zu erschaffen wie das Verdauungsorgan und die Nesselfäden der Portugiesischen Galeere, dann fällt es grundsätzlich schwer, der genetischen Modifikation als Reaktion auf äußere Reize Grenzen zu setzen.

Die Differenzierung von Körperzellen oder kolonienbildenden Insekten bedeutet die Aktivierung des einen oder anderen Teils des gesamten Genoms, den alle Zellen oder die verschiedenen Angehörigen der Kolonie gemeinsam haben, nicht aber die Bildung von neuen Genen. Dennoch unterscheidet sich die Fähigkeit, bestimmte Gene auf Reize von außen hin zu experimentieren und andere nicht, kaum von der Fähigkeit, das Erbgut zu ändern. Beteiligt ist daran eigentlich nur ein Bruchteil der DNS, im Menschen vielleicht gerade ein Prozent; die große Menge ungenutzter DNS besteht wahrscheinlich aus einer Anhäufung von allmählich zurückgezogenen Genen sowie aus vielen Duplikationen. Ein Teil davon bildet ein Reservoir für potentielle Änderungen, auf das der Körper zurückgreifen kann, ohne neue Strukturgene erzeugen zu müssen.

Adaptive Variation

Lebewesen zeigen ein beträchtliches Ausmaß an spezifischen Reaktionen auf Umweltbedingungen – Reaktionen, die sich nur schwer von erblicher Adaptation trennen lassen. Ein Kamel kommt mit Schwielen an den Knien auf die Welt: Kann es sich dabei um ein ererbtes Merkmal handeln, das von der Fähigkeit der Haut, sich infolge von Reibung zu verdicken, völlig losgelöst ist? Einige Rädertierchen programmieren ihren Nachwuchs darauf, je nach Futtervorrat größer oder kleiner zu werden. Ein Cichlidenfisch *(Astatoreochromis alluandi)* hat eine Ausstattung zum Knacken von

Schneckenhäusern – allerdings nur dort, wo es viele Schnecken gibt, nicht aber dort, wo sie Mangelware sind. Wenn der Nachwuchs von Schnecken knackenden Fischen mit weichem Futter aufgezogen wird, bilden sich die harten Teile, die im Umgang mit den Schnekken gebraucht werden, erst gar nicht, obwohl die Fische sie weiterhin als Futter betrachten (Fryer und Iles 1972, 103). Laut Harvey Hoch kann sich ein Pilz sehr schnell genetisch verändern, um die chemische Abwehr von Bohnenpflanzen zu überwinden.

Tiere scheinen überflüssige Strukturen und Instinkte schneller zu verlieren, als daß für diesen Verlust irgendein selektiver Vorteil ausgemacht werden könnte. Parasitäre Ameisen legen ihre Eigenschaften als Arbeiterinnen ab, so wie Aristokraten unter den Menschen manuelle Tätigkeiten scheuen. Insekten, Krustentiere, Salamander und andere mehr verlieren, wenn sie in Höhlen leben, ihre Augen – und das zuweilen ziemlich rasch. Mexikanische Höhlenfische haben ihren Gesichtssinn innerhalb von rund 10000 Jahren verloren (Culver 1982, 66). Viele höhlenbewohnende Reptilien und Säugetiere sind ebenfalls teilweise oder gänzlich erblindet. Manche mit Elektroortung ausgestatteten Fische (*Gymnarchus* und andere) können zumindest den Unterschied zwischen Tag und Nacht wahrnehmen. Die geringfügige Aufwandseinsparung für den Stoffwechsel kann schwerlich der einzige Grund für die Rückbildung der Augen sein.

Eigenartig ist auch die Degeneration des menschlichen Gebisses. Vor etwa 100000 Jahren begannen sich die Zähne unserer Vorfahren kontinuierlich zurückzubilden. Sie verkleinerten sich alle 2000, in jüngerer Zeit alle 1000 Jahre um ein Prozent, so daß sie bereits nur mehr die Hälfte ihrer ursprünglichen Größe aufweisen. Der Schwund steht mit dem Aufkommen des Feuers, dem Kochen der Nahrung, dem Mahlen von Lebensmitteln und der Erfindung des Kochtopfs in Zusammenhang. Man brauchte die starken Zähne nicht mehr in dem ursprünglichen Maße. Einen deutlichen Selektionsdruck zugunsten kleiner Zähne dürfte es indes kaum gegeben haben. Im Gegenteil: Abgesehen davon, daß sich die Geschmäcker gewandelt haben, stellen schöne kräftige Zähne hinsichtlich der sexuellen Attraktivität für beide Geschlechter wohl eher einen Vorteil dar (Campbell 1985, 300). Dagegen scheint es einsichtig, daß Nichtgebrauch zur Verkümmerung eines Organes oder Instinktes führt, wenn es nicht (wie die sechs Beine der Insekten) tief verwurzelt ist.

In den zwanziger Jahren behauptete der australische Biologe Paul Kammerer, die vererbbaren Wirkungen von Gebrauch und Nichtgebrauch nachweisen zu können. Seine Experimente und ihr tragischer Ausgang sind von Arthur Koestler beschrieben worden. Kammerer berichtete, daß die Greiffüße, mit deren Hilfe sich die männliche Geburtshelferkröte im Wasser an ihre Partnerin klammert, bei einer an Land lebenden Art nicht existierten. Er zwang die Kröten, sich im Wasser fortzupflanzen, und nach ein paar Generationen bildeten sich die Greifer aufs neue. Er entdeckte auch, daß Salamander ihre Färbung erblich bedingt änderten, je nach der Umgebung, in der sie aufwuchsen (Koestler 1972). Für Kammerer war der Lamarckismus damit bewiesen. Stephen J. Gould behauptete, daß sich die Neubildung der Greifer auf streng selektionistische Weise mit der erzwungenen Readaptation ans Wasser erklären ließ, da sie »an einen Satz Gene gebunden sein können, die den Erfolg im Wasser verbürgen« (S. Gould 1980b, 82). Dennoch stand dafür nur eine kürzestmögliche Selektionszeit zur Verfügung; die Adaptation geschah sehr schnell, und es existiert kein Beweis für das Vorhandensein eines Satzes von verbundenen Genen, die den Erfolg in einer bestimmten Umwelt sicherstellen. Gäbe es sie, wäre das eine wesentliche Korrektur der darwinistischen Theorie mit lamarckischen Mitteln.

Die Biologen haben sich darum bemüht, solche Dinge, die bei höheren Tieren sehr kompliziert sind, anhand von Bakterien zu klären. Sie entdeckten eine beachtliche Menge von Beweisen für die genetische Adaptation. Setzt man Bakterien in ein Medium mit Nährmolekülen, die zu groß sind, um durch die Poren ihrer Membran zu gelangen, mutieren sie dahingehend, die Membran durchlässiger zu machen (Benson 1988, 21f.). In einem salzigen Medium gezüchtete Bakterien sind besser dafür gerüstet, im Meerwasser zu überleben und sich zu vermehren. Man hat herausgefunden, daß sich ein bakterielles Transposon (ein »springendes Gen«) in Anwesenheit des antibiotischen Erythromycin so bewegt, daß es Resistenz erzeugt. Das bedeutet, »daß die Evolution durch die Umwelt beeinflußt wird, nicht nur über die natürliche Auslese, sondern auch durch gelenkte Mutationen« (Endler und McLellan 1989, 413).

Die Haupttätigkeit von Bakterien besteht darin, irgendwelche Dinge zu verdauen; ihre Fähigkeit, Substanzen zu gebrauchen, für die sie nicht adaptiert waren, ist in vielen Experimenten untersucht worden. John Cairns und seine Mitarbeiter fanden heraus, daß eine Art der Bakterien *Escherichia coli*, die keine Laktose verarbeiten konnte, durchaus dazu imstande war, als man ihr ausschließlich Laktose als Nährlösung anbot. Die Bakterien stellten dabei nicht das verlorene Gen wieder her, sondern brachten ein anderes hervor. Nach Ansicht von Cairns löst die Laktose auf irgendeine Weise eine neue Mutationsreihe aus (Cairns, Overbaugh und Miller 1988, 142ff.). Solche Mutationen scheinen allerdings nicht aufzutreten, solange andere Nährstoffe zur Verfügung stehen; sie erscheinen erst, wenn das Medium ausschließlich aus Laktose besteht (Opadia-Kadima 1987, 27ff.). Das ist nur ein Schritt weiter als der Prozeß, der bei dem erwähnten *lac*-Operon abläuft; andere Operons arbeiten ähnlich, indem sie eine »Mutation auf Bestellung« erzeugen.

Barry G. Hall hat beobachtet, daß *E. coli* zwei ansonsten seltene Mutationen zusammen in tausendfach höherer Rate durchmachte als beim normalen Wachstum, wenn man dem Bakterium eine etwas andere Ernährung in einer Salizinlösung (ein Verwandter des Aspirin) anbot – es vermochte daraufhin, Salizin umzuwandeln (Hall 1988, 887ff.). Bei einem ähnlichen Experiment begann Hall mit einem Stamm von *E. coli*, der nicht imstande war, die essentielle Aminosäure Tryptophan zu synthetisieren. Er gab den Bakterien einige Tage lang Tryptophan, um es ihnen dann wieder zu entziehen. Daraufhin stieg die Zahl derjenigen Bakterien, die zur Produktion von Tryptophan mutierten, sprunghaft auf das Dreißigfache an. Er demonstrierte damit, daß die Mutation erst eintrat, als sie notwendig wurde, und daß sie nicht bei sonstigen Bakterien vorkam, denen andere Aminosäuren entzogen wurden.

Es ist nunmehr eindeutig erwiesen, daß ein Organismus auf äußere Signale genetisch reagieren kann, wenn auch nur in dem Ausmaß und auf die Weise, für die er programmiert ist. Doch schon seit den Anfängen des Lebens hatten Bakterien Möglichkeiten ausfindig zu machen, um verschiedene Substanzen zu nutzen. Das erste lebensähnliche Wesen bediente sich wahrscheinlich nur einer einzigen der vielen organischen Verbindungen in der Ursuppe, und diese kam wohl seiner eigenen Substanz sehr nahe. Als diese knapp wurde, mußte sich der Protoorganismus selbst modifizieren oder so mutieren, daß er verwandte Verbindungen nutzen konnte. Diese Möglichkeit der Kapazitätsverschiebung muß sich im Lauf der über 3,5 Milliarden Jahre, die Bakterien existieren und in denen sie vermutlich ständig ihre chemische Zusammensetzung veränderten, ausgeweitet haben (Loomis 1988, 162) – ein Vorgang, der eigentlich weniger ungewöhnlich ist als das bereits geschilderte Wechselspiel der Trypanosomenhülle.

Die Modifikationsmöglichkeiten und -systeme von Bakterien sind äußerst komplex. Cairns sagte: »Wir wissen heute, daß bei der Verarbeitung von biologischer Information nahezu alles möglich ist. [DNS-]Sequenzen werden gespleißt, neu angeordnet, fallengelassen, wiedererweckt und bis zu einem gewissen Grad sogar neu erfunden, wenn die Notwendigkeit auftaucht. So dürfte es für einen Organismus nicht schwierig sein, Wege auszuarbeiten, um Phänotypen zu testen, ehe er irgendeinen neuen Genotyp annimmt« (Moffat 1989, 226).

Robert Mortlock, der sich viel mit der Verarbeitung von Zuckern beschäftigt hat, denen Bakterien in der Natur nicht zu begegnen pflegten, hat eine ziemlich klare Vorstellung davon, wie sie diese Aufgabe durch schrittweise Veränderungen bewältigen, und dazu gehört auch die Duplikation von Genen sowie die Änderung von Regulationsgenen. Enzyme werden von erprobten Pfaden »entlehnt«; zwar arbeiten sie anfangs zweifelsohne dürftig, doch verstärkt die Zelle die Mutationen unter Belastung, modifiziert Strukturgene, aktiviert vielleicht reprimierte oder »kryptische« Gene und schafft schließlich zweierlei: den Transport des neuen Nährstoffes durch die Zellwand hindurch und seine normale Umwandlung.

Ein Bakterium vermag nicht zu »erkennen«, daß eine unbekannte Substanz potentiell verdaulich ist, es sei denn, Moleküle können zumindest in kleiner Anzahl durch die Zellwand diffundieren und durch bereits vorhandene Enzyme, wenn auch nur in sehr geringem Maßstab, zur Wirkung gebracht werden – das heißt, die Substanz kann wenigstens in kleinem Umfang genutzt werden. Das ist bei einer Reihe von Substanzen möglich, denn es gibt viele potentiell gangbare Wege, und zu jedem dieser Wege gehören zahlreiche Enzyme. Enzyme können bei Substraten, an die sie nicht adaptiert sind, einen geringen Grad von Aktivität an den Tag legen und nicht induzierte Wege werden nicht völlig gesperrt, sondern vielleicht nur zu 99,9 Prozent. Angesichts solcher Schlupflöcher und der großen Anzahl von beteiligten Zellen – etwa zehn Milliarden pro Kubikzentimeter – kann eine Mutation ziemlich rasch geschehen.

Bisweilen geht es aber auch langsam. Gibt man bakterielle Zellen

(Klebsiella) in ein Medium, das ausschließlich aus L-xylose, einem synthetischen Zucker, besteht, wird man vier bis sieben Wochen lang kein Wachstum feststellen – ein langer Zeitraum für Bakteriengenerationen. Aber sie adaptieren letztlich immer, und die Vermehrung geht dann schnell vonstatten. Ein bemerkenswerter Vorgang, denn die Bakterien erwerben ihre Fähigkeit, L-xylose zu verwenden, nicht aufgrund von Mutanten, die bereits in der Kultur vorhanden waren.

Die Mutationsraten von Bakterien, die normalerweise zehn- bis tausendmal niedriger liegen als die von multizellulären Lebewesen (Grant 1985, 47), können oder müssen jedoch unter Streß – in Notsituationen wie drohendem Hunger etwa – stark ansteigen. Im Falle der hungrigen *Klebsiella* wäre jede Zelle mit einer auch noch so dürftigen Fähigkeit, sich auf die fremde Substanz einzulassen und sie zu verwenden, imstande, jegliche Mutation anzunehmen und zu reproduzieren, nur um ebendiese Fähigkeit – wie geringfügig auch immer – zu verbessern. Jede Mutation, die in eine sinnvolle Richtung geht, würde eine Basis für weitere Mutationen in dem gelokkerten Genom abgeben. Durch kaskadenartige Veränderungen gewännen die Bakterien eine immer größere Fähigkeit, den neuen Nährstoff voll zu nutzen (Hartley 1984, 51).

Die Eigenschaft von Bakterien, neue Substanzen zu konsumieren, spielt in der Praxis eine zunehmend größere Rolle. Um den biologischen Abbau von polychlorierten Biphenylen (PCB) voranzutreiben, sucht man zum Beispiel auf Müllkippen nach Bakterienstämmen, die sich auf verschiedene Abfallstoffe spezialisiert haben. Man findet Bakterien, die imstande sind, mühelos Kohlenwasserstoffe, giftige Herbizide und viele andere synthetische, organische und anorganische Verbindungen zu verdauen. Doch die Fähigkeit ist selektiv; Bakterien, die mit einer der vielen PCB-Formen zurechtkommen, können bei anderen scheitern (Lindow, Panopolous und McFarland 1989, 1301 ff.). Biologischer Abbau – »Biomediation« lautet der Fachbegriff in der englischsprachigen Literatur – ist ein Geschäft mit steigendem Umsatz.

Die Fähigkeiten von Bakterien, Substanzen abzuwehren, die eigentlich zu ihrer Vernichtung bestimmt sind, zwingen die Pharmakologen zur ununterbrochenen Entdeckung neuer Antibiotika. Die rasche Zunahme der Resistenz um das Hunderttausendfache läßt sich nicht mit zufälliger Mutation und Selektion im herkömmlichen Sinn erklären (J. Campbell 1987, 285). James Shapiro weist darauf hin, daß das Genom »ein phantastisches System« hat, »um sich selbst zu korrigieren, zu reparieren und auszubessern«. Daraus folgt: »Das Genom ist einfallsreich; es vermag auf selektive Bedingungen zu reagieren« (Moffat 1989, 226).

Offensichtlich fällt es einer Zelle recht leicht, auf das Medium, mit dem es in direktem Kontakt ist, genetisch zu reagieren, während es für ein vielzelliges Lebewesen schwierig ist, Informationen von außen an seine Keimzellen weiterzugeben. Doch wenn die einzelligen Vorläufer die Fähigkeit zu sinnvollen Mutationen besaßen, wäre es äußerst vorteilhaft, diese Fähigkeit weiterzuführen und zu entwickeln – in dem komplexeren Organismus natürlich auch auf komplexere Weise. Es hat zumindest den Anschein, daß bei Tieren – ähnlich wie bei Bakterien – durch Streß die Variation im Genpool verstärkt wird, wobei unter Umständen evolutionäre Neuheiten herauskommen können. »Die Transpositionsrate von mindestens einer großen Kategorie von mobilen genetischen Einheiten kann durch Umweltstreß bestimmt werden« (McDonald u. a. 1987, 240, 258).

In einer Hinsicht zumindest haben Tiere Eigenschaften demonstriert, wie sie auch Bakterien aufweisen, und das ist die atemberaubende, durch Zufallsmutationen nur schwer zu erklärende Geschwindigkeit, mit der Schädlinge – ob Ratten oder Insekten – Giften gegenüber resistent werden. Alle Insekten, die die Menschen zu vernichten versuchen, schlagen genetisch zurück. Manche erwerben sich ihre Resistenz innerhalb weniger Brutzeiten, manchmal sogar nur in einer einzigen. Besonders einfallsreich scheint der Coloradokäfer *(Leptinotarsa)* zu sein: Er entwickelte seine Resistenz gegenüber einigen Pestiziden noch in derselben Saison, in der diese eingeführt wurden – soweit bekannt ist er gegen mindestens 15 Mittel resistent.

Rund 500 Insekten- und Milbenarten haben das eine oder andere Pestizid überwunden. Mindestens 17 von ihnen gelang es, gegenüber allen bekannten Pestiziden resistent zu werden; sie produzieren entweder Enzyme, um den chemischen Stoff unwirksam zu machen, oder sie ändern die insekteneigene Physiologie. Sie lernen sogar, sich über ihre eigenen Hormone oder ihre Mimikry hinwegzusetzen. Über 1000 Spezies von Krankheitskeimen bei Pflanzen sowie 55 Unkraut- und fünf Nagetierarten haben ebenfalls Abwehrkräfte gegen Pestizide entwickelt (Georghiu 1986, 16). Ein Fadenwurmparasit bei Schafen schaffte es, in nicht mehr als drei

Generationen gegen ein Medikament völlig resistent zu werden (Holmes 1983, 162).

Daß pflanzenfressende Insekten eine Resistenz aufbauen können, erscheint nur natürlich, denn schließlich müssen sie auch die chemischen Abwehrwaffen überwinden, welche Pflanzen selbst ununterbrochen gegen sie in Stellung bringen. Wenn sie nun angesichts der unendlichen Vielzahl möglicher Proteine auf die rein zufällige Produktion des einzig richtigen warten müßten, würde es weitaus länger dauern als ein halbes Jahr, bis sie ihre Immunität aufgebaut hätten. Im Gegensatz zu der darwinistischen Auffassung einer stufenweisen Anpassung ist die Resistenz fast immer an ein einzelnes Gen gebunden. »Deshalb scheint die gängige Evolutionstheorie nicht für die Resistenzentwicklung zu gelten.« Doch die Fähigkeit von Bakterien und Tieren, schnell Abwehrkräfte gegen chemische Stoffe aufzubauen, ist viel geringfügiger als die Leistung des Immunsystems, das zu fast jedem der unendlich vielfältigen Moleküle Antikörper zu entwickeln vermag.

Die komplexen Korrelationen zwischen umweltbedingter und genetischer Veränderung wurden anhand von vielen Experimenten aufgezeigt. So finden sich beim Flachs *(Linum usitatissimum)* beachtliche Unterschiede in Größe und Gewicht, hinsichtlich der Beschaffenheit der Samenkapseln, verschiedener chemischer Produkte und der Menge der Nukleinsäure – Variationen, die davon abhängig sind, ob die Pflanzen befruchtet wurden oder nicht, beziehungsweise ob sie insbesondere temperaturbedingten Umwelteinflüssen ausgesetzt waren. Die nicht vorrangig adaptiven Variationen werden unbegrenzt weitervererbt. Auch Tabak *(Nicotiana)* zeigt schon nach einer einzigen Generation in einem veränderten Umfeld genetische Wirkungen.

Modifikationen im Geäder der *Drosophila*-Flügel führte C. H. Waddington darauf zurück, daß die Puppen bei ungewöhnlich hohen Temperaturen gehalten wurden. Als man *Drosophila*-Stämme selektiv für bestimmte Modifikationen züchtete, wurde die seltsame Aderzeichnung nach einigen Generationen vererblich und trat auch bei einer Verpuppung unter normalen Temperaturen auf (Waddington 1975, 51). Der Prozeß funktioniert natürlich auch umgekehrt, d. h. die Wirkung der Temperatur auf das Flügelgeäder kann durch Auslese verringert werden (Thomson 1988, 95).

Waddington versuchte dieses Phänomen, das er »genetische Assimilation« nannte, mit der konventionellen Theorie in Einklang zu bringen, indem er es unter die Selektion einreihte. Aber das Ganze war keine Frage von neuen Genen, die ebenso blindlings wie passend auftraten, um das erworbene Merkmal festzuschreiben. Mutationen sind zu selten, und die Wahrscheinlichkeit, daß sich, sei es in einer kleinen oder in einer großen Population just die richtige Mutation einstellt, dürfte gering sein. Waddington vermutete, daß viele Gene oder genaue Kopien eines Gens unter Selektion das Merkmal, das latent bereits im Genom vorhanden war, verstärkten. Wie realistisch diese Vorstellung war, zeigte sich schon an der Tatsache, daß sich die genetische Assimilation als auf einen festgelegten Bereich begrenzt erwies (wie die Variationsgrenzen von Haustieren) und bei Rassen mit Inzucht scheiterte (Waddington 1975, 69, 179).

Die genetische Assimilation ist somit augenscheinlich eine Sache der Neuordnung von Genen oder eine Veränderung ihrer Expressionsmöglichkeiten und hat nichts mit Mutationen von proteinerzeugenden Strukturgenen zu tun. Aber sie deutet darauf hin, daß Umweltfaktoren in irgendeiner Form das Verhalten von Genen unter Selektion beeinflussen. Das geschieht offenbar nicht direkt durch adaptiven Wandel, sondern durch die erhöhte Wahrscheinlichkeit von Rekombinationen, die durch Umweltbedingungen induziert werden können. Für eine genetische Reaktion auf solche Einflüsse dürfte es genügen, die Funktionsweise des Kontrollsystems zu modifizieren, wodurch andere Kombinationen von bereits vorhandenen Genen in den Vordergrund treten und Mutationen in einem bestimmten Bereich ermöglicht werden. Manche genetischen Strukturen dienen anscheinend dazu, die Möglichkeit genetischen Wandels zu vergrößern (J. Campbell 1985, 137, 146).

Die Fähigkeit, in bestimmten Bereichen einen genetischen Wandel zu initiieren, wäre für die Arten von großem Überlebenswert, und es gibt keinen Beweis, daß dies unmöglich ist. Der Vererbungsmechanismus ist selbst dem evolutionären Wandel unterworfen, und der Organismus kann durchaus darauf eingestellt werden, auf Signale von außen zu reagieren und seine effektiven genetischen Instruktionen zu ändern. Von besonderem Vorteil, der auch von der Auslese begünstigt würde, wäre für eine Spezies die Fähigkeit, ihre Kontrollen zu dem Zweck zu lockern, unproblematischer neue Lebensbereiche besetzen, neue Nahrungsquellen nutzen oder erlernte Verhaltensmuster angleichen zu können. Es sollte wundernehmen, wenn darbende Bakterien nicht dazu in der Lage wären, die Mutationsrate von Genen, die mit dem Stoffwechsel zu tun haben, zu erhöhen. Angesichts der großen Befähigung des Genoms zur Eigenreparatur mutet es unwahrscheinlich an, daß es keine erhöhte Rate von Mutationen in einem bestimmten Bereich zulassen, beziehungsweise die Häufigkeit von potentiell nützlichen Mutationen nicht steigern können sollte.

Es gibt einen Widerspruch zwischen der bequemen Annahme einerseits, daß allein durch häufige, zufällige Mutationen unverzüglich der Aufbau von Resistenz gegenüber Pestiziden eingeleitet wird, und der Ansicht andererseits, daß äußerst komplizierte Organe – an erster Stelle das Auge – natürlicherweise stabil sind. Wenn es stimmt, daß Mutationen dort, wo sie benötigt werden, viel häufiger auftreten als dort, wo sie mit ziemlicher Sicherheit Schaden anrichten, dann können sie nicht als zufällig angesehen werden. Sobald man zwei oder mehr Strukturen beziehungsweise Instinkte entdeckt, die nur voll entwickelt und in wechselseitiger Koordination brauchbar sein können, drängt sich schon die Vermutung auf, daß zu ihrer Entstehung irgendeine günstige Mutationsgelegenheit im funktionellen Bereich und die Selektion zusammengewirkt haben.

Es mag eine Langzeitselektion von Taxa gegeben haben, wobei die Anpassung an die Umwelt und das Ausschöpfen neuer Entwicklungsmöglichkeiten im Vordergrund stand. Die Lebewesen können also eine größere Eignung zu funktionaler Veränderung erworben haben, was wiederum eine Beschleunigung der Evolution impliziert – eine naheliegende Schlußfolgerung, die indes gar nicht so leicht zu beweisen ist.

Im frühen Kambrium, als die Stämme entstanden, gab es ein großes Überangebot an Formen, was allerdings aufgrund der dürftigen Lebensmöglichkeiten nur von geringer adaptiver Aussagekraft ist. Die Verschiedenheit der Formen erschöpfte sich wahrscheinlich zum Großteil in einem Weg, den heute die Orchideen vorzeichnen – einem großen Formenreichtum, der überwiegend ähnlichen Zwecken dient.

In der Folgezeit nahm der adaptive Wandel an Umfang zu, ohne daß freilich neue Stämme auftauchten. Am deutlichsten ist das an der Radiation von Vögeln und Säugern in der Nachkreidezeit zu erkennen. Die Fülle an spezialisierten Vögeln übertraf die Pterosaurier bei weitem. Und die vielfältigen Säugetieranordnungen – Maulwürfe, Fledermäuse, Ameisenbären, Huftiere, Elefanten, Kängurus und viele andere – stellten, wo es um das Aufspüren neuer

Lebensform ging, mit ihrer größeren Geschicklichkeit die Reptilien in den Schatten. Auf einfache Replikationsfehler kann diese bessere Anpassungsfähigkeit der Säugetiere wohl kaum zurückgehen. Vielmehr muß es eine grundlegende Adaptation gegeben haben. Das Säugetiergenom wurde aufgrund der sogenannten evolutionären Förderung in höherem Maße befähigt, neue Formen hervorzubringen.

Macht man sich lieber Überlegungen, die von einer Beziehung zwischen Umwelt und Genom ausgehen, zu eigen, als das Konzept vom Scheitern des weniger Geeigneten, so impliziert das nicht eine umfassende Zweckgerichtetheit. Es steht fest, daß der Organismus reagieren kann nur in den Formen, für die er programmiert wurde, und nur auf solche Signale, auf die er vorbereitet ist. Die *Daphnia* (Gattung der Wasserflöhe) kann Stacheln wachsen lassen, wenn sie feindliche Beutejäger in der Nähe fühlt, und ein getreidefressendes Insekt ist auf Maßnahmen zur Neutralisierung von Giften eingerichtet. Es gibt keine allgemeine Tendenz zu Mutationen, deren Richtung von den Bedürfnissen des Organismus bestimmt ist, und die Umwelt veranlaßt geeignete Mutationen nicht von sich aus. Den Organismen gelingt es nicht ohne weiteres, eine Vielzahl nützlicher Merkmale zu entwickeln. Offensichtlich ist ein durch Umweltsignale stimulierter genetischer Wandel für ein multizelluläres Lebewesen komplizierter herbeizuführen als für eine einzelne Zelle. Möglich ist indes, daß – wie Christopher Wills spekuliert (Wills 1989, 280ff.) – das Genom die Fähigkeit zum Evolvieren entwickelt und immer mehr Erfahrung darin sammelt, nützliche Mutationen hervorzubringen.

Die Frage ist nicht, ob Organismen auf äußere Signale genetisch reagieren können; interessant sind vielmehr Art und Umfang der Signale, auf die sie zu antworten verstehen. Die Morphogenese ist ein kontinuierlicher Rückkoppelungsprozeß zwischen Zellen und ihrer Umwelt im weitesten Sinne. Dabei übt das ganze System Kontrolle aus, und die Adaptation betrifft nicht nur die Gene, sondern die Gesamtheit des Wesens (Ho 1986, 426).

Verhaltensanpassung

Reagieren Bakterien biochemisch auf ihre Umwelt, so tun höhere Lebewesen dies meist durch ihr Verhalten. Dahinter steht ein Lernprozeß, also das Modifizieren des Verhaltens aufgrund von Belohnung und/oder Bestrafung, durch Auswahl und Ändern von Verhaltensweisen mit dem Zweck, günstige Möglichkeiten aufzuspüren. Im Verlauf der immer komplexer werdenden Interaktion zwischen Lebewesen und Umwelt ändern sich Verhalten und Struktur unweigerlich gemeinsam. Möglicherweise löst ein struktureller und somatischer Wandel bei einem Lebewesen neue Gewohnheiten und Lebensformen aus (John und Miklos 1988, 243), wahrscheinlicher jedoch ist es, daß neue Gewohnheiten und der Beginn einer neuen Lebensform zu einem strukturellen Wandel führen.
Der Wissenschaftsphilosoph Karl Popper, der alle Organismen als umwelterforschende Problemlöser betrachtete, hat den initiatorischen Geist von Lebewesen hervorgehoben. Aus seiner Sicht muß sich der Specht aus einem Vogel entwickelt haben, der sich auf das Aufspüren von Insekten in den Spalten vom Baumrinden spezialisierte; er vervollkommnete seine Fertigkeit bei der Insektensuche und bildete bessere Nackenmuskeln und einen längeren, schärferen Schnabel aus; durch Rückkoppelung verstärkte sich dann die Spezialisierung auf das Aufhacken von Baumrinde (K. Popper 1988, 150). Popper griff Lamarcks vielbelächeltes Beispiel vom Giraffenhals abermals auf und gab zu verstehen, daß die entscheidende Initiative tatsächlich von einer Antilope ausging, die sich nach höhersprießenden Knospen streckte. Er behauptete nicht, daß diese Handlung schon unmittelbar bei den nachkommenden Antilopen eine Verlängerung des Halses bewirkte, sondern lediglich, daß dies den Stein der Entwicklung ins Rollen gebracht hätte.

Der als Evolutionsforscher kundigere Ernst Mayr unterstreicht die Priorität des Verhaltens noch: »Bei Tieren ist ein Wandel im Verhalten fast immer der bestimmende Faktor, der eine evolutionäre Neuerung auslöst... der Schrittmacher der Evolution« (Mayr 1991, 332). Diese Schlußfolgerung drängt sich beim Studium der Natur geradezu auf. Doch wenn das Verhalten den Ausschlag gibt, dann ist das maßgeblich bewegende Element bei einer Neuerung nicht, wie Darwin es postulierte, eine zufällige Variation, sondern die Entscheidung des Tieres.

Das ist logisch, denn Lernen ist zweckgerichtet, die zufällige

Variation hingegen mit ziemlicher Sicherheit nicht. Das Verhalten ist etwas Flexibles, Abtastendes, Experimentierendes; man versucht etwas und läßt es wieder, die Auswahl erfolgt durch Erfahrung. Die somatische Modifikation hingegen ist unwiderruflich und bindend. Auch ist es unwahrscheinlich, vielleicht sogar unmöglich, daß eine zufällige Mutation den Anstoß zu einem komplexen Verhaltensmuster gibt. »Man hat bisher kein Gen nachgewiesen, das eine komplizierte Reaktionskette steuern würde, die in einem integrierten Verhaltensmuster mündet« (Fuller und Thompson 1978, 208). Das ist heute noch genauso gültig wie zur Zeit der Niederschrift.

An Druck zu einer Verhaltensänderung herrscht wahrlich kein Mangel. Hunger treibt dazu, nach neuen Methoden der Nahrungsbeschaffung zu suchen. Ende der achtziger Jahre entdeckte im Nordosten der USA eine etwa einen Millimeter lange Insektenart, daß die Blätter der Zuckerahorns genausogut schmecken wie die der Obstbäume, auf denen sie bislang gelebt hatten. Ihre Population explodierte, und sie entlaubten die Bäume im Umkreis von mehreren Millionen Hektar. Schweine auf bestimmten Inseln im Südpazifik haben die Angewohnheit entwickelt, bei Ebbe weite Wanderungen über Korallenriffe zu unternehmen, um dort nach kleinen Mollusken, Fischen und so weiter Ausschau zu halten. Sie sind ausgezeichnete Schwimmer geworden und verbringen den Großteil ihrer Zeit mit dem Kopf unter Wasser. An den schottischen Küsten haben sich Schafe darauf spezialisiert, Algen in der Gezeitenzone abzuweiden. Sie schwimmen sogar kurze Strecken, um zur nächsten Tanginsel zu gelangen. Bleibt die Frage, warum sich Schweine, Schafe oder sonstige Tiere in anderen Ländern unter ähnlichen Bedingungen nicht ins Wasser gewagt haben. Warum gibt es nicht eine Menge von semiaquatischen Arten auf allen Stufen, die die Nahrungsquellen im Meer nutzen?

Ein Verhalten, das zur Gewohnheit geworden ist, geht in den Bereich des Instinktes über. Die nordamerikanischen Vipernattern leben an der kalifornischen Küste hauptsächlich von Schnecken; im trockeneren Binnenland, wo es weniger Schnecken gibt, halten sich die Schlangen von den schleimigen Geschöpfen fern (Alcock [4]1989, 77f.). Der Cichlidenfisch *Haplochromis acidens* weist rundum die Morphologie eines Fischfressers auf, ernährt sich aber vorzugsweise und ausschließlich von Pflanzen. Der offensichtliche Grund dafür ist, daß in seiner Heimat, dem Victoriasee, ein Überfluß an

Fischfressern bei gleichzeitigem Mangel an vegetarischer Konkurrenz herrscht.

Die meisten Affen und Menschenaffen sind Allesfresser. Der Gorilla aber ist zu vegetarischer Kost übergegangen, wobei sich sein Körper nur wenig verändert hat – er besitzt vor allem einen größeren Magen und einen längeren, für einen Pflanzenfresser allerdings immer noch reichlich kurzen Darm. Für ein Leben im Geäst zu schwer, hält er sich fast immer am Boden auf, und dabei wäre er mit seinen starken Armen und wegen seines ungeschickten Gangs eher für eine Existenz auf Bäumen prädestiniert.

Der Panda ist ein vegetarisch lebender Bär. Indem er auf fleischliche Nahrung verzichtete, handelte er sich wie der Gorilla in gewissem Sinne eine schlechte Anpassung ein – seine Morphologie hinkt hinterher. Ähnlich dem Gorilla hat der Panda einen einfachen Magen und einen relativ kurzen Darm, nur seine Zähne sind leidlich ans Bambuskauen angepaßt (O'Brien 1987, 103f.). Die Hauptbestandteile vegetarischer Nahrung jedoch, Zellulose und Lignin, kann er nicht verarbeiten. Glücklicherweise ist Bambus nahrhafter als die meisten anderen Gräser und wächst in sehr dichten Beständen; weil der Panda allerdings riesige Mengen an Futter braucht, muß er den Großteil des Tages aufs Fressen verwenden. Als Vegetarier aus Zwang nimmt er gerne Fleisch, wenn es ihm angeboten wird; Pandafallen sind deshalb mit gebratenem Ziegenfleisch als Köder bestückt.

Anscheinend hat auch bei vielen kleineren Tieren das Verhalten einen Wandel in der Lebensweise in Gang gesetzt. Die Angewohnheit, großräumige Beutezüge zu unternehmen, muß zu den charakteristischen Adaptationen der Treiberameisen geführt haben: sehr große Kolonien, große flügellose Königinnen, Nomadentum und polymorphe Arbeiterinnen. Termiten stammen offenkundig von holzfressenden Schaben ab.

Verhaltensänderungen bei Insekten wie auch bei Vögeln und Säugetieren haben den Anstoß zu sozialer Organisation gegeben. Die Unterordnung niederer Kasten bei sozial lebenden Tieren, die mit einer Dominanz wie etwa mit der Hackordnung begann, festigt sich mit wachsender Struktur. In höher organisierten Gesellschaften kontrolliert die Königin durch ein oder mehrere Pheromone die Arbeiterinnen, die dann gänzlich oder weitgehend ihre Fortpflanzungsfähigkeit verlieren. Das geschieht nicht nur bei allen Klassen sozial lebender Insekten wie Wespen, Bienen, Ameisen und Termiten, sondern auch bei den afrikanischen Maulwurfsratten. Deren dominante Weibchen sichern ihre Vorherrschaft mit Hilfe eines chemischen Stoffes in ihrem Urin und verhindern so die Geschlechtsreife untergeordneter Artgenossinnen (J. Jarvis 1981, 571 ff.).

Verhaltensänderungen, die unter Umständen mit strukturellen Verschiebungen einhergehen, entwickeln sich deutlich leichter als schlichte organische Adaptationen. Die Vampierfledermäuse beispielsweise pflegen ihre Nahrung für hungrige Koloniegenossen wieder herauszuwürgen – ein Instinkt, der wegen seiner altruistischen Ausformung schwieriger zu entwickeln ist als die ganz simple Methode, einen Fettspeicher anzulegen. Eine Art von Darwinfinken auf den Galapagos benutzt Dornen, die sie wahrscheinlich von Kakteen abbrechen, um Insekten aus der Rinde zu picken. Das mit dem Schnabel gehaltene Werkzeug ist freilich ziemlich schwach; ein längerer, schärferer Schnabel dürfte daher durch natürliche Auslese leicht zu erreichen sein. Die Schnäbel eng verwandter Arten sind sehr variabel einsetzbar, und natürlich haben alle Vögel, die nach Art der Spechte unter der Baumrinde nach Insekten suchen, ihr eigenes Hackwerkzeug entwickelt.

Ein noch beeindruckenderes Beispiel für eine Verhaltensänderung zeigt ein viel primitiveres Tier, der pelagische, in der Antarktis lebende Flohkrebs *Hyperiella dilatata*, der gegen die Fische, die ihn in großer Zahl fressen, eine verhaltensähnliche Abwehrform anwendet. Irgendwie gelang es ihm, ein kleines planktonisches Weichtier, *Clione limacina*, das die Fische verschmähen, zu erkennen, es zu packen und Huckepack auf seinen Rücken zu nehmen. Da die Fische den Mollusken ungenießbar finden, lassen sie das Paar in Ruhe. Für die Abwehrmaßnahme hat der Flohkrebs allerdings einen hohen Preis zu bezahlen, denn der Molluskenreiter schränkt seine Beweglichkeit ein – eine strukturelle oder chemische Verteidigungsform wäre weitaus wirksamer. Über den Weg der natürlichen Auslese dürfte die Huckepackmethode überdies unendlich schwerer zu erwerben gewesen sein.

Man braucht schon eine ausgeprägte Phantasie, um sich vorzustellen, wie solche Adaptationen zustande kommen konnten. Biologen sind immer versucht, in Lernkategorien zu denken, auch wenn sie das nicht so ausdrücken. So wandte Waddington die genetische Assimilation ganz im lamarckischen Sinne an: Wenn ein Tier zu graben anfängt, wird die ungewohnte Anstrengung seine Muskeln und Knochen auf eine Weise stärken, die kraft Selektion erblich werden kann (Waddinton 1975, 88). Eine gewisse Fischart pumpte sich zur Selbstverteidigung immer voll Wasser; die Gewohnheit verfestigte sich schließlich, und nach vielen Generationen war der Pufferfisch geboren (E. Wilson 1980, 10). Grabwespen, die ein Ei in einem Beutetier ablegen, haben es sich offenbar angewöhnt, gleichzeitig ein lähmendes Sekret zu verspritzen; folglich bildeten sie die Legeröhre zu einem Stachel mit Giftdrüse und Bohrvorrichtung um (Cloudsley-Thompson 1988, 124).

Die Ausbildung des Sonarsystems bei den Fledermäusen dürfte mit dem Lernschritt begonnen haben, daß sie das Echo ihrer Schreie als hilfreich erkannten, um die Beute zu lokalisieren und Hindernissen bei ihren nächtlichen Ausflügen auszuweichen. Auch andere Tiere mögen auf diese Weise ihre Echoortung erfunden haben. Mit Beginn der Adaptation wird das erlernte Verhalten durch Auslese gefördert, und neue Lebensformen schlagen sich in neuen oder modifizierten Organen nieder.

Das Verhalten trennt die Spezies ebenso voneinander wie die Morphologie. Die Feldgrillen unterscheiden sich im wesentlichen durch Werbe- und Rivalengesang. Die verschiedenen Arten einer Termitengattung *(Apicotermes)* sind äußerlich nur an der unterschiedlichen Form ihrer Bauten zu erkennen (E. Wilson 1980). Die Diversifikation von Hornissen drückt sich stärker in ihrem Verhalten als in ihrer Morphologie aus.

Höhere Taxa sind auch durch ihre Nahrungswahl charakterisiert. Termiten ernähren sich ausschließlich von Holz und ähnlichen Materialien. Viele Reptilien sind Pflanzenfresser; Schlangen aber verschlingen nur lebendige Beutetiere. Trotz ihrer großen Formenvielfalt ernähren sich sämtliche Spinnen von gefangenen Tieren, die sie mit Gift töten und äußerlich verdauen; alle verwenden sie auch Fangfäden. Eine Unterordnung von Fledermäusen frißt Früchte, die anderen ernähren sich (fast ausschließlich) von Insekten. Viele weitere Säugetiergruppen – von den Fleischfressern bis zu den Ameisenbären – sind ebenso eindeutig durch ihre Ernährungsgewohnheiten wie durch ihr Skelett festgelegt. Man darf annehmen, daß sie sich von den primitiven Säugern ursprünglich durch ihr Verhalten abhoben, und das dürfte bei den meisten oder bei allen höheren Tieren der evolutionäre Ausgangspunkt gewesen sein.

Alle Tiere, mit Ausnahme der primitivsten Einzeller, sind lernfähig. Auch wenn sie in grundlegenden Verhaltensweisen durch ihren Instinkt geleitet werden, bleibt ihnen ein bestimmter Handlungsspielraum, in dem sie ihre subjektiven Bedürfnisse befriedigen können. Der Regenwurm *(Lumbricus terrestris)* mit seinem primitiven Nervensystem streckt sich aus der Erde, erforscht die nähere Umgebung, bemerkt ein Blatt oder etwas anderes Eßbares, packt es an der richtigen Stelle und zerrt es in sein Loch. Werden sie mit Licht und elektrischen Schlägen stimuliert oder konfrontiert man sie mit einer unangenehmen Oberfläche, können Regenwürmer lernen, sich in die eine oder andere Richtung zu bewegen. Und sie behalten die Lektion für die Dauer von zwei oder drei Tagen selbst dann, wenn man ihnen die ersten fünf Segmente mit den Zerebralganglien (oder dem »Gehirn) abschneidet.

Das Lernen muß innerhalb eines genetisch vorgegebenen Rahmens erfolgen. Eine Fliege kann zum Beispiel ihre in eine Lösung eingetauchten Beinspitzen mit Zucker assoziieren. Sie ist darauf programmiert, eine derartige Verbindung herzustellen, weil sie ihre Füße zum Erspüren von Nahrung benutzt. Man kann sie dagegen nicht darauf trimmen, das Futter mit einer Farbe oder einem elektrischen Schlag in Verbindung zu bringen. Fliegen haben eine ähnliche Lernbegrenzung wie Ratten – diese assoziieren einen schlechten Geschmack selbst nach langer Zeit noch schnell mit Übelkeit, nicht aber einen Ton oder ein Lichtsignal. Diese in der Welt der Ratten sehr sinnvolle Verknüpfung ist vorgeprägt.

Eine solche genetisch fixierte Lerndisposition kann jedoch innerhalb der Reaktionsgrenzen von Tieren trainiert werden, wenn es dem Versuchsleiter gelingt, eine geeignete Belohnungsmethode zu finden. Die Tiere trainieren sich dann selbst, d. h. sie lernen. Sie laufen umher und suchen nach Neuem. Erforschung bedeutet, eine Auswahl zu treffen; folgt auf die Auswahl eine Belohnung oder eine Bestrafung, stellt sich am Ende ein Lernerfolg ein. Die Säugetiere, zuweilen auch Vögel, lernen durch Spielen und aufgrund ihrer Neugierde. Im Spiel überprüfen sie ihre Fähigkeiten, entwickeln soziale Beziehungen und erforschen die Umwelt. Eng damit verwandt ist die Neugierde, die die Tiere bisweilen fast zwanghaft dazu treiben kann, sich selbst zu gefährden.

Daß das Spiel gleichzeitig eine Vorbereitung auf das Erwachsenenleben darstellt, wird beispielsweise bei der Beobachtung herumtobender Wolfsjungen offensichtlich, die sich dabei gegenseitig jagen und miteinander kämpfen. Die Notwendigkeit solcher Übungen deutet bereits auf die Formbarkeit des Verhaltens hin; die neue Generation lernt für sich selbst und arbeitet dabei jene Muster schärfer heraus, die noch nicht gänzlich in den Instinkt übergegangen sind. Doch auch die Erwachsenen in der Tierwelt spielen: Ausgewachsene Wale und Delphine werfen Gegenstände herum und vollführen Sprünge aus dem Wasser, und das auf eine Weise, die zweifelsfrei nichts mit biologischer Notwendigkeit zu tun hat. Hyänen tollen miteinander herum und gehen dabei manchmal sogar ins Wasser, was sie ansonsten strikt vermeiden. Sie balgen sich und scheinen ein Vergnügen daran zu haben, Rhinozerosse zu necken, die sie nicht wirklich angreifen können (Kruuk 1972, 249f.). Seeottern verbringen den Großteil ihrer Zeit mit ausgelassenen Spielen. Junge Paviane sind extrem neugierig und untersuchen jeden neuen Gegenstand mit größter Aufmerksamkeit. Schimpansen sind in ihrem Spielverhalten äußerst variabel und erfinderisch (E. Wilson 1980, 86). Spiel und Neugierde dienen dem gleichen Zweck, der häufig auch der Sexualität zugeschrieben wird – es geht um die Förderung von Innovationen.

Fein entwickelte Instinkte sind kein Hindernis für Tiere, innerhalb der ihnen vorgegebenen Grenzen zu lernen. Viele Grabwespen spezialisieren sich auf eine einzige Insekten- oder Spinnenart als Beute, andere hingegen haben ein breites Jagdspektrum, ehe sie nach einer Zeit der Erfahrung eine bestimmte Spezies bevorzugen. Schaben säubern ihre Fühler instinktiv mit den Vorderbeinen. Amputiert man diese, fühlen sie sich zunächst behindert, lernen aber rasch, statt dessen das mittlere Beinpaar einzusetzen (Barnard 1983, 132). Ein Oktopus, der noch niemals in seinem Leben ein Glasröhrchen gesehen hat, wird innerhalb von wenigen Minuten begreifen, daß er eine darin eingeschlossene Garnele nicht packen kann. Dabei lernen alte Oktopusse besser als junge.

Die anscheinend erlernten Verhaltensweisen von Vögeln deuten auf die hohe geistige Leistungsfähigkeit dieser kleinhirnigen Geschöpfe hin. Die Lachmöwe beseitigt gewissenhaft ihre Eierschalen, die einem Räuber die Lage des Nestes verraten könnten. Krokodilwächter bedecken ihre Jungen mit Sand, wenn Gefahr droht (Alcock [4]1989), 77f., 334). Raben lassen auf Menschen, die ihrem Nest zu nahe kommen, Steine herabregnen (Griffin 1985) –

ein Verhalten, das wir bei einem Schimpansen als intelligent bezeichnen würden. Ein Nußknacker gräbt die von ihm versteckten Kiefernsamen wieder aus und trägt sie fort, wenn er sich von einem potentiellen Dieb beobachtet fühlt (Wall und Balda 1983, 63). Krähen brechen Gehäuse der Wellhornschnecken auf, indem sie sie, unter Umständen mehrmals, aus geeigneter Höhe auf eine harte Oberfläche fallen lassen (Griffin 1985). Man kann nur spekulieren, ob ein Vogel erkannte, daß er sich auf diese Weise einen ansonsten unerreichbaren Leckerbissen verschaffen konnte, oder ob ihm während des Flugs zufällig eine Wellhornschnecke entglitten war und er beim Aufsammeln die Strategie begriff. Aasgeier wenden die umgekehrte Taktik an; sie lassen Steine auf Straußeneier fallen, um deren harte Schale zu knacken. Es ist gar nicht so einfach für einen Vogel, richtig zu zielen, und die Jungen müssen diese Fertigkeit von ihren Eltern lernen.

Man kann solche Handlungen als intelligent apostrophieren, auch wenn die Möwe, die in der Umgebung ihres Nestes aufräumt, letztlich nichts anderes macht als Ameisen *(Formica)*, die nach einem Überfall aggressiverer Artgenossen die Überreste ihrer Puppen wegschleppen (Hölldobler und Wilson 1990, 362). Vögel vollbringen dennoch Leistungen, zu denen kein Insekt fähig ist. Ein Fischer, der seine mit einem Köder ausgelegte Angelleine kontrollieren will, entdeckt vielleicht, daß ihm eine Krähe zuvorgekommen ist und den am Haken hängenden Fisch verspeist hat. Ein Mangrovereiher wurde beobachtet, wie er Köder ins Wasser warf, um Fische anzulocken; wurde der Köder abgetrieben, holte ihn der Reiher zurück. Paviane flüchten sich vor Löwen auf Bäume; nähert sich ein menschlicher Jäger, steigen sie herab und rennen weg. Meisen in Großbritannien entdeckten als erste, daß sich die Blechverschlüsse von Milchflaschen, die in Hauseingängen abgestellt waren, aufpicken ließen; binnen kurzem machten das Tausende, und ein Dutzend anderer Arten tat es ihnen gleich, bis die Unsitte sogar auf das europäische Festland übergriff (Griffin 1985, Marler 1972, 43). Die Darwinfinken auf einigen Galapagosinseln saugen Blut, indem sie auf Tölpel einhacken; auf anderen Inseln haben sie diesen Trick nicht erlernt (Griffin 1985). Wahrscheinlich hatten die Vögel zunächst spielerisch mit Zweigen geübt (McFarland 1989). Manche Eichelhäher machen es übrigens genauso.

Mäuse fressen Schwarzkäfer, die aus ihrem Hinterleib ein giftiges Sekret absondern. Irgendeine clevere Maus muß einmal einen Weg entdeckt haben, wie dieses Problem zu lösen ist – sie steckte den Käfer mit dem Hinterleib in den Boden und fraß ihn vom Kopf her auf (Alcock 1989, 298). Hyänen töten ein Tier, indem sie ihm die Eingeweide herausreißen. Löwen, Leoparden und Geparden haben eine etwas ausgefeiltere Methode; sie nehmen die Schnauze des Tieres in ihr Maul oder verbeißen sich in seine Kehle, bis es erstickt – eine nicht leicht zu durchschauende Taktik.

Ameisen *(Formica)* können sich kompliziert-verschlungene Wege einprägen, wenn auch zwei- bis fünfmal langsamer als Ratten; sie merken sich Orientierungspunkte im Gelände und erinnern sich noch eine Woche später daran. Wenn sie nach stundenlangem Umherirren etwas Eßbares gefunden haben, bringen sie es auf dem kürzesten Weg in ihren Bau. Der Lernprozeß ist grundsätzlich derselbe wie bei Säugetieren, doch er muß mit dem winzigen Ameisengehirn bewältigt werden (E. Wilson 1971, 208 ff., 227).

Viele solch anscheinend ausgeklügelter Lebensweisen lassen sich leichter erklären, wenn das Verhalten, also das Lernen, die Evolution bestimmte. Detaillierte Untersuchungen an Cichliden überzeugten die Ichthyologen davon, daß das Verhalten eine der strukturellen Hauptdeterminanten einer Art darstellt.

Der Instinkt

Zwischen der organischen Reaktion auf äußere Reize – subarktische Tiere legen sich, wenn die Tage kürzer werden, ein Fettpolster für den Winterschlaf zu; Zugvögel bereiten sich auf den Flug in wärmere Gefilde vor – und dem instinktiven Verhalten, zu dem beispielsweise das genetisch fixierte Wissen der Vögel um den Nestbau zählt, gibt es keine klaren Unterschiede. Auch existiert keine scharfe Trennung zwischen angeborenem, zwanghaftem und mehr oder weniger reflektorischem Handeln einerseits und vererbten Neigungen andrerseits, die sich in erlernten Verhaltensweisen niederschlagen. Manche Vögel singen von Geburt an immer das gleiche Lied; andere variieren die angeborenen Weisen oder imitieren von sich aus die Lieder anderer Arten (Griffin 1985).

Vieles ist durch die Gene im Gehirn festgeschrieben. Kleinen Lachsen muß man nicht erst beibringen, daß sie andere junge Lachse angreifen, vor lachsfressenden Forellen aber fliehen sollen (Alcock 1989, 326). Das Erkennen der beiden leicht unterschiedlichen Formen sowie die entsprechenden Reaktionen darauf sind im Lachsgenom codiert – zweifellos ist dafür das Zusammenwirken vieler Gene nötig. Eine Grabwespe schlüpft aus ihrer Puppenhülle, ohne jemals ihre Mutter gesehen zu haben, macht sich auf den Weg zu einer Raupe, lähmt sie, bringt sie an einen geeigneten Ort, gräbt eine Höhle als Grab für die Raupe, legt ein Ei auf ihr ab und verschließt die Höhle sorgsam. Zuweilen macht der Instinkt blind: Ein Eichelhäher läßt Hunderte von Eicheln durch ein Astloch in der Wand einer Hütte fallen, weil es wie ein Loch im Stamm einer Föhre aussieht, die er als Lager für seine Eicheln verwendet. Bei den Rotkehlchen treibt die Blindheit des Instinkts noch seltsamere Blüten: Wenn einem Nestling ein Stück Fleisch im Hals steckenbleibt, wirft die Mutter, die darauf programmiert ist, fremde Objekte aus dem Nest zu entfernen, das Fleisch samt Küken hinaus.

Der Instinkt reicht vom mechanischen Verhalten bis zum Ansatz, bestimmte Handlungsweisen zu erlernen. Manchmal gleicht er der Bauanleitung für ein in Einzelteilen geliefertes Möbelstück, kann jedoch auch auf die Fähigkeit hinauslaufen zu erkennen, wie die Einzelteile zusammengehören, oder er entspricht einer Instruktion, die durch Lernen präzisiert werden muß. *Arctosa*-Spinnen kommen mit einem Richtungssinn auf die Welt, der aber nur durch Übung erhalten bleibt und bei Bedarf geändert werden kann (Scapini 1988, 210ff.; Scapini 1986). Hunde lassen sich vielfältig dressieren, doch besonders mühelos erlernen sie die Fertigkeiten, für die sie gezüchtet worden sind, wie Apportieren oder Schafe hüten; bei beiden handelt es sich um Modifikationen von Wolfsinstinkten. Schäferhundwelpen übernehmen die Bewachung der Herde automatisch, noch ehe man sie dazu abrichtet. Katzenjunge jagen instinktiv nach Mäusen, weit bessere Jäger aber werden sie, wenn sie ihrer Mutter dabei zusehen können (Barnett 1981, 235). Löwenjunge lernen das Jagen offenbar durch Beobachtung – sie bleiben ihren Eltern bei den Beutezügen dicht auf den Fersen. Junge Biber verstehen sich zwar instinktiv darauf, Dämme zu bauen, d. h. das Talent dazu ist vererbt, doch verstärkt das Nachahmen von Vorbildern ihre Geschicklichkeit, und jeder Damm fällt anders aus.

Bei Eisvögeln hat man beobachtet, daß sie kleine Fische solange auf den Fels schlagen, bis diese betäubt sind; danach werfen sie sie ins Wasser zurück, damit ihre Jungen das Fischen üben können (Welty 1982, 420). Austernfischer lernen eine von zwei Möglichkeiten, um die Muscheln zu öffnen: Entweder sie hämmern auf eine schwache Stelle ein, nachdem sie sie an Land gebracht haben, oder sie zwängen noch am Fundort den Schnabel zwischen die Schalen und trennen den Schließmuskel durch. Die Eltern geben die eine oder andere Methode an die Jungen weiter – durch Anschauungsunterricht, nicht über die Gene. Küken, die von Pflegeeltern aufgezogen werden, übernehmen deren Verfahren. Bislang wurde kein Vogel gesichtet, der beide Methoden anwendet (McFarland 1989).

Die pirolähnlichen südamerikanischen Stirnvögel fürchten sich vor Affen und Schlangen, die ihre Eier und Jungen fressen; sie lassen sich daher in der Nähe von bösartigen Wespenschwärmen nieder, die vorzugsweise auf Inseln leben. Auch nutzen sie den Umstand, daß die Wespen die Dasselfliegen fernhalten, deren Larven oft die Jungen töten. Was die Wespen selbst betrifft, so sind sie sehr angriffslustig, lassen aber die Stirnvögel in Ruhe. Wenn diese einen entsprechend beschützten Nistplatz finden, wagen sie es, die Kuhstare abzuwehren. Müssen sie allerdings auf den Schutz der Wespen verzichten, tolerieren sie den Parasitismus der Kuhstare und ziehen deren Junge auf, die wiederum die Fliegenlarven auf den Stirnvogelküken fressen und somit deren Wachstumschancen verbessern. Dieses Verhalten ist nicht ererbt. Siedelt man Stirnvogeljunge aus nicht toleranten in tolerante Kolonien um, werden sie im Erwachsenenalter die Kuhstare dulden. Die Vögel einer Kolonie nehmen entweder in ihrer Gesamtheit die Eier der Kuhstare an, oder sie verweigern sie geschlossen. Die Umwandlung dieses Verhaltens in einen Instinkt brächte den Vögeln keinen Vorteil, vielmehr verlören sie ihre Variabilität, mit der sie auf die jeweiligen Umstände reagieren müssen.

Das baumeisterliche Talent der Webervögel hat sich fest etabliert, obwohl es schwerlich ohne Lernprozeß erworben werden konnte. Wenn man Webervögel über Generationen in einer künstlich geschaffenen Umgebung ohne alle Nestbaustoffe aufzieht, wird ihr Nachwuchs, sobald man ihm Materialien zur Verfügung stellt, trotzdem gute Nester weben, die mit wachsender Übung zunehmend schöner geraten.

Junge Zugvögel kennen die angestammte Wanderroute von Geburt an, doch die Orientierung während der Wanderung ist flexibel und veränderbar. Bei vielen Arten wählen die verschiedenen Populationen unterschiedliche Zugrouten, manche bleiben sogar an Ort und Stelle. Überdies ziehen die Vögel oft weiter, als es notwendig oder ratsam erscheint. Der Zug ist gefährlich, und ein großer Teil besonders der kleinen Vögel übersteht die Reise nicht. Es ist kaum vorstellbar, daß sich die Migrationsmuster ohne einen möglicherweise sehr ausgiebigen Lernprozeß herauskristallisiert haben.

Einige Instinkte lassen die Möglichkeit für ein bestimmtes Verhalten offen, das nur selten benötigt wird. Man hat beobachtet, daß Rotwild und Schafe, die auf sehr phosphat- und kalziumarmen Böden leben, die Knochen von Vogelküken oder kleinen Nagetieren fressen, soweit sie ihrer habhaft werden können – durch natürliche Auslese würde sich so etwas nur schwer herausbilden.

Darwin glaubte – verständlicherweise –, daß Lernen und Gewöhnung zu Instinkten führen (Richards 1987, 103). Soweit dies der Fall ist, impliziert es, daß Lernen genetisch durch Selektion assimiliert wird. Doch die Assimilation einer umweltbedingten strukturellen Veränderung bedeutet lediglich, daß bereits im Genom vorhandene Möglichkeiten festgeschrieben wurden. Streßinduzierte Änderungen bei *Drosophila* (durch Wärme oder chemische Stoffe) sind jenen vergleichbar, wie sie bei Tieren außerhalb einer Streßsituation häufig durch Mutationen zustande kommen (Dobzhansky 1970, 41).

Der Mensch hat etwa eine Million Neuronen für jedes der Gene, die gemeinsam den gesamten Körperbau erstellen; die Übertragung der Instruktionen durch die DNS, die eine komplexe Reihe von Handlungen, koordiniert mit Wahrnehmungen, bestimmen, scheint auf den ersten Blick unmöglich. Das bekannte Mittel der Differenzierung in der Morphogenese, die Diffusion chemischer Auslöser, ist kein denkbarer Weg zur Anbindung von Instinkten. Die Tierverhaltensforscher verzeichnen keinen Fall einer Mutation, die Ausgangspunkt für ein neues Verhalten gewesen wäre; lediglich ein pathologisches oder verzerrtes Verhalten wurde festgestellt. Bei den erschöpfend erforschten Fruchtfliegen stellten sich Lähmungen, Hyperaktivität, Flugmängel und Paarungsunfähigkeit ein.

Die Tendenz zu einer Verhaltensänderung kann jedoch durch Selektion gefördert werden. Elf Generationen *Drosophila*-Auslese brachten eine Spielart hervor, die doppelt so aktiv war wie die Kontrollgruppen, und eine weitere, die sich kaum bewegte. Bei Mäusen hatte eine 20 Generationen währende Auslese Exemplare zum Resultat, die eine sechsmal höhere Aktivität an den Tag legten als jene, die unter dem Gesichtspunkt lethargischen Verhaltens selektiert wurden (Barnett 1981, 514f.). Das kann auch miteinschließen, daß neue Instinkte in engem Zusammenhang mit alten aufgebaut werden.

Eine solche Verhaltensmodifikation durch Selektion muß in der Natur häufig vorkommen. Vögel, selbst so ausdauernde Flieger wie die Falken, entwickeln eine Abneigung, über Wasser zu fliegen, und wenn sie dabei auf die Besiedelung nahegelegener Inseln verzichten müssen. Eichhörnchen aus Gegenden, in denen es Klapperschlangen gibt, vermögen zwischen diesen und den weniger gefährlichen Indigoschlangen zu unterscheiden; andere, die in Gebieten ohne Klapperschlangen aufgewachsen sind, können das nicht (Alcock 1989, 227).

Der afrikanische Honiganzeiger mit dem wissenschaftlichen Namen *Indicator* ist eines der zielstrebigsten Tiere. Er bevorzugt Bienenlarven und -wachs (das andere Vögel nicht verdauen können), hat jedoch Probleme, sich Zugang zu einem Stock voller stechwütiger Bienen zu verschaffen. Darum sucht er als Helfer beispielsweise einen afrikanischen Honigdachs (Ratel) ausfindig zu machen: Er flattert umher, stößt Rufe aus, und wenn der Dachs ihm folgt, fliegt der Honiganzeiger von Baum zu Baum, bis er den Bienenstock erreicht hat. Jetzt ändert er seine Melodie und wartet, bis das Säugetier den Stock zerstört hat – wobei für ihn noch genug zum Fressen abfällt.

Der urtümliche Honiganzeiger mag gelegentlich von den Überresten anderer Tiere, die einen Bienenstock überfielen, profitiert haben, doch ist von da ein weiter Sprung bis zum Suchen und Anlocken von Helfertieren. Das Verhalten ist durch und durch instinktiv. Junge Honiganzeiger, die in den Nestern anderer Vögel aufwachsen, haben keine Gelegenheit, von ihren Eltern zu lernen. Trotzdem hat sich der Instinkt in jüngerer Zeit sogar dahingehend ausgeweitet, auch Menschen um Hilfe anzugehen. Darüber hinaus haben Honiganzeiger gelernt, sich durch den Pfiff eines Menschen locken zu lassen.

Das Lernen wird nicht einfach als Tradition an die Nachkommen weitergereicht. Darauf abzielende Experimente sind lange Zeit gescheitert. Neuerdings wurde von japanischen Affen und auch von Bienen über Ansätze einer Tradition berichtet. Hat ein Tier irgendeine Gewohnheit angenommen, so lohnt sich der Erwerb dieser Fähigkeit für seine Nachkommen nur dann, wenn es von Nutzen ist – und das einzige Kriterium für die Nützlichkeit ist die Bestätigung durch die Auslese. Diese kann indes nicht auf Mutationen im üblichen Sinne basieren. Die Chance einer zufälligen Veränderung, die den angestrebten Wandel in einer neuen Handlungskette herbeiführt, ist unendlich gering. Die »Mutationen« können lediglich Umstrukturierungen in einem integrierten Leitsystem sein, wobei einige davon das erlernte Muster stärken werden.

Wir haben keinen Hinweis darauf, wie Gene neue Neuronenverbindungen anregen, die dann eine komplexe Reihe von an fixe Wahrnehmungen gebundenen Handlungen auslösen. In Anbetracht der außerordentlichen Komplexität von Instinkten kann eine Verbesserung durch zufällige Mutation als nicht sehr wahrscheinlich angesehen werden. Eigentlich sollte es schwieriger sein, so feine Details wie die Schaltverbindungen im Gehirn anzuordnen, als die geeigneten Modifikationen in der Form eines Organs zu bewerkstelligen. Doch das Gegenteil ist der Fall: Bei höheren Tieren ändert sich das instinktive Verhalten viel leichter, als sich Organe umbilden lassen.

Solange man nicht mehr über die Funktionsweise des Gehirns weiß, werden auch die Bildung, Einprägung und Übertragung von Instinkten im Dunkeln bleiben. Die Plastizität des Gehirns liegt dennoch auf der Hand. Die Fähigkeit von Ratten, endlos herumzurennen, nimmt um so stärker ab, je mehr Gehirngewebe man ihnen entfernt; mit der Wegnahme bestimmter Teile der Gehirnrinde dürfte dieser Befund weniger zu tun haben. Die Fähigkeit des Gehirns, die Verletzung bestimmter Teile zu kompensieren, wurde bereits erwähnt. Die Entwicklung seiner Neuronen hängt zum Teil von einer entsprechenden Stimulation ab. Es ist möglich, daß der Auslöser für die Programmierung des Gehirns bei vielen Genen auf Umweltreize angewiesen ist, die auf verschiedenen sensorischen Wegen Eingang finden. Bei Labortieren reagiert das Gehirn in anatomischer und physischer Form auf Umweltreize: Die Großhirnrinde verdickt sich, die Dendriten verzweigen sich stärker und bilden mehr Fortsätze aus, wodurch sich die Zahl der Verbindungen von Neuronen erhöht. Weitere Änderungen betreffen die Vergrößerung des Verhältnisses zwischen Nerven- und Gliazellen sowie den Anstieg der Synapsenzahl und der erzeugten Menge an Neurotransmittern. Die synaptischen Schaltstellen bei Ratten, die viele Materialien und Gefährten zum Spielen hatten, waren doppelt so groß wie bei anderen, die man allein in leeren Käfigen hielt (Rosenzweig, Bennett und Diamond 1972, 22ff.; M. Diamond 1988, 51ff.).

Die Beziehung zwischen Genen, Instinkt, Lernen und Schaltmustern im Gehirn ist komplex. Ermöglicht wird diese Komplexität durch die Vielzahl von Genen, die mit der Bildung des Gehirns betraut sind. Man nimmt an, daß bei Ratten genauso viele Gene mit der Bildung und dem Funktionieren des Gehirns beschäftigt sind wie mit allen anderen Organen und Geweben zusammen. Das reicht natürlich bei weitem nicht aus, um die Verbindungen zwischen den Hunderten von Millionen oder Milliarden von Neuronen sinnvoll anzuordnen; diese müssen in Übereinstimmung mit allgemeinen Programmen jedweder Art ihre eigenen Muster aufstellen.

Die Ausbildung eines Instinktes scheint integratives Lernen in Kombination mit den zuständigen Sinnesleistungen zu erfordern. Die Fähigkeit des Schützenfisches oder des Reihers, die Lichtbrechung auf der Wasseroberfläche auszugleichen, konnte nur über das entsprechende Wahrnehmungsvermögen des Gehirns entstehen. Schwierig zu begreifen ist die Entwicklung eines Instinktes, der die panische Reaktion von Rindern beim Auftauchen von Dasselfliegen auslöst. Diese Parasiten legen Eier auf die Haut der Tiere, die Larven bohren sich durch die Haut, wandern durch den Körper und lassen sich nach Wochen zur Qual ihrer Opfer in Hautbeulen nieder. Obwohl die Dasselfliegen selbst keine Schmerzen verursachen, werden die Rinder bei ihrem Erscheinen viel unruhiger als in Gegenwart von Bremsen, die eine unmittelbare Plage bedeuten. Es ist nicht anzunehmen, daß die Rinder die Anwesenheit der Dasselfliege mit einer späteren leidvollen Erfahrung in Verbindung bringen; und daß sie es durch eine Anhäufung von Mutationen im üblichen Sinne geschafft haben sollen, die Dasselfliegen von den nicht unähnlichen Rinderbremsen zu unterscheiden, ist ebenfalls nicht gerade glaubwürdiger. Das Problem vergrößert sich noch dadurch, daß die Aufregung der Kühe weitgehend sinnlos ist – sie können eine gezielt anfliegende Dasselfliege nicht daran hindern, ein Ei auf ihrem Rücken abzulegen.

Der Instinkt einer Grabwespe, eine Spinne ausfindigzumachen, sie zu lähmen und ein Ei auf ihr abzulegen, setzt unter anderem voraus, daß die Wespe in ihrem Hirnzentrum über ein Wahrnehmungsschema für Spinnen verfügt und diese in jeder beliebigen Größe, von nah oder von fern, von vorne, von hinten oder von der Seite zu erkennen vermag. Die Wespe unterscheidet die Spinne nicht nur von den Grillen, sondern legt sich zudem auf eine bestimmte Spinnenart fest. Die verschiedenen Schlüsselreize der Spinnen zu verallgemeinern und sie zu einem Bild zusammenzufügen, ist eine Aufgabe, die nur ein gutentwickeltes Nervensystem leisten kann. Wie sie durch die visuelle Erinnerung an ihren Nistplatz beweisen, besitzen die Grabwespen die Fähigkeit, Bilder aufzunehmen und zu speichern. Die Schlußfolgerung, daß das Muster im Nervensystem als Beuteschema zusammengebaut werden muß, wird durch die Tatsache bestätigt, daß Grabwespen ihre momentane Sinneswahrnehmung auf eine Reihe von Beutetieren – Raupen, Fliegen, Bienen und Maden – zu integrieren vermögen. Die Sinneswahrnehmung muß also mit einem komplexen Verhaltensmuster koordiniert werden. Viele Instinkte gehen mit einer Reihe – etwa einem halben Dutzend – verschiedener Handlungen einher.

Soweit das Verhalten zu einem Instinkt führt, könnte man vermuten, daß dabei das Zentralnervensystem durch Rückkoppelung auf den genetischen Apparat einwirkt, der aufgrund dieser Vorstellung eher einem Kopiergerät als einem Computer gleichen würde. Wenn es irgendeine derartige Rückkoppelung gibt, ist sie sehr subtil. Es ist schwer vorstellbar, wie die Gene Instruktionen auf das Nervensystem übertragen sollen, und noch schwerer zu begreifen, wie das Nervensystem den Genen detaillierte Instruktionen übermitteln sollte. Die Unwahrscheinlichkeit einer solchen Rückkoppelung wird offenkundig, betrachtet man die bemerkenswerten Instinkte sozial lebender Insekten: Die Arbeiterinnen, die auf ihren Streifzügen etwas lernen können, hinterlassen keine Nachkommen, während die Königin eierlegend in ihrem Prunkgemach sitzt – und nichts lernt. Die Instinkte, die sie überträgt, werden nur am Erfolg der Kolonie bei der Aufzucht neuer Männchen und Königinnen, die wieder ein neues Volk gründen, gemessen.

Das Vermögen der Insektenstaaten, ausgeprägte soziale Instinkte zu entwickeln, muß ein bedeutender, vielleicht sogar der bedeutendste Faktor für ihren Erfolg gewesen sein. Dazu gehört auch die Fähigkeit des Genoms, vermutlich durch chaotische Prozesse neue Verhaltensmuster und Kombinationen davon zu etablieren. Das scheint durchaus möglich, denn die komplexe Lebensweise sozial lebender Insekten bietet viele Möglichkeiten für Interaktionsverhalten, und deshalb dürfte die Mutabilität von Instinkten für sie besonders nützlich sein. Eine Selektion neuer Verhaltensweisen führt dann vermutlich zu günstigeren Gelegenheiten für Mutationen in dieselbe Richtung (wie J. Campbell 1985 bei somatischen Mutationen angenommen hat).

Manche Tiergruppen haben umfassende Fähigkeiten für allgemeine Entwicklungslinien genetisch fixiert. Spinnen besitzen verschiedene Drüsen für zahlreiche Fadensorten, die sie ganz unterschiedlich verwenden. Schlangen haben die Gabe, eine Reihe von Giften mit jeweils anderen Methoden zu verspritzen. Strahlentierchen produzieren eine bunte Vielfalt an spitzenartigen Skeletten. Etwas Ähnliches geschieht zweifelsohne mit Instinkten, wie sie zum Beispiel die Grabwespen an den Tag legen. Manche von ihnen machen auf eine Reihe verschiedener Tiere Jagd, andere konzentrieren sich auf bestimmte Arten. Doch haben Wespen offenbar eine prinzipielle Veranlagung für Jagdinstinkte erworben, wobei sich eine Neuordnung und Erneuerung der Instinktpalette – möglicherweise durch Hunger verstärkt – mit dem Versuch verknüpft haben könnte, neue Eigenschaften hervorzubringen.

Verhaltensmuster lassen sich leichter zu einem neuen Gefüge verbinden, weil sie nicht a priori auf einen speziellen Nutzen ausgerichtet sind, sondern mehr oder weniger frei variieren können. So ist die soziale Organisation bei Ameisen – unabhängig von ihrer Ernährungsweise – extrem unterschiedlich, und sie ist fließend. Die kürzlich in die Vereinigten Staaten eingeschleppte Ameise *Solenopsis invicta*, die sich in den Südstaaten zu einer wahren Plage entwickelt hat, kannte zuerst wie die meisten Ameisenvölker nur eine einzige Königin, ehe sie die monarchische Struktur innerhalb von zwei Jahrzehnten auf viele, ja Hunderte von Königinnen ausdehnte. Instinkte können wunderliche Formen annehmen. Eine Ameise im Westen Amerikas, *Conomyrma bicolor*, hat die Angewohnheit, die rivalisierende Spezies *Myrmecocystus* dadurch von der Futtersuche abzuhalten, daß sie bei deren Bau kleine Steinchen in den Eingang fallen läßt. Die Methode hat nicht gerade Seltenheitswert; die australische Ameise *Iridomyrmex purpureus* verfährt mit ihren Konkurrenten ebenso (Hölldobler und Wilson 1990, 387, 424). Der Aufwand scheint allerdings größer als der Nutzen, denn die Steinchen lassen sich genauso leicht wieder entfernen, wie sie hingebracht wurden.

Das tierische Genom kann sich nur bis zu dem Ausmaß und auf die Weise verändern, die durch seine Entwicklung vorgegeben ist. Doch muß die Ausformung von Instinkten in Entsprechung zu den Bedürfnissen des Organismus unendlich komplexer vonstatten gehen als die Methoden, mit denen Bakterien »lernen«, neue Nährstoffe zu gebrauchen. Der Instinkt ist vom Lernen nicht zu trennen. Wenn selbst ein sehr einfaches Tier lernfähig ist, hat das zur Folge, daß ein automatisches Verhalten verstärkt oder geschwächt wird. Wenn das Genom dem Gehirn einen Verhaltensplan wie den Jagdinstinkt eingibt, existiert parallel dazu die Fähigkeit, dieses Verhalten durch eigene Erfahrung oder Beobachtung zu verfeinern bzw. zu verstärken. Erfahrener zu werden, bedeutet für ein Tier, seine Fähigkeiten auf der Grundlage einer modifizierbaren Verhaltensnorm zu vergrößern.

Das eigentliche Wunder des Lebens bestand darin, Information als Mittel zur Fortpflanzung auszubauen. Es wurde die Fähigkeit gewonnen, Lernen instinktmäßig im Wesen zu verankern. Als letzte Errungenschaft kam schließlich hinzu, den Lernprozeß so zu organisieren, daß die Vitalität des Individuums beträchtlich gesteigert wurde. Wir halten es für gesichert, daß das komplizierte Netz von Neuronen uns die Wirklichkeit zu erkennen gibt, weil wir sein Wirken ständig erfahren. Doch es bleibt die höchste und erstaunlichste Leistung der Organismen, sich an die Welt, in der sie leben, anzupassen.

12. Kapitel

Die Evolution des Menschengeschlechtes

Die Menschwerdung

Die Entstehung des Menschen ist vielleicht die bemerkenswerteste und aus unserer Sicht bestimmt die interessanteste Wendung in der Evolution. Der Mensch entwickelte sich nach geologischer Zeitrechnung im Bruchteil einer Sekunde zum herrschenden Geschöpf auf der Erde. Die Linie der Menschenartigen zweigte sich ziemlich abrupt von den Affen ab und schwenkte in einen neuen Typ (oder einen neuen Attraktor) ein, was nur durch eine Art Entwicklungssprung möglich war. Diese Evolution war keine biochemische, sondern eine strukturelle und durch neues Verhalten gekennzeichnet; sie hat eine erstaunliche adaptive Kapazität an den Tag gelegt, die weit über den Ausgleich einiger maladaptiver Merkmale hinausging. Das Menschengeschlecht wurde so mächtig, daß sein Hauptproblem heute darin besteht, die Kontrolle über sich selbst zu bewahren.

Obwohl bei Affen kein erkennbarer Bedarf an größerer Intelligenz besteht als bei Eichhörnchen oder Opossums, entwickelten die Primaten große Gehirne. Im Verlauf ihres Lebens auf Bäumen wurden ihre Vorderarme frei beweglich, und die Vorderpfoten, mit denen sie nach Ästen griffen, Früchte pflückten und kleine Tiere fingen, vermochten geschickt mit Objekten aller Art zu hantieren. Die Fähigkeit, mit Dingen umzugehen, sie zu »begreifen«, ließ es nützlich erscheinen darüber nachzudenken, wie sie vielleicht als Werkzeug zu verwenden wären. Die Primaten wurden vielseitig in ihrer Lebensweise, und sie aßen alles, von Blättern angefangen bis hin zu Eidechsen. Auch sozial waren sie flexibel, lebten allein, in Familien mit einem Elternpaar, in Harems mit einem Männchen oder in Horden mit vielen.

Wie andere Tiere tendierten die Primaten ebenfalls zum Größenwachstum, und schließlich legten die Menschenaffen den Grundstein für die Entwicklung des Menschen. Unsere biochemisch sehr nahen Verwandten, die Schimpansen, führen ein hoch organisiertes Gemeinschaftsleben; sie vermitteln einander ihre Gefühle, benutzen grobe Werkzeuge, jagen gelegentlich, teilen anschließend das Fleisch und bewerfen Raubtiere mit Stöcken oder Steinen. Vielleicht aufgrund klimatischer Veränderungen, vielleicht bedingt durch eine ökologisch günstige Gelegenheit oder einen genetischen Zufall zweigten sich vor etwas über fünf Millionen Jahren die Hominiden ab (B. Campbell 1988, 35, 162f.). Während die Affen sich seither wenig verändert haben, tat die Hominidenlinie dies in hohem Maße.

Man vermutet, daß die Urmenschen wegen des trockeneren Klimas das offene Land bevorzugten und sich in der Steppe ausbreiteten. Ihre Zweifüßigkeit wird als die Schlüsselinnovation angesehen, denn diese Haltung nimmt unter den Säugern nur der Mensch ein; sie geht auf den vor etwa vier Millionen Jahren lebenden *Australopithecus afarensis*, »Lucy« genannt, zurück (B. Campbell 1985, 374). Der aufrechte Gang machte es leichter, über das Gras hinwegzuschauen, Werkzeuge und Waffen zu gebrauchen, Nahrung zu einem festen Lagerplatz zu bringen und die Kinder während ihrer langwährenden Hilfsbedürftigkeit zu tragen – also Mensch zu werden. Das affenartige Wesen ging zwar wie ein Mensch, sein Hirn aber entsprach hinsichtlich der Größe dem eines Schimpansen. Im Verhältnis zum Körper dürfte es allerdings etwas größer als das Schimpansenhirn gewesen sein, was auf eine höhere Intelligenz des Urmenschen hindeutet (Jacobs 1985, 281ff.).

Das Wachstum des Gehirns vollzog sich fast gänzlich im ersten Drittel jener Zeit, als die Menschenartigen sich von den Affen abzweigten; die Hirnmasse schwoll von 600 ccm auf etwa 1400 ccm an. Vor rund zwei Millionen Jahren hatten sich manche unter den Hominiden den Menschen soweit angenähert, daß sie den Namen *Homo habilis* oder »Werkzeugmachermenschen« verdienten. Ihr Aufstieg, der mit den Steinwerkzeugen begann, verlief über lange Zeit hinweg außerordentlich langsam, ehe er sich dann vor allem in den letzten 200000 Jahren beschleunigte.

Nachdem sie die Sicherheit der Bäume verlassen hatten, mußten sich die Urmenschen zur Abwehr hungriger Raubtiere, die doppelt so schnell waren wie sie, zusammenschließen. Anfangs schlugen sie sich vermutlich hauptsächlich als Sammler durch. Ein Zebra zu erlegen, dazu waren sie wohl noch nicht imstande, doch dürften sie es in einer kleinen Gruppe geschafft haben, mit primitivsten Speeren einen Löwen von seiner Beute zu vertreiben. Durch die Fertigung von Waffen wurde die rohe physische Kraft für die Sicherung des Lebensunterhaltes in den Hintergrund gedrängt.

Verhaltensänderungen mögen in der Übergangszeit der Entwicklung zum Menschen hin ausschlaggebend gewesen sein. Unter den meisten Säugern findet sich nur eine geringe oder überhaupt keine Dauerbindung zwischen den Geschwistern (außer sie stehen innerhalb einer Gruppe miteinander in Kontakt); ebenso fehlt es an einer Beziehung zwischen den Männchen und ihren Nachkommen. Die Primaten nehmen unter den Säugern, was den Umfang ihrer väterlichen Fürsorge betrifft, eine herausragende Stellung ein. Dennoch spielt der Vater bei den polygenen Arten für gewöhnlich, wenn überhaupt, eine untergeordnete Rolle. Weil das Schimpansenweibchen seine Brunst durch ein deutliches Anschwellen der Genitalzonen öffentlich kundtut und mit einer großen Zahl von Männchen kopuliert, ist keiner dieser Partner für ein bestimmtes Junges verantwortlich, und kein Vater gibt seine subjektive Erfahrung als erlerntes Verhalten weiter. Außerdem sind die Gruppen klein, und ihre Zusammensetzung wechselt häufig. Ihr kulturelles Angebot ist daher viel geringer, als es die beachtliche Intelligenz der Schimpansen eigentlich zulassen würde.

Die Zwergschimpansen oder Bonobos *(Pan paniscus)*, die seltener und weniger gut erforscht sind als die gewöhnlichen Schimpansen *(Pan troglodytes)*, führen ein Gemeinschaftsleben, das der menschlichen Gesellschaft durchaus ähnlich ist. Der Östrus des Weibchens ist weit weniger markant, seine Genitale sind mehr oder weniger ständig geschwollen, und es ist zumeist sexuell attraktiv und paarungsbereit. Bei der Kopulation nimmt das Paar häufig eine einander zugewandte Stellung ein, und Männchen und Weibchen schlafen zusammen. Bei den Bonobos schließen sich die Männchen anders als bei den Schimpansen nicht gesondert zusammen – die meisten Gruppen sind gemischt. Männchen und Weibchen, Alte und Junge: Es gibt kaum eine hierarchische Ordnung, und die Männchen sind fast nie aggressiv. Die Zwergschimpansen pflegen sich gegenseitig und teilen die Nahrung in einem Ausmaß, wie es bei Tieren selten anzutreffen ist.

Das Skelett der Bonobos ähnelt dem der Menschen stärker als das der Schimpansen. Sie haben kürzere Kiefer als diese, sind schlanker und stehen völlig aufrecht. Mehr als jeder andere Affe gehen sie auf zwei Beinen und benützen manchmal ihre Hände, um irgendwelche

Gegenstände zu tragen. Im Gegensatz zu den Schimpansen haben sie einen Penis, der so groß ist wie der der Menschen, und ihr Kopfhaar ist länger. Ihre geistige Regsamkeit steht nicht hinter der der Schimpansen zurück. Typisch für sie ist ferner, daß sie ihre Gesichtszüge verändern, und sie haben Spiele, bei denen sie ihre Augen bedecken.

Waren beim *Australopithecus* die Männchen noch viel größer als die Weibchen, so ging dieser Dimorphismus bei der Hominidenlinie langsam zurück. Ganz allgemein ist bei Säugern wie auch bei Vögeln zu beobachten, daß sich die Geschlechter um so stärker ähneln, je monogamer sie leben. Die Paarbindung ließ den Konkurrenzkampf weniger hart ablaufen (McFarland 1989) und erlaubte eine längere Vorreifezeit, wodurch es für Väter möglich und zweckmäßig wurde, bei der Erziehung der Kinder zu helfen. Es hat den Anschein, als ob das Zusammenleben der Generationen eine kulturelle Vermischung erlaubte. War das Familienleben der Schlüssel zum Erfolg der Menschheit?

Der *Homo habilis* war möglicherweise der Vorläufer des vor etwa 1,6 Millionen Jahren lebenden *Homo erectus*. Als regelmäßiger Feuerbenutzer wies der *Homo erectus* mit Ausnahme des Schädels ein Skelett auf, das dem der modernen Menschen stark ähnelte. Sein Gehirn, nachdem über eine Million Jahre lang in dieser Hinsicht kaum eine Veränderung stattgefunden hatte, erreichte die heutige Größenordnung (Stanley 1983). Mit dem *Homo erectus* verbreiteten sich die Hominiden in weiten Teilen Europas und Asiens – es waren dies die ersten Angehörigen der Hominiden, die sich mit beachtlichem Erfolg durchsetzten. Das Leben in einem kühleren, jahreszeitlich wechselnden Klima verlangte eine umfangreiche Existenzplanung mit Vorratshaltung, besser ausgestatteten Unterkünften und wahrscheinlich mit Kleidung (B. Campbell 1985, 383). Jedoch benutzten unsere Vorfahren über eine Million Jahre lang praktisch die gleichen einfachen Steinwerkzeuge. Erst vor rund 100000 Jahren wurden die Werkzeuge merklich besser.

Irgendwann vor diesem Zeitpunkt war in Afrika der *Homo sapiens* aufgetaucht, der ein vorspringendes Kinn, schwache Augenwülste und eine hohe Stirn aufwies und sich bald in Eurasien ausbreitete. Die unmittelbaren Vorfahren der modernen Menschen in Europa waren jedoch die Neandertaler, die ungefähr von 100000 bis 35000 v. Chr. lebten. Sie sahen dem *Homo erectus* sehr ähnlich und werden wohl zu Recht für eine vom *Homo sapiens* unabhängige

Spezies gehalten. Ihr Schädel war länger und flacher als der moderner Menschen und hatte starke Augenwülste. Die Neandertaler scheinen in gewisser Weise höher entwickelt gewesen zu sein, sie sorgten für Gebrechliche und bestatteten zumindest einige ihrer Toten mit einem formellen Begräbnis (B. Campbell 1988, 418 ff.). An ihre Stelle traten dann vor rund 40000 Jahren im Nahen Osten und 5000 Jahre später in Westeuropa die physisch weniger kräftigen Cromagnon-Menschen.

Unsere Cromagnon-Ahnen waren den Neandertalern zwar körperlich unterlegen, doch halten wir sie gern für intelligenter als jene. Zwar war ihr Gehirn nicht größer als das der Neandertaler, wohl aber der Stirnbereich etwas ausgeprägter, was ihnen vielleicht ein höheres Maß an Phantasie und Erfindungsreichtum verlieh. Zwei Millionen Jahre lang waren Gebrauchsgegenstände ausschließlich nach zweckmäßigen Kriterien hergestellt worden, als kurze Zeit nach dem Verschwinden der Neandertaler eine große Vielfalt an Gegenständen auftauchte, die künstlerisch gestaltet waren oder schmückende bzw. symbolische Verzierungen aufwiesen; auch besser gearbeitete Messer und Waffen standen nun zur Verfügung. Am stärksten beeindrucken die Abbildungen, zumeist von Tieren, die Steinzeitkünstler in mühevoller Arbeit tief im Innern von Höhlen geschaffen haben.

Obwohl sich das Gehirn nicht mehr vergrößerte, sondern sogar leicht schrumpfte, verbesserte sich seine Kapazität, oder die menschlichen Interaktionen wurden einfach effektiver. Eine reizvolle Hypothese geht davon aus, daß die Sprache als mächtiges Mittel der Verständigung, ausgelöst vermutlich durch eine Mischung aus Lernen und Veränderungen im Gehirn, plötzlich zugenommen hat. Die Sprache ist das herausragendste menschliche Merkmal, doch niemand weiß, wann sie im heutigen Sinne auftauchte. In der Zeit, als sich die Spezies Mensch herausbildete, muß die Kommunikation der Urmenschen gegenüber dem Artikulationsvermögen ihrer Vorgänger eine Verbesserung erfahren haben. Die Ausdehnung und Absenkung des Kehlkopfes ermöglichte eine größere Bandbreite sprachlicher Laute. Eine Sprache von der Art, wie wir sie kennen, mag Signalwirkung für die Ausprägung eines höheren Selbstbewußtseins sowie für die Formulierung von Ideen und kulturellen Wünschen gehabt haben, was wiederum eine neue Kultur ermöglichte, die erstmals Symbole verwendete. Die Sprache scheint eine einmalige Erfindung gewesen zu sein, ansonsten hätten sich ihre Grundmuster nicht universell verbreitet; obwohl ihre Zahl in die Tausende geht, weisen alle Sprachen zahlreiche Gemeinsamkeiten auf: die Möglichkeit der Verneinung sowie der Frage- und Befehlsform, dazu grammatikalische Kategorien wie Haupt- und Tätigkeitswörter und allgemeine semantische Unterscheidungen wie männlich–weiblich und menschlich–nichtmenschlich (Fromkin und Rodman 1983, 15 ff.).

Die Evolution der Intelligenz

Vieles am Menschen, nehmen wir das Träumen oder den Masochismus, läßt sich nicht durch seinen Überlebenswert erklären; für das zentrale menschliche Wesensmerkmal, die Intelligenz, scheint sich hingegen eine Erklärung auf den ersten Blick fast zu erübrigen. Die Variations-Selektionstheorie besagt: »Das Gehirn existiert in seiner heutigen Form, weil es das Überleben und die Vermehrung jener Gene fördert, die seinen Aufbau steuern« (F. Wilson 1980, 10). Sein biologischer Wert findet seine deutlichste Bestätigung allein durch die gewaltige Vermehrung unserer Art. Schon lange bevor die industrielle Revolution vor etwa 200 Jahren eine Bevölkerungsexplosion auslöste, ja noch erhebliche Zeit vor der Erfindung des Ackerbaus, breitete sich die menschliche Art vom afrikanischen Ursprungsland in alle bewohnbaren Regionen der Erde aus. Ein Organ, das einen solchen Reproduktionserfolg begründet hat, bedarf gewiß keiner tiefschürfenden Erklärung.

Doch der biologische Wert des Gehirns allein mag als Erklärung nicht ausreichen. Man kann nicht davon ausgehen, daß etwas, das für die Gemeinschaft oder die Spezies nützlich ist, sich notwendigerweise in einer biologischen Fitness des Individuums niederschlägt; und es hat sich niemals bestätigt, daß eine überdurchschnittliche Intelligenz bei Menschen mit einem Reproduktionserfolg gekoppelt ist (Restak 1989). Die physische Kraft und die Fähigkeit, andere zu beherrschen, dürfte bei der natürlichen Auslese unter primitiven Menschen wichtiger sein als ein besonders leistungsstarkes Gehirn. Es ist nicht einsichtig, warum die frühen Hominiden einer schärferen Selektion auf Intelligenz hin unterworfen gewesen sein sollten als die Schimpansen, deren mentale Kräfte anscheinend über lange Zeit auf dem gleichen Niveau geblieben sind.

Bis zu einem bestimmten Grad trägt die Intelligenz zweifellos zum Reproduktionserfolg bei; jenseits dieser Grenze kann sie sich als hinderlich erweisen. Vor langer Zeit war die Hominidengesellschaft vermutlich äußerst unterschiedlich organisiert und wies einander widersprechende Wertmaßstäbe auf. Ein außergewöhnlich intelligenter Mensch übernahm wahrscheinlich eine herausragende gesellschaftliche Position, führte die Jagd an, wurde als geistiges Oberhaupt des Stammes oder als Medizinmann verehrt – die meisten Nachkommen dürfte er indes nicht gehabt haben. Überdurchschnittliche Begabung könnte bei unseren Vorfahren durchaus zu einer sozialen Außenseiterrolle geführt haben. Auch in der heutigen Gesellschaft ist dies noch oft der Fall, denn abstrakte Intelligenz läßt sich nicht unmittelbar mit wirtschaftlichem oder sozialem Erfolg gleichsetzen und noch weniger mit erhöhter Fruchtbarkeit. Damals wie heute dürften ein reger Geist und ein Hang zu intellektuellen Aktivitäten eher von Zeugung und Betreuung des Nachwuchses abgelenkt haben bzw. ablenken. Williams meinte dazu: »Es gibt keinen Grund für die Annahme, daß ein genialer Mensch mehr Kinder hinterläßt als ein anderer mit einer eher unterdurchschnittlichen Intelligenz«; und nicht selten versäumen es die herrschenden Klassen sogar, sich fortzupflanzen (Williams 1966, 14f.).

Der Konflikt zwischen den intellektuell-kulturellen Interessen und der Hinwendung zur Familie muß so alt sein wie die Menschheit selbst. Eine höhere Intelligenz bedeutet in einem weiteren Sinne einen höheren Grad von Idealismus, also eine ausgiebigere Beschäftigung mit abstrakten Ideen und symbolischen Themen, weniger mit biologischen Zusammenhängen. Wäre das menschliche Gehirn stärker unter dem Aspekt des biologischen Nutzens ausgebildet worden, so würde es sicherlich mehr praktische Eigenschaften, insbesondere hinsichtlich der Reproduktion aufweisen. Der intellektuelle Aufschwung scheint überdies eine Verzögerung der Geschlechtsreife erfordert zu haben, was wiederum die Reproduktionskapazität erheblich verringert. Somit wäre es für die wacheren Geister kaum aussichtsreich gewesen, mit den weniger Scharfsinnigen biologisch konkurrieren zu wollen.

Die auffälligsten geistigen Fähigkeiten, die sich etwa als literarisches, musisches oder mathematisches Talent ausdrücken, schlagen sich kaum in einer großen Anzahl von Nachkommen nieder. Ausgeprägte elterliche Instinkte würden sich ungleich vorteilhaft auf den Reproduktionserfolg auswirken, doch verfügt der Mensch in diesem Punkt nur über mittelmäßige Qualitäten. Für die Steigerung der Intelligenz könnte die sexuelle Auslese eine Rolle gespielt haben, wenn nämlich Frauen geistreichere Liebhaber bevorzugt hätten oder wenn klügere Frauen für Männer attraktiver gewesen wären. Das ist nicht unmöglich, doch scheint es eher unwahrscheinlich – es sei denn, der Charakter hätte sich stark gewandelt. Jedenfalls ist nichts davon bekannt, daß sich die heutigen Frauen von einem hohen Intelligenzquotienten besonders angezogen fühlten, insbesondere, wenn er sich in abstraktem Denken ausdrückt. Und auch bei den Männern geht normalerweise weibliche Intelligenz nicht vor Schönheit, geschweige denn, daß kluge Frauen mehr Kinder bekämen. Oder man könnte spekulieren, die Intelligenz habe einen biologischen Gewinn erbracht, weil soziale Fähigkeiten sich bei der Partnersuche als nützlich erwiesen, doch scheinen die Menschen jenseits ihrer Sprachfertigkeit nicht sonderlich mit sozialen Qualitäten gesegnet zu sein. Die menschliche Intelligenz fällt also auf den für die reproduktive Eignung relevantesten Gebieten – Werbeverhalten, Sex und Elternschaft – am wenigsten ins Gewicht.

Intelligenz macht sich vermutlich eher langfristig als auf kurze Sicht bezahlt, und auch dann wirkt sie sich für die Gemeinschaft vorteilhafter aus als für den einzelnen – das hat sich, wie es scheint, seit der Zeit des *Australopithecus* nicht geändert. Bei der gemeinschaftlichen Jagd wird logischerweise die intelligentere Gruppe die fettere Beute gemacht haben; gleiches gilt für kriegerische Allianzen, was oft genug bewiesen wurde. Durch List und Tücke können unsere fernen Vorfahren eine Reihe von Siegen erfochten und dadurch ihre Jagdgründe vergrößert haben. Die erfindungsreichen Strategen selbst dürften sich damit indes nicht unbedingt reproduktive Vorteile verschafft haben.

Bernard Campbell, ein anerkannter Wissenschaftler auf dem Gebiet der menschlichen Evolution, räumt ein, daß »es nicht leicht ist, die Fähigkeiten des menschlichen Gehirns zu erklären, wenn man es lediglich als Produkt einer Lebensform als Jäger und Sammler betrachtet« (B. Campbell 1985, 340f.). Nichts in der Lebensweise der Schimpansen, die sich vermutlich nicht so stark von jener der früheren Hominiden unterschied, erfordert eine mathematische Qualifikation. Einem aufgeweckten Schimpansen fällt es schon schwer, weiter als bis vier zu zählen; sogar Krähen und andere Vögel machen ihm im Rechnen etwas vor.

Selbst eingefleischten Darwinisten bereitet dieses Problem Kopfzerbrechen (Alcock 1989, 520). Alfred Wallace, der Darwin in fast allen Punkten recht gab, distanzierte sich hier von ihm (sehr zu Darwins Ärger) und kam zu der Schlußfolgerung, daß das menschliche Gehirn kein Produkt der Adaptation sein könne und sich auch nicht durch den Überlebenswert erklären lasse. Besonders die menschliche Fähigkeit zum abstrakten Denken hob Wallace hervor und die ebenso schöne wie zwecklose Begabung zum Gesang, die anders als bei Vögeln nicht mit einer sexuellen Auslese zusammenhängt. Er betrachtete moralische Eigenschaften wie die Akzeptanz von Märtyrertum als »das Wirken einer höheren Natur in uns, die sich nicht aus dem Kampf um eine materielle Existenz entwickelt hat«. Er war angetan von den angeborenen Fähigkeiten präzivilisierter Völker, die er im Gegensatz zu Darwin ganz genau kannte. Wallace betonte: »Mit seinem großen und gutentwickelten Gehirn besitzt der Mensch ein Organ, das für seine gegenwärtigen Bedürfnisse überproportioniert ist; es scheint auf die Zukunft hin ausgelegt zu sein und sein Nutzen beweist sich erst dann, wenn der Mensch seine Zivilisation vorantreibt« (Wallace ³1901, 193, 202f.).

Es gibt noch andere Gründe, das Erklärungsmuster von der zufälligen Mutation und einem relativ größeren Reproduktionserfolg der intelligenteren Individuen anzuzweifeln. Das rapide Wachstum des menschlichen Gehirns – es verdoppelte sein Gewicht innerhalb von zwei Millionen Jahren – deutet auf sehr starke Selektionszwänge hin, doch entsprach der kulturelle Fortschritt nicht der Vergrößerung des Gehirns. Zu jener Zeit, da die Selektion für Gehirne hätte stattfinden müssen, scheint – darauf weist zumindest der eiszeitliche Stand in der Werkzeugherstellung hin – die kulturelle Entwicklung relativ unbedeutend gewesen zu sein. Diese begann sich erst vor 200000 Jahren, als die langfristige Ausdehnung des Gehirns nahezu abgeschlossen war, langsam zu beschleunigen – zu diesem Zeitpunkt aber war die langfristige Ausdehnung des Gehirns nahezu abgeschlossen.

Intelligenz und Gehirn

Niemand kann sich vorstellen, warum das Gehirn der Säugetiere sich vergrößerte oder warum die Primaten eine für Säuger überdurchschnittliche Intelligenz entwickelten. Gelegentlich wird die Meinung vertreten, daß ihr bevorzugter Lebensraum sich fur eine

Intelligenzauslese anbietet, doch bildeten von neun Säugetierordnungen, die sich für ein Baumleben entschieden haben, nur die Primaten eine außergewöhnliche Intelligenz aus (B. Campbell 1985, 61). Das Leben auf dem Boden ist wahrscheinlich abwechslungsreicher, unter Umständen anspruchsvoller – andere Sinne, vor allem das Hören und Riechen, werden mehr gefordert als beim Baumleben. Das auf Bäumen lebende Faultier gehört zu den geistig trägesten Säugetieren.

Aus welchen Gründen auch immer: Die geistigen Fähigkeiten der Primaten nahmen jedenfalls kontinuierlich zu. Daß Affen klug sind, ist bekannt – sie beherrschen manche mechanischen Abläufe genauso gut wie Menschen. Bei japanischen Makaken hat man Ansätze von Tradition beobachtet; sie lernten, Kartoffeln zu waschen und Getreidekörner von Sand zu trennen, indem sie das Gemisch ins Wasser warfen und die Körner dann wieder herausfischten. Sie hatten die Entdeckungen mehr oder weniger zufällig gemacht, erkannten aber deren Ursache und Nutzen und gaben ihr Wissen weiter (McFarland 1989).

Die Schimpansen, deren Gehirn doppelt so groß ist wie das durchschnittliche Gehirn anderer Säugetiere ihrer Größe, lernen von der älteren Generation mehr als die meisten anderen Tiere, und viele Handlungen machen sie auf Anhieb nach. Zahlreiche ihrer Rufe haben eine Bedeutung, die aber je nach Population verschieden ist. Sie zeigen Ansätze von Kultur, wenn sie einfache Werkzeuge benutzen – Stöcke zum Beispiel –, um Termiten aus ihrem Bau zu treiben. Man kann ihnen zwar nicht das Sprechen beibringen, aber sie sind imstande, über 100 Wortzeichen zu beherrschen; sie bilden einfache Sätze, erfinden ihre eigenen Zeichen und benutzen die Fürwörter *du* und *ich*. Sie erkennen sich selbst im Spiegel, ein augenscheinliches Indiz für Selbstbewußtsein. Und sie arbeiten für Chips, mit denen sie Bananen kaufen können. Vielfach verhalten sie sich wie Menschen – freilich ohne die Fähigkeit zu sprechen.

Das tägliche Leben von Affen, so auch von Schimpansen, verläuft viel banaler, als es ihre Intelligenz vermuten ließe (Lewin 1989, 129). Bei Gorillas ist es noch offensichtlicher, daß ihre Fähigkeiten die Erfordernisse ihrer einfachen Existenz weit übertreffen. Sie gebrauchen nämlich ihre Intelligenz weniger als andere Pflanzenfresser, weil sie kaum Feinde haben. Trotzdem scheinen sie geistig etwa genauso gut gerüstet zu sein wie die Schimpansen; Koko, ein zahmer Gorilla, soll 400 Worte verstanden haben, mehr als doppelt soviel wie jeder Schimpanse (Konner 1982, 167). Lassen sich schon die menschlichen Geisteskräfte nicht eindeutig auf Selektionszwänge zurückführen, so ist das bei anderen großen Primaten erst recht unmöglich. Stimmt es, was Roger Lewin anführt (Lewin 1989, 40), daß die Evolution der meisten eng verwandten großen Primaten – der Gorillas, der Schimpansen und der Menschen – parallel stattgefunden hat, dann müssen andere Faktoren als das Überleben des Geeignetsten in allen drei Fällen eine Rolle gespielt haben.

Andere Tiere scheinen ebenfalls über einen Grad an Intelligenz zu verfügen, der über ihre biologischen Bedürfnisse hinausgeht. Der Elefant hat keine natürlichen Feinde und lebt von einfacher Nahrung, doch ist sein Gehirn etwa viermal so groß wie das des Menschen, und seine Fähigkeiten sind beeindruckend. Indische Arbeitselefanten wissen zwei Dutzend Befehle zu unterscheiden, wobei diese Zahl weniger durch ihre Lernfähigkeit als durch die Aufgabenstellung ihrer Führer beschränkt ist. Elefanten lernen nicht sehr schnell, aber sie vermögen viele verschiedene Muster zu unterscheiden und sich mindestens ein Jahr lang an sie zu erinnern (Rensch 1957, 158ff.). Sie kratzen sich mit Stöcken, die sie in ihrem Rüssel halten, benutzen Äste, um Fliegen zu verjagen, und werfen mit Gegenständen nach Menschen, die sie nicht leiden können (Beck 1980, 32ff.).

Meeressäugetiere scheinen, mit Ausnahme der eher trägen vegetarisch lebenden Seekühe, im allgemeinen recht intelligent zu sein. Delphine, Seeottern, Seelöwen und ihre Verwandten sind wundervoll verspielt, neugierig und gelehrig. Man sollte denken, Hunde seien intelligenter als ihre schwimmfüßigen Verwandten, die mit einem weit weniger abwechslungsreichen Umfeld und auf einer niedrigeren sozialen Stufe leben, doch vermag ein Seelöwe einem teilweise abstrakten Befehl zu folgen wie etwa: »Such den größeren von zwei schwarzen Bällen heraus und schieb ihn zu dem kleineren Ball« (Riedman 1990, 319).

Wale verfügen über ein größeres intellektuelles Potential, als sie offensichtlich brauchen. Haie und Thunfische haben relativ kleine Gehirne, konkurrieren aber beim Fischfang erfolgreich mit den Delphinen. Die riesigen Bartenwale führen ein noch einfacheres Leben; sie pumpen gewaltige Mengen Wasser in sich hinein und filtern das Plankton heraus. Ihr einziges Bedürfnis besteht darin, gute Weidegründe im Ozean zu finden. Auch die Koordination ihrer Muskeln ist simpel, verglichen mit laufenden oder springenden Vierbeinern oder gar einem Vogel. Doch die Wale, allen voran der Pottwal, haben vier- bis siebenmal so große Gehirne wie die Menschen. Die Dinosaurier mit ihrer riesigen Körpermasse kamen mit einem halbpfündigen Hirn oder weniger aus (Jerison 1973, 145). Die äußerst großen Gehirne der Zahnwale und die etwas kleineren der Bartenwale (die ein einfacheres Leben führen) müssen sich bis zu einem gewissen Grad unabhängig entwickelt haben, denn die Unterordnungen sind nur weitläufig verwandt.

Da die großen Wale nicht in Meerwasseraquarien gehalten werden, wo man sie psychologisch testen könnte, wissen wir von ihren Fähigkeiten nur durch sporadische und auf Distanz durchgeführte Beobachtungen. Sie sind übermütig, wandern über weite Entfernungen hinweg und stimmen manchmal liedähnliche Gesänge an. Der beste Sänger ist der Buckelwal – seine Lieder sind lang und gut strukturiert. Gruppen von Noten fügen sich zu »Sätzen«, und die »Sätze« einer Grundform bilden ein »Thema«; eine Reihe von »Themen«, die wie die Reime und Verse eines Gedichts wiederholt werden, ergeben schließlich ein »Lied«. Alle Wale im Umkreis von Hunderten von Kilometern lassen den gleichen Gesang ertönen, der sich von Jahr zu Jahr allmählich ändert.

Der Umfang der Walgehirne mag mit ihrer Gesamtgröße zusammenhängen. Die kleinen Wale oder Delphine, deren Körpergröße sich mit der des Menschen vergleichen läßt, haben Gehirne von ungefähr menschlichen Ausmaßen oder etwas größer – größer auch im Verhältnis zu ihrem Körpergewicht wie im Falle der am besten erforschten Art, des Großen Tümmlers *(Tursiops truncatus)*. Auch haben Delphine dem Menschen vergleichbare Gehirnwindungen, wobei aufgrund der Echoortung die für das Gehör zuständigen Bereiche besonders entwickelt sind. Jedenfalls ist das Delphingehirn viel eindrucksvoller als das eines Schimpansen.

Vergleiche ihrer Intelligenz sind umstritten, doch können die Delphine offenbar genausoviel verstehen, wie Schimpansen und verfügen über 20 bis 30 verschiedene Signale. Der Delphinexperte John Lilly glaubte, daß man bei ihnen fast schon von Sprache reden kann. Kunststücke erlernen sie ganz mühelos, und sie denken sich sogar neue aus, um ihrem Trainer zu gefallen und sich als Belohnung einen Fisch zu ergattern. Ihre Persönlichkeitsstrukturen sind unterschiedlich – manche sind freundlich und hilfsbereit, andere reizbar.

Die Intelligenz der Wale – wie auch beim Menschen der Fall – hängt mit einer ausgedehnten Schwangerschaft, einem langsamen Reifeprozeß und einem langen Leben zusammen. Das Gehirn ist im Verlauf der Evolution ziemlich langsam gewachsen und erreichte nach 20 Millionen Jahren seine größte Ausdehnung (Jerison 1973, 348); ganz ähnlich wie das menschliche Gehirn, das sich in jüngerer Zeit entwickelt hat. Das Verhältnis Gehirn/Körper war seltsamerweise fast das gleiche. Es wurden Vermutungen angestellt, daß die Größe des Wal- wie des Menschengehirns mit der Neotenie, d. h. der Geburt vor der vollen Reife, im Zusammenhang steht. Mit seinem großen Schwanz, den schwach entwickelten (oder fehlenden) Gliedmaßen und den einfachen oder (wie bei den Bartenwalen) nicht durchgebrochenen Zähnen sieht der Wal ein bißchen wie ein stark überdimensioniertes Huftierembryo aus (Groves 1989, 310f.). Doch was immer auch die Vergrößerung seines Gehirns auslöste, seine Leistung hat schon vor langer Zeit aufgehört.

Die Klugheit des Elefanten läßt sich schon von seiner Größe ableiten. Als sich der Schädel des Urahns parallel zum Körper vergrößerte, entstand mehr Platz für das Gehirn, wenngleich der Bedarf an Intelligenz mit seiner Unverwundbarkeit abnahm. Die Menschenaffen, besonders die Schimpansen und Gorillas, verfügen über größere Schädel und Gehirne sowie über eine wesentlich höhere Intelligenz als Paviane und andere Affen, obwohl sie keinen größeren, sondern wahrscheinlich einen geringeren Bedarf daran haben.

Das Erbe der Säugerprimaten bildete schließlich den Grundstein für die menschliche Intelligenz. Doch der Hominidenstamm, der mit dem *Australopithecus* auf einer soliden Grundlage etwa auf dem Niveau des Schimpansen begann, löste sich von dem Grundmuster, verdreifachte seinen Gehirnumfang, ohne seine Körpergröße wesentlich zu steigern, und entwickelte die Anlagen, auf die wir heute stolz sind.

Aus den bereits genannten Gründen dürfte die natürliche Auslese keinen großen, vielleicht sogar nur einen sehr kleinen Anteil an dieser Leistung haben. Ein weiterer Grund, ihre Rolle in Zweifel zu ziehen, liegt darin, daß die Intelligenz kein einzelnes Merkmal darstellt, das einer Mutation und Selektion unterworfen sein könnte. Es handelt sich vielmehr um eine ganze Reihe von mehr oder weniger unabhängigen Eigenschaften – Wahrnehmungs-, Informationsverarbeitung und Lernfähigkeit sowie Gedächtnis, Motivation und Koordination des Ausdrucks –, die durch eine spezielle Befähigung, die Sprache, erst richtig zur Wirkung kommen (Gardner 1989). Die Selektion auf bestimmte intellektuelle Merkmale hin würde ein Bündel von geeigneten und wohl sehr unwahrscheinlichen Mutationen erfordern. Naheliegender erscheint, daß der Zuwachs an Intelligenz aus einem integrierten Evolutionsprozeß hervorging, wobei das entscheidende Element die evolutionäre Form der Neotenie oder die Erhaltung unausgereifter Merkmale bis ins Erwachsenenstadium war.

Ein Schimpansenjunges sieht einem Menschenbaby ähnlicher als der adulte Affe einem erwachsenen Menschen. Zu seinen menschenähnlichen Merkmalen gehören die geringe Körperbehaarung, die zarte Haut, die nicht opponierbare große Zehe, das flache Gesicht, die kurzen Kiefer, die kleinen Zähne, der dünne Schädel und das hohe relative Hirngewicht (S. Gould 1977, 357; Groves 1989, 311 ff.). Beim Heranwachsen dann verändert sich der Schimpanse stärker als der Mensch: Er entwickelt vorstehende Kiefer mit kräftigen Eckzähnen und Schädelwülsten, und das Verhältnis zwischen Gehirn und Körpergewicht verschlechtert sich. Beim menschlichen Schädel schließen sich die Nähte viel später, und die Öffnung für das Rückenmark (Foramen magnum) bleibt unten, anstatt sich nach hinten zu verschieben. Am wichtigsten aber ist, daß das Gehirn beim Menschen viel länger wächst als bei den Affen. Das Gehirnwachstum des Schimpansen verlangsamt sich mit der Geburt und ist ein Jahr später abgeschlossen. Beim Menschen setzt sich noch zwei Jahre lang ein rasches Wachstum fort, das erst nach weiteren vier bis fünf Jahren annähernd zum Stillstand kommt.

Das Kindchenschema zeigt sich deutlich bei jungen Hunden und Katzen, die Gesichter mit wenig ausgeprägten Schnauzen und rundere Köpfe als die erwachsenen haben. Zumindest was den Schädel anbelangt, erscheinen die Affen im Vergleich mit primitiveren Primaten wie den Lemuren neotenisch. Der Bonobo mit seinem runderen Kopf und seinen kürzeren Kiefern ist im Vergleich zum Schimpansen etwas neotenischer, und ein neotenisches Verhalten ist es, daß bei den Bonobos Jung und Alt auf unkompliziertere Weise zusammenleben als bei den Schimpansen. Außerdem sind die Männchen dieser Zwergschimpansen weniger aggressiv.

Wie die Unterdrückung von Östrus und Genitalschwellung ist auch der verzögerte Reifeprozeß beim Menschen – wir brauchen doppelt so lang wie die Schimpansen – ein wesentlicher Teil der neotenischen Entwicklung. Mit dem Gedanken der natürlichen Auslese läßt sich das schwer vereinbaren. Einerseits haben schneller heranreifende Individuen einen Vorsprung bei der Reproduktion. Andererseits erlaubt es die über Jahre hinweg notwendige Fürsorge für die Kinder nicht, viele Nachkommen aufzuziehen. Doch die lange Kindheit gibt dem Gehirn Zeit zu reifen und zu lernen – ein wahrscheinlich entscheidender Faktor für die kulturelle Entwicklung. Was sein Verhalten angeht, so bleibt der Mensch bis ins Erwachsenenalter hinein unfertig in dem Sinn, daß er sich die Lernfähigkeit und eine mehr oder weniger große Flexibilität im Verhalten bewahrt – Dinge, die Schimpansen nach ihrer Jugend weitgehend verlieren (P. Wilson 1983, 37).

Die menschliche Neotenie betrifft in erster Linie den Kopf und das Verhalten (Montagu 1962, 326f.). Weitere beachtliche neotenische Merkmale sind Unbehaartheit und weiche Haut. Und der Verlust des Haarkleides beim Menschen, das die meisten Säugetiere schützt, dürfte kaum adaptiv sein. Die Haare mögen als Nistplatz für Läuse und Flöhe dienen, doch Tiere mit einem kurzen, dichten Haarfell sind selten mit Parasiten übersät. Der Verlust der vorteilhaften Behaarung nimmt sich um so ungewöhnlicher aus, als ausgerechnet am Kopf, wo sie nicht besonders gebraucht werden, Haare stehengeblieben sind. Auch wurde die Unbehaartheit – anders als in der Tierwelt – nicht durch eine leidlich feste Haut kompensiert. Unbehaartheit, weiche Haut und eine außergewöhnliche Intelligenz scheinen alles Bestandteile einer Evolution zu sein, die offensichtlich nicht adaptiv sind.

Die neotenische Neigung einschließlich der Vergrößerung des Gehirns kann mit der neuen sozialen Ordnung der Hominiden in Zusammenhang gestanden haben. Es wäre nicht überraschend, wenn sich unsere Ahnen in der Richtung der Bonobos weiterentwickelt hätten – hin zu einem nicht aggressiven Verhalten der Männer und einem engeren sozialen Austausch zwischen den Generationen. Durch die Konstruktion von wirksamen und leicht herstellbaren Waffen verlor die rohe Kraft, bislang das Hauptmittel der männlichen Auseinandersetzung bei der Partnersuche, an Bedeutung. Gleichzeitig wurde es für die Frau wichtiger, soweit die Jagd großer Tiere die Ernährungsgrundlage bildete, sich die Unterstützung des Partners für sich und die Kinder zu sichern.

Man darf annehmen, daß die Frau aus diesem Grund attraktiver wurde. Sie entwickelte Brüste und blieb fast die ganze Zeit über, selbst in der Schwangerschaft, sexuell bereit. Die einander zugewandte Körperhaltung machte die Sexualität persönlicher, und der eigene Orgasmus veranlaßte die Frau, in der Sexualität eine Regelmäßigkeit anzustreben. Um die Vaterschaft in gewisser Hinsicht zu gewährleisten, mußte der Mann häufigen Geschlechtsverkehr praktizieren und den Kontakt zur Frau möglichst eng gestalten.

Die Frau verstärkte die Bindung, indem sie ein jugendlich-frauliches Aussehen annahm. Der weibliche Reiz geht in großem Umfang von neotenischen Merkmalen aus, von der geringeren und feineren Körperbehaarung, von den kleineren Händen und Füßen, von den zarteren Nasen und Ohren sowie von der höheren Stimmlage. Wie Kinder haben Frauen weniger Muskeln, mehr Fett und weichere Konturen. Ein verständliches Nebenprodukt des neotenischen Prinzips dürfte die Verlängerung des Reifeprozesses sein, die für sich genommen nicht durch natürliche Auslese entstanden sein konnte.

Die Rückkoppelung rundete diese Entwicklung ab. Mit dem Fortschreiten der Neotenie mußte der Mann seine Partnerin und die Kinder zunehmend unterstützen. Da der Vater für die über lange Zeit hilflosen Jungen immer wichtiger wurde, entstand unter den Frauen eine stärkere Konkurrenz um hilfswillige Partner. Das bedeutete, sie mußten attraktiver werden, also neotenischer. Der Reproduktionserfolg des Mannes hing nicht länger nur von der Besamung ab, sondern auch davon, daß er sich bis zur Reife um die Kinder kümmerte. Indem er seine Zuneigung zu seinen Kindern und seiner in gewissem Maße kindähnlichen Frau entwickelte, entstand eine familiäre Beziehung.

Unter diesem Blickwinkel muß man die Rolle der natürlichen Auslese sehen; sie hat Anteil an dieser Entwicklung, nicht weil sie sie vorantrieb, sondern weil sie sie ermöglichte. Die wachsende Intelligenz des größer werdenden Gehirns hatte die Nachteile der neotenischen Tendenz – die längere Hilfsbedürftigkeit der Kinder, den Verlust der Körperbehaarung, die Schwächung der Kiefer und Zähne – auszugleichen. Daß die Schimpansen nicht diese Richtung eingeschlagen haben, mag seinen Grund darin haben, daß die Kosten der neotenischen Veränderungen durch den Vorteil eines etwas größeren Gehirns nicht aufgewogen worden wären. Die massive Entwicklung des Gehirns setzte erst lange nach dem Zeitpunkt ein, als der *Australopithecus* eine menschliche Haltung angenommen hatte – vermutlich aufgrund der immer häufigeren Benutzung von Werkzeugen und Waffen.

Die Vorstellung, daß die Entwicklung des Menschen einem Zusammenwirken von allerlei Veränderungen zu verdanken war, ist nicht sehr attraktiv. Und dennoch paßt sie zu der Tatsache, daß die menschliche Intelligenz offenbar weder besonders auf die praktischen Bedürfnisse von Jägern und Sammlern zugeschnitten ist, noch die Maximierung der Reproduktion fördert. Im Gegenteil: Die geistige Ausstattung des Menschen erinnert eher an ein Zentrum der Informationsverarbeitung, dessen Kapazitäten im allgemeinen durch das Anwachsen einzelner Hirnzentren und damit der Komplexität erhöht werden. Mit dem Wachstum des neotenischen Schädels erlangte das Gehirn Fähigkeiten, die weit über seine biologische Anpassung hinausgingen: die Eingebungskraft eines Shakespeare, den Erfindungsreichtum eines Leonardo da Vinci, das Märtyrertum von Heiligen. Wäre die menschliche Intelligenz auf die Bedürfnisse einer affenähnlichen Kreatur abgestimmt gewesen, hätte sie niemals jene Fähigkeiten erwerben können, die zum Aufbau und zur Erhaltung einer modernen Zivilisation notwendig waren.

Wir würden uns gerne vorstellen, daß unsere Begabung die Prämie für den Sieg im Daseinskampf ist, die Belohnung ihres durch natürliche Auslese vorgegebenen Nutzens. Aber die Realität scheint nicht so einfach gewesen zu sein. Die Intelligenz konnte nur zur Geltung kommen, wenn sich ihr Aufwand lohnte. Aber die grundlegenden Faktoren bei ihrer Entstehung waren wahrscheinlich die Großköpfigkeit der Vertebratenembryos – und das Bedürfnis nach Liebe.

Der Geist

Die Intelligenz ist unser Wesensmerkmal, unsere Kraft und unser Mittel zur Bewältigung dieses Lebens. Den Geist aber, das Bewußtsein oder Selbstbewußtsein, unsere Spiritualität, wenn man so will, halten wir für das herausragende Kennzeichen unserer Art. Ein kleines Kind mag wenig wissen und wenig können, doch wir betrachten es als ein fühlendes Geschöpf, ausgestattet mit der undefinierbaren Eigenschaft der Individualität.

Wir gehen vernünftigerweise davon aus, daß es für den Geist

keinen Punkt gibt, an dem er begann, sondern daß er allmählich mit der steigenden Komplexität des Nervensystems wuchs und daß schließlich (wahrscheinlich auf der Stufe des Schimpansen) zur Wahrnehmung der Welt die Wahrnehmung der eigenen Persönlichkeit hinzutrat. Die Vermutung, daß das, was wir unter Geist zusammenfassen, plötzlich im Menschen aufgetaucht ist, widerspricht dem Gedanken der Evolution. Er ist keine Erfindung unserer Art, sondern der Höhepunkt einer Autonomie des Lebens. Der Entwicklung des Geistes muß dieselbe Ursächlichkeit zugrunde liegen, die zur Evolution der baumeisterlichen Fähigkeiten des Webervogels oder jener wundervollen Konstruktion des Auges geführt hat. Doch die Physiker (wie Penrose 1989) sind eher bereit, Theorien darüber aufzustellen, als die Biologen.

Wir kennen zwar unmittelbar nur unsere eigenen Empfindungen, schreiben aber zu Recht anderen Menschen gleiche Gefühle zu. Desgleichen ist es vernünftig, Tieren, die sich auf irgendeine Weise ähnlich verhalten wie wir, Gefühle zu attestieren, die sich mit den unseren vergleichen lassen (eine ausführliche Behandlung dieses Themas ist bei Griffin 1981 nachzulesen). Tiere verhalten sich sehr stark so, als ob sie Angst, Schmerz, Neugierde und Ärger empfinden würden. Wenn Tiere aktiv lernen, muß man unterstellen, daß dabei so etwas wie Leid oder Freude mitspielt – Gefühle, die das Lernen im Menschen auslösen. Ein Hund, der knurrt, jault oder winselt, vermittelt eindeutig Ärger, Freude oder Schmerz.

Sprache und Geist stehen miteinander in Verbindung; die Sprache erleichtert es, geistige Erfahrungen auszubauen und festzuhalten. Tiere dagegen haben eine stark symbolische Kommunikation. Backenhörnchen warnen vor Falken, Kojoten und Schlangen mit unterschiedlichen Rufen. Löwen verfügen über ein halbes Dutzend verschiedener Laute und Schimpansen können ein Dutzend verschiedenartiger Schreie, Pfiffe oder Grunzlaute. In einem afrikanischen Wildpark hatten die Paviane ihre Angst vor Autos bereits völlig abgelegt, als ein Besucher zwei von ihnen erschoß. Die Nachricht verbreitete sich rasch, und die Paviane in der Gegend hielten sich ein Jahr lang von Autos fern (Grant 1985, 419).

Affen nehmen große Mühen auf sich, um interessante Vorgänge beobachten zu können. Der Gesang von Vögeln oder ihr weniger melodiöses Krächzen, Kreischen, Pfeifen und Schreien geht sicher über praktische Erklärungen weit hinaus. Schwärme von kleinen Vögeln provozieren Eulen oder ihnen gefährliche Falken. Wenn

Laubenvögel glänzende Dinge sammeln und welke Blütenblätter erneuern, legen sie offenbar ein ähnliches ästhetisches Empfinden an den Tag wie Menschen mit einem schlichten Gemüt. Schimpansen müssen an ihren Brüllorgien Spaß haben, ebenso am Herumtoben oder am Schütteln von Ästen (E. Wilson 1980, 109). Beim Anblick eines Wasserfalls können sie in einen ekstatischen Tanz verfallen (Konner 1982, 431). Hunde scheinen ganz begeistert davon zu sein, wenn sie losrennen und einen von ihrem Herrchen geschleuderten Stock apportieren dürfen. Man weiß von einem Panda, der einen verschneiten Abhang nicht einfach hinabging, sondern bäuchlings hinunterrutschte. Unten angekommen stieg er wieder auf und wiederholte das Kunststück.

Das Heulen eines leidenden jungen Elefanten klingt wie das Weinen eines Kindes. Elefanten scharen sich um ein verwundetes Herdenmitglied, versuchen ihm aufzuhelfen und bleiben noch nach seinem Tod eine Zeit bei dem Leichnam; manchmal breiten sie Zweige über ihm aus (Moss 1975, 34). Ein verwundeter afrikanischer Büffel zieht sich nicht zurück, um sich auszuruhen und zu erholen, sondern lauert dem Jäger auf. In seiner Wut greift er unter Umständen so lange hartnäckig an, bis er tot umfällt (Miloszewski, 1983, 140f.). Bei den Schimpansen, Pavianen und kleineren Affen tragen die Weibchen ein totes Baby in offensichtlicher Trauer tagelang mit sich herum; weniger hochentwickelte Tiere vergessen das tote Junge sehr rasch.

Die Tatsache, daß Tiere schlafen, was – unserer Erfahrung nach – bedeutet, daß sie ihren Bewußtseinszustand reduzieren, bedingt, daß sie ein Bewußtsein haben (Penrose 1989, 449). Schlafende Hunde geben oft Laute von sich, als ob sie von einer Jagd träumten, und bei Katzen reagieren die Gehirnwellen auf Reize fast genauso wie bei Menschen. Das Sozialisationsmuster von Welpen gleicht dem von Menschenkindern; Welpen haben dieselben Nervenstrukturen, die sie zu emotionalen Reaktionen befähigen wie Kinder und ähnliche nervöse Verhaltensstörungen. Tiere können neurotisch werden, wenn man sie Angstsituationen aussetzt, mit denen sie nicht fertigwerden. Wenn Tiere sichtlich so etwas wie Neugierde oder Furcht zeigen, darf man logischerweise annehmen, daß ihre inneren Empfindungen den unseren so unähnlich nicht sind.

Die geistigen Abläufe bei Affen können ziemlich kompliziert sein. Ein Meerkatzenmännchen stößt einen Warnruf aus, um einen nahenden Rivalen zu erschrecken. Der erhobene Schwanz eines

Pavians signalisiert Angst und Unterordnung. Ein Schimpanse versuchte seine Nervosität zu verbergen, indem er die Hand vor sein feixendes Gesicht hielt. Schimpansen zeigen ein fast ebenso vielfältiges Persönlichkeitsbild wie Menschen (B. Campbell 1985, 363). Darwin erforschte tierische Emotionen, weil ihn das Thema, unabhängig von der natürlichen Auslese, stark interessierte.

Der Geist verschließt sich, mehr noch als die plastische Intelligenz, allen evolutionstheoretischen Erklärungsversuchen. Vieles, was über den Geist abläuft, ist zwar eindeutig biologisch bedingt: Wir verspüren Durst, wenn der Körper Wasser benötigt, und Schmerz signalisiert eine körperliche Verletzung oder Schädigung und lenkt die Aufmerksamkeit dorthin. Doch der Geist ist mehr als ein Bündel zweckgerichteter Merkmale, die durch die selektive Evolution festgelegt wurden.

Viele geistige Merkmale kann man sich nur schwer als Beitrag zum Reproduktionserfolg vorstellen. Der Geist hat nicht nur abstrakte Möglichkeiten, die über biologische Bedürfnisse weit hinausgehen; vieles gibt auch Rätsel auf. Hypnotische Suggestionskraft kann eine Vergrößerung der Brüste bewirken bzw. Hautausschlag hervorrufen oder verhindern. Der Schmerz scheint etwas Einfaches und Zweckmäßiges zu sein, doch das Gehirn und der Geist können ihn registrieren oder nicht; die Gründe dafür entziehen sich unserem derzeitigen Verständnis (Restak 1989).

Die Medizin weiß sehr wohl, daß Gefühle viel mit gesunden oder gestörten Körperfunktionen zu tun haben. Einsamkeit ist schlecht für den Menschen, Depressionen schwächen sein Immunsystem, während positives Denken das Leben verlängert. Solche Zusammenhänge lassen sich nicht innerhalb einer reduktionistischen Denkweise begreifen, aber sie zeigen auf, daß der Geist nicht nur in seinen Ursprüngen etwas Rätselhaftes ist, sondern auch in seiner realen Ausformung – er scheint sich unmöglich in rein materiellen Begriffen erklären zu lassen.

Der Geist ist genauso vom Körper abhängig, wie alle Lebewesen von ihrer Physiologie abhängig sind; doch ist die Psychologie komplexer als die Physiologie, wie auch die Physiologie komplexer ist als die anorganische Chemie. In seiner Anatomie repräsentiert der Geist eine höhere Stufe in dem Ordnungssystem; er ist ein Produkt des Gehirns, das auf dieselbe Art entsteht, in der Elementarteilchen neue Eigenschaften hervorbringen, wenn sie zu Elementen vereinigt sind; diese schaffen die Komplexitäten von Molekülen, die Grundlage des Lebens, das Tiere mit großen zentralen Nervensystemen entwickelt hat.

Obwohl den physischen Gesetzen unterworfen, hat der Geist seine eigene Ursächlichkeit. Die konditionierten Reflexe, wegen ihrer Eindeutigkeit und scheinbaren Einfachheit ein Lieblingsgebiet vieler Psychologen, sagen nichts Wesentliches über den Geist aus. Was für ein Zusammenhang auch immer zwischen geistigen Zuständen und Zuständen des Gehirns oder Wechselwirkungen von Neuronen bestehen mag, er ist weitgehend nicht faßbar und komplex chaotisch. Soweit bekannt verhält sich der Geist keinesfalls gegen die physikalischen oder physiologischen Gesetze, aber er ist innerhalb der unbestimmten und turbulenten Gehirnaktivitäten frei. Der Geist ist, mehr noch als das Wetter, nicht zu simulieren. Er ist eine kontrollierte und ordnungerzeugende Essenz über einem chaotischen Substrat, die unbegrenzt komplexe Wechselwirkung von Elementen im Gehirn.

Eine besondere Eigenschaft des Geistes ist das Selbstbewußtsein. Ein Computer ist möglicherweise imstande, schwierige Probleme zu analysieren, dennoch schreiben wir ihm kein Selbstbewußtsein, also keinen Geist zu. Selbstbewußtsein ist etwas anderes als Informationsverarbeitung. Auch wenn man verwirrt ist und nicht klar denken kann, kann man sich seiner selbst und seiner Verwirrung eindeutig bewußt sein. Das Wesen des Geistes besteht weniger in der Verarbeitung von Daten als im Willen, in der Intention, im Vorstellungsvermögen, in der Entdeckung und im Fühlen. Manche Denkstrukturen können von einem Computer imitiert werden, andere nicht (Penrose 1987, 117).

Der Geist ist so fließend, flexibel und erfindungsreich wie das Leben. Er versteht nicht nur, sondern er erschafft. In der Anpassung an Notwendigkeiten und im Erzeugen von Bedingungen für seine weitere Ausdehnung verfügt er über unbegrenzte Änderungs- und Wachstumskapazitäten. Er ist der Höhepunkt der Plastizität und der restaurativ-integrativen Kräfte des Organismus. Unterschiedliche Menschen haben unterschiedliche Fähigkeiten, manchmal in einem schier unglaublichen Maße. Schwachsinnige Genies verhalten sich zwar weitgehend teilnahmslos, sind aber vielleicht imstande, Rechnungen mit mehrstelligen Zahlen im Kopf auszuführen. Solche Leistungen zeugen von der Plastizität des Geistes; er wird stark, wenn man ihn scharf auf einen Punkt konzentriert.

Der Geist will das Kommando führen, und er hat innerhalb

seiner materiellen Grenzen Verantwortung. Er ist grundlegend integriert, und nicht bloß eine Summe von spezifischen Funktionen, wie sie vielleicht in einem Computer eingebaut sind. Man kann es in einem Satz zusammenfassen: Weil ich geistig bin, besitze ich einen Geist.

Das Leben hat eine duale Natur: eine materielle Basis und die Grundlage für Funktionalität und Verantwortlichkeit, die Lebewesen auszeichnet und auf höheren Ebenen der Evolution gedeiht. Das Materielle ist ebenso real wie das Geistige, so wie es Ursächlichkeit und Wille sind. Der Geist schöpft seinen Reichtum aus diesen beiden Quellen, aus Gefühl und körperlicher Funktion, aus Liebe und Sex, aus dem Spirituellen und dem Fleischlichen, aus der Schaffensfreude und der Befriedigung körperlicher Wünsche. Das Ideelle und das Materielle sind keine Gegensätze, sondern untrennbar miteinander verbunden, obwohl sie zutiefst verschieden sind. Das religiöse Gefühl kann als Begleiterscheinung der Gehirnaktivität oder als partieller Eindruck in tiefere Wirklichkeiten des Universums betrachtet werden; beides ist zweifelsohne zum Teil richtig oder zumindest vertretbar.

Der Physiker Freeman Dyson erklärt dazu: Der Geist existiert meiner Meinung nach im Universum in einem sehr realen Sinne. Die Frage ist nur, ob er elementar vorhanden ist oder eine zufällige Folgeerscheinung von irgend etwas darstellt. Die Biologen neigen offenbar zu einer zufälligen Entstehung des Geistes aus DNS-Molekülen oder anderen Informationselementen. Ich halte das für sehr unwahrscheinlich. Mir scheint es vernünftiger, den Geist als einen ursprünglichen Teil der Natur anzusehen, der seit ihrem Anfang existiert; und wir sind im gegenwärtigen Stadium der Geschichte einfache Manifestationen von ihm. Es ist eigentlich nicht so, daß der Geist ein Eigenleben führt; er gehört vielmehr zu der Art und Weise, wie das Universum aufgebaut ist, und das Leben ist die Form der Natur, dem Geist Möglichkeiten zu geben, die er ansonsten nicht hätte (Dyson 1988, 72). Viele Biologen können sich mit dieser Sicht der Dinge nicht anfreunden, und doch muß sie in Betracht gezogen werden, wenn wir uns um ein realistisches Verständnis von Leben bemühen.

Die Soziobiologie

Die Evolutionstheorie kann nicht als vollständig angesehen werden, solange man keine Erklärung für den Geist und die daraus hervorgegangenen Verhaltensweisen zu liefern vermag. Das ist schwierig, denn der Geist paßt nicht in den Rahmen der Biologie. Dennoch hat sich eine Reihe von Biologen, an ihrer Spitze Edward O. Wilson, mit diesem Problem beschäftigt; sie haben versucht, das menschliche Sein in die Logik der natürlichen Auslese einzubinden.

Der reduktionistische Ansatz besagt, daß das einzig Außergewöhnliche am Menschen sein hypertrophes Gehirn sei. Der *Homo sapiens* wird als »der nackte Affe« charakterisiert – so der Titel eines Buches von Desmond Morris –, und die geistigen Prozesse des Menschen wie auch des Affen sind im Prinzip so verständlich wie die Funktionsweise eines Computers.

Das bedeutet, daß Gefühle und Empfindungen, Freud und Leid, rein instrumentell zu betrachten sind. Wie E. O. Wilson sagt: »Das menschliche Verhalten ist, genau wie die tiefverwurzelten Anlagen zur emotionalen Reaktion, die es antreiben und lenken, das an Umwegen und Einfällen reiche Verfahren der Natur, durch das sie das menschliche Erbmaterial intakt gehalten hat und intakt halten wird« (E. Wilson 1980). In ähnlicher Weise äußert sich Michael Ghiselin: »Wir haben ein Nervensystem entwickelt, das im Sinne unserer Gonaden funktioniert und uns auf die Erfordernisse des Reproduktionswettbewerbs einstellt« (Ghiselin 1974, 263). Der Geist ist nur eine Ergänzung des Körpers, der wiederum nur das Hilfsmittel zur Erhaltung und Replikation der Gene darstellt, ihre Überlebensmaschine also. Der Sinn der Kultur dürfte folglich einfach in der Maximierung des Reproduktionserfolges liegen und sollte unter diesen Gesichtspunkten verstanden werden (Alexander 1979, 131, 144).

Aus diesen Gedanken heraus wandte sich der Ameisenforscher Wilson einer neuen Fachrichtung zu, der Soziobiologie, die das menschliche Verhalten unter Gesichtspunkten betrachtet, die auch auf sozial lebende Tiere anwendbar sind. Die Soziobiologen spalten das unendlich komplexe menschliche Verhalten in spezifische Merkmale auf und ordnen ihnen einen selektiven Wert zu.

Ermutigt wurden sie in ihrer Arbeit durch das Scheitern der Anthropologen, Soziologen und Psychologen, die sich vergeblich bemühten, der verwirrenden Vielfalt menschlicher Lebensweisen ein Höchstmaß an Sinn abzugewinnen. Sie veröffentlichten vor allem in den siebziger und frühen achtziger Jahren umfassende Werke zu dem faszinierenden Thema, warum wir so sind, wie wir sind. Zweifellos vermögen die Soziobiologen den Horizont zu erweitern. Menschen haben, nicht anders als Affen und Hunde, angeborene Verhaltenstendenzen, und für fast jedes menschliche Merkmal läßt sich eine mehr oder weniger überzeugende Entsprechung im Tierreich finden. So legen die Leute im allgemeinen eine Begeisterung an den Tag für Sportarten, die objektiv gesehen kindisch sind. Sie sind sogar bereit, Opfer dafür zu bringen, nur um erwachsenen Menschen dabei zuzusehen, wie sie nach völlig künstlichen Regeln einen Ball schlagen, werfen oder mit ihm herumtoben. Diese Vorliebe läßt sich mit einer konfliktgeladenen menschlichen Vergangenheit in Zusammenhang bringen, in der die »Mannschaft« aus einer Gruppe von Leuten bestand, die um ihre Existenz kämpften. In diesen Gemeinschaften prägte sich neben dem loyalen Zusammenhalt nach innen eine feindselige Haltung Außenstehenden gegenüber aus. Man kämpfte miteinander – in Verteidigung oder Angriff – um Territorium oder auch um Frauen wie in Homers *Ilias*. In einem solchen Erbe mag auch die ansonsten unerklärliche Häufigkeit und Brutalität der Kriege in der Menschheitsgeschichte begründet liegen. Stolz und Machtgier sind das Äquivalent zum tierischen Trieb nach hierarchischer Dominanz.

Als Beweis für die Nützlichkeit des soziobiologischen Ansatzes wird am häufigsten das Inzesttabu angeführt, das in allen menschlichen Gesellschaften verbreitet ist. Der evolutionäre Grund für dieses Verbot besteht darin, daß die Liebe unter nahen Verwandten rezessiv schädliche oder letale Gene zusammenbringt und daß sie zu häufigen Geburtsfehlern führt (E. Wilson 1980).

Bei unseren nächsten Verwandten, den Schimpansen, ist die Geschwisterpaarung dennoch recht üblich; der Vater-Tochter-Inzest muß in kleinen Horden zwangsläufig vorkommen, da ja die Vaterschaft gar nicht bekannt ist (Goodall 1986, 466ff.). Wenn es unter unseren frühen Vorfahren zu häufiger Inzucht kam, dürfte nur ein geringer selektiver Druck gegen den Inzest existiert haben. Sollte andrerseits eine instinktive Abwehrhaltung gegen den Inzest entstanden sein, weil unsere hominiden Ahnen beobachtet hatten, daß die Vereinigung von engen Verwandten oft zu behindertem Nachwuchs führte, würde das nicht Darwins, sondern Lamarcks Evolutionstheorie beweisen.

Die Versuchung, das Tabu zu verletzen, ist weitverbreitet. Viele Psychologen vertreten die Ansicht, daß die Moral genau die Handlungen untersagt, zu denen es uns am stärksten hinzieht. Gäbe es eine instinktive Aversion, wäre das Tabu überflüssig. Die Freudianer glauben, daß die inzestuösen Begierden nicht instinktiv negiert werden, sondern eine Kraft in unserem Unbewußten darstellen.

Wenn die Menschen gänzlich durch die reproduktive Notwendigkeit geprägt wären, ließe sich das Sexual- und Fortpflanzungsverhalten leicht mit biologischen Mitteln analysieren. Genau das versuchen die Soziobiologen. So sollen beispielsweise die Brüste darauf hindeuten, daß Frauen wohlgenährt und daher wahrscheinlich fruchtbar sind. Frauen sind mehr auf Romantik aus, Männer mehr auf Sex. Während Männer durch polygame sexuelle Kontakte reproduktiv mehr zu gewinnen haben, richtet sich das Interesse der Frauen stärker auf das Bewahren eingegangener Bindungen. Die fließenden Grenzen in der modernen Gesellschaft, dazu die leichte Verfügbarkeit von Verhütungsmitteln haben allerdings das sexuelle Verhalten erheblich nivelliert. Da die Frauen von heute die Angst vor der Schwangerschaft (die aus soziobiologscher Sicht eigentlich kaum zu fürchten wäre) verloren haben, nähert sich die Zahl ihrer Seitensprünge der ihrer Gatten an.

In der Praxis scheinen die Menschen durch alles, was mit Sex zusammenhängt, stärker verunsichert zu werden als durch irgend etwas anderes. Ihr Paarungsverhalten ist von Natur aus unbeholfen, sexuelle Fertigkeit müssen sie erst erlenen (auch Schimpansen beherrschen den Sex nicht von Geburt an). Sich zu verlieben, ist etwas sehr Menschliches, aber das romantische Element dabei harmoniert nicht mit dem biologischen. Die Elternliebe ist ein nachdrückliches Gebot der natürlichen Auslese, und doch ist die Instinktausstattung des Menschen für die Elternschaft recht dürftig.

Die bedeutendste Leistung der Soziobiologie ist die Reduktion des Altruismus auf die Gesamtfitness, d.h. auf den genetischen Egoismus. Laut Alexander (1979, 143) richtet sich der Altruismus in der menschlichen Gesellschaft ausschließlich auf Verwandte. Nach Ghiselins Meinung »ist der ›Altruismus‹ eine metaphysische Täuschung« und »was unter dem Stichwort Kooperation läuft, stellt sich als eine Mischung aus Opportunismus und Ausbeutung heraus« (Ghiselin 1974, 25, 247). Doch wenn die Menschen imstande sind, sich der Reproduktion bewußt zu entziehen, dann können sie sicherlich auch über die Gebote des Reproduktionserfolgs hinaus altruistisch sein. Es ist realistischer, den Altruismus nicht mit Gesamtfitness in Zusammenhang zu bringen, sondern mit Menschenbildung und solchen Persönlichkeitsmerkmalen wie Einfühlungsvermögen und Selbstvertrauen (Mussen und Eisenberg 1979). Es ist nicht so bemerkenswert, daß Menschen sich dazu hingezogen fühlen, ihrer Verwandtschaft zu helfen; viel interessanter wäre es, wenn uns die Soziobiologie darüber Aufschluß geben könnte, warum Menschen sich oft für Nichtverwandte einsetzen, ja sogar für andere Rassen oder für die Menschheit als Ganzes.

Wenn sich unsere Vorfahren wirklich auf den Fortpflanzungswettbewerb konzentriert hätten, dann hätten sie niemals die Muße bzw. die überschüssige Energie und die Mittel gehabt, die kulturellen Grundlagen der Zivilisation zu entwickeln. Wir sind darauf programmiert, nach sexuellen Erlebnissen Ausschau zu halten und unsere Lust daran zu haben (viel mehr als am Reproduktionsprozeß). Genauso sind wir darauf zu programmieren, uns vom Sex abzuwenden, seine biologisch vorgezeichneten Ausdrucksformen zu verändern, ihm eine neue Richtung zu geben und ihn zu spiritualisieren – es kann sogar ein regelrechter Widerwillen dagegen entstehen. Der Zölibat steht in vielen Gesellschaften in hohem Ansehen.

Wohl haben wir die Pflicht, unsere Gene zu vermehren, doch welche? Gene für grüne Augen oder lange Nasen können keinen besonderen Wert haben. Doch wenn man Gene für Kreativität, Intelligenz oder Charakterstärke fördern wollte – falls es für solche Dinge Gene gibt –, so würde man dabei auf menschliche Werte zurückgreifen, die nur indirekt etwas mit Gesamtfitness zu tun haben. Es stellt sich vielleicht die Frage, warum es wichtiger sein sollte, die Information in den Reproduktionszellen stärker voranzutreiben als die Information im Geist. Sind Ideen, die sich mit anderen Ideen verbinden und somit einen unendlichen Ideennachwuchs produzieren können, weniger wichtig als Kinder aus Fleisch und Blut?

Es gibt kaum eine Ordnung, die für alle Gesellschaften universell gültig ist. Die präzivilisierten Völker hatten völlig unterschiedliche Familienstrukturen. Menschen machen gemeinsame Sache, wenn sie es zweckmäßig finden; Geschwister können sich gegenseitig lieben und helfen oder hassen und bekriegen. Es gibt Hedonisten und Asketen, Mönche und Freidenker. Menschen verlieben sich in ihresgleichen oder wählen bisweilen einen Partner, der einer anderen Rasse angehört – ungeachtet der Gene.

Oft verhalten sich Menschen wider ihre biologischen Notwendigkeiten. Manche fasten, andere kasteien ihren Körper – sei es im Rahmen gesellschaftlich anerkannter Zeremonien oder in spiritueller Ekstase. Am schlimmsten ist die Beschneidung der weiblichen Klitoris, der sich in weiten Teilen Afrikas die heranwachsenden Mädchen aussetzen müssen. Bei dieser äußerst schmerzhaften, gefährlichen und sinnlosen Verstümmelung wird die Klitoris ganz oder teilweise entfernt, die Schamlippen werden beschnitten und bis auf eine kleine Öffnung zusammengenäht – und das alles ohne Betäubung und nicht steril, meist sogar mit ungeeigneten Instrumenten, und viele Mädchen sterben infolge auftretender Infektionen. Dabei läßt sich die Prozedur nicht einmal als Machtmißbrauch brutaler Männer erklären; sie wird von Frauen ausgeübt, die – vielleicht als Ausgleich für die in der Jugend zugefügten Leiden – selbst Hand anlegen oder ihre Töchter zwingen, sich dem Ritual zu unterziehen. Dessen Zweck ist es, ein Ergebnis der natürlichen Auslese rückgängig zu machen, indem man das sexuelle Vergnügen verringert und den Geschlechtsverkehr erschwert. Ihren Höhepunkt erreicht diese Barbarei, wenn Frauen nach einer Geburt erneut zugenäht werden, um Jungfräulichkeit vorzutäuschen.

Wahrscheinlich stimmt es, daß »kein Verhalten jemals durch die natürliche Auslese allein erklärt werden kann« (Baldwin und Baldwin 1981, 64). Die Soziobiologie scheitert schon prinzipiell darin, daß ihre grundlegenden Ideen – »auf das Gen kommt es an«, die Verwandtschaft und die »Gesamtfitness« – fehlerhaft und unvollständig sind. Merkmale können unter verschiedenen Bedingungen adaptiv oder nichtadaptiv sein; das hängt – im Falle des Menschen – weitgehend vom kulturellen Erbe ab. Die Psychologen täten gut daran, die Evolution mehr in ihr Denken miteinzubeziehen, wenn sie die Menschen zu verstehen versuchen. Doch die Tatsache, daß dies ein Wissen um biologische Grundlagen erfordert, bedeutet noch nicht, daß die menschliche Natur sich mit biologischen Mitteln analysieren ließe. Je komplexer ein Lebewesen und je größer der erlernte Teil des Verhaltens ist, um so weniger läßt sich die evolutionäre Variations-Selektionstheorie anwenden. Je stärker die kulturellen Kräfte sind und je komplexer die Gesellschaft ist, um so weniger entsprechen die Menschen den soziobiologischen Erwartungen. Die körperlichen Merkmale verlieren an Bedeutung; mit steigender Intelligenz und Bildung schwindet die Wahrscheinlichkeit, daß sich die Menschen nach ihren Genen richten – sie neigen vielmehr verstärkt dazu, nach symbolischen Erfolgen zu trachten.

Die Soziobiologie sagt mehr über den gesellschaftsbezogenen Aspekt der Biologie aus als über die Biologie der Gesellschaft. Der *Homo sapiens* ist ein einzigartiges Geschöpf – einem »nackten Affen« entspricht er nicht mehr als die Affen einem »behaarten Menschen«.

Die kulturelle Evolution

Das Leben empfängt, erzeugt und verbreitet Informationen; eine Reihe von Säugetieren hat sich außerordentliche Fähigkeiten angeeignet, die eigene Welt zu erfahren und mit ihr umzugehen. Eines davon, der Mensch, vermag mit seinen Händen Dinge herzustellen; und indem er die Leistungen von Händen und Hirn koordinierte, hat er sein Leben neu gestaltet und ein kulturelles Element geschaffen, das die genetische Information dominiert. Diese evolutionäre Neuerung steht auf gleicher Stufe mit solch großartigen Umwälzungen wie dem Beginn des Lebens, der Photosynthese, der Zelle mit Kern und der Vielzelligkeit. Mit der Erschaffung seiner neuen Welt und der damit verbundenen Revolutionierung der Geschichte des Lebens ist dieses Geschöpf über das Tier hinausgewachsen. Gleichzeitig Besitzer und Produkt einer gewaltigen und immer noch wachsenden Wissensfülle ist der Mensch ein eigenartiger Wesenstypus mit einer neuen Welt sich bietender Möglichkeiten.

Mag diese Metamorphose in ihren dramatischen Manifestationen auch einen neuartigen Ausdruck gefunden haben, so stellt sie doch nur den Höhepunkt eines lang anhaltenden Trends dar. Das Treffen von Entscheidungen spielt neben dem Verhalten eine wachsende Rolle in der Entwicklung von Tieren; zudem werden ihre »datenverarbeitenden« Fähigkeiten stärker, und bei einigen lassen sich Ansätze von Kultur erkennen. Bären bringen ihren Jungen zum Beispiel bei, wie man Fische fängt. Der Biber gibt seine Fertigkeiten von Generation zu Generation weiter, was zum einen über die Nukleinsäure, zum anderen durch Anschauungsunterricht geschieht. Bestimmte Tiergruppen haben sich möglicherweise vor langer Zeit durch kulturelle Errungenschaften einen Wettbewerbsvorteil verschafft, indem sie ihr Wissen über Futterquellen durch

Nachahmung weitergaben. Manche Schimpansenhorden verfügen über Fähigkeiten – sie verwenden zum Beispiel einfache Werkzeuge, um Termiten herauszuholen –, die anderen Sippen fehlen.

Die Stärke solcher Tiere liegt unter Umständen eher in ihrem Lernvermögen als in ihrem Instinkt. Seelöwenjunge müssen Schwimmen lernen, wobei ihnen ihre Gelehrigkeit sehr zustatten kommen dürfte. Elternlose Seeottern, die mit der Flasche aufgezogen werden, können in der Natur nur überleben, wenn ihnen ein Taucher als eine Art Ersatzmutter zeigt, wie man Seeohren loslöst und ihre Schalen knackt. Das Lernvermögen verhilft in einer komplexen Welt zu einer größeren Flexibilität, und es erlangte, lang bevor bipedale Primaten Steinwerkzeuge herzustellen begannen, evolutionäre Bedeutung.

Der Mensch hat sich weitgehend von der Zwangsjacke seiner Instinkte befreit. Ein Neugeborenes, das über Instinkte verfügt, verbessert diese in den ersten Lebensmonaten nicht, sondern verliert sie. Es kann Geh- und Schwimmbewegungen machen, wird nach einem Gegenstand greifen oder sich einem Geräusch zuwenden. Mit dem schnellen Wachstum des Gehirns verschwinden solche Fähigkeiten, und es dauert Monate oder ein ganzes Jahr, bis sie das Baby durch Lernen neu erwirbt (Restak 1989). Ein solcher Verzicht auf den Instinkt hat zu einer unvergleichlichen Flexibilität geführt. Der *Homo sapiens* ist wie die Schabe und die Taube eine äußerst anpassungsfähige Art. Er wird nicht nur erfolgreich mit seiner natürlichen Umwelt fertig – manche würden sagen: er macht sie fertig –, sondern schafft sich mit der Zivilisation eine grundlegend neue Umwelt und paßt sich an sie an. Die Spezies paßt nicht in eine bestimmte Umweltnische, vielmehr baut sie allerlei Arten von Nischen für sich auf.

Wir haben die genetische Evolution hinter uns gelassen, obwohl wir nicht wissen, welche Veränderungen in der genetischen Zusammensetzung der menschlichen Spezies während der letzten 10000 Jahre eines immer künstlicher werdenden Lebens vor sich gegangen sein mögen. Sobald die Menschen anfingen, in Dörfern mit mehr als ein paar Hundert Einwohnern zusammenzuleben, mußten sie als Basis eine gut geordnete Gesellschaft aufbauen. Der Wandel vom Leben eines Jägers und Sammlers hin zu dem eines Bauern beziehungsweise eines Dorf- oder Stadtbewohners war tiefgreifend, und diese neue Daseinsform hat lange genug angedauert, um unter bestimmten Belastungen einen grundlegenden genetischen Wandel auszulösen. Indes ist nicht bekannt, welche selektiven Zwänge es gegeben haben mag; irgendwelche genetischen Veränderungen wurden durch den kulturellen Wandel geduldet bzw. unter erlernten Fähigkeiten und selbstverschuldeten Leiden begraben.

Über seine biologischen Beschränkungen ist der Mensch weit hinausgegangen. Zumindest in den modernen Ländern ist die Vermehrung nicht mehr durch das Nahrungsangebot begrenzt. Die meisten Krankheiten, die normalerweise für eine Dezimierung von Populationen sorgten, sind unter Kontrolle gebracht; viele genetische Mängel (wie Diabetes) haben an Bedeutung verloren. Für wahrscheinlich alle materiellen Bedürfnisse der Menschheit existieren technologische Lösungen. Vorhandene Probleme liegen im sozialen und politischen Bereich.

Die Unterschiede zwischen der biologischen und kulturellen Evolution sind so groß, daß man getrennte Begriff dafür verwenden sollte. Die kulturelle Evolution läuft mit einer ungeheuren Geschwindigkeit ab; ihre Grenzen findet sie meist nur darin, daß der Mensch ihr geistig nicht mehr zu folgen vermag. Sie vollzieht sich unabhängig vom physischen Körper, und ihre Errungenschaften können normale Menschen irgendwie in Übereinstimmung mit ihren intellektuellen Fähigkeiten aufnehmen. Sollte es kulturelle Evolutionseinheiten geben, so sind diese in einem viel höheren Maße undefinierbar als die schlecht definierten Einheiten der biologischen Evolution. Manche Autoren haben Aufstieg und Fall von Kulturen als mehr oder weniger integrierte Konkurrenzprozesse erörtert; andere betonen die Bedeutung lokaler Kulturen oder bestimmter Ideen, Gebräuche und Institutionen.

Doch die Prinzipien der kulturellen Evolution unterscheiden sich, wie kompliziert und mißverstanden sie auch sein mögen, nicht völlig von denen der genetischen Evolution. Es herrschen dieselben Grundsätze von Entropie (d. h. Dekadenz) und Komplexitätswachstum (d. h. Kreativität) vor. Ideen, wenn sie auch nicht festgelegt und stabil sind, gleichen in gewissem Sinn dem Wesen von Organismen; sie führen eine Art Eigenleben in einer Umwelt, die von einer informationsgeprägten Zivilisation bestimmt wird. Ideen werden, oft durch gegenseitige Befruchtung, aus anderen Ideen geboren. Wie Tierarten haben sie eine Stammesgeschichte, und ihre Entwicklung ist durch ihre Ursprünge und äußeren Bedingungen eingeschränkt. Nicht anders als in der biologischen Evolution gibt es auch unter Ideen einen Kampf um Überleben und Vermehrung – am deutlichsten vielleicht unter den wissenschaftlichen Theorien erkennbar (Popper 1984, 239). Manche der Ideen sind starr wie fossile Arten; andere machen einen Sprung zu neuen Integrationen oder bringen eine Vielzahl verwandter Ideen, gleich dem Aufspalten von Arten, hervor.

Ideen und andere Kulturelemente lassen sich mit Spezies vergleichen, doch entsprechen sie auch den Genen. Dawkins und andere bezeichnen sich selbst replizierende Kulturelemente als »Meme«. Sie seien der gleichen Dynamik ausgesetzt wie die Gene, deren Nachfolger sie sind (Dawkins 1989, 189ff.). Ideen sind der kulturellen Auslese unterworfen. Obgleich die Gründe für die Verbreitung bestimmter Erfindungen, Sitten, Institutionen oder Methoden oft im dunkeln liegen, steckt immer irgendeine Nützlichkeitserwägung materieller, psychologischer oder sozialer Art dahinter. Schon in der Steinzeit verbreiteten sich bessere Werkzeuge oder Waffen und ersetzten minderwertigere. Aber nicht nur praktische Dinge wie Anbau-, Schürf- und Herstellungsmethoden setzten sich durch, sondern auch zahllose Sitten und Gebräuche, Formen, Stile und Glaubensrichtungen. Ein Beispiel aus prähistorischer Zeit ist die merkwürdige Angewohnheit, Tage zu Siebenergruppen zusammenzufassen. Menschen lernen nicht nur, wie man Dinge tut – sie lernen außerdem, wie man sich selbst einschätzt und wie man zu seinen Mitmenschen in Beziehung tritt. Heutzutage verwandelt die elektronische Verbreitung von Moden, Geistesrichtungen, Meinungen und politischen Philosophien den Großteil der Welt in eine einzige Gesellschaft, deren Werte sich immer stärker aneinander angleichen.

Der Erfolg von Ideen hängt in starkem Ausmaß von jenen ab, die sie am Leben erhalten, die sich demgemäß als am »fittesten« erweisen. Diese Auslese, ob natürlich oder nicht, löste einen biologischen Triumphzug aus. Der *Homo sapiens* nahm zahlenmäßig in einer Größenordnung zu wie kaum eine andere erfolgreiche Art vor ihm. Im letzten Jahrhundert kam es zu einer Bevölkerungsexplosion, die sich mittlerweile als gefährlich herausgestellt hat.

Niemand würde behaupten wollen, daß jene Ideen, die am erfolgreichsten fortbestehen, zugleich die geeignetsten für die Zukunft der biologischen Spezies sein müssen. Die kulturelle Evolution ist – wie die genetische – über weite Strecken ein empirischer Prozeß mit vielen Sackgassen, mit Phasen der Stagnation und mit

Blütezeiten. Das Leben einer Kultur ist ein ununterbrochener Kampf zwischen kreativen und destruktiven Kräften; Aktivität und Verbesserungswille stehen gegen Dekadenz und soziale, moralische wie auch technologische Degeneration. Zufall oder Chaos spielen beim kulturellen wie beim genetischen Wandel eine gewichtige Rolle, da historisch vorgegebene Bedingungen, die menschliche Psyche sowie das natürliche und ökonomische Umfeld für völlig unvorhersehbare Ergebnisse sorgen. Woraus kulturelle Vielfalt und Kreativität entstehen, ist größtenteils nicht leicht oder überhaupt nicht zu erkennen. Wir haben es mit einem immensen chaotischen Gewirr von Rückkoppelungen zu tun. Diese können sich den Reaktionen der Menschen entsprechend, positiv oder negativ auswirken. Rücksichtsloser Ackerbau führt zu Erosion und Preisgabe der Felder bzw. macht bodenerhaltende Maßnahmen erforderlich; sorgfältiger Ackerbau erhöht die Fruchtbarkeit. Gewalt erzeugt Gegengewalt, verstärkt jedoch auch das Bedürfnis nach Ordnung. Eine wissenschaftliche Entdeckung kann ein intensiveres Weiterforschen und neue Entdeckungen auslösen, oder aber sie hat eine technologische Ernüchterung zur Folge.

Soziale Faktoren haben bei der biologischen Evolution eine große Rolle gespielt. Desgleichen ist die Entwicklung von Kultur und Zivilisation stets mit der Evolution sozialer Organisationen und Werte einhergegangen. Es müssen viele Etappen zwischen der lockeren Gemeinschaft der Affen und der Einbindung in die Familie, die eine menschliche Existenz erst ermöglichte, gelegen haben. Und manche Innovation muß vor etwa 35000 Jahren einen Aufschwung an Kreativität ausgelöst haben. Neue Institutionen lieferten vermutlich die Basis für den Beginn des Ackerbaus und die Errichtung von Dörfern und Straßen im Neolithikum vor rund 10000 Jahren, desgleichen für den Aufstieg des systematischen Denkens im alten Griechenland, für die Entwicklung einer kritischen Geisteshaltung im 16. Jahrhundert sowie für Rationalismus und neue Wissenschaften im 17. Jahrhundert.

Im kulturellen Wachstum wie in der genetischen Evolution bilden Formen, die man erreicht hat, den Nährboden für neues Wachstum. Die Intelligenz liefert neue Möglichkeiten zur Verbesserung der Intelligenz. Sie schafft insbesondere Mittel und Wege zur Weitergabe und Koordination von Wissen, d. h. für eine Tradition, die Grundlage für die Entwicklung unserer Kultur ist. Sprache, Schrift, Druck und neuerlich die elektronische Informationsverarbeitung haben die Fähigkeit, Informationen hervorzubringen, zu kombinieren, anzuwenden und an die nächste Generation weiterzugeben, Schritt für Schritt exponentiell vergrößert. Der Geist baut sich selbst eine neue und unendlich reiche Umwelt auf, die ihn mit Hilfe der zur Verfügung stehenden Fülle an Datenmaterial erweitert – ein offenbar grenzenloser Expansionsprozeß. Die Menschen werden zu Produkten ihrer eigenen Schöpfungen wie ihrer Gene. Die Kraft der positiven Rückkoppelung hat eine Beschleunigung des Wandels bewirkt und den vulkanartigen Umbruch unserer Tage hervorgerufen, in dem die Eltern die Welt ihrer Kinder nicht mehr verstehen.

Die kulturelle Evolution läßt sich mit der biologischen insofern vergleichen, als Erfindung (Mutation) und Auslese auf allen Ebenen beheimatet sind. Es gibt mehr oder weniger willkürliche bzw. richtungslose Bewegungen (genetische Drift), es gibt Stillstand (wenn Kulturen sich über Jahrhunderte hinweg halten) und Aussterben (wenn kulturelle Merkmale, manchmal auch ganze Kulturkomplexe oder Zivilisationen verschwinden). Die kulturelle Kreativität erblüht in zum Teil isolierten Bereichen, wie die Sonderentwicklung auf einem Archipel zeigt. Über lange Zeit schiebt sich der kulturelle Fortschritt gemächlich wie ein Gletscher voran – wie langsam, läßt sich daran ablesen, daß Bakterien über zwei Millionen Jahren hinweg den Gipfel des Lebens darstellten. Darüber hinaus hat es vor dem Aufstieg der alles verschlingenden westlichen Zivilisation abwechselnd Perioden von rascherem Wandel – vergleichbar den evolutionären Radiationen – und von Stagnation gegeben.

Die Zivilisation wurde größtenteils durch kleine Gruppen miteinander konkurrierender Staaten errichtet. Da es in offenen Systemen von Ideen und Innovationen nur so zu brodeln pflegt, entstanden neue Synthesen, aus denen eine neue Zivilisation hervorging – bis die kleinen Einheiten schließlich durch großstaatliche Zusammenschlüsse und durch statische Gesellschaften ersetzt wurden. Die Hauptarchitekten der Zivilisation waren die Sumerer im Süden Mesopotamiens, denen wir so grundlegende Erfindungen wie die Schrift, das Rad, die Segelschiffe und (soweit bekannt) den organisierten Staat verdanken. Doch ab 2300 v. Chr. geriet das Land unter die Herrschaft einer Reihe unkreativer, zentralisierter Staaten, die wie große Spezies jeden Wandel abblocken. In ähnlicher Weise gingen auch Indien, China und Peru den Weg von einer lockeren Staatenordnung mit hoher Kreativität – chaotisch, wenn man so will – zu großen statischen Reichen (Wesson 1967). Das beste Beispiel für solche Irrwege ist der intellektuelle Reichtum des klassischen Griechenlands, der durch die Torheit des Römischen Reiches zerstört wurde – es erinnert an die frühen Reptilienradiationen im Trias, auf die die Herrschaft der Dinosaurier folgte.

Vorgänge wie das große Sterben in der Kreide-Tertiär-Zeit und der Untergang der Dinosaurier ebneten den Weg für die Radiationen von Vögeln und Säugetieren; der Niedergang des Römischen Reiches löste die alten Ordnungsstrukturen auf, was letztlich die Entstehung einer neuen Zivilisation ermöglichte. Und diese neue Zivilisation des Westens erfreute sich 1000 Jahre lang einer nahezu ununterbrochenen Expansion mit fast kontinuierlich zunehmendem Tempo. Hatte mit dem 15. Jahrhundert die stärkste Phase eingesetzt, so stand die westliche Zivilisation zwei Jahrhunderte später schon konkurrenzlos da, und mit Ablauf des 20. Jahrhunderts wird sie jeden Funken unabhängigen kulturellen Lebens auf diesem Globus erstickt haben.

Dieser kulturelle Siegeszug, der mit dem biologischen des *Homo sapiens* vergleichbar ist, läßt sich nicht so leicht erklären. Der wichtigste Faktor ist wahrscheinlich darin zu sehen, daß Europa, besonders seine westlichen Teile, seit dem Zerfall des Römischen Reiches im 5. Jahrhundert dem Erstickungstod einer großstaatlichen Vereinheitlichung entrinnen konnte. Zwar versuchten nicht wenige Herrscher, den Ruhm der Cäsaren in ihrer Person neu erstehen zu lassen, doch ob Kaiser Karl V. oder Philipp II. von Spanien im 16. Jahrhundert, die Habsburger im Dreißigjährigen Krieg, Napoleon oder in jüngster Vergangenheit Adolf Hitler, sie scheiterten alle. Die europäischen Nationen bewahrten sich ihre Unabhängigkeit freilich nur dank der außergewöhnlichen geographischen Situation, daß die größeren Einheiten wie Frankreich, Spanien und England leidlich verteidigungsfähige Gebilde darstellten. Ohne einen solch glücklichen Umstand, wie ihn die Existenz des Ärmelkanals darstellte, hätte die Unabhängigkeit der europäischen Staaten nicht bewahrt werden können. Stand schon die Geographie im westlichen Teil des Kontinents einer politischen Vereinheitlichung entgegen, so gewährleistete der Austausch zwischen den souveränen Staaten zusätzlich eine Offenheit, die ein ständiges Experimentieren und Verändern gestattete (Wesson 1978, 110f.).

Die größten Kräfte und die schnellsten Fortschritte erwuchsen der heutigen Zivilisation aus dem Umgang mit Informationen. Es entstand sogar eine neue Art Mensch, die nicht durch genetischen Wandel, sondern durch die Symbiose mit einem intelligenznahen Kunstprodukt geprägt ist. Die »Ehe« zwischen Mensch und Computer ist geschlossen. Neue Perspektiven eröffnen sich, begleitet von neuen Ausstattungen für dieses Leben und vor allem von neuen Möglichkeiten zur Ergänzung des Gehirns. Das Zubehör zu den menschlichen Geisteskräften dient nicht nur zur Wissenserweiterung, sondern verhilft zu Einsichten und Entdeckungen, die dem Gehirn Arbeit abnehmen, von ihm aber auch neue Orientierungen verlangen – mit den verbesserten Möglichkeiten nahmen die Probleme an Schwierigkeit zu.

Trotz allen Fortschritts kann die menschliche Zivilisation ihre Ressourcen erschöpfen oder eine Art von Selbstmord begehen. Die technologischen Leistungen werden durch die immensen Ungleichheiten zwischen den reichen und armen Regionen dieser Welt verdunkelt. Die moderne Gesellschaft ist allzu sehr auf Bedürfnisbefriedigung bedacht und übt zu wenig Selbstbeherrschung. Sie scheint sich als unfähig zu erweisen, die soziale Ordnung insoweit zu verbessern, daß sie mit dem technologischen Wandel Schritt hält und weitere Verbesserungen ermöglicht. In den meisten Teilen der Welt ist die soziale, politische und wirtschaftliche Ordnung gescheitert; die Menschen sind weitaus ärmer, als sie es bei den zur Verfügung stehenden Produktionsmitteln sein müßten.

Unsere Art hat sich im chaotischen Gewirr einer mächtigen und anscheinend unkontrollierbaren Rückkoppelung verfangen. Es gibt kein Entrinnen mehr ohne biologische Katastrophe, und wenn wir überleben wollen, müssen wir lernen, mit dieser Situation zurechtzukommen. Sollte es der Menschheit gelingen, noch eine nächste Stufe zu erklimmen, dann müßten dort neue, weitreichendere, menschlichere Werte gelten. Wir müssen eine weniger anmaßende Gesellschaft aufbauen, die einen produktiven Austausch und die Weiterung des Geistes in höherem Maße zuläßt. Angesichts der ständig wachsenden Komplexität der Probleme und Interaktionen wird es immer dringender, die Intelligenz im Dienste einer gesellschaftlichen Struktur einzusetzen, die entscheidend ist für den weiteren Weg dieser Intelligenz.

13. Kapitel

Schlußfolgerungen und Perspektiven

Die Autonomie des Genoms

Angetrieben durch die Energien des Universums hat das Leben seine Wunder vollbracht; Selbstordnung und natürliche Auslese waren die treibenden Kräfte. Doch die Natur ist zu unergründlich, als daß unser begrenzter Geist sie leicht und mühelos durchschauen würde. Zwar lassen sich viele Dinge, die Wesen und Erscheinungsformen des Lebens betreffen, mehr oder weniger gut erklären, doch kaum etwas haben wir wirklich verstanden. Das Universum ist schon in seiner fundamentalen Struktur unbegreiflich komplex, und die Organismen sind der Höhepunkt der Komplexität. Die Evolution umfaßt von den Makromolekülen an bis hin zu den Spezies viele Arten von Systemen, und jedes davon steht mit unzähligen Systemen in Interaktion. Wenn schon die Elektronen für uns ein Buch mit sieben Siegeln sind, wie können wir uns dann anmaßen, die Entstehung von Lebewesen von Grund auf begreifen zu wollen?

Es bestehen Zweifel, ob es eine Theorie geben kann, die schlüssig und umfassend genug ist, um die vielfältigen Aspekte der Evolution abzudecken. Es ist schon viel, wenn die Biologie wie andere Wissenschaften im Ansatz aufklärende Beschreibungen vorlegen kann. Die Evolution ist das Resultat aus mindestens vier bedeutenden Faktoren: Umwelt, Auslese, zufällig-chaotische Entwicklung und innere Lenkung – man kann weder ein Gesetz erwarten, von dem all das gesteuert wird, noch darauf hoffen, ein geistiges Prinzip zu entdecken.

Die konventionelle Evolutionstheorie, die sich noch dem alten Tagtraum von einem Universum hingibt, das wie ein großes Uhrwerk funktioniert, ist unvollständig – trotz oder gerade wegen ihrer Gefälligkeit und des logischen Reizes, das Ganze auf ein paar Axiomen aufzubauen. Sie sieht sich vielgestaltigen Problemen gegenüber, von denen viele in den vorangegangenen Kapiteln aufgegriffen wurden. Die meisten schienen darauf hinzudeuten, daß das Genom nicht so sehr das passive Objekt von Umwelt und zufälligen Variationen ist, die das Raster der natürlichen Auslese durchlaufen haben. Vielmehr zeigt es sich als aktiver Gestalter einer Zukunft, die – wenn auch in den Grenzen der materiellen Umwelt und ihrer Vergangenheit – chaotisch offen ist. Der in früheren Kapiteln angeführte Beweis, daß das Genom viel autonomer ist, als man ihm das gemeinhin zugesteht, kann folgendermaßen zusammengefaßt werden.

Erstens: Die Adaptation stimmt oft nicht mit der Lebensform überein. Das zeigt sich am Erfolg weitverbreiteter Arten wie des Eukalyptus, der Schaben und der Spatzen unter den verschiedensten Umweltbedingungen; ferner an der unvollständigen Modifikation zur Anpassung an eine veränderte Umwelt wie im Falle der im Meer lebenden Seekühe und der halbaquatischen Wespen; an der mangelhaften Angleichung an eine veränderte Lebensform, wie bei Pandas und Gorillas zu sehen; an der Unfähigkeit vieler Arten, sich an Veränderungen des Lebensraums anzugleichen, statt unverändert zu bleiben, bis sie durch neue Arten ersetzt werden; und auch die fast völlige Unveränderlichkeit von »lebenden Fossilien« wie Libellen und Gingkos ist ein Beleg dafür.

Zweitens: Viele Merkmale sind offensichtlich unabhängig von adaptiven Notwendigkeiten. Man sieht das an der unendlichen Vielfalt von Merkmalen ohne erkennbaren Nutzen, zum Beispiel an den Formen von Blättern innerhalb ein und desselben Gebietes; an dem stark verbreiteten Proteinpolymorphismus bei Tieren, wobei die Veränderung von Strukturgenen völlig von der Evolution der Organismen losgelöst ist; an der raschen Aufspaltung in einigen Familien (Artenschwärme), wie sie bei afrikanischen Cichliden und hawaiianischen Drosophiliden typisch ist; an der extremen Unterschiedlichkeit von Sexualorganen und Verhaltensweisen, besonders bei den Gliederfüßern; an den gegensätzlichen Verhaltensweisen unter ähnlichen Bedingungen – manche Affenmännchen töten Junge, die nicht von ihnen sind, während andere sie tolerieren oder ihnen helfen.

Drittens: Die Evolution führt oft zu schlecht angepaßten Ergebnissen, so beim Versagen von Organismen, ihre maximalen Reproduktionskräfte auszuspielen, erkennbar an der mäßigen Fruchtbarkeit von Schimpansen, Kondoren und vielen Orchideen; bei dem anscheinend unnötig frühen Sterben von Lachsen, Opossums und

Taranteln; beim Fortbestand der Sexualität trotz ihres hohen Aufwands und bei der Fähigkeit einer Reihe von Fischen und Reptilien zur Entwicklung parthenogenetischer Spezies.

Viertens: Baupläne setzen sich durch. Man sieht das an den Übereinstimmungen bei den Taxa, die die Theorie der natürlichen Auslese widerlegen, wonach Formen eine Anhäufung von zweckdienlichen Merkmalen seien; am Fehlen von fossilen Beweisen für einen graduellen Übergang zwischen Bauplänen; an der Integrität von »Mustern«, die sich an der Fähigkeit zur Selbstwiederherstellung zeigt; an der Erhaltung sehr komplexer Organe und Instinkte angesichts unvermeidbarer schädlicher Mutationen, vor allem bei Tieren mit geringer Fruchtbarkeit; an der Fähigkeit von Genen, die ein Organ steuern, sich gemeinsam und harmonisch zu entwickeln; an der parallelen Evolution, die auch nicht von der natürlichen Auslese bestimmte Merkmale miteinschließt wie die Blindheit von Treiberameisen; an der Entwicklung in nicht adaptiv erforderliche Richtungen, worunter die viel zu hohe Anzahl von Beinen bei den Tausendfüßlern und der völlige Verlust der hinteren Gliedmaßen bei den Walfischen fallen.

Fünftens: Die Evolution bringt viele Adaptationen hervor, die offensichtlich über die Kräfte der natürlichen Auslese hinausgehen, darunter Organe und Instinkte, für die sich nur schwerlich lebensfähige Zwischenstadien vorstellen lassen oder für deren Zweck verschiedene unwahrscheinliche Veränderungen zusammentreffen müssen – Beispiele sind hier der elektrische Apparat bei Fischen oder die Angewohnheit der Dasselfliege, ihr Ei auf einer Stechmücke abzulegen; außerdem zählen dazu komplexe Instinktmuster, die durch zufälligen Schlüsselreiz nicht zu erreichen wären, sowie die unerklärliche Errungenschaft einer hohen Intelligenz, wie man sie bei Delphinen und Menschen findet.

Die Autonomie des Genoms beantwortet noch nicht spezifische Fragen zur Evolution; sie deutet vielmehr darauf hin, daß viele Punkte nicht geklärt werden können, weil ihr Ursprung in einer weitgehend undurchschaubaren Geschichte verborgen liegt. Aber viele Fragen verlieren etwas von ihrem Geheimnischarakter, wenn man akzeptiert, was sich intuitiv aufdrängt – daß nämlich Lebewesen auf äußerst komplexe Weise höchst organisiert sind; daß sie zwar zur Interaktion mit der sie umgebenden Welt fähig sind, ihren Antrieb indes aus ihrer eigenen Dynamik erfahren, die grundsätzlich stabil, gleichzeitig aber einer chaotischen Neuausrichtung unterworfen ist. Diese Konzeption gilt für viele weitreichende Phänomene, so für jene Kategorien von Organismen, die sich nach mehrfachen einheitlichen Merkmalen kennzeichnen lassen; für die Beständigkeit mancher Arten wie für die Aufspaltung anderer Spezies unter bestimmten Umständen; für die Möglichkeit, neue Richtungen einzuschlagen (Makroevolution); für die Tatsache, daß die strukturelle Adaptation hinter der Änderung des Verhaltens herhinkt, und für die Tendenz, bestimmte Richtungen beizubehalten.

Die Autonomie des Genoms weist darauf hin, daß eine evolutionäre Innovation nicht so sehr als ein Prozeß verstanden werden soll, der durch die natürliche Auslese kanalisiert wurde, sondern als die Verwirklichung von inhärenten Möglichkeiten, zustande gekommen innerhalb der von der Umwelt gesetzten Schranken unter Mitwirkung des Chaos. Solange wir nicht viel besser darüber Bescheid wissen, wie Gene Organe formen und Instinkte übertragen, können wir ihre Evolution kaum wirklich verstehen, doch spielen Programme eindeutig eine gewichtige Rolle dabei, wenn auch in einer Weise, die nur schwer zu ergründen ist.

Die natürliche Auslese darf man sich als die dominante Kraft hinsichtlich der Stabilität von Arten vorstellen, aber ihre Macht ist beschränkt. Die lebende Natur, wie wir sie vor uns sehen, könnte nicht entstanden sein, wenn die natürliche Auslese nicht zulassen würde, daß die chaotische Innovation, kanalisiert durch innere Richtungsweiser, zuweilen den Ton angibt. Wohl hinterlassen lebensunfähige Organismen keine Nachkommen, doch kann die natürliche Auslese nicht vorschreiben, wie sich der Organismus zu entwickeln hat.

Bis zu einem gewissen Grad betreiben die Organismen ihre Evolution selbst, und zwar durch ihr Verhalten, die Auswahl, die sie treffen und die zu neuen Adaptationen führt. Das wirft die Frage auf, welche Rolle dem »Willen« zukommt, wie er sich entwickelt hat und in welchem Bezug er zur Adaptation steht. Der Wille ist ein Element des Geistes, und er existiert, wie wir vermuten dürfen, bei höheren Lebewesen. Der Geist paßt mit seinen nichtadaptiven Eigenschaften nur schlecht ins biologische Bild und wurde in der Biologie allgemein vernachlässigt (Eccles 1990). Er muß jedoch bei der Entwicklung hochintelligenter Geschöpfe, insbesondere des Menschen, eine Rolle gespielt haben.

Der Unterschied zwischen den aktiven und selbst vorangetriebenen Kräften der Evolution und den passiven, mechanistischen Elementen ist nicht eindeutig zu fassen obwohl er vorhanden ist. Das Genom ist nicht nur den Umweltkräften unterworfen, sondern es ist kreativ. Wie es dazu gekommen ist, liegt weitgehend im dunkeln. Vielleicht aber ist das Leben an sich schon etwas so Geheimnisvolles – als der am höchsten geordnete Aspekt eines Universums, das sich selbst nur unvollständig erfassen kann.

Die Richtung der Evolution

Die Evolution kann insofern als ein zielgerichteter Prozeß betrachtet werden, als sie Teil eines zielgerichteten Universums ist – als eine Entfaltung von Möglichkeiten, die irgendwie zu diesem Kosmos gehören. Es hat in der Geschichte des Lebens auf Erden ebenso eine Richtung gegeben, wie es sie in der Geschichte des Universums gegeben hat – vom Feuerball zum Sonnensystem.

In Erfüllung seiner wichtigsten Aufgabe, der Selbsterhaltung und Vervielfachung, hat das Leben die ihm offenstehenden Wege erforscht. Es hat sich im Verlaufe der Äonen ausgedehnt, neue Lebensbereiche und Nischen erobert und die Zahl von Individuen und Arten erhöht. Bei Darwin heißt es: »Jeder Schritt in der natürlichen Auslese einer jeden Spezies schließt eine Verbesserung bei dieser Spezies hinsichtlich ihrer Lebensvoraussetzungen mit ein.« Zweifellos lieferte die Fortschrittsgläubigkeit des Viktorianischen Zeitalters der raschen Verbreitung seiner Theorie Vorschub. Das Leben hat die Erde immer mehr in Beschlag genommen – eine Tendenz, die in der modernen Zivilisation ihren Kulminationspunkt fand.

Die natürliche Folge von Reproduktion und Variation ist eine wachsende Vielfalt und Komplexität. Eine Struktur bleibt mit größerer Wahrscheinlichkeit lebensfähig, wenn man ihr Elemente hinzufügt, als wenn man ihr welche wegnimmt. Im letzteren Fall wird vermutlich ein notwendiges Bindeglied entfernt, während eine Beifügung nicht unbedingt die Effektivität des Gesamten beeinträchtigt. Die Organismen werden erst dann einfacher, wenn Funktionen nicht länger benötigt werden – etwa wenn ein Tier zum Parasiten wird, der seine Nahrung aus einem anderen saugt, oder wenn ein Höhlenbewohner sein Augenlicht verliert. Auch wenn sich die heutigen Bakterien in ihrer Form kaum von denen vor

Milliarden von Jahren unterscheiden, darf man berechtigterweise annehmen, daß auch sie sinnvollere Möglichkeiten für die Verwendung von Stoffen in ihrer Umwelt gefunden haben.

Gleichgültig, ob sich die Basis der Lebenspyramide stark verbreitert hat, an ihrer Spitze wird jedenfalls ständig weitergebaut. Fortschritt ist in der Evolution ein heikler Begriff, der sich von der Logik her für jede Spezies anders definieren ließe. Man kann ihn nicht als zwangsläufig ansehen, da sich Verbesserung und Rückschritt stets gegenüberstehen; die entropische Wirkung von zufälligen Mutationen wird nicht unbedingt durch übermäßige Reproduktion und Selektion aufgehoben. Doch prokaryontische, d.h. kernlose Zellen haben den Anstoß zu strukturierten Einzellern gegeben. Diese haben sich differenziert, um größere und komplexere Zellgebilde hervorzubringen; und vielzellige Geschöpfe erzeugten immer mehr vielschichtige Komplexitäten, die untereinander in Interaktion standen. Man mag es als Fortschritt in dem elementaren Sinne bezeichnen, daß eine Stufe die Vorbereitung für die nächste darstellt (Maynard Smith 1988, 219). Lebewesen können auf jeder Ebene Leistungen vollbringen, die vor oder unter ihnen nicht erbracht wurden, und vielleicht gelingt ihnen dabei der Durchbruch zu einer neuen Struktur, die zu größerer Flexibilität führt und weitere Durchbrüche ermöglicht.

Es gibt eine Vielzahl von Weiterentwicklungen (Simpson 1974, 35): Termiten werden bessere Zellulosefresser und Ameisenbären geschickter im Plündern von Termitennestern. Es zeigen sich jedoch Tendenzen, die weitverbreitet sind. Manche liegen auf der Hand – wie die wachsende Fähigkeit, die von der Umwelt angebotenen Ressourcen in Anspruch zu nehmen –, andere Tendenzen sind nicht so offensichtlich. So werden Tiere, die sich weniger auf die Umwelt verlassen oder weniger von ihr geprägt sind, abhängiger von Artgenossen. Während Reptilien im allgemeinen ihre Eier ablegen und sie dann zurücklassen, kümmern sich Vögel und Säugetiere ausgiebig um ihre Jungen. Ein wesentliches Charakteristikum der Menschen ist ihre lange Wachstumsperiode, während der die neue Generation sich das kulturelle Erbe der Gemeinschaft aneignen kann. Die moderne Zivilisation hat eine völlige Abhängigkeit, ob einseitig oder wechselseitig, mit sich gebracht: Wenn Familien sich ganz allein durchbringen müßten, würden fast alle Menschen zugrunde gehen.

Eine noch weiterreichende Tendenz geht dahin, ihre Reaktionsfähigkeit auf äußere Bedingungen auszubauen. Lernen und Aufgeschlossenheit führen zu Bewußtsein und Verständnis. Die großhirnigen Primaten hatten Hände, um Dinge herzustellen, mit denen sich das Gehirn beschäftigen konnte, und sie fertigten Werkzeuge, um die Möglichkeiten ihrer Hände zu erweitern und weitere Werkzeuge zu fertigen. In der jüngsten geologischen Epoche entwickelte die Information ihre eigene Dynamik durch Sprache, Schrift und immer bessere Mittel der Datensammlung und -verarbeitung. Die kulturelle Entwicklung der Menschheit wurde zur Schubkraft der Evolution, und die in der Nukleinsäure gespeicherten Informationen wurden ergänzt oder überschwemmt mit einer Flut von Menschen gemachter und in Symbolen gespeicherter Informationen.

Auf diese Weise haben wir uns weitgehend von den Zwängen der biologischen Vergangenheit befreit. Sogar von unserer eigenen kulturellen Vergangenheit haben wir uns teilweise gelöst, als wir begannen, eine sich verändernde Gegenwart zu schaffen. Modern und zivilisiert oder kultiviert zu sein, ist fast gleichbedeutend mit einer Absage an Lebensweisen und Ideen, die uns aus primitiveren Zeiten vererbt wurden. Die neue Freiheit bedeutet, kein Sklave des Reproduktionstriebs zu sein, sondern ihn zu beherrschen; unsere Mitmenschen nach ihrem moralischen, intellektuellen oder kulturellen Wert zu behandeln, nicht nach ihren körperlichen Eigenschaften; bei anderen die charakterliche Verwandtschaft höher zu bewerten als die genetische. Sie fordert, den Fortschritt unter sozialen, ethischen und intellektuellen Gesichtspunkten zu beurteilen.

Die Entwicklung der Evolution

Trotz der erstaunlichen Allgemeingültigkeit der Lebensprozesse ist nicht anzunehmen, daß sich die generellen Aussagen zur Evolution auf alles Lebende anwenden lassen – auf Tiere ebenso wie auf Bakterien, Protozoen und Pflanzen, ganz zu schweigen von den exzentrischen Pilzen, die in diesem Buch zu kurz kommen. Die Genetik aller dieser Reiche ist nicht zu vergleichen. Bakterien sind haploid, und gelegentlich erhalten sie Anweisung der DNS. Protozoen kennen verschiedene genetische Praktiken, darunter die Selbsterneuerung des Kerns. Pflanzen vervielfachen Chromosomen (Polyploidie), verzichten weitgehend auf Sex und zeigen doppelte Befruchtung, somatische Mutationen und andere komplizierte

Vorgänge. Die meisten Pilze sind haploid, manche haben mehrere Kerne bzw. verschiedene Arten von Kernen oder nicht aus Zellen aufgebaute Gewebe. Bei relativ entwickelten Tieren ist die Keimbahn getrennt, wie Weismann bewiesen hat. Es mag einige wesentliche Unterschiede zwischen der Evolution von Vertebraten und Insekten geben, unter Umständen in noch subtilerer Form zwischen Amphibien und Säugetieren. Die natürliche Auslese funktioniert ebenfalls auf unterschiedliche Weise, so wenn nur einer von 100 oder 1000 Nachkommen überlebt (wie im Falle der meisten Wirbellosen; nur einer von Billionen ist es gar beim Fischbandwurm) oder wenn das Weibchen während seines Lebens nur ein paar Junge auf die Welt bringt, wie bei vielen großen Vögeln und Säugetieren der Fall.

Die Evolution ist kein einzelner Prozeß, sondern ein Konglomerat von Interaktionen. Diese ändern sich, wenn der Organismus in seinen Strukturen, seinen Erfordernisse und seinen Beziehungen zu anderen Organismen und seiner physikalischen Umwelt komplexer wird. Von Anbeginn verlief die Evolution des Lebens über zwei Milliarden Jahre lang weitgehend biochemisch; sie bestand zumeist aus einfachen Veränderungen von Genen, die verschiedene Proteine herstellten – Bakterien haben nur einfache elementare Strukturen. Die entscheidende Erfindung waren die Enzyme; die Bakterien haben die meisten von ihnen, die in lebenden Organismen gebraucht werden, entdeckt, und es ist immer schwieriger geworden, signifikante physiologische Änderungen hervorzubringen (J. Campbell 1987, 299f.). Für die biochemisch Interessierten ist die Geschichte nach einer Milliarde Jahren nahezu beendet, für die Morphologen, die Erforscher der Struktur, dagegen fängt sie ein paar 100 Millionen Jahre später erst an.

Eukaryontische Zellen weisen viel komplexere Baupläne als Bakterien und hundert- oder tausendmal so viele Gene auf, die zweifellos auf viel komplexere Weise zusammenwirken. Der Wandel beschleunigte sich, als sie ihre Fähigkeit verbesserten, größere und kompliziertere Formen als Bakterien zu erzeugen. In den kleinen Körpern der Einzeller nahm das Leben eine große Vielfalt an, doch waren die Ergebnisse, die man in einer einzigen Kammer erreichen konnte, beschränkt. Das Tempo des Wandels von der Bakterienebene weg erhöhte sich zwar, aber der ganze Prozeß lief immer noch recht langsam ab.

Mit dem Erscheinen der Vielzeller entwickelten sich sehr rasch neue strukturelle Grundformen. Innerhalb von einigen zehnmillionen Jahren entstand eine neue Welt aus größeren und besser organisierten Organismen. Seit diesem Zeitpunkt setzte sich der Wandel mit unregelmäßiger, jedoch zuweilen hoher Geschwindigkeit fort. Zwischen den ersten Vielzellern und unserer heutigen Komplexität verging etwa genauso viel Zeit wie zwischen den frühesten Eukaryonten und den ersten Vielzellern. Dennoch tauchten, soweit bekannt, seit dem frühen Kambrium keine neuen Stämme auf. Anscheinend bildeten sich mindestens 150 Millionen Jahre lang keine neuen Klassen und seit den auf die Dinosaurier folgenden Aufspaltungen auch keine neuen Ordnungen mehr. Die Evolution erklomm andere Stufen, sobald sich Möglichkeiten auf der Basis neuer Stämme und Klassen boten. Die Bedeutung des Stammes veränderte sich. Die Tierwelt des Burgess-Schiefer zeigte zwar verschiedene Baupläne, muß jedoch sehr ähnliche Proteine gehabt haben. Von ihrem Äußeren her unterschieden sie sich indes weniger als die modernen Vertebraten, deren Skala vom Neunauge bis zur Fledermaus reicht. Im Verlauf von einer halben Milliarde Jahren hat sich deren Bild um zahllose Variationen erweitert.

Bei den Vielzellern vollzog sich der Wandel strukturell auf einer höheren Ebene – vermutlich das Werk von Genfamilien und Regulatoren, deren Funktion sich normalerweise nicht primär auf die Herstellung neuer Proteine bezog, sondern darauf, eine große Anzahl von Genen selektiv zu exprimieren und zu reprimieren. Die Bildung von Organen muß anders codiert sein als die Synthese von Proteinen. Es ist bezeichnend, daß man viele Mutationen kennt, die den Sitz, die Länge und die Form von *Drosophila*-Borsten verändern; die Gene indes, die diese Borsten tatsächlich erzeugen, existieren nur hypothetisch (Manning 1975, 80).

Wenn Strukturen entwickelter und damit komplexer werden, treten Innovationen später in der Ontogenese auf und sind notgedrungen weniger tiefgehend. Die Ozeane, von denen das Leben ausging, waren lange Zeit ein Sperrgebiet für bedeutende Neuerungen. Zu den einschneidenden Bereicherungen der Meeresfauna kam es durch die Invasion von Landtieren wie Reptilien und Säugern, die aufgrund ihrer terrestrischen Voraussetzungen Angleichungen vornehmen konnten, die ihnen im Meer Vorteile verschafften – die Wege der Evolution verlaufen nicht gradlinig.

Die Organismen wurden strukturell komplizierter, und, wie wir annehmen dürfen, vollkommener, wobei sie sich gleichzeitig ihren physiologischen Grenzen näherten. Die bessere Nutzung von Organen hatte folglich Vorrang vor ihrer Änderung – mit der Konsequenz, daß die Evolution sich mehr und mehr auf das Verhalten verlagerte. Der Wandel bei höheren Organismen wird nicht primär durch die physikalische Umwelt direkt gesteuert; sie sind weniger an die Umwelt gebunden (Grant 1985, 375), da Lernen schließlich die führende Rolle bei einem evolutionären Wandel spielt. Die Genetik der Verhaltensevolution ist nicht geklärt, aber sie muß bei weitem komplexer gewesen sein als bei der Differenzierung von Organen. In der letzten Phase der geologischen Zeit wurde die kulturelle Evolution dominierend, und der evolutionäre Brennpunkt verlagerte sich auf den symbolischen Informationsspeicher außerhalb des individuellen Organismus.

Das »anthropische« Prinzip

Es gibt eine einfache Idee, die zu einem besseren Verständnis des Lebens und des Universums verhilft – das moderne Äquivalent zu Descartes' »Cogito, ergo sum« (Ich denke, also bin ich). Neu formuliert lautet sie: »Es gibt denkende Wesen; deshalb muß der Kosmos so beschaffen sein, daß er die Existenz von denkenden Wesen hervorbringen kann.« Die Bedingungen und die Naturgesetze des Universums haben genau so zu sein, daß sie Lebewesen erzeugen, die dieses Universum zu untersuchen vermögen. Unser Aufstieg erforderte zahllose Adaptationen an die Erfordernisse der Umwelt; umgekehrt muß die Umwelt zahllose ökologische Voraussetzungen gefunden haben, um für unser Entstehen gerüstet gewesen zu sein. Diese simple, dabei so erhellende und tiefe Wahrheit nennt man das schwache anthropische Prinzip. Das umstrittenere »starke anthropische Prinzip« geht noch weiter; es belegt, daß das Bewußtsein ein inhärenter Bestandteil des Universums ist.

Das schwache anthropische Prinzip mag eine Binsenweisheit sein und liefert doch Stoff zum Nachdenken. Es stellt das Problem der Evolution auf den Kopf. Anstatt danach zu fragen, wie das leblose Universum lebende Formen hervorbringen konnte, was schließlich zu denkenden Wesen führte, wirft es eine Frage auf, die unter Umständen sogar eine wissenschaftliche Untersuchung wert wäre: Was beinhaltet die Existenz von Lebewesen, die imstande sind, über ihre Herkunft nachzusinnen? Welche Voraussetzungen brauchte der *Homo sapiens*, um auf die Welt zu kommen und Philosoph zu werden?

Die Voraussetzungen wurden meist nach physikalischen Naturgesetzen bemessen. Die Physiker zogen die Schlußfolgerung, daß die komplexen Strukturen des Kosmos mit der unglaublichen Präzision von Bruchteilen eines Billionstels perfekt aufgebaut sein mußten. In dem Urknall, in dem vor rund 15 Milliarden Jahren alles seinen Anfang nahm, mußte die Materie mit 1 : 1 000 000 000 exakt das richtige Übergewicht über die Antimaterie haben. Das Verhältnis von Gravitation zu anderen Kräften mußte genauestens ausgewogen sein, sollten Fixsterne entstehen können. Und die nuklearen Kräfte mußten ebenfalls exakt abgestimmt sein, damit sich die Fusion von Wasserstoff in Helium im Innern von Sternen als ständige Energiequelle vollziehen konnte. Unbedingt notwendig war auch, daß Kohlenstoff eine Resonanz (bei 7,6 Millionen Elektronenvolt) hatte, um im Innern von Sternen mit Hilfe von Beryllium schwerere Kerne aus Helium zu bilden. Ansonsten gäbe es nur ein gasförmiges Universum ohne die Möglichkeit zur Entstehung komplexer Strukturen. Notwendig war desgleichen, daß Wasserstoff keine vergleichbare Resonanz aufwies, damit es den Kohlenstoff nicht zu schnell zerstörte und die Ansammlung schwerer Elemente verhinderte.

Die potentiell brauchbaren Elemente, die sich im Innern von Sternen zusammengebraut hatten, konnten die Entstehung von Leben auf einem festen Planeten erst bewirken, wenn sie in die Kälte des Raums hinauskatapultiert wurden. Doch Materie aus dem Innern eines großen Sterns mit gewaltiger Gravitation läßt sich nur durch eine unglaubliche Explosion, eine Supernova, freisetzen. Doch damit ein Stern von sich aus explodierte und einen großen Teil seiner Materie hinausschleuderte, bedurfte es vieler Voraussetzungen – unter anderem mußte die Interaktion zwischen Neutrinos und Materie höchst präzise vor sich gehen.

Daß sich ein Großteil dieser und vieler anderer Abstimmungen, die die Entwicklung eines bewohnbaren Universums ermöglichten, zufällig ereignete, dafür läßt sich keine exakte Wahrscheinlichkeitsberechnung vorlegen, wenn die einzelnen Parameter frei variierbar waren. Eine Bedingung ist jedoch kalkulierbar: die Wahrscheinlichkeit nämlich, mit der sich in dem Universum nach dem Urknall stabile Galaxien und Sterne bilden konnten. Wäre die Ausdehnung etwas zu schnell vonstatten gegangen, hätten die Gaswolken nicht zu kondensieren vermocht, sondern wären immer dünner geworden. Bei einer zu langsamen Ausdehnung hätten die kondensierenden Galaxien einander zusammengezogen, und das Universum wäre kollabiert. Dieses Universum mußte also, auf des Messers Schneide sozusagen, eine Balance halten – und diese Schneide war in der Tat sehr scharf. In den 15 Milliarden Jahren seiner Existenz hätte sich das kleinste Ungleichgewicht schnell kumuliert. Daraus folgt, daß – geht man zurück bis zu der frühesten Zeit, die physikalisch von Bedeutung ist – die Balance bis auf die Größenordnung von $1 : 10^{60}$ exakt sein mußte; diese Zahl ergibt sich, wenn man eine Million zehnmal mit sich selbst multipliziert. Es liegt auf der Hand, daß man entweder das starke anthropische Prinzip von einem zweckmäßig konstruierten Universum akzeptieren oder eine unendliche Zahl von anderen Welten postulieren muß, aus denen eine einzige hervorgegangen ist, die für so komplexe, erforschende Wesen wie wir geeignet ist.

Etliche spezifische Voraussetzungen waren auch für die Erzeugung von intelligenten Organismen notwendig. Die Sonne mußte weit genug von dem Getümmel in der Galaxie entfernt sein, damit ihre Planeten während dieser Milliarden von Jahren nicht durch andere Sterne aus der Umlaufbahn geworfen wurden. Ihre Strahlungsenergie hatte über vier Milliarden Jahre hinweg gleichbleibend stabil zu sein. Das Bemerkenswerteste dabei: Die Oberflächentemperatur der Erde ist für lebende Organismen immer noch zu ertragen, obwohl sich die Sonnenstrahlung um 25 Prozent verstärkte. Die Atmosphäre hat für uns nur schwer durchschaubare Mittel und Wege gefunden, um durch eine Verringerung der Kohlendioxidmenge den Anstieg der Energiezufuhr nahezu auszugleichen. Erstaunlich ist ferner, daß der Anteil an Sauerstoff, ein sehr aktives Gas, über Hunderte Millionen von Jahren mit 21 Prozent konstant geblieben ist.

Es gibt noch eine Reihe anderer allgemeiner Tatsachen, die für die Evolution ebenfalls unerläßlich gewesen sind. So mußte zum Beispiel das Chaos existieren, für das es in den physikalischen Gesetzen keine Notwendigkeit gibt. Es ist ein Teil des Komplikationspotentials, das überall auftaucht – in der Mathematik ebenso wie in den Galaxien. Chaos muß in der Vielfalt des Lebens eine große Rolle gespielt haben.

Gleichermaßen notwendig war eine gegenläufige Tendenz hin zur Vereinfachung oder zum Abbau von Ordnung. Nach dem zweiten Hauptsatz der Thermodynamik steigt die Entropie oder Unordung in jedem geschlossenen System an. Aber das Leben vermag sich über diesen zweiten Hauptsatz hinwegzusetzen, weil es Energie von außerhalb erhält, von der Sonne nämlich, deren Strahlung letztlich durch die Ausdehnung des Universums ermöglicht wird. Energieangereicherte Materie tendiert durch Selbstorganisation zu Komplexität und Struktur. Leben ist ein Prozeß, bei dem Energie aufgenommen wird, so daß die Entropie nicht zur Wirkung kommt (Weber u.a. 1989, 375). Unter Ausnutzung eines winzigen Bruchteils der Sonnenstrahlung, also auf einem genialen Umweg, wird ein Rückfall in den entropischen Verfall vermieden.

Wenn durch einen Strahlungszufluß, der das Chaos mit Energie versorgt, nur die Komplexität der Organismen, d.h. ihre dissipativen Strukturen, wie Organismen zuweilen genannt werden, entstünden, so würden die energieverarbeitenden Systeme bald ihren Höhepunkt erreichen. Um Neuanfänge zu ermöglichen, bedarf es indes eines Abbaus von einem Teil oder gar einem Großteil der alten Ordnung. Durch diese gegenläufigen Tendenzen – sowohl hin zu einer höheren Ordnung (die durch Selektion stabilisiert wird) wie auch zur Unordnung, zu Auf- und Abbau, zu Entstehung und Aussterben von Formen – gibt sich das Leben selbst neue Impulse. Natürlich geschieht ebenso viel im Leben zufällig, wie es auf einem errungenen Fortschritt beharrt.

Dies hat zur Voraussetzung, daß es Mittel zur Schaffung neuer Strukturen und zu deren Selbstreproduktion mit gelegentlichen Variationen gibt, sie können so ausgesiebt werden, daß sich ihre Selbstreproduktion verbessert, wenn nämlich ein winziger Teil des Organismus – seine genetische Ausstattung – imstande ist, den Aufbau eines neuen, im Vergleich zum Reproduktionsapparat ungleich komplizierteren Gesamtorganismus zu steuern. Die Wahrscheinlichkeit dieses Prozesses läßt sich nicht einschätzen; hier klaffen die Meinungen der zuständigen Wissenschaftler auseinander.

Mit der Fähigkeit zur Selbstreplikation war die Existenz des Lebens auf der Welt gesichert, doch für seine Weiterentwicklung mußten noch viele Voraussetzungen gegeben sein. Eine davon war das Wasser, das nicht nur zufällig die am reichlichsten vorhandene Flüssigkeit mit niedrigen Temperaturen, sondern auch das beste Lösungsmittel war. Wasser hat die seltene Eigenschaft, sich bei Kristallisierung auszudehnen, so daß Eis schwimmt. Würde es absinken, wären die Meere bloß in ihrer oberen Schicht flüssig und somit in ihrer Hauptmasse unbewohnbar. Unumgänglich war die Versorgung des Erdballs mit kohlenstoffreichen Verbindungen, da nur Kohlenstoff in seinen vielfachen Kombinationen mit anderen Elementen die Grundsubstanz für Leben liefert. Für unsere Art Leben war es wesentlich, daß die Photosynthese unmittelbar mit seiner Entstehung einsetzte und einen Sauerstoffüberschuß erzeugte. So konnte sich Ozon bilden und damit eine Hülle, die die kurzwelligen ultravioletten Strahlen absorbierte, die für die DNS äußerst schädlich sind.

Der evolutionäre Fortschritt ging keinesfalls einen geraden Weg. Neue Integrationen waren offenbar nötig, um ein neues Niveau zu erreichen. Doch die Abkehr von altbewährten Prozessen war wohl nie leicht zu bewerkstelligen; es bedurfte spezieller Umstände und besonderer Mittel, um schwierige Übergänge zu verwirklichen. Möglicherweise spielte die Sexualität, die in gewissem Sinn für das Einzelindividuum nachteilig und für bestimmte Arten unnötig war, eine entscheidende Rolle. Daß die Sexualität neue Kombinationen ermöglicht, erklärt noch nicht ihre generelle Existenz im Tier- und Pflanzenreich, aber vielleicht war sie das Nebenprodukt einer tiefer reichenden Notwendigkeit: Ohne Sexualität hätte die Evolution zumindest ganz andere Wege genommen und niemals derart eindrucksvolle Ergebnisse erzielt. Die Frage nach dem Grund der Sexualität läßt sich ja auch u. a. damit beantworten, daß wir ohne sie nicht hier wären, um diese Frage zu stellen.

In einer anderen Dimension mögen einschneidende Perioden des Artensterbens notwendig gewesen sein, um der Evolution neue Impulse zu geben. Über Millionen von Jahren herrschende Klassen, von den Trilobiten bis zu den Dinosauriern, wären offenbar imstande, mehr oder weniger endlos weiterzuexistieren; doch wenn die Bedingungen sich aus irgendeinem Grund verschlechtern, scheinen sie an Vitalität zu verlieren und zu verschwinden.

In völlig neue Dimensionen ist die Evolution vorgestoßen, indem sie über ein Netz von Nervenfasern Botschaften übermittelte, Handlungsabläufe koordinierte und entsprechende Reaktionen auf Reize erlernte. Daneben wurde eine hochgradige Fähigkeit zur Integration von Informationen und zur Erfindung von Strukturen benötigt, um eine hohe Intelligenz aufzubauen. Außerdem verlangte der Vererbungsapparat die schwierige Codierung komplexer Wahrnehmungs- und Reaktionsmuster in einer Instinkthandlung.

Wie soll man nun diese an Wunder grenzenden Ereignisse von der Wissenschaft her einordnen? Ein Computer dürfte mit seiner Software trotz langwieriger Versuchsphasen nicht an die Kapazität der Gene herankommen. Daß ein Satz von Informationen zur Herstellung von Proteinen – mehr vermag die DNS auf direktem Wege nicht zu leisten – einen erstklassigen Computer plus Software konstruieren kann, würde nur Kopfschütteln hervorrufen, wenn wir den Beweis nicht vor Augen hätten. Dieser geniale Apparat mußte als Geschenk von einem Tier kommen, das nicht nur über eine richtige Größe, sondern auch über eine entsprechende Geschicklichkeit verfügte. Weder ein ratten- noch ein elefantengroßes Wesen und schon gar kein Tier, dem die geschickten Hände fehlten, könnte mit dem Feuer umgehen, Metalle schmelzen und andere Grundvoraussetzungen für die technologische Zivilisation schaffen.

Nicht zuletzt war es notwendig, daß viele intelligente Individuen in einem sozialen Verband zusammentreffen konnten, in dem Innovation und kulturelles Wachstum unendlich mehr galten als das Vermögen jedes einzelnen. Aus einer solchen sozialen Organisation mußte eine interne, wenn auch noch so unwahrscheinliche kulturgeschichtliche Evolution hervorgehen, die es einer Jäger-und-Sammler-Spezies erlaubte, Lebensmittel und handwerkliche Produkte herzustellen und zusammengepfercht in riesigen Ballungssystemen – Städte genannt – zu leben. Außerdem mußten Staatsgewalt und Freiheit ein Bündnis eingehen, das, auf wie krummen Wegen auch immer, die Menschen schließlich befähigte, den Vorteil gezielten Lernens und Verstehens sowie den Nutzen von Wissenschaft und Technologie zu entdecken. Als Nutznießer dieses sich selbst aufbauenden Kulturgebäudes nehmen wir das alles als selbstverständlich, doch es gab eine Reihe von Fehlstarts auf dem Weg zu höheren Stufen der Zivilisation. Der Durchbruch zum elektronischen Zeitalter war nur unter den einzigartigen Bedingungen in Europa möglich.

Das anthropische Prinzip gibt natürlich keine Auskunft über die Wahrscheinlichkeit von Leben und Intelligenz, von einer elektronisch-technischen Zivilisation oder einer Superzivilisation auf entfernten Planeten. Dennoch ist die Wahrscheinlichkeit einer Manifestation von Leben angesichts vieler potentieller Barrieren umgekehrt proportional zu seiner Fortentwicklung. Die Anzahl der Planeten mit mikroskopischem Leben wäre gewiß kleiner als die von Planeten, auf denen die Bedingungen zur Entstehung von großen Molekülen günstig sind. Die Planeten mit bakterienähnlichem Leben müßten weitaus zahlreicher sein als solche mit einem amöbenähnlichen Leben, und diese wiederum viel häufiger als Welten mit größeren, vielzelligen Geschöpfen oder ihrer Entsprechung. Von Tieren mit beschränkten Lernqualitäten bewohnte Planeten müßten um vieles öfter anzutreffen sein als solche mit Lebewesen, die zu kulturellem Wachstum befähigt sind.

Unsere Existenz wurde erst durch das Zusammentreffen vielfältiger, unwahrscheinlicher Bedingungen möglich. Man mag das als Bestimmung ansehen, als ob es nun einmal so in der Natur der Dinge liege, oder man stellt sich auf den Standpunkt, das Leben habe eine gewaltige Portion Glück gehabt, sich in den exakt notwendigen Bedingungen zu finden und dann den einzig möglichen, wenn auch schwierigen Weg zu höherer Intelligenz einzuschlagen, der es über Bakterien, Einzeller und vielzellige Organismen hinführte zu reaktionsfähigen Tieren und schließlich zu den Baumeistern der Kultur. Leben, Evolution, Intelligenz und moderne Zivilisation – vielleicht bilden sie nur einen Teil der Unwahrscheinlichkeit, aus der heraus das Universum selbst entstanden ist. Nur ein wahrlich wundervolles Universum konnte das Wunder des Geistes hervorbringen, der über seine Welt und sich selbst nachzusinnen vermag.

Das Wesen der Evolution

Evolutionäre Innovation ist so etwas wie die Entwicklung eines neuen Zweigs in der Mathematik. Die Möglichkeiten der Mathematiker sind unendlich, aber sie dürfen sich nur in Rahmen fortbewegen, die durch die Natur der Dinge vorgegeben sind und bei denen sie auf frühere Erkenntnisse aufbauen können. Die meisten Fortschritte bestehen lediglich aus leichten Ergänzungen und Erweiterungen. Zuweilen jedoch eröffnen sich durch neue Einblicke ganz neue Bereiche, denn wie unentdeckte Lehrsätze und nicht synthetisierte Verbindungen warten die Potentiale neuer Lebensformen auf ihre Entdeckung und Verwirklichung. Der Prozeß hat sich langsam vollzogen, und die Einbrüche waren unendlich zahlreicher als die Erfolge, aber Schritt für Schritt entdeckte das Leben die Kombinationen, die die Bildung des menschlichen Geists ermöglichten.

Sind wir bloß außergewöhnlich erfolgreiche Lebewesen, denen

ihre Bedeutungslosigkeit aufgrund der zufallsbedingten Existenz ihrer Intelligenz bewußt geworden ist? Zeigte es die menschliche Tragik auf, oder war es nur kurzsichtig, wenn Jacques Monod beklagte, daß »der Mensch letztlich weiß, daß er allein ist in der gefühllosen, unendlichen Weite, aus der er durch Zufall aufgetaucht ist« (Monod 1971)? Wenn wir im Namen der Wahrheit glauben müßten, daß die Menschheit das unbedeutende Nebenprodukt eines willkürlichen Wandels sei, selektiert durch den Zufall und die materiellen Bedingungen, dann sollten wir das mutig und einsichtig akzeptieren, auch wenn die Wahrheit für die Zivilisation und unser Wohlbefinden gefährlich sein könnte. Aber wir müssen dies nicht glauben. Das Gleichnis vom blinden Uhrmacher ist falsch – nicht weil der Uhrmacher sehen könnte, sondern weil lebende Organismen keine Uhren sind, die durch äußere Kräfte oder Pläne entstanden wären, und auch keine Werkzeuge, sondern sich selbstorganisierende und teilweise selbstgelenkte Benutzer von Energien (Weber u. a. 1989, 400).

Die Art und Weise unserer Entstehung deutet nicht auf die Bedeutungslosigkeit der Menschheit hin. Die Wahrscheinlichkeit ist so groß nämlich nicht, daß wir das Zufallsprodukt eines gleichgültigen Universums sind, wie die mechanistische Philosophie uns weismachen möchte. Ebensowenig sind wir unwesentliche Überlebensmaschinen für Gene, wie es die Soziobiologen hinstellen. Vielmehr zeigen der Reichtum der Natur und die menschlichen Errungenschaften den Trugschluß der Philosophie auf. Wenn es so etwas wie eine geistige Komponente im Menschen gibt, dann kann die Evolution kein völlig mechanistischer Vorgang gewesen sein (Bowler 1989, 8). Und wenn die Fortpflanzung nicht das einzig Bedeutende im Leben ist, dann sollte uns die Art und Weise, wie unsere Vorfahren über sich hinausgewachsen sind, eher beflügeln als demoralisieren.

Wir können es uns als Ehre anrechnen, Teil dieser wundervollen Gemeinschaft des Lebens zu sein. Das Ergebnis eines sehr langen und mühevollen Prozesses darzustellen, ist kein Grund, sich angesichts der Großartigkeit des Universums wertlos, als nebensächliches Anhängsel eines unbedeutenden Planeten zu führen. Wir sind der wundervolle Kulminationspunkt eines geheimnisvollen Prozesses, seine, soweit bekannt, ersten und einzigen Produkte, die ihren eigenen Ursprung untersuchen und ihre eigene Bedeutung einschätzen können.

Das Leben ist keine Begleiterscheinung, keine unbedeutende Nebensächlichkeit der tiefgründigsten Wirklichkeit, Teil des geschichtlichen Ablaufs vom Urknall vor 15 Milliarden Jahren bis zur computergestützten Technologie unserer Tage. Ein zufälliges Detail, das sich aber immer noch im Rahmen der physikalischen Gesetze bewegt, stellt dabei der Umstand dar, daß die Tendenz zu größerer Komplexität und Effizienz des Lebens mit dem Weg des Universums übereinstimmt, das durch seine Ausdehnung die Kräfte der Selbstorganisation in die Lage versetzt, sich der Herrschaft der Entropie entgegenzustemmen.

Die Erschaffung des Kosmos selbst war nur der Beginn eines sich ohne ein Ende fortsetzenden Prozesses. Man nimmt an, daß der Urknall am Anfang von Raum und Zeit keine Information außer Masse und Energie enthalten hat, die gleichbedeutend waren. Doch Differenzierung, Heterogenität und Ausnahme der Komplexität begannen offenbar unverzüglich. Auf die Differenzierung und Divergenz verschiedener Arten von Teilchen, die verschiedenen Kräften ausgesetzt waren, folgte das Auftauchen von Atomen, die Kondensierung von Gaswolken zu Galaxien und Sternen und die Bildung von schwereren Elementen in den Sternen. Schließlich kristallisierte sich ein Sonnensystem mit kühlen Planeten heraus; einer von ihnen wies Temperaturen auf, die flüssiges Wasser zuließen, in dem sich komplexe Verbindungen bilden konnten. Ketten von Molekülen schlossen sich zu Klümpchen oder Kügelchen zusammen, aus denen letztlich sich selbstvermehrende Gebilde – sprich Lebewesen – hervorgingen. Aus der Sicht der thermodynamischen Ungleichgewichtstheorie ist das Leben Teil einer fortwährenden Erzeugung von Komplexität durch kompetitive Dissipation von Energie in Entropie; es mußte in Erscheinung treten, als die physikalischen Voraussetzungen seinen Grad an Komplikation gestatteten.

Evolution ist, wie die Bildung von Galaxien, eine Reise auf einer Einbahnstraße. Wenn das Dasein von einer Tendenz zur Komplexität durchdrungen ist, kann man das Leben zu Recht als eine Umsetzung des Antriebs oder der Kraft betrachten, die ursprünglich das Universum erschaffen hat – die Matrix für Ordnung und Richtung hinter dem materiellen Universum. Die Biologie sollte die Tiefen der Wirklichkeit genauso ausloten wie die Physik oder die Kosmologie, vielleicht sogar mehr. Soweit wir wissen, ist das Leben der am stärksten strukturierte Teil im Ordnungssystem des Universums. Jedes lebende Geschöpf ist ein kleiner Aufstand gegen die Herrschaft steigender Entropie, ein kurzer Sieg für das generative Ordnungsprinzip – ein Sieg, der in jedem Individuum nicht von langer Dauer ist, durch die Vermehrung seiner Anlagen aber eine Breitenwirkung erzielen kann. Die wachsenden Fähigkeiten des Lebens können als Bewegung auf eine Verwirklichung von ordnungserzeugenden Möglichkeiten hin gesehen werden. Das begann, als das Leben wirkungsvoller wurde und besser imstande war, seine Umwelt auszunutzen, auszuwählen und auf seine Entscheidungen Einfluß zu nehmen. Und es endet mit dem gegenwärtig hohen Lernstandard, der Übermittlung von Kultur und der modernen Wissenschaft.

Die moralische Bedeutung der Evolution

Unser Entstehen kann nicht isoliert vom Wesen des Universums verstanden werden – das sollte am Anfang der Erkenntnis über uns selbst stehen. Die Darwinisten beherzigten das, als sie daran gingen, Aberglauben und Mystizismus auszurotten, doch sie schossen über das Ziel hinaus und landeten so bei einem moralischen Negativismus.

Der Gedanke vom Überleben des Geeignetsten führt nicht nur zu einem primitiven Individual- oder Gruppenegoismus, sondern auch zu einer engstirnigen Vorstellung von Erfolg, die sich am Durchsetzungsvermögen orientiert; hinzu kommen eine amoralische Einstellung, wenn nicht sogar die Einbildung, unsterblich zu sein. Moral ist die Unterordnung individueller Neigungen oder Vorteile unter die Regeln oder Bedürfnisse einer höheren Ordnung – höher als das Element der natürlichen Auslese. Wenn man sich konsequent an die darwinistschen Grundsätze hält, würde die logische soziale Ethik (jenseits bloßer Egozentrik) darin bestehen, sich mit genetisch verwandten Personen zu verbünden, um reproduktiv alle anderen auszustechen und letztlich mit allen verfügbaren Mitteln zu ersetzen. Obwohl Dawkins vernünftigerweise nicht so weit geht, den allgemeinen Egoismus zu verteidigen, wird dieser doch durch die von ihm vertretene Ansicht entschuldigt. Wenn das Gen wirklich das Sagen hat, dann regiert die Gewalt, der Sieg rechtfertigt den Sieger, und es gibt kein Recht für den Schwachen.

Doch die Erforschung des Lebens ist erbaulich und stärkend für den Geist, und die Biologen sind normalerweise ganz humane Menschen – sie sorgen sich mehr um die Erhaltung bedrohter Arten als um die optimale Vermehrung ihrer eigenen Gene. Um den Widerspruch zwischen der Theorie vom Überleben des Geeignetsten und der sozialen Moral aufzulösen, haben sie verschiedene Mittel und Wege gefunden. Dem einen macht es Spaß, der menschlichen Hybris einen Dämpfer zu versetzen, indem er darauf hinweist, daß wir nur eine Spezies unter vielen sind, wie Stephen J. Gould sieht er im evolutionären System allen Grund zu Sachlichkeit und Bescheidenheit. Andere Autoren wollen die materialistischen Begleiterscheinungen des Darwinismus dadurch neutralisieren, daß sie den Begriff »höher« wieder aufs Tapet bringen. G. G. Simpson räumte in seinem Hauptwerk ein: »Diese Begriffe [vom Überleben des Geeignetsten] zeitigten ethische, ideologische und politische Rückwirkungen, die, milde ausgedrückt, in einigen Fällen unglücklich waren und auch heute noch sind.« Aber er versuchte, von diesem unglücklichen Aspekt wegzukommen, indem er unterschied zwischen einer »besonderen Reproduktion«, die normalerweise gewaltlos abläuft, und der gewalttätigen Auseinandersetzung, die zum »Kampf ums Dasein« gehört – wobei es natürlich keinen großen Unterschied macht, ob man im Rahmen des Wettbewerbs verhungert oder gefressen wird. Nachdem er den mechanistischen Prozeß beschrieben und den teleologischen Irrweg verrissen hatte, suchte Simpson in seinem Epilog Würde zu bewahren; er nannte die menschliche Einzigartigkeit »die höchste jemals aufgetretene Organisationsform von Materie und Energie« (Simpson 1949, 112, 215).

Doch was einmal in den Fängen des mechanistischen Materialismus gelandet ist, läßt sich für eine Versöhnung zwischen dem unbarmherzigen Konkurrenzkampf des Darwinismus und der kooperativen Notwendigkeit kaum noch retten (Ho 1988, 107). Gewalt hin oder her – in einer Welt der Konkurrenz um beschränkte Ressourcen bedeutet natürliche Auslese, daß der Gewinn des einen den Verlust von anderen bedingt. Und welche Bedeutung, welchen tatsächlichen Wert hat unser »Höher«-Sein? Bei Simpson heißt es, daß »seine [des Menschen] grundlegende Natur durch Eigenschaften charakterisiert ist, die man nirgendwo anders findet«, womit allerdings unsere Spezies außerhalb der Prozesse gestellt wird, die sie hervorgebracht haben.

Es gibt sicherlich Gründe dafür, den menschlichen Ursprung mit der Religion in Verbindung zu bringen. Aus der Sicht einer idealistischen Philosophie muß es zweifelhaft scheinen, daß lebende Geschöpfe, allen voran die Menschen, lediglich das Produkt willkürlicher, durch Umwelt und Zufall bedingter Varitionen sind. Nur die Materialisten unter den Philosophen beharren auf einem strikten Darwinismus; eine mechanistische oder reduktionistische Vorstellung von unseren Ursprüngen führt direkt zu einer mechanistischen oder reduktionistischen Sicht von uns selbst.

Es liegt etwas von Selbsthaß im materialistischen Ansatz. Er wertet das Wesen des Geistes sowie die Leistungen der Phantasie und des Charakters ab. Mit Geringschätzung blickt er auf den Reichtum und die Wunder der Natur. Er erweckt den Anschein, als ob man über die Geheimnisse des Daseins, des Lebens und des Universums nicht weiter nachzudenken bräuchte. Wenn einer der Idee verhaftet ist, daß der Zufall (ein Gott, den man nicht lieben kann) uns erschaffen hat und daß wir den Amöben in Wirklichkeit nicht überlegen sind (und diese logischerweise auch nicht den Bakterien oder den Sandkörnern), dann ist er letztlich nicht bereit, sich der Verantwortung, welche ihm durch Intelligenz und Macht aufgebürdet wird, zu stellen.

Unser Leben gestaltet sich zunehmend komplizierter und verwirrender, und die traditionellen Leitbilder überzeugen immer weniger. Unter diesen Umständen wird ein fundiertes Verständnis von unseren Ursprüngen und von unserem Weg in die Gegenwart immer dringlicher, denn nur so können wir für den Weg in die Zukunft Orientierung finden. Das Verständnis der Evolution sollte den in einer Zivilisation unvermeidlichen Riß zwischen der natürlichen und der moralischen Ordnung kitten helfen. Die evolutionäre Perspektive sollte eine moralische Leitlinie sein, anhand derer wir unsere erblich bedingten Schranken überwinden können, um den neuen, von uns geschaffenen Anforderungen gewachsen zu sein und uns einfühlsamer auf unsere selbstgestaltete und sich ständig verändernde Umwelt einzustellen.

Wir sollten uns nicht gegen unsere Verbindung mit der Natur sträuben oder sie demoralisierend finden, sondern unsere Ausnahmeposition zu schätzen wissen. Diese ist zwar nicht das Ziel der Evolution – ein endgültiges Ziel kann es gewiß nicht geben, doch haben wir in der Gegenwart eine universale Rolle zugeteilt bekommen, und vielleicht gilt dies auch für die Zukunft, über deren Gestaltung wir selbst zu bestimmen haben. Im mechanistischen

Umgang mit dem Leben verleugnen wir sein Wesen; wir sind eins mit anderen Lebewesen – die Liebe zum Leben ist eines unserer edelsten Attribute. Wenn wir uns ein wenig Stolz zugestehen, können wir die Ehre annehmen, die uns aus unserer Vergangenheit und Gegenwart erwächst, und das Beste, das wir haben, für eine schönere Zukunft einsetzen.

Auch wenn wir den Beschränkungen unserer Körperlichkeit und unseres Ursprungs unterworfen sind, haben wir doch unendliche Verbesserungskapazitäten. Die besondere Eigenschaft des Lebens ist sein unentwegtes Wachstums- und Entwicklungsvermögen. Das Experimentieren führt häufiger zum Scheitern als zum Erfolg, doch die Zukunft hat schon immer den Erfindungsreichen, Forschungsbereiten und Veränderungswilligen offengestanden.

Wenn die Evolution weitergeht, schöpft sie weniger aus dem Zufall oder der willkürlichen Variation als aus ihren Entscheidungen. Das Leben formt sich seine Zukunft immer stärker selbst. Wir haben nicht die geringste Ahnung davon, welche langfristige Rolle wir im Evolutionsdrama spielen werden, bzw. wie diese in einer Million oder auch nur in 1000 oder 100 Jahren aussehen wird. Ein unwichtiger Part dürfte es allerdings kaum sein; vielleicht sind wir diejenigen, die einen Wendepunkt herbeiführen. Unsere Stunde kommt, wenn die biologische Evolution in eine kulturelle und informationelle umschlägt – mit all ihrem explosiven Potential. Die menschliche Zivilisation ist kein Endpunkt, sondern ein Sprungbrett ins Unbekannte. Es ist das höchste Gut der Menschen, daß sie über ihr Schicksal entscheiden und, wenn sie nur weise genug sind, ihre eigene Evolution gestalten können.

Auswahlbibliographie

Alcock, John, *Animal Behavior*. Sunderland, Mass.: Sinauer Associates, ^{4}1989.

Alexander, Richard D., *Darwinism and Human Affairs*. Seattle: University of Washington Press, 1979.

Alloway, Thomas A., »Behavioral Development and Colony Life Cycles in Ants«. In: *Evolution of Social Behavior and Integrative Levels* (hg. von Gary Greenberg and Ethel Tobach), 165–176. Hillsdale, N. J.: Laurence Erlbaum Associates, 1988.

Alvarez, L. W., »Experimental Evidence That an Asteroid Impact Led to the Extinction of Many Species 65 Million Years Ago«. *Proceedings of the National Academy of Sciences USA* 80, Januar 1983, 627–642.

Anderson, Malte, »Brood Parasitism within Species«. In: C. J. Bernard (Hg.), *Animal Behavior, Ecology, and Evolution*. New York: John Wiley, 1983.

Aneshansley, D. J. / T. Eisner / J. M. Widom / B. Widom, »Biochemistry at 100 C: Explosive Secretory Discharge of Bombardier Beetles *(Brachinus)*«. *Science* 165, 61 ff., 1969.

Arnold, S. J., »Quantitative Genetic Models of Sexual Selection: A Review«. In: S. C. Stearns (Hg.), *The Evolution of Sex and Its Consequences*, 283–315. Boston: Birkhäuser, 1987.

Askew, R. R., *Parasitic Insects*. New York: Elsevier, 1971.

Ayala, Francisco J., »Reduction in Biology«. In: David J. Depew / Bruce H. Weber (Hg.), *Evolution at a Crossroads: The New Biology and the Philosophy of Science*, 65–80. Cambridge, Mass.: MIT Press, 1985.

Baldwin, John D. / Janice I. Baldwin. *Beyond Sociobiology*. New York: Elsevier, 1981.

Barnard, C. J., *Animal Behavior and Evolution: Ecology and Behavior*. New York: John Wiley, 1983.

Barnett, S. A., *Ethology: The Science of Animal Behavior*. New York: Oxford University Press, 1981.

Barryman, A. A. / J. A. Millstein, »Are Ecological Systems Chaotic – and If Not, Why Not?« *Trends in Ecology and Evolution* 4, 1989: 26.

Bass, Andrew H., »Evolution of a Vertebrate Communication and Orientation System«. In: Theodore H. Bullock / Walter Heiligenberg (Hg.), *Electroreception*. New York: Wiley, 1986.

Bates, N. H., »Founder Effect Speciation«. In: D. Otte / J. Endler (Hg.), *Speciation and Its Consequences*. Sunderland/Mass.: Sinauer, 1989.

Bechants, Jonathan R./David Zipses (Hg.), *The Lactose Operon*. Cold Spring Harbor, N. Y.: Cold Spring Harbor Laboratory, 1970.

Beck, Benjamin B., *Animal Tool Behavior: The Use and Manufacture of Tools by Animals*. New York: Garland STPM Press, 1980.

Bennett, M.V.L., »Electric Organs«. In: W.S. Hoar/D.J. Randall (Hg.), *Fish Physiology*, 5:347–492. New York: Academic Press, 1971.

Benson, Spencer A., »Is Bacterial Evolution Random or Selective?« *Nature* 330, 3. November 1988: 21f.

Bock, Walter J., »The Arboreal Origin of Flight«. In: *The Origin of Birds and the Evolution of Flight*, hg. von Kevin Padian. San Francisco: California Academy of Sciences, 1986.

Bonner, John T., *The Evolution of Culture in Animals*. Princeton: Princeton University Press, 1980.

Bonner, John T., *The Evolution of Complexity by Natural Selection*. Princeton: Princeton University Press, 1988.

Boucher, Douglas H., *The Biology of Mutualism: Ecology and Evolution*. New York: Oxford University Press, 1986.

Bowler, Peter J., *Evolution: The History of an Idea*. Berkeley: University of California Press, 1989.

Brian, M. V., »Caste Differentiation and the Division of Labor in Hymenoptera«. In: *Social Insects*, hg. von Henry R. Hermann, 1: 122–222, New York: Academic Press, 1981.

Briggs, John/F. David Peat, *Die Entdeckung des Chaos. Eine Reise durch die Chaos-Theorie*. München: Hanser, 1990.

Brooks, Daniel R., *Evolution as Entropy: Toward a Unified Theory of Biology*. Chicago: University of Chicago Press, ²1988.

Bull, James J., »Sex Determination Mechanisms«. In: S.C. Stearns (Hg.), *The Evolution of Sex and Its Consequences*, 93–115, Boston: Birkhäuser, 1987.

Bunnell, Sterling, »The Evolution of Cetacean Intelligence«. In: Joan McIntyre (Hg.), *Mind in the Water*, 52–67. New York: Charles Scribner's Sons, 1974.

Bush, G.L./S.M. Case/A.C. Wilson/J.L. Patton, »Rapid Speciation and Chromosomal Evolution in Mammals.« *Proceedings of the National Academy of Sciences USA* 74, 9. September 1977: 3942–3946.

Cairns, John/Julie Overbaugh/Stephen Miller, »The Origin of Mutants«. *Nature* 335, 8. September 1988: 142–145.

Campbell, Bernard G., *Humankind Emerging*. Glenview/Ill.: Scott Foresman, ⁵1988.

Campbell, John H., »An Organizational Interpretation of Evolution«. In: *Evolution at a Crossroads*, hg. von David J. Depew und Bruce H. Weber, 133–167. Cambridge/Mass.: MIT Press, 1985.

Campbell, John H., »The New Gene and Its Evolution«. In: K.S.W.

Campbell / M. F. Day (Hg.), *Rates of Evolution*, 283–309. London: Allen and Unwin, 1987.

Carroll, Robert L., *Paleontology and Vertebrate Evolution*. New York: W. H. Freeman, 1988.

Carson, Hampton, L. / Kenneth Y. Kaneshiro »*Drosophila* of Hawaii«. *Annual Review of Ecology and Systematics* 7, 1976: 311–345.

Cheng, Thomas C., *Symbiosis: Organisms Living Together*, New York: Pegasus, 1970.

Clarkson, E. N. K., *Invertebrate Paleontology and Evolution*. London: Allen and Unwin, 1986.

Cloudsley-Thompson, John L., *Evolution and Adaptation in Terrestrial Arthropods*. New York: Springer, 1988.

Colbert, E. H., *Evolution of the Vertebrates: A History of the Backboned Animals through Time*. New York: John Wiley, ^{3}1980.

Collier, John, »Entropy in Evolution«. *Biology and Philosophy* 1, 1986: 5–24.

Conrad, M., »What Is the Use of Chaos?« In: *Chaos*, hg. von A. V. Holden, 3–14. Princeton: Princeton University Press, 1987.

Crick, Francis, *Von Molekülen und Menschen*. München: Goldmann, 1970.

Crick, Francis, *Das Leben selbst. Sein Ursprung, seine Natur*. München, Piper, 1983.

Crick, Francis, »Lessons from Biology«. *Natural History* 97, November 1988: 32–39.

Crick, Francis, *Ein irres Unternehmen. Die Doppelhelix und das Abenteuer Molekularbiologie*. München: Piper, 1990.

Crutchfield, James P. / J. Doyne Farmer / Norman H. Packard, »Chaos«. *Scientific American* 255, Dezember 1986: 46–57.

Darlington, C. D., *Darwin's Place in History*. New York: Macmillan, 1961.

Darwin, Charles, *Die Abstammung des Menschen*. Stuttgart, Kröner ^{4}1982.

Darwin, Charles, *Über die Entstehung der Arten durch natürliche Zuchtwahl oder die Erhaltung der begünstigten Rassen im Kampfe ums Dasein*. Darmstadt 1988 (Nachdruck der 9. unveränderten Aufl. Stuttgart 1920).

Darwin, Charles, *Different Forms of Flowers on Plants of the Same Species*. (Reprint) Chicago: University of Chicago Press, 1982.

Davies, Paul, *Prinzip Chaos. Die neue Ordnung des Kosmos*. München: Bertelsmann, 1988.

Dawkins, Richard, *Das egoistische Gen*. Berlin: Springer, 1978.

Dawkins, Richard, *Der blinde Uhrmacher. Ein neues Plädoyer für den Darwinismus*. München: Kindler, 1987.

Dean, Jeffrey / Daniel J. Aneshansley / Harold E. Edgerton / Thomas Eisner, »Defensive Spray of the Bombardier Beetle«. *Science* 248, 8. Juni 1990: 1219–1221.

Depew, David J. / Bruce H. Weber, »Consequences of Nonequilibrium Thermodynamics for Darwinism«. In: *Entropy, Information, and Evolution*, hg. von Bruce H. Weber / D. J. Depew / J. D. Smith, 317–354. Cambridge/Mass.: MIT Press, 1988.

De Robertis / Eddy M. / Guillermo Oliver / Christopher V. Wright, »Homeotic Genes and the Vertebrate Body Plan«. *Scientific American* 263, Juli 1990: 46–52.

Dickemann, Mildred, »Paternal Conidence and Dowry Competition«. In: Richard D. Alexander and Donald W. Tinkle (Hg.), *Natural Selection and Social Behavior*, 405–416. Oxford: Blackwell Scientific, 1981.

Dixon, D., *The New Dinosaurs: An Alternative Evolution*. Topsfield/ Mass.: Salem House, 1988.

Dobzhansky, Theodosius, *Genetics of the Evolutionary Process*. New York: Columbia University Press, 1970.

Donovan, S. K. *»Introduction to Mass Extinctions: Processes and Evidence«*, hg. von S. K. Donovan, xi-xiv. New York: Columbia University Press, 1989.

Dover, Gabriel A., »Molecular Drive in Multigene Families: How Biological Novelties Arise, Spread and Are Assimilated«. *Trends in Genetics* 2, 1986: 159–165.

Eberhard, William G., *Sexual Selection and Animal Genitalia*. Cambridge: Harvard University Press, 1985.

Eccles, John C., *Die Evolution des Gehirns. Die Erschaffung des Selbst*. München: Piper, 1990.

Eigen, Manfred u. a., »How Old Is the Genetic Code?« *Science* 244, 12. Mai 1989: 673–679.

Eldredge, Niles, *Time Frames: The Rethinking of Darwinian Evolution and the Theory of Punctuated Equilibrium*. New York: Simon and Schuster, 1985.

Eldredge, Niles, *Macroevolutionary Dynamics: Species, Niches and Adaptive Peaks*. New York: McGraw-Hill, 1989.

Emlen, Stephen T., »White-Faced Bee-Easters: Helping in a Colonial Nesting Species«. In: *Cooperative Breeding in Birds*, hg. von Peter B. Stacey und Walter D. Koenig, 487–526. Cambridge: Cambridge University Press, 1990.

Endler, John A., *Natural Selection in the Wild*. Princeton: Princeton University Press, 1986.

Endler, John A. / Tracy McLellan, »The Process of Evolution: Toward a Newer Synthesis«. *Annual Review of Ecology and Systematics* 19, 1989: 395–421.

Etkin, William, »A Biological Critique of Sociobiological Theory«. In: Elliott White (Hg.), *Sociobiology and Human Politics.* 45–97. Lexington/Mass.: Lexington Books, 1981.

Feldman, Marcus W. (Hg.), *Mathematical Evolutionary Theory.* Princeton: Princeton University Press, 1988.

Fisher, R., *The Genetical Theory of Natural Selection.* Oxford: Clarendon Press, 1930.

Forsyth, Adrian, *Die Sexualität in der Natur. Vom Egoismus der Gene und ihren unfeinen Strategien.* München: Kindler, 1987.

Franks, Nigel, R., »The Parasitic Strategies of a Cuckoo Bee.« *Trends in Ecology and Evolution.* 2. November 1987: 324–326.

Frisch, Karl von, *Tiere als Baumeister.* Frankfurt/M.: Ullstein, 1974.

Fromkin, V. / R. Rodman, *An Introduction to Language.* New York: Holt, Rinehart and Winston, [3]1983.

Fuller, John L. / William R. Thompson, *Foundations of Behavior Genetics.* St. Louis: C. V. Mosby Co., 1978.

Futuyma, Douglas J., *Evolutionsbiologie.* Basel u. a.: Birkhäuser, 1990.

Gardner, Howard, *Dem Denken auf der Spur. Der Weg der Kognitionswissenschaft.* Stuttgart: Klett-Cotta, 1989.

Gazzanigna, Michael, *Mind Matters: How the Mind and Brain Interact to Create Our Conscious Lives.* Boston: Houghton Mifflin, 1988.

Georghiu, George H., »The Magnitude of the Resistance Problem«. In: *Pesticide Resistance: Strategies and Tactics for Management,* 14–43. Washington D. C.: National Academy Press, 1986.

Ghiselin, Michael, *The Economy of Nature and the Evolution of Sex.* Berkely: University of California Press, 1974.

Gill, Donald E., »Fruiting Failure, Pollinator Insufficiency, and Speciation in Orchids«. In: Daniel Otte und John Endler (Hg.), *Speciation and Its Consequences,* 458–481, Sunderland/Mass.: Sinauer Associates, 1989.

Gleick, James, *Chaos – die Ordnung des Universums. Vorstoß in Grenzbereiche der modernen Physik.* München: Droemer Knaur, 1988.

Godfrey, Laurie R., »Perspectives on Progress«. In: Laurie Godfrey (Hg.), *What Darwin Began: Modern Darwinism and Non-Darwinist Perspectives in Evolution,* 40–60. Boston: Allyn and Bacon, 1985.

Goldberger, Ary L. / Bruce J. West, »Chaos in Physiology: Health or Disease?« In: H. Degn / A. V. Holden / L. F. Olsen (Hg.), *Chaos in Biological Systems,* 1–4. New York: Plenum Press, 1987.

Gould, Stephen J., »Is a New and General Theory of Evolution Emerging?« *Paleobiology* 6, 1980: 115–136.

Gould, Stephen J., *Wonderful Life: The Burgess Shale and the Nature of History.* New York: Norton, 1989.

Grant, Verne, *The Evolutionary Process: A Critical Review of Evolutionary Theory.* New York: Columbia University Press, 1985.

Greene, John C., *Darwin and the Modern World View*, Baton Rouge: Louisiana State University Press, 1961.

Greenwood, Peter H., »African Cichlids and Evolutionary Theories«. In: A. A. Echelle / I. Kornfield (Hg.), *Evolution of Fish Species Flocks*, 141–154. Orono: University of Maine Press, 1984.

Griffin, Donald R., *Wie Tiere denken. Ein Vorstoß ins Bewußtsein der Tiere*. München: BLV, 1985.

Groves, Colin P., *A Theory of Human and Primate Evolution*. New York: Oxford University Press, 1989.

Grzimek, Bernhard: *Grzimeks Tierleben. Enzyklopädie des Tierreichs*. München: dtv, 1979.

Haldane, J. B. S., »Population Genetics«. *New Biology* 18, 1955: 34–51.

Hall, Barry G., »Adaptive Evolution That Requires Spontaneous Mutations«. *Genetics* 120, 1988: 887–897.

Hall, Barry G., »Seletion, Adaptation, and Bacterial Operons«. *Genome* 31, 1989: 265–271.

Hamilton, William D., »Altruism and Related Phenomena, Mainly in Social Insects«. *Annual Review of Ecology and Systematics* 3, 1972: 193–232.

Hawking, Stephen W., *Eine kurze Geschichte der Zeit. Die Suche nach der Urkraft des Universums*. Reinbek: Rowohlt, 1988.

Herbert, Nick, *Quantum Reality: Beyond the New Physics*. Garden City N. Y.: Doubleday, 1985.

Herrnstein, R. J., »Darwinism and Behaviorism«. In: Alan Grafen (Hg.), *Evolution and Its Influence*, 35–61. Oxford: Clarendon Press, 1989.

Ho, Mae-wan, »Genetic Fitness and Natural Selections: Myth or Metaphor«. In: *Evolution of Social Behavior and Integrative Levels*, hg. von Gary Greenberg und Ethel Tobach, 87–112. Hillsdale N. J.: Erlbaum, 1988.

Ho, Mae-wan / Peter Saunders / Sidney W. Fox, »Evolution beyond Neo-Darwinism«. *New Scientist* 109, 27. Februar 1986: 41–43.

Holden, A. V. (Hg.), *Chaos*. Princeton: Princeton University Press, 1988.

Hölldobler, Bert / Edward O. Wilson, *The Ants*. Berlin: Springer 1990.

Holliday, Robin, »A Possible Role for Meiotic Recombinations in Germ Line Reprogramming and Maintenance«. In: Richard E. Michod / Brude R. Levin (Hg.), *The Evolution of Sex: An Examination of Current Ideas*, 45–55. Sunderland/Mass.: Sinauer Associates, 1988.

Holliday, Robin, »A Different Kind of Inheritance«. *Scientific American* 260, Juni 1989: 60–73.

Holmes, John C., »Evolutionary Relations between Parasitic Helminths and Their Hosts«. In: *Coevolution*, hg. von Douglas J. Futuyama und Montgomery Slatkin, 161–185. Sunderland/Mass.: Sinauer Associates, 1983.

Huxley, Anthony, *Das phantastische Leben der Pflanzen*. München: dtv, 1981.
Huxley, Julian S., *Evolution in Action*. London: Allen and Unwin, 1942.
Jacobs, Kenneth H., »Human Origins«. In: Laurie R. Godfrey (Hg.), *What Darwin Began: Modern Darwinism and Non-Darwinist Perspectives*, 274–292. Boston: Allyn and Bacon, 1985.
Janzen, Daniel H., »Why Bamboos Wait So Long to Flower«. *Annual Review of Ecology and Systematics* 7, 1976: 347–391.
Jarvis, J. U. M., »Eusociality in a Mammal: Cooperative Breeding in Native Mole-rat Colonies«. *Science* 212, 1981: 571–573.
Jerison, Harry J., *The Evolution of the Brain and Intelligence*. New York: Academic Press, 1973.
Katz, Michael J., »Is Evolution Random«. In: Rudolf M. Raff / Elizabeth C. Raff (Hg.), *Development as an Evolutionary Process*, 235–315. New York: Alan R. Liss, 1987.
Kauffman, Stuart A. »Self-Organization, Selective Adaptation, and Its Limits«. In: David J. Depew / Bruce H. Weber (Hg.), *Evolution at a Crossroads: The New Biology and the New Philosophy of Science*, 169–208. Cambridge/Mass.: MIT Press, 1985.
Kemp, T. S., *Mammal-like Reptiles and the Origin of Mammals*. New York: Academic Press, 1982.
Kerr, Richard A., »Does Chaos Permeate the Solar System?« *Science* 244, 14. April 1989: 144f.
Kevles, Bettyann, *Females of the Species: Sex and Survival in the Animal Kingdom*. Cambridge: Harvard University Press, 1986.
Kimura, Motoo, »Natural Selection and Neutral Evolution«. In: Laurie R. Godfrey (Hg.), *What Darwin Began: Modern Darwinism and Non-Darwinist Perspectives*, 73–93. Boston: Allyn and Bacon, 1985.
King, Mary-Claire / Allan C. Wilson, »Evolution at Two Levels in Humans and Chimpanzees«. *Science* 188, 11. April 1985: 107–116.
Koestler, Arthur, *Das Gespenst in der Maschine*. Wien, München: Molden, 1968.
Koestler, Arthur, *Der Krötenküsser*. Wien, München: Molden, 1972.
Konner, Melvin, *The Tangled Web: Biological Constraints on the Human Spirit*. New York: Harper & Row, 1982.
Kuhn, Thomas S., *Die Struktur wissenschaftlicher Revolutionen*. Frankfurt/M.: Suhrkamp, 1967.
Lack, David, *Darwin's Finches*. Cambridge: Cambridge University Press, 1947.
Lancaster, Jane B. / Chet S. Lancaster, »The Parental Investment: The Hominid Adaptation.« In: Donald J. Ortner (Hg.), *How Humans Adapt: A Biocultural Odyssey*, 33–65. Washington D. C.: Smithsonian Institution Press, 1983.

Langridge, J., »Old and New Theories of Evolution«. In: K. S. W. Campbell / M. F. Day (Hg.), *Rates of Evolution*, 248–262. London, Allen and Unwin, 1987.

Leggett, Anthony J., *Physik. Probleme – Themen – Fragen*. Berlin: Akademie-Verlag, 1989.

Lewin, Roger, »Lamarck Will Not Lie Down«. *Science* 213, 17. Juli 1981: 316–321.

Lewin, Roger, *Human Evolution: An Illustrated Introduction*. Boston: Blackwell, ²1989.

Lindow, S. E. / N. J. Panopolous / B. L. McFarland, »Genetic Engineering of Bacteria from Managed and Natural Habitats«. *Science* 244, 16. Juni 1989: 1300–1307.

Lomis, William F., *Four Billion Years: An Essay on the Evolution of Genes and Organisms*. Sunderland/Mass.: Sinauer Associates, 1988.

Lovelock, James, *Das Gaia-Prinzip. Die Biographie unseres Planeten*. Artemis Verlag, Zürich und München, 1991.

McDonald, John F. u. a., »The Responsive Genome: Evidence and Evolutionary Implications«. In: Rudolf A. Raff and Elizabeth C. Raff (Hg.), *Development as an Evolutionary Process*, 239–263. New York: Alan Liss, 1987.

McFarland, David, *Biologie des Verhaltens. Evolution, Physiologie, Psychobiologie*. Weinheim: VCH, 1989.

Manning, A., »Behaviour Genetics and the Study of Behavioural Evolution«. In: Gerard Baerends / Colin Beer / Aubrey Manning (Hg.), *Function and Evolution in Behaviour*, 71–91. Oxford: Clarendon Press, 1975.

Margulis, Lynn / Dorion Sagan, *Origin of Sex*. New Haven: Yale University Press, 1986.

May, Robert M., »Biological Populations with Non-overlapping Generations«. *Science* 186, 15. November 1974: 645–647.

May, Robert M., »Simple Mathematical Models with Very Complicated Dynamics«. *Nature*, 261, 10. Juni 1976: 459–467.

Maynard Smith, John, »Optimazation Theory in Evolution«. *Annual Review of Ecology and Systematics* 9, 1978: 31–56.

Maynard Smith, John, *The Problem of Biology*. New York: Oxford University Press, 1986.

Maynard Smith, John, »Evolutionary Progress and Level of Selection«. In Matthew H. Nitecki (Hg.), *Evolutionary Progress*, 219–230. Chicago: University of Chicago Press, 1988.

Mayr, Ernst, »The Emergence of Evolutionary Novelties«. In: Sol Tax (Hg.), *Evolution after Darwin*, 1: 349–380. Chicago: University of Chicago Press, 1960.

Mayr, Ernst, *Artbegriff und Evolution*. Hamburg, Berlin: Parey, 1967.

Mayr, Ernst, *Die Entwicklung der biologischen Gedankenwelt.* Vielfalt, Evolution und Vererbung. Berlin: Springer, 1984.

Michener, Charles D., *The Social Behavior of Bees.* Cambridge: Harvard University Press, 1974.

Miklos, George L. G. / Bernard John, »From Genome to Phenotype«. In: K. S. W. Campbell /M. F. Day (Hg.), *Rates of Evolution,* 263–282. London: Allen and Unwin, 1988.

Moffat, Anne S., »A Challenge To Evolutionary Biology«. *American Scientist* 77, Mai–Juni 1989: 224–226.

Monod, Jacques, *Zufall oder Notwendigkeit. Philosophische Fragen der modernen Biologie.* München: Piper, 1971.

Montagu, M. F. Ashley, »Time, Morphology, and Neoteny in the Evolution of Man«. In: M. F. Ashley Montagu (Hg.), *Culture and the Evolution of Man,* 324–342. New York: Oxford University Press, 1962.

Morowitz, Harold J., »The Origin of Life«. In: Laurie J. Godfrey (Hg.), *What Darwin Began: Modern Darwinism and Non-Darwinist Perspective,* 243–257. Boston: Allyn and Bacon, 1985.

Morris, S. Conway, »Early Cambrian Diversification«. In: *Palaeobiology: A Synthesis,* hg. von Derek E. G. Briggs / Peter R. Crowther, 30–36. Oxford: Blackwell Scientific, 1990.

Mussen, Paul, H. / Nancy Eisenberg-Berg, *Helfen, Schenken, Anteilnehmen. Untersuchungen zur Entwicklung des prosozialen Verhaltens.* Stuttgart: Klett-Cotta, 1979.

Nicolis, Grégoire / Ilya Prigogine, *Die Erforschung des Komplexen. Auf dem Weg zu einem neuen Verständnis der Naturwissenschaft.* München: Piper, 1987.

Noble, Elmer R. / Glenn A. Noble, *Parasitology: The Biology of Animal Parasites.* Philadelphia: Lea and Feblinger, [5]1982.

O'Brien, Stephen J., »The Ancestry of the Giant Panda« *Scientific American* 257, November 1987: 102–107.

Orgel, L. E./ F. H. C. Crick, »Selfish DNA: The Ultimate Parasite.« *Nature* 284, 17. April 1980: 604.

Oster, G. F./E. O. Wilson, *Caste and Ecology in Social Insects.* Princeton: Princeton University Press, 1978.

Patterson, Colin, »Metazoan Phylogeny: Reassessing Relationships.« *Nature* 344, 15. März 1990: 199f.

Penrose, Roger, »Quantum Physics and Conscious Thought«. In: B. J. Hiley / F. David Peat, *Quantum Implications: Essays in Honor of David Bohm,* 105–125. London: Routledge and Kegan Paul, 1987.

Penrose, Roger, *The Emperor's New Mind: Concerning Computations, Minds, and the Laws of Physics.* New York: Oxford University Press, 1989.

Perry, Nicolette, *Symbiosis: Close Encounters of the Natural Kind*. Poole, Dorset: Blandford Press, 1983.
Pollard, Jeffrey N., »New Genetic Mechanisms and Their Implications«. In: Mae-wan Ho / Sidney W. Fox (Hg.), *Evolutionary Processes and Metaphors*, 63–84. New York: Wiley, 1988.
Pool, Robert, »Ecologists Flirt with Chaos«. *Science* 243, 20. Januar 1989: 310–311.
Pool, Robert, »Chaos Theory: How Big an Advance?« *Science* 245, 1989: 26ff.
Popper, Karl, »Evolutionary Epistemology«. In: J. W. Pollard (Hg.), *Evolutionary Theory: Paths into the Future*, 239–255. New York: Wiley, 1984.
Popper, Karl, »Darwinism as a Metaphysical Research Program«. In: Michael Ruse (Hg.), *But Is It Science?* 144–155. New York: Prometheus Books, 1988.
Pough, F. Harvey / John B. Heiser / William McFarland, *Vertebrate Life*. New York: Macmillan, ³1989.
Ptashne, Mark, »How Gene Activators Work«. *Scientific American* 260, Januar 1989: 40–47.
Radinsky, Leonard B., *The Evolution of Vertebrate Design*. Chicago: University of Chicago Press, 1987.
Raff, Rudolf A. u. a., »Molecular and Developmental Correlates of Macroevolution«. In: Rudolf A. Raff/Elizabeth E. Raff (Hg.), *Development as an Evolutionary Process*, New York: Alan Liss, 1987.
Rensch, Bernard, »The Intelligence of Elephants«. *Scientific American* 196, Februar 1957.
Restak, Richard, M., *The Mind*. New York: Bantam Books, 1988.
Richards, Robert J., *Darwin and the Emergenc of Evolutionary Theories of Mind and Behavior*. Chicago: University of Chicago Press, 1987.
Riedman, Marianne, *The Pinnipeds: Seals, Sea Lions, and Walruses*. Berkely: University of California Press, 1990.
Ridley, Mark, *Evolution. Probleme – Themen – Fragen*. Basel: Birkhäuser, 1990.
Rosenzweig, Mark R. / Edward Bennett / Marian C. Diamond, »Brain Change in Response to Experience«. *Scientific American* 226, Februar 1972.
Ruse, Michael, *Darwinism Defended*. Reading/Mass.: Addison-Wesley, 1982.
Sage, Richard D. / Paul V. Loiselle / A. C. Wilson, »Molecular versus Morphological Change in Cichlid Fish of Lake Victoria«. In: A. A. Echell und I. Kornfield (Hg.), *Evolution of Fish Species Flocks*, 185–201. Orono: University of Maine Press, 1984.
Sander, Klaus, »The Evolution of Patterning Mechanisms«. In: B. C.

Goodwin / N. Holder / C. C. Wylie (Hg.), *Development and Evolution*, 137–159. London: Cambridge University Press, 1983.
Saunders, Shelly R., »The Inheritance of Acquired Characteristics, a Concept That Will Not Die«. In: Laurie H. Godfrey (Hg.), *What Darwin Began: Modern Darwinism and Non-Darwinist Perspectives in Evolution*, 148–161. Boston: Allyn and Bacon, 1985.
Saunders, Peter T., »Sociobiology, a House Built on Sand«. In: Mae-won Ho / Sidney W. Fox (Hg.), *Evolutionary Processes and Metaphors*, 275–294. New York: Wiley, 1988.
Scapini, Felicita, »Heredity and Learning in Animal Orientation«. *Monitore zoologico italiano* 22 (2), 1988: 203–234.
Schimke, Robert T., »Studies on Gene Duplication and Amplification: Historical Perspective«. In: Robert Schimke (Hg.), *Gene Amplification*, 1–6. Cold Spring Harbor, N. Y.: Cold Spring Harbor Laboratory, 1982.
Shapiro, James A., »Bacteria as Multicellular Organisms«. *Scientific American* 258, Juni 1988: 82–89.
Shear, William, »The Evolution of Web-building Behavior in Spiders«. In: William Shear (Hg.), *Spiders: Webs, Behavior, and Evolution*, 364–400. Stanford: Stanford University Press, 1986.
Sheldon, P. R., »Microevolution and the Fossil Record«. In: *Palaebiology: A Synthesis*, hg. von Derek E. G. Briggs / Peter R. Crowther, 106–110. Oxford: Blackwell Scientific, 1990.
Shields, William M., »Sex and Adaptation«. In: *The Evolution of Sex*, hg. von R. E. Michod / B. R. Levin, 253–269. Sunderland/Mass: Sinauer Assciates, 1988.
Simpson, George G., *The Meaning of Evolution*, New Haven: Yale University Press 1949.
Simpson, George Gaylord, *Auf den Spuren des Lebens. Die Bedeutung der Evolution*. Berlin: Colloquium, 1957.
Simpson, George G., »The Concept of Progress in Organic Evolution«. *Social Research* 41, 1974.
Skutch, Alexander F., *Helpers at Birds' Nests*. Iowa City: University of Iowa Press, 1987.
Sloan, R. E. / J. K. Rigby / L. M. Van Valen / D. Gabriel, »Gradual Dinosaur Extinction and Simultaneous Ungulate Radiation in the Hell Creek Formation«. *Science* 232, 1986: 629–633.
Smith, D. C. / A. E. Douglas, *The Biology of Symbiosis*. London: Edward Arnold, 1987.
Stanely, Steven M., *Macroevolution: Pattern and Process*. San Francisco: W. H. Freeman, 1979.
Stanley, Steven M., *Der neue Fahrplan der Evolution. Fossilien, Gene und der Ursprung der Arten*. München: Harnack, 1983.

Stanley, Steven M., *Extinctions*. New York: Scientific American Books, 1988.

Stebbins, G. Ledyard, *Flowering Plants: Evolution above the Species Level*. Cambridge: Harvard University Press, 1974.

Stebbins, G. Ledyard / Francisco J. Ayala, »The Evolution of Darwinism«. *Scientific American* 253, Juli 1985: 62–72.

Strickberger, Monroe W., *Evolution*. Boston: Jones and Bartlett, 1990.

Thomas, Barry A. / Robert A. Spicer, *The Evolution and Paleobiology of Land Plants*. London: Croom and Helm, 1987.

Thomson, Keith S., *Morphogenesis and Evolution*. New York: Oxford University Press, 1988.

Thornhill, R. / J. Alcock, *The Evolution of Insect Mating Systems*. Cambridge: Harvard University Press, 1983.

Trewavar, A. J., »The Evolution Controversy: A Network View«. *Evolutionary Trends in Plants* 2, Juni 1988: 1–5.

Trivers, Richard L., »The Evolution of Reciprocal Altruism«. *Quarterly Review of Biology* 46, 1971: 35–57.

Trivers, Richard L., Vorwort zu Richard Dawkins, *Das egoistische Gen*. Berlin: Springer, 1978.

Tyler, Michael J., »Evolution of Gastric Breeding«. In: Michael Tyler (Hg.), *The Gastric Brooding Frog*, 129–135. London: Croom Helm, 1983.

Waddington, C. H., *The Evolution of an Evolutionist*. Ithaca/N. Y.: Cornell University Press, 1975.

Wallace, Alfred R., *Darwinism: An Exposition of the Theory of Natural Selection*. London: Macmillan, [3]1901.

Weber, Bruce H., u. a., »Evolution in Thermodynamic Perspective: An Ecological Approach«. In: *Biology and Philosophy*, 4, 1989: 373–405.

Wesson, Robert, *The Imperial Order*. Berkeley: University of California Press, 1967.

Wesson, Robert, *State Systems: International Pluralism, Politics and Culture*. New York: Free Press, 1978.

West-Eberhard, Mary Jane, »Phenotypic Plasticity and ›Genetic‹ Theories of Insect Sociality«. In: Gary Greenberg / Ethel Tobach (Hg.), *Evolution of Social Behavior and Integrative Levels*, 123–133, Hillsdale/N. J.: Laurence Erlbaum, 1988.

Wicken, Jeff. S., »Thermodynamics, Evolution, and Emergence«. In: Bruce H. Weber / David J. Depew / James D. Smith, *Entropy, Information and Evolution*. 139–169. Cambridge/Mass.: MIT Press, 1988.

Wills, Christopher, *The Wisdom of the Genes*. New York: Basic Books, 1989.

Williams, George C., *Adaptation and Natural Selection: A Critique of Some Current Evolutionary Thought*. Princeton University Press, 1966.

Wilson, Allan C., »The Molecular Basis of Evolution«. *Scientific American* 253, Oktober 1985: 164–173.
Wilson, Edward O., *The Insect Societies*. Cambridge: Harvard University Press, 1971.
Wilson, Edward O., *Biologie als Schicksal. Die soziobiologischen Grundlagen menschlichen Verhaltens*. Frankfurt/M.: Ullstein, 1980.
Wilson, Edward O., *Sociobiology* (gek. Fass.). Cambridge: Harvard University Press, 1980.
Wilson, Peter J., *Man, the Promising Primate: The Conditions of Human Evolution*. New Haven: Yale University Press, [2]1983.
Winstatt, William C. / Jeffrey C. Schank, »Two Constraints on the Evolution of Complex Adaptation and the Means of Their Avoidance«. In: *Evolutionary Progress*, hg. von Matthew H. Nitecki, 231–273. Chicago: University of Chicago Press, 1988.
Wöhrmann K., »Genetic Variation«. In: *Population Biology: Ecological and Evolutionary Viewpoints*, hg. von K. Wöhrmann / S. K. Jain, 7–26. Berlin: Springer, 1990.
Wynne-Edwards, V. C., »Intergroup Selection in the Evolution of Social Systems«. In: Robert N. Brandon / Richard M. Burian (Hg.), *Genes, Organisms, and Populations*, 42–51. Cambridge/Mass.: MIT Press, 1984.
Zimmerman, Elwood C., »Possible Evidence of Rapid Evolution in Hawaiian Moths«. *Evolution* 14, 1960: 137–138.

Dank

Mein Dank gilt allen, mit denen ich über das Manuskript zu diesem Buch diskutiert habe. Francisco J. Ayala, Raymond Barnett, William Warren Bartley III, John H. Campbell, David Depew, Ronald Fox, Michael Ghiselin, Norman Goldstein, Robert Jurmain, Vida Kenk, Christopher Kitting, Mark Kirkpatrick, George L. G. Miklos, John Steiner, John Thomas und Bruce H. Weber haben seine Entstehung schrittweise verfolgt. Die ideologische Bandbreite ihrer Ansichten deckt etwa das gesamte Meinungsspektrum in der Biologie ab, das von den Anhängern der neodarwinistischen Synthese bis zu deren Kritikern reicht. Besonders dankbar bin ich John H. Campbell und Bruce H. Weber für ihre klugen und aufmunternden Ratschläge.

Biologiestudenten überprüften die Fakten, wobei besonders Carol Lee und Kara Takeuchi hervorragende wissenschaftliche Arbeit leisteten.

Namen- und Sachregister